动态网络分析

Dynamic Network Analysis

孙笑明 著

化学工业出版社
·北京·

内容简介

《动态网络分析》详细介绍了动态网络的概念、来源、分析维度及层面、分析方法以及未来研究方向和挑战，本书致力于深入研究动态网络，为读者提供全面的知识与动态网络分析研究范式，帮助读者更好地理解和应用这一领域的理论与实践。

本书旨在帮助读者深入理解动态网络的基本概念、方法和应用，从而能够应对不断变化的网络环境，掌握动态网络分析的关键技能，为各个领域的问题提供有力的解决方案。无论是学术研究者、数据科学家、工程师还是决策者，本书都将提供全面的动态网络分析知识和工具，帮助读者更好地理解和利用动态网络的潜力。

图书在版编目（CIP）数据

动态网络分析 / 孙笑明著. — 北京 ：化学工业出版社，2024.2

ISBN 978-7-122-44567-4

Ⅰ. ①动… Ⅱ. ①孙… Ⅲ. ①网络分析 Ⅳ. ①O157. 5

中国国家版本馆CIP数据核字（2023）第237131号

责任编辑：陈　喆
责任校对：李雨晴　　　　装帧设计：孙　沁

出版发行：化学工业出版社
（北京市东城区青年湖南街13号　邮政编码100011）
印　　装：北京建宏印刷有限公司
710mm×1000mm　1/16　印张28¼　字数435千字
2024年2月北京第1版第1次印刷

购书咨询：010-64518888　　　　售后服务：010-64518899
网　　址：http://www.cip.com.cn
凡购买本书，如有缺损质量问题，本社销售中心负责调换。

定　　价：168.00元

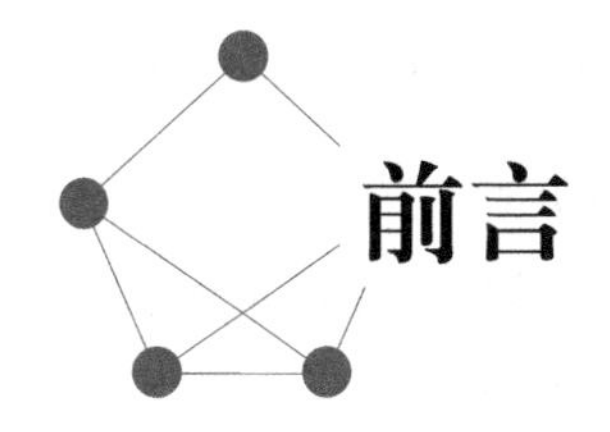

前言

早期的组织网络研究往往将网络结构视为一种稳定的“单位间关系的持续顺序或模式”。然而，这种稳定性并不意味着网络是静态不变的。稳定性的背后隐藏着更为复杂的动态性，这要求我们以全新的视角来看待组织网络，以及理解个体或单位之间的关系是如何随时间推移而变化的。在这个新的视角下，传统的组织管理方法往往无法全面解释组织内外复杂的相互关系，因此，动态网络分析应运而生。动态网络分析不仅可以揭示组织网络的演化过程，还可以帮助组织管理者更好地规划和响应网络变化，使其能够更好地应对快速变化的环境，实现组织的可持续发展。本书将探讨如何应用动态网络分析来深入研究组织网络变化，包括组织之间的联系处理、信息传递、合作项目和知识共享，同时揭示动态网络分析如何帮助组织管理者更好地理解和优化团队的协作，提高决策效率，以应对日益复杂的市场挑战。

本书分 9 章：第 1 章导论，介绍本书的背景、社会网络基础和动态网络研究概况，为后续动态网络研究提供总体概述。第 2 章动态网络基础，深入解析动态网络的含义、动态网络分析运用的基本理论及动态网络分析在企业管理中的应用，为后续动态网络分析提供理论认知。第 3 章动态网络的驱动因素，探讨影响动态网络变化的各种因素，如代理、机会、惯性、随机/外生因素等，以及它们的定义、特征、具体应用。第 4 章动态网络的分析维度，介绍用于分析动态网络的多维框架，包括节点、关系和结构，并探究它们的动态演化特征。第 5 章个体网的动态性研究，从个体角度出发研究个体网中焦点节点及它们直接连接的其他节点的变化、关系的变化及结构的变化。第 6 章整体网的动态性研究，从宏观层面探讨整体网中节点和结构如何随时间变化，并对比分析个体网和整体网动态性研究的关联和区别。第 7 章时间与动态网络，介绍时间尺度的选择、时间在组织活动中的作用以及时间在动态网络研究中的作用。第 8 章动态网络研究方法与注意事项，首先从动态网络实证分析和仿真分析两个角度，介绍各类实证与仿真模型和动态网络分析中的数据使用，其次介绍 Patlab 专利数据分析平台在动态网络分析中的应用，最后讨论动态网络研究过程中的注意事项。第 9 章动态网络未来研究方向，从多个角度对未来可能的研究方向和应用场景进行预测和展望。

在本书的撰写过程中，哈尔滨工程大学苏屹教授、西安交通大学杨张博教授和湖南大学李健副教授对本书框架提出了宝贵的指导及修改意见，对成书做出了重要贡献；西安建筑科技大学工商管理系周勇、刘淑茹、冯涛、董明放、王旭嘉、刘佳力等老师在撰写过程中提供了相关资料和修改意见。具体参与本书撰写人员情况如下：西安建筑科技大学孙笑明教授设计章节框架、撰写各章节并负责统稿；西安建筑科技大学管理学院博士研究生王雅兰、向锐、姚馨菊、关宁静，硕士研究生杜鹤飞、宇文乐薇、周佳星、袁思懿协助完成。此外，西安建筑科技大学管理学院博士研究生任若冰、王泽倩和西安交通大学人文学院博士研究生熊旺、四川大学商学院博士研究生邓娅娟参与了文献搜集、研究数据整理等方面的工作，西安外事学院商学院教师王晨卉、伊犁师范大学霍尔果斯商学院教师马钰参与了文字校对、图表绘制以及公式编辑等方面的工作。

本书内容涉及的有关研究和出版得到了国家自然科学基金资助项目：双重网络动态演化对关键研发者突破性技术创新的影响机制（72072140）、陕西省秦创原“科学家 + 工程师”队伍建设项目：专利大数据智能推荐平台研究与应用（2023KXJ-148）、陕西省重点产业创新链（群）- 工业领域项目：基于专利大数据分析的供应链韧性评估与决策系统研制（2024GX-ZDCYL-01-12）的支持。同时，本书在撰写过程中借鉴和参考了相关文献资料，在此一并表示感谢。

孙笑明

2024 年 2 月

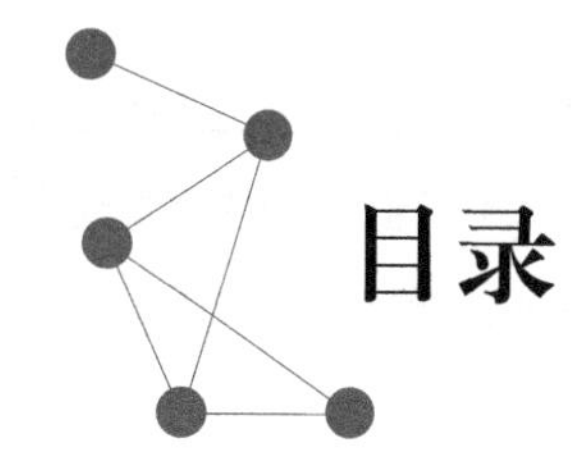

目录

第1章 导论/ 1

第2章 动态网络基础/ 39

第3章 动态网络的驱动因素/ 79

第4章 动态网络的分析维度/ 105

第5章 个体网的动态性研究/ 175

第 6 章　整体网的动态性研究 // 229

第 7 章　时间与动态网络 // 289

第 8 章　动态网络研究方法与注意事项 // 321

第 9 章　动态网络未来研究方向 // 393

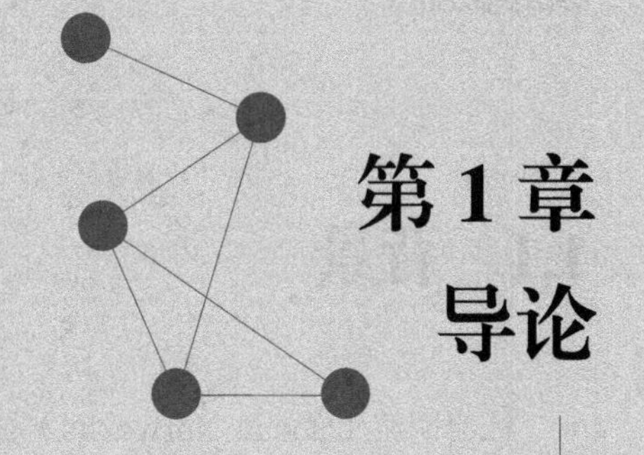

第1章
导论

1.1　背景

社会网络（Social Networks）是社会行动者（个体、群体和组织）及他们之间的互动关系构成的复杂社会结构。社会网络源自图论（Graph Theory），图上诸多节点被视为社会行动者（Social Actors），点与点之间的连线是连接各个社会行动者的关系，图形是社会中所有行动者都被囊括在内的多角连接集合。社会行动者所在社会网络中的空间定位决定其行为，他们往往通过社会结构或社会网络中的位置来获取相应的社会资本。为争取最多的社会资源，社会行动者需了解社会网络所涉及的一切内容。相关学者为此不断探索，最终形成社会网络理论。

社会网络理论（Social Network Theory）关注在社会情境下的社会行动者如何通过彼此的连接关系相互影响并开展社会活动（李超平和徐世勇，2019）。社会网络理论将社会网络作为一个整体系统来解释社会行动者的社会行为。该理论可用于微观、中观、宏观各层面的组织现象分析。微观层面包括个体领导力、个体创造力、个体创新绩效、研发者流动等；中观层面包括研发团队合作、团队创造力、团队创新绩效等；宏观层面包括组织间关系、网络治理等。通过深入研究社会网络中的节点、连接、结构等基本元素，将行动者个体的微观关系、局部网络与社会系统的宏观整体结构结合起来，揭示出整个社会网络的变化特征。如聚合的沙粒构成整个沙滩，微观元素的变化和相互作用，最终汇聚成了整个社会网络的特征。正是由于这种窥一斑而知全豹的特质，社会网络被广泛应用于社会学、心理学、管理学、计算机科学等多个学科领域，用以解释微观局部与宏观整体的关系。

在较长时间内，研究者将社会网络视为持久不变的存在，且与其相关的概念性工具、数据收集工具和分析方法都以静态为主。在被誉为社会网络分析“百科全书”的《Social Network Analysis》中，其作者Wasserman和Faust（1994）也只是从静态视角分析社会网络。实际上，社会网络并非一成不变，其节点、关系、结构等基元均会随着时间的推移而出现、衰退、消失，进而推动社会网络的不断发展，这是一个动态过程。尽管现有研究从静态视角考虑了社会网络的形成，但是缺乏对社会网络生成、维持、衰退甚至消失等动态演化的关注，即网络如何以及为何变化为某种形态？其会产生怎样的影响？

当前，随着纵向网络数据的可获取性增强（Kitts和Quintane，2020），以及网络分析方法的逐步完善，研究者可以利用先进的分析方法对数据进行深层次计算处理（Marcum和Schaefer，2021）。因此，学者们也逐渐开始关注网络的动态性，研究网络结构的源起和变化的影响因素，以及产生的结果，即动态网络研究（Jacobsen等，2022）。该研究有助于理解和预测网络变化带来的前因、后果以及两者相结合的影响，并包括该影响的可持续性。例如，在弱关系理论中，两个行动者之间的强弱关系可以相互转化。前期行动者双方是弱连接，伴随时间的推移，他们相互沟通和交流越来越密切，彼此交换和共享的资源逐渐增多，故而弱关系逐渐变强；前期行动者双方是强连接，随着时间的推移，由于没有过多的时间和精力去维持已建立好的信任和互惠关系，已有的强关系逐渐转弱。结构洞理论（Structural Hole Theory）假定焦点行动者（Focal Actor）只有在占据结构洞时才发挥中间人优势（Burt，1992）。焦点行动者可以有意识地生成、维持和填充结构洞，而各个联系人在意识到对方存在的情况下也会主动填充结构洞。核心–外围结构中，核心行动者如果不努力去维持已占据的网络中心位置，其会逐渐变成外围行动者；而外围行动者通过不断努力提升自身影响力，其也会逐渐占据网络中心位置而变成核心行动者。由此可知，与静态视角意味着不变的社会关系和稳定的网络结构相比，动态网络质疑了该视角下的网络结构和网络优势的可持续性。这并不意味着网络动态演化无法让行动者获得可持久性收益。相反，在了解动态网络的变化规律后，行动者可借助这一规则持续地获取利益。

因此，探究动态网络对于全面了解社会网络的各个方面具有举足轻重的意义。第一，有利于理解网络结构的变化方式。因为行动者可以有意识地通过某种行为创建符合其利益的网络结构，或是受网络外部不可抗力因素的影响，使网络结构被迫变动。可见，探讨网络内部行动者“故意”采取行为策略和网络外围因素“无意”改变网络环境对网络结构的影响尤为重要。例如，中间人采取“协调促进”的经纪策略，为了建立或促进联系人之间的合作，帮助其从内外部获得更多信息或知识资源的机会，中间人会参与结构洞填充（Obstfeld，2005）。中间人会在“渔利策略”（Tertius gaudens，结构洞维持）和“协调促进策略”（Tertius iungens，结构洞填充）之间寻求平衡（Quintane和Carnabuci，2016）。这体现了中间人具有非常明显的自我特征，他们擅长在给定的环境中感知什么样的行为是适当和有效的，相应地调整参与或不参与结构洞填充的策略（Bidwell和Fernandez-Mateo，2010）。

第二，有利于理解社会资本的流动规律。网络是社会资本生成和运输的载体，为社会提供福利（Coleman，1988），或为行动者提供优势（Burt，1992）。然而，网络作为价值来源的渠道复杂多样，社会资本容易受到个体、群体或组织所处情境的影响。例如，当某企业与同行业内的其他企业初建网络关系时，为消除机会主义行为，需形成规则和建立信任关系，故此时跨越的结构洞越少，越方便获取社会资本；而某企业与不同行业的其他企业合作时，非冗余性信息更为重要，此时跨越的结构洞越多，越有助于增加社会资本（孙笑明等，2014）。

第三，有利于理解不同层次的网络研究。例如，在宏观层面动态网络可以作为一种机制来促进或制约经济行为（Coleman，1988），影响信息扩散（Burt，2000）以及约束机会主义和增强信任（Granovetter，1973）；在微观层面动态网络可以探索网络中节点的行为和策略，如节点如何选择连接对象和建立关系，以及如何适应网络变化和调整自身策略，从而为动态网络理论提供更细致的分析和应用（王乐等，2016）。因此，跨层次网络研究更有助于立体揭示动态网络的作用机制。

现有动态网络研究因起步较晚等因素，导致研究者尽管了解动态网络部分研究情景下的研究方法和成果，但缺乏关于动态网络分析的全面、系统的方法论，研究者难以完整、深入了解动态网络的演化逻辑和价值。为此，本书旨在为研究者提供全面的动态网络分析框架和体系。从四个方面展开：首先，通过分析社会网络基础，引入本书研究主题——动态网络，提出清晰的术语和范围用于理解和界定动态网络，并总结动态网络的基本理论，归纳动态网络应用领域。其次，我们介绍了动态网络的四大驱动因素，并从节点、关系和结构等多个维度对动态网络进行了分析，以及从个体网和整体网两个层面深入研究组织网络的动态变化。继而，我们探讨了时间因素在动态网络中的作用。同时，我们分析了动态网络的研究方法和注意事项，采用实证和仿真的方法研究动态网络，使得动态网络研究在概念上和方法论上得到充分扩展。最后，在前期大量研究工作的基础上，我们梳理出动态网络的未来研究方向，为后续研究贡献一定的理论和方法基础。

1.2　社会网络基础

在分析动态网络之前，我们需要先了解社会网络的发展脉络，这可以帮助我们更好地理解网络关系和结构，以下我们将从基本概念、表达形式和基本理论三个方面逐一介绍社会网络。

1.2.1　社会网络的基本概念

（1）社会网络的含义

社会网络的概念最早在20世纪30年代兴起，并在20世纪60年代作为一种社会学分析视角逐渐兴起。这一时期社会网络被视为一种社会组织形式，主要关注个体之间相互连接，初步形成了社会网络的基本理论框架和方法论。到了20世纪70年代，社会网络逐渐发展至成熟，并形成了一套系统的理论、方法和技术，成为了一种重要的社会结构研究范式。这一阶段社会网络不仅在理论上得到了深化，而且在实践中开始被广泛应用于各个领域。进入20世纪90年代后，社会网络概念和理论到了应用阶段，这一时期社会网络成为研究社会结构、社会互动和社会行为的重要方法，对管理学、社会学、经济学等多个学科产生了深远的影响。如管理学中，社会网络分析被广泛应用于研究组织内外部合作关系对创新和绩效的影响，以及领导者如何通过网络关系来实现影响力扩散和拥有控制权；社会学中，社会网络分析帮助研究者理解社会结构、社会动态和群体行为，探索社会网络对个体决策和行为的塑造作用。近年来，社会网络的相关研究进入交叉融合阶段，多学科多领域交叉融合，推动社会网络相关研究更加丰富多彩。社会网络研究的发展脉络可以概括为三个阶段，如表1-1所示。

表1-1 社会网络研究的发展阶段

发展阶段	主要事件	事件内容
探索阶段	节点和边的概念	Barnes（1954） 在《Class and committees in a Norwegian Island Parish》中首次提出了“节点”和“边”的术语，用来描述社会网络中行动者（节点）和他们之间的关系（边），后来成为了社会网络分析的基础，被广泛用于描述各种类型的社会网络
	图论的引入	20世纪50年代至60年代，图论在社会网络中得以应用，学者们将社会网络中行动者及他们之间的关系抽象为图论中的节点和边，以图的形式来描述和分析复杂的社会网络结构
发展阶段	弱关系理论	Granovetter（1973）在《The strength of weak ties》中详细探讨了强关系和弱关系在社会网络中的角色和功能，并分析了其在信息传播、资源获取和个体行为中的不同作用。他提出的关系强度概念是指衡量行动者之间关系的强度或密切程度
	凝聚子群	Freeman（1977） 在《A set of measures of centrality based on betweenness》中深入探讨了中介中心性及其在识别和分析社会网络中凝聚子群的应用。通过中介中心性，研究者可以识别出网络中连接不同凝聚子群的关键节点，从而深入理解社会网络的群体结构和内部联系。凝聚子群指网络中节点紧密连接形成的子集，这些子集内部的连接通常比与网络中其他部分的连接更为紧密。他不仅推动了中介中心性的理论发展，也为后续社会网络中凝聚子群研究提供了重要的方法基础，对社会网络分析领域产生了深远影响
	国际网络分析网	1978年，国际网络分析网（International network for social network analysis，INSNA）成立标志着社会网络分析范式正式产生，它汇集了各个学科背景的学者，共同探索和推动社会网络理论在社会学、管理学、计算机科学等领域的应用和发展
	中心性	Freeman等（1979） 在《Centrality in social networks：conceptual clarification》中系统地介绍了中心性的概念和各种中心性指标的应用，包括度中心性、接近中心性、中介中心性等指标的定义和量化方法，奠定了中心性的理论基础
	矩阵的引入	20世纪60年代至80年代，矩阵逐渐被引入社会网络分析中，能更有效地表示和处理复杂的网络结构，使研究者能进行更深入的定量分析和模拟。从20世纪90年代开始，随着社会网络分析软件UCINET、Pajek等提供了强大的矩阵分析功能，矩阵得到了进一步推广和深化

续表

发展阶段	主要事件	事件内容
发展阶段	嵌入性理论	Granovetter（1985）在《Economic action and social structure：The problem of embeddedness》中提出了嵌入性理论。嵌入性理论强调了个体或组织行为和决策如何受其所处社会网络中连接程度的影响，是社会网络的重要理论框架之一
	社会资本理论	Bourdieu（1986）在《The forms of capital》中探讨了社会资本的不同形式，包括经济资本、文化资本和社会资本。他将社会资本定义为个体或组织因其在社会网络中的位置而获得的资源，这些资源包括信息、支持和机会。Coleman（1990）在《Foundations of social theory》中进一步探讨了社会资本的概念及其在社会学中的角色。他强调了个体通过社会网络中的关系和互动，获取到如信任、归属感和信息等非物质性资源
应用阶段	结构洞理论	Burt（1992） 在《Structural holes：The social structure of competition》中提出了结构洞理论。如果个体或组织连接了不同但彼此相关的其他个体或组织，其就占据了结构洞的位置。通过占据结构洞，个体或组织可以获得更多的信息和资源，从而提高其竞争力和影响力。结构洞理论强调了在社会网络中的位置对于个体或组织能否获得信息和资源等社会资本的重要性
	小世界网络	Duncan Watts和Steven Strogatz（1998）在《Collective dynamics of “small-world” networks》中提出了“小世界网络”的概念，描述了一种特殊的网络结构，节点之间存在较短的平均路径长度，同时节点之间的聚集性相对较高。这种网络是介于规则网络和随机网络之间的新型网络结构。小世界网络具有以下几个主要特征： 小世界特性：节点之间的平均最短路径长度较短，使得网络具有较高的全局互连性。高聚集系数：节点倾向于聚集成紧密的子群体。随机性：尽管网络具有一定的规则性，但也包含随机的跨越性连接，这些连接能够在短时间内将节点连接起来
	无标度网络	Albert-László Barabási和Réka Albert（1999）在《Emergence of scaling in random networks》中提出了“无标度网络”的概念，是一种特殊类型的复杂网络，其节点的度分布不遵循普通的随机分布模型，而是呈现出幂律分布。无标度网络具有以下几个主要特征： 节点的度遵循幂律分布：少数节点具有较高的度数，而多数节点具有较低的度数。关键节点的存在：少数节点拥有非常高的连接数（被称为“关键节点”）。无标度性：无标度网络的度分布在尺度上是不变的，即在不同尺度下具有相似的结构特征

续表

发展阶段	主要事件	事件内容
应用阶段	复杂网络	Albert-László Barabási（2002）在《Linked：The new science of networks》中深入探讨了复杂网络的多种特性、结构和动态，以及这些特性如何在现实中产生影响和应用。随着对实际网络的深入研究，学者们提出了多种复杂网络模型（如随机网络、小世界网络、无标度网络等），并分析了其动态演化和信息传播等特征
	新兴领域和交叉领域的探索	随着互联网的普及和社交媒体的兴起，研究者们开始利用社会网络理论、大数据和算法探索虚拟社区和在线社交网络中的群体结构、用户行为、互动模式、信息传播模式、文化传播、意见形成和社会影响力，为社交媒体平台优化和用户推荐系统提供支持。人工智能技术的发展使得社会网络分析能够处理更大规模和更复杂的数据，便于预测、模拟和干预社会网络行为。将社会网络理论与复杂系统科学相结合，研究生态网络、城市生态系统、社会经济系统等跨领域的复杂系统行为和演化规律

在社会生产活动中，每个人都会与其他人建立各种关系，从血缘关系、地缘关系到更为复杂的社会关系，如同学关系、同事关系、合作关系、竞争关系和敌对关系等。Barnes（1954）研究挪威某渔村的社会关系时发现非正式关系（如亲属关系、朋友关系、伙伴关系）对社会运作和结构稳定有重要作用，这些关系无法通过正式社会关系（如职业）来解释。White（1969）进一步扩展了社会网络的概念，认为其包括正式和非正式关系，并描述为“特定个体之间的独特联系”。Simmel和Levine（1971）与Simmel（1971）提出，狭义上来讲，社会网络是指人际互动产生的稳定关系；广义上来讲，社会网络还包括神经系统网络、细胞相互作用网络等医学信息网络，食物链网络、生物群落等生态系统网络，以及电力网络、智慧交通网络等信息技术网络。

社会网络是由社会行动者及其之间的复杂关系所构成的集合（刘军，2019）。在形式化的描述中，社会网络可以用图论的术语来表达，即由多个点（节点，代表社会行动者）和连接这些点的边（边，代表行动者之间的关系）组成。每个节点（点）代表一个社会行动者，比如个体、团队、组织等。每条边（线）表示两个节点之间的关系或连接，例如合作关系、上下级关系等。社会网络涵盖了广泛的社会行动者及其相互联系的复杂网络结构，使得研究者能够精确描述和分析社会行动者之间的互动模式和结构。通过社会网络分析，可以揭示社会行动者之间的关系如何形成和演变，从而深入理解他们的行为表现。社会网络分析作为一种“范式”，有其多方面的独特之处（刘军，2019），如方法论（关系视角通常被认为优于行动者属性视角）、数据论（属性数据、关系数据）。

多数学者在进行社会网络研究时重点关注网络结构，而忽视了行动者的个体属性。例如，社会网络分析探究的是深层结构——隐藏在复杂的社会系统内的网络模式（Wellman，1983）；社会网络分析是社会和行为科学中的一种独特研究视角，因为它强调关系的重要性，用关系性的概念来表达理论、模型和应用（Wasserman和Faust，1994）；社会网络分析是用于测量和分析关系结构相关内容的一整套研究方法（Butts，2008）；社会网络分析是一种结构范式，它从行动者之间的关系结构（而非行动者属性）角度来对社会生活进行操作化（斯科特和卡林顿，2018）。然而，社会网络研究不应片面强调结构的作用，还应考虑行动者的属性特征。每个行动者即为主观能动者，都有其明显的性格特征，他们的家庭环境、居住环境、文化背景、受教育程度等差异导致他们行为模式有很大的不同。行动者自身的属性多样，如性格、年龄、收入、职业、受教育程度等属性特征决定了他们在网络中的位置和扮演的角色。关系是行动者之间互动而形成的，首先，行动者之间的关系类型多样，如友谊关系、上下级关系、国家之间的贸易关系、城市之间的距离关系等。其次，行动者之间的多元关系常常同时存在，如两个同事之间同时存在合作关系和朋友关系等；两个企业之间同时存在合作关系和竞争关系；两个国家之间同时存在外交关系、贸易关系等。关系的多样性影响着知识流动、资源交换、信息传递等。因此，行动者之间的关系和行动者本身的属性特征都很重要。因此，行动者关系和属性的多样性导致其网络呈现出不同的结构形式。

社会网络可以分为个体网和整体网两个层次。个体网是以一个焦点行动者为中心的社会网络，包括与焦点行动者直接相连的所有其他行动者以及他们之间的关系。个体网主要从焦点行动者视角来理解其在更广泛社会网络中的位置和影响力，如焦点行动者的关系强度、结构洞等。整体网是一个群体内部所有行动者的集合，涵盖了所有网络成员和他们之间所有可能的连接关系。整体网通常关注于网络整体结构、稳定性，如小世界网络、中心性、网络规模、网络密度等［刘军（2004）指出，社会网络可以分为个体网、局域网和整体网三个层次，我们在后续研究中只考虑了个体网和整体网，因此不深入分析局域网］，如图1-1所示。

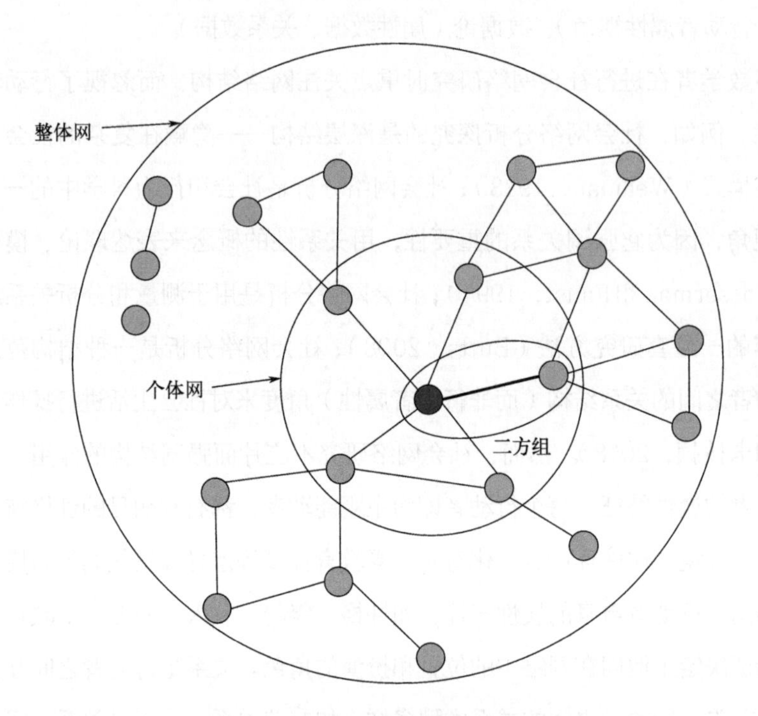

图1-1 网络的类型（刘军，2004）

鉴于此，我们研究点不同，关注的“关系”也不同。可以从两个层面来研究社会网络：个体网络层面（ego-network）和整体网络层面（whole network）。在个体网络层面，我们关注焦点行动者本身，则需要分析关系强度、结构洞等个体网的一些关系特征。焦点行动者关注他们所连接的节点的特征，通过形成或终止关系改变自身的网络结构；在整体网络层面，我们关注所有行动者之间的关系，则需要分析如互惠性、传递性等具有整体意义的关系的各种特征。焦点行动者关注网络的总体结构，并试图通过自身的行动来改变这种结构。我们将前者称为“节点变化”，后者称为“结构变化”。个体网络层面的节点变化集合在一起，就构成了整体网络层面的结构变化。而这种整体层面的结构变化又会创造新的诱因和机会，进一步影响个体网络层面的节点和关系变化。因此，网络的动态变化是在这两个层面上相互作用和相互依存的。这也是我们后文研究的主题——动态网络。

除了上面介绍的社会网络外，还有一个比较流行的研究领域——复杂网络（Complex Networks）。为了让我们分清两者间的区别和联系，本研究先从概念和基本特征两个方面介绍复杂网络，再明确阐明其与社会网络的区别。

（2）复杂网络的含义

复杂网络提供了一种框架，可以很好描述自然科学、社会科学等的结构和行为，因此，复杂网络对研究关系、交互和演化方面非常有用。钱学森给出了复杂网络的一个较严格的定义，即具有自组织、自相似、吸引子（网络的内聚倾向）、小世界（相互关系的数目可以很小但却能够连接世界）、无标度中部分或全部性质的网络称为复杂网络。现实中有许多复杂网络，如通信网络、传染病网络、生物神经网络、新陈代谢网络、金融网络、电力网络、企业合作网络等，尽管看上去各不相同，但它们又有许多相似之处。概括起来，主要有以下特征：

① 网络规模庞大：现实网络的规模通常都非常大，节点数目一般在几万、几十万到几亿、几十亿。

② 小世界效应：虽然网络规模很大，但任意两个节点之间通常存在一条较短的路径。人们虽然相互认识的概率较小，但可以通过几步联系找到相隔较远的陌生人。正如加拿大著名传播学者Marshall McLuhan在1964年所提出的“地球村”概念，每个人可以连接到远处的陌生人，信息传递变得更加便捷，使得地球变得越来越小，变成一个小世界。

③ 无标度特性：无标度特性反映了网络中度分布的不均匀性，只有很少数的节点与其他节点有很多的连接，成为“中心节点”，而大多数节点度很小而成为边缘节点。

④ 超家族特性：一些不同类型网络的特性在一定条件下具有相似性（Ron Milo等，2004）。在不同的网络中，这些网络的结构可能不同，但组成网络的基本单元相似或相同，它们就可能展现出相似或相同的行为、功能，这种现象被称为超家族特性。

⑤ 自相似性：自相似性是网络在不同的尺度上，从局部到全局呈现出重复

或相似的结构特征（局部子图）或统计属性（度分布、聚类系数、路径长度）（汪小帆等，2006）。简单地说，网络的不同部分之间的关系模式或特性在某种程度上是重复或相似的。复杂网络的自相似分析特征研究是利用网络节点之间的互动特性来解释网络的微观演化过程。

与社会网络类似，复杂网络应用了图论的概念，是由大量节点和连接它们的边组成的网络结构，即复杂网络可以看作由一些具有独立特征的、相互连接的节点的集合，每个节点可视为一个行动者（个体、元素、城市），节点之间的连线可视为行动者间的连接关系。复杂系统通常由大量单元或子系统组成，这些单元或子系统之间存在各种形式的相互作用和连接。无论是社会系统、生物系统、信息技术系统还是其他领域的系统，它们的复杂性往往来源于各节点（或元素）之间的复杂关系。当我们把组成单元抽象成节点，单元之间的相互作用抽象为节点之间的连接线时，这些复杂系统都可以当作复杂网络来研究。

我们可以从以下几个方面分析复杂网络问题，例如，网络的结构和性质：复杂网络研究中首要且最基本的问题是结构问题，并寻找和定义能够反映真实网络结构特征的度量。网络宏观性质的微观生成机制：宏观性质通常指网络的全局特征，如网络的平均路径长度、聚类系数等，这些特性反映了网络的结构和功能，对于理解网络的动态演化和稳定性至关重要；微观生成机制则关注于个体层面的行为、决策如何导致网络整体性质的形成。网络结构的动力学行为：网络结构研究最终目的是通过研究结构来解释基于这些结构之上的系统的运作方式，进而预测和控制网络系统的行为（汪小帆等，2006；何大韧等，2009）。

（3）社会网络与复杂网络区别

与社会网络相比，复杂网络更偏向于是一种数学工具或一种分析问题的方法，比较常见的复杂网络有社会网络、金融网络、交通网络等。例如，用节点来表示城市，用节点之间的连接表示城市之间的交通路线，从而构成了复杂的城市交通网络图。而社会网络则是社会学研究的对象。例如，社会网络中，具有社会属性的行动者总是和周围的环境紧密联系，无论是否情愿，行动者总是或多或少被环境所影响，同时也不停地影响着环境。因此，社会网络分析需要结合具体情景，不仅要分析行动者自身的属性特征，也要考虑其他行动者对其的影响。

复杂网络包含了社会网络，一方面，复杂网络研究的关系中包括对社会关系、社会网络这一部分的研究；另一方面，社会网络如果呈现复杂的特性，就会用到复杂网络的工具来解释结果，如复杂网络中的小世界网络，在社会网络分析中也是非常重要的整体网络指标。社会网络与复杂网络的区别主要集中在几个方面，如表1-2所示。

表1-2 社会网络与复杂网络的区别

对比	社会网络	复杂网络
基本概念	关系结构、社会关系	系统性、复杂性
发生源	社会心理学和人类学	非线性物理学和统计物理学
特点	多重性、普遍性、隐蔽性	小世界性、无标度性、超家族性
分析层次	区分个体网、整体网	一般不区分个体网、整体网，系统分析
研究范围	社会关系	涉及多领域的关系：经济、社会、信息
数据特征	主观性	客观性
网络模型特征	规模相对较小	规模相对较大，依赖计算机技术及仿真

1.2.2 社会网络的表达形式

“社会网络分析从一开始就是一种跨学科的研究方法”，“已经成为一种制度化的跨学科视角”（戴维·诺克，2017；Scott，2012；Scott等，2016），由于社会网络的跨学科性，使得它拥有许多不同的分析网络的具体方法，常用到的两种方法是图论法和矩阵法。

（1）图论法

目前社会网络最直观的表达形式是图论（Coleman，1964）。一个图是由节点集和边集所构成。其中，每个行动者即为一个节点（如：点A、B、C、D），连接节点之间的边（如：边X、Y、Z）称为关系。点A与点B是邻接的，而点A与C不邻接；线X与Y是邻接的，而X与Z不邻接（刘军，2004），如图1-2所示。

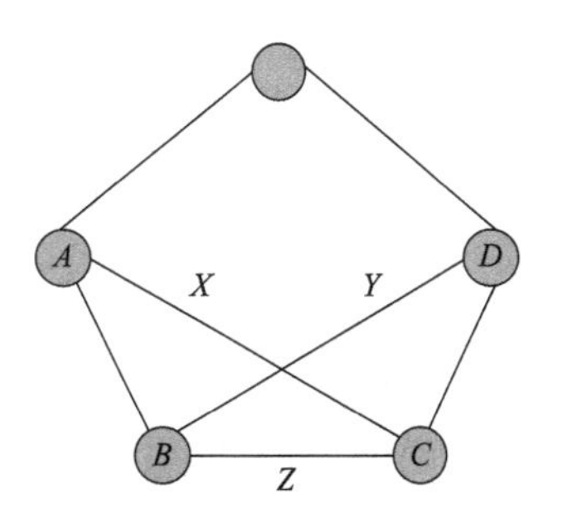

图1-2 邻接性

图有不同的结构和类型，图1-3表明了图的不同形态，上面的四个图是不连通的，下面的四个图是连通的；最后一个图是完全图；有四条线的图构成了一个环；有三条线的图构成了一条通道；有四个点的图中两两互为同构。

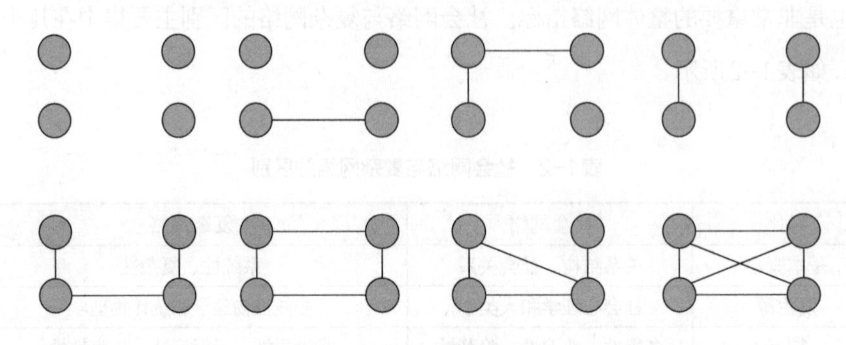

图1-3 图的不同形态

一个图中可包含一个或一个以上的子图。如果有两个图 $G=(V(G), E(G))$ 和 $H=(V(H), E(H))$，当图 H 满足节点集 $V(H)$ 是 $V(G)$ 的子集，边集 $E(H)$ 是 $E(G)$ 的子集，且每一条边都在节点集 $V(H)$ 中，那么图 H 就是图 G 的子图，如图1-4所示。

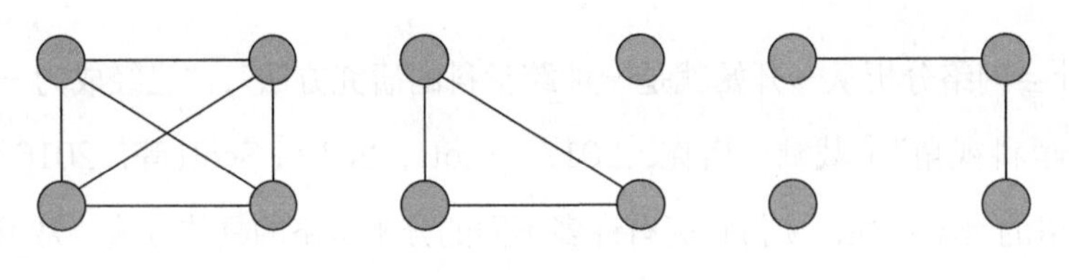

图1-4 一个图及其子图

图的基本类型有树（Tree）和块（Block）。“树”是连通的、无环的图。森林是由一个或多个互不相连的树组成的集合，如图1-5所示。

“块”是指没有割点（Cutpoint）的最大连通子图或集合中的一部分。“割点”是指在连通图中如果移除此节点后，原来相连的图就不再连通，而是分割成两个不相连的子图，这个节点被称为割点，如图1-6中的 N_1。

“割边”是指如果去掉这条边后，原本连通的图就被分割成两个不相连的子图，这条边也被称为“桥”，如图1-7中节点 N_1 到 N_4 之间的边。

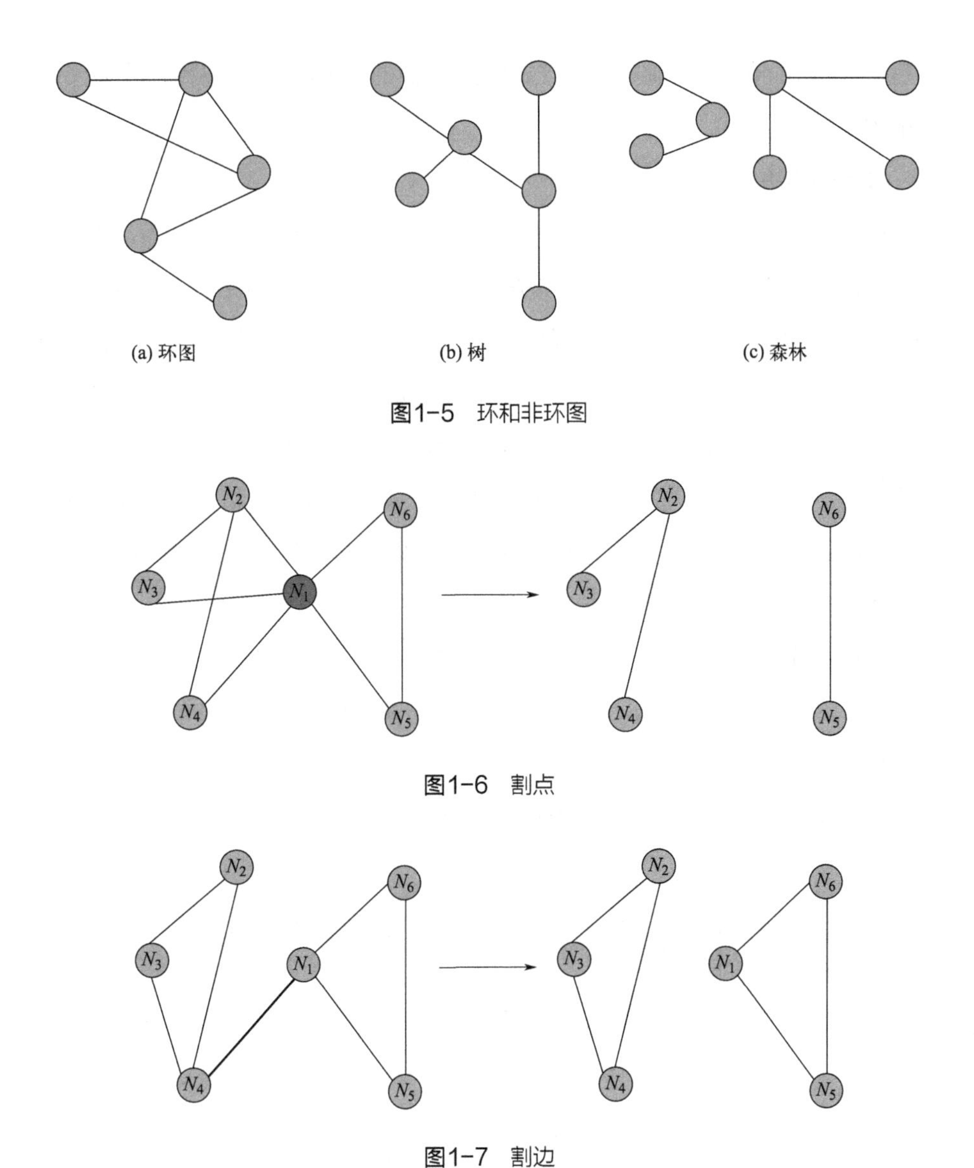

(a) 环图　(b) 树　(c) 森林

图1-5　环和非环图

图1-6　割点

图1-7　割边

图的分析元素有很多，如节点、边、度、路径、对称性（矩阵中如果i选择j的同时j也选择i时，那么它们的关系是对称的）、传递性（传递性反映的是网络中三个行动者之间的关系，例如行动者A与B有联系，行动者B与C有联系，那么行动者A通过行动者B与C也有了联系）、关联性（即连通性，指行动者之间的可达性和互联程度，社会网络分析关注行动者之间的联系，如某一行动者跟其他行动者之间的连通度，不同社会网络中的行动者之间的关联程度不同）。各种图包含一些不同的元素和特征，通过对这些方面的分析可以说明网络中行动者之间的关系。

（2）矩阵法

图论法的缺点是当节点数过多时，用图形表示就相当复杂，难以看出关系的结构。此时，矩阵法就应运而生。矩阵分析可以显示出社会网络的唯一结构，弥补了图论法中可能存在的主观因素，同时又为进一步的相关计算提供支持（袁方，1997）。矩阵由m行和n列元素构成，记作$m \times n$，如果矩阵的行数和列数相同，此矩阵称为正方阵（m等于n）。如果矩阵的行数和列数不同，此矩阵称为长方阵（m不等于n）。把社会网络中的每一个节点分别按行和列的方式排列即可形成网络矩阵，网络的节点数称为矩阵的阶数。社会网络分析常用的矩阵有邻接矩阵和关联矩阵（林聚任，2009）。

邻接矩阵是描述网络中节点之间连接关系的基本工具。对于一个有n个节点的图G，其邻接矩阵$A=(a_{ij})$是一个$n \times n$的矩阵，矩阵中元素a_{ij}的取值表示节点i到节点j是否有边连接：如果$a_{ij}=1$，表示节点i和节点j之间有一条边；如果$a_{ij}=0$，表示节点i和节点j之间没有边，如图1-8所示。

项目	n_1	n_2	n_3	n_4	n_5	n_6
n_1	—	0	1	1	1	1
n_2	0	—	1	1	0	0
n_3	1	1	—	1	0	0
n_4	1	1	1	—	0	0
n_5	1	0	0	0	—	1
n_6	1	0	0	0	1	—

图1-8　邻接矩阵

邻接矩阵又称为社群矩阵，此矩阵表示行动者之间有无关系（1，0），但不能表示其关系的强弱。此对称矩阵中自左上角到右下角的对角线没有数值，是指各个行动者与自身的关系，1表示有关系，0表示无关系，如图1-9所示。

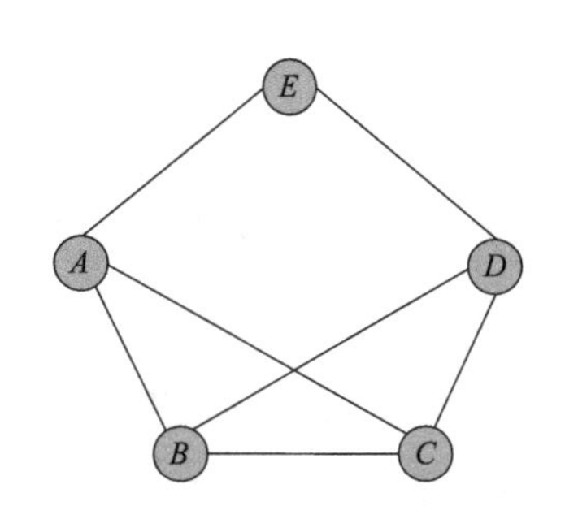

项目	*A*	*B*	*C*	*D*	*E*
A	—	1	1	0	1
B	1	—	1	1	0
C	1	1	—	1	0
D	0	1	1	—	1
E	1	0	0	1	—

图1-9 用邻接矩阵表示网络关系

关联矩阵用于描述各个节点与每条边的关系。对于一个图G，如果图有n个节点和m条边，则关联矩阵$\boldsymbol{B}$=（b_{ij}）是一个$n\times m$的矩阵。其中当b_{ij}=1时，节点i与边j关联；当b_{ij}=0时，节点i与边j不关联。如图1-10中的网络关系，可以转化为关联矩阵。

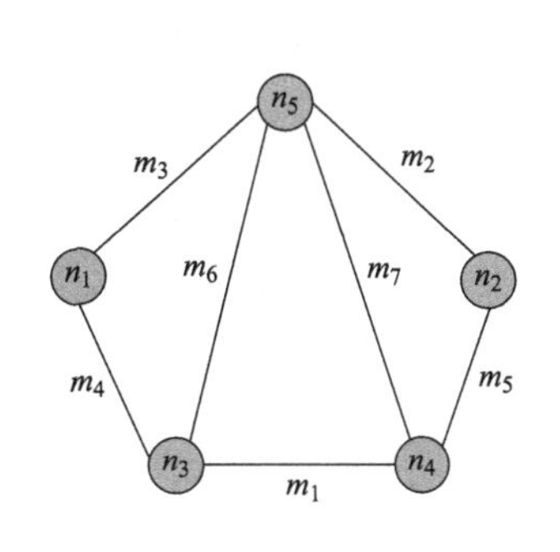

项目	m_1	m_2	m_3	m_4	m_5	m_6	m_7
n_1	0	0	1	1	0	0	0
n_2	0	1	0	0	1	0	0
n_3	1	0	0	1	0	1	0
n_4	1	0	0	0	1	0	1
n_5	0	1	1	0	0	1	1

图1-10 关联矩阵表示网络关系

在社会网络分析中，学者们常常研究社会行动者的隶属关系。例如，研究一个专利研发的合作成员分别隶属于哪些企业，参与了什么事件等。此时，可以利用n行代表n个行动者，m列代表m个事件等。从而可以构造类似图1-10的隶属关系矩阵。可计算指标有：

关系总量：在个体网中，一个节点的关系总量指的是该节点发出或者接收到的关系总数；而整体网的关系总量却完全不同，它指的是网络中包含全部关系的数目。

网络规模：指网络中包含的行动者数量（Paruchuri，2010）。网络规模越大，构成网络的行动者数量越多，行动者之间的关系结构也更复杂和多样化。例如小型群体关系结构较为简单，但是大型群体就有复杂的内部关系结构。

网络密度：指网络中实际存在的连接边数量与可能存在的最大连接边数量之比（Wasserman和Faust，1994）。网络密度反映的是社会网络关系的密切程度（Scott，2000），即网络密度越大，表明网络成员之间的关系越密切。因此，通过社会网络可以直观地对群体特征进行分析，如群体的结构、核心行动者或外围行动者等。

1.2.3 社会网络的基本理论

20世纪40年代以来，西方学者在社会网络分析的理论方面有了进一步的发展，拓展了结构分析观。其中，具有代表性的理论有Redl（1949）的社会传染理论、Heider（1946）的平衡理论、Granovetter（1973）的弱关系理论、Granovetter（1985）的嵌入性理论、Burt（1992）的结构洞理论，以及林南（2005）的社会资本理论等。这些理论说明了网络关系和结构形成的过程，揭示了该过程中呈现的变化规律和特点，下面我们将对此做出详细介绍（图1-11）。

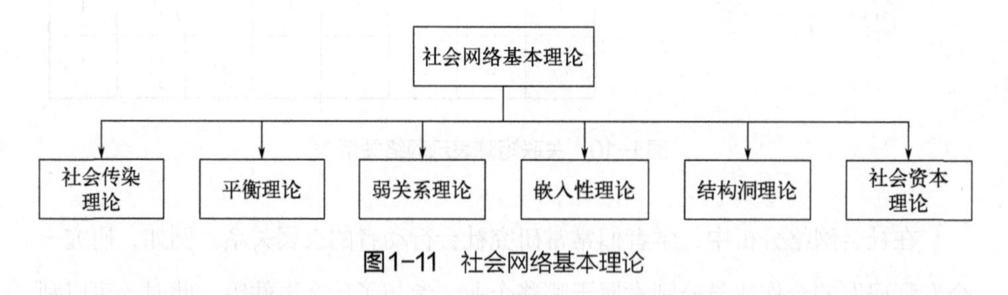

图1-11 社会网络基本理论

（1）社会传染理论

“传染”一词通常用来描述一种现象，即信息、观点、意见、情感或行为可以迅速在社会群体中传播和影响他人。早在19世纪后期，这一现象就引起一些学者的高度关注，并提出了“社会传染”概念，用于探究信息和行为是如何从一个个体传播到另一个个体，并借此解释和预测社会群体的行为。20世纪50年代后，社会传染在多个社会学领域得到验证（Redl，1949）。它关注信息和行为在人群中快速传播的原因和方式，探索其成因和动力学机制。它将个体间的关系和互动纳入研究范畴，突破了传统理论主要从个体和环境特征来解释个体的态度、情感和行为的局限。

虽然社会传染的概念兴起较早，但学术界并未给出明确的定义。直到20世纪80年代，Raven等（1983）明确界定了社会传染的概念，即“行为、态度或情绪状态在社会群体或组织中以类似于传染病毒传播的方式传播”。社会传染分为简单传染（包括疾病和信息传染）和复杂传染（包括态度、信仰、情感和行为传染）。社会传染研究主要以信仰、行为等传染为对象，与简单传染相比，信仰、行为等传染的成因和动力学机制更为复杂。Wheeler（1966）从个体角度出发，将行为传染定义为：个体行为不仅是他人行为作用下感染的产物，而且是会引发关系人的相同行为趋势的过程。该定义主要以个体为主要对象，分析个体层面的社会传染。然而，大多数传染事件都是个体心理和群体心理共同作用的结果，个体与群体相结合产生重要的交互效应。社会传染是基于个体的意愿和动机强度，这些个体之间的相互作用聚集而产生的群体作用。Lindzey（1985）将行为传染定义为：行为从一个群体成员传播到另一个成员，进而影响整个组织的发展趋势。社会传染是从“发起者”到“接受者”的影响、态度或行为的传播，在这种传播中，接受者没有察觉到发起者是否故意为之。例如，领导者能够传染追随者，并且伴随着领导者与追随者的互动，影响整个组织能否获得长期成功（Norman等，2005）。

尽管学者们对社会传染的定义各不相同，但从这些定义中可以看出两个关键点：首先，在社会传染过程中存在行为的发起者与模仿或接受行为的接受者；其次，在社会传染过程中，发起者实现了行为、信息和影响力等的传播。当某种行为从一个或多个发起者传播到接受者，并且个体由于与他人的互动而改变其行为时，社会传染就会发生。社会传染现象具有高度的社会性，因此，研究者们将群体和交互性因素纳入了社会传染理论之中。社会传染理论规定了个体所处的社会环境如何影响他们的态度和行为，这种社会环境是由人际关系模式所决定的（Burt和Doreian，1982；Burt，1987）。

行为传染研究的一个重要方向是通过社会网络分析来解释社会网络结构与行为传染之间的因果关系。组织中个体与团队对行为传染的交互效应可以反映在社会网络结构上，而社会网络结构实际上是社会行动者之间关系的一种抽象表示。在网络结构中，为了减少不确定性，相互接近的个体往往会导致社会传染。社会网络中的其他成员几乎是自动地“发现”扩散性行为，而发起者并不一定是有意为之（Redl，1949）。通过社会网络分析，研究者可以探索社会网络中个体之间的连接方式、信息传播路径以及社会影响力的传递方式，这种分析可以揭示社会网络结构如何影响个体之间的行为传染（Centola和Macy，2007）。例如，一项研究发现在一个紧密相连的社会网络中，某种行为或态度可能更容易、更快速传播，而在一个疏离的社会网络中，行为或态度传播的速度可能更慢（Centola，2010）。因此，理解社会网络结构与行为传染之间的因果关系，有助于我们更好地理解社会系统中的行为变化和社会动态。

（2）平衡理论

结构（或社会）平衡被认为是一个基本的社会过程，用来解释社会行动者对彼此的感情、态度和信仰如何促进稳定（但不一定没有冲突）社会群体的形成。平衡理论既是一般理论，也是进行实证工作的框架。

Heider（1946，1958）和Newcomb（1961）发展了平衡理论的基本组成部分，并作为研究社会行动者之间情感联系的分析框架。如果这些排列造成了不平衡（以“压力”或“冲突”的形式），社会行动者将改变其结构排列以减少不平衡，这一过程机制被Heider(1946,1958）明确指出存在于社会行动者的大脑中。对此，他引入了POX三元组的概念，其中，P是焦点行动者，O是另一个行动者，X是一个物体（可能是第三人称），如图1-12所示。

图1-12中上面一行的四个三元组被认为是平衡的，而下面一行的四个三元组被定义为不平衡的。平衡的三元组被认为是稳定的，因此，当P对O和X的态度是积极（或消极）的时，O同样对X持积极（或消极）态度，从而不会给P造

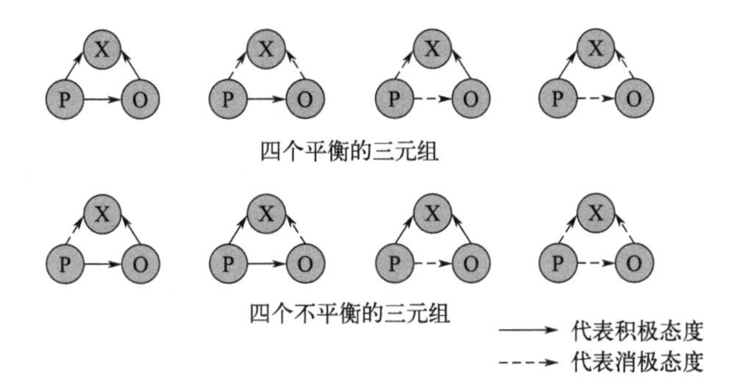

图1-12 平衡和不平衡的POX三元组

成冲突。相比之下，不平衡的三元组会给行动者带来冲突。在这个例子中，假设P对X具有（或发展）消极的态度（如图1-12四个不平衡的第一个三元组），这将给P造成压力或冲突（因为P不喜欢X，O喜欢X，而P喜欢O），那么P有两个选择：一个是不喜欢O，并通过不喜欢O和X来创造平衡；另一个是决定喜欢X，并创造全正三元组。如果O对X产生了厌恶，P意识到了这一点，这也将给P造成冲突（如图1-12四个不平衡的第二个三元组）。Heider（1946，1958）的POX模型规定，为了减少冲突，P必须改变与X或O的关系。也就是说，如果P选择不喜欢X或O（O仍不喜欢X），P的三元组将达到平衡。该模型通过指定产生不平衡的结构排列和产生或恢复平衡的变化类型，提供了动态模型的基本理论。

（3）弱关系理论

Granovetter于1973年提出了弱关系理论，该理论有一组明确的前提和结论。第一个前提是两个人关系越紧密，社会网络的重叠性越强，他们将会与相同的第三方有关系。因此，如果行动者*A*和*B*关系紧密，行动者*B*和*C*关系紧密，则行动者*A*和*C*相识的机会会增加，至少会产生弱关系（例如，行动者*A*和*C*由互不相识到彼此认识，但不熟悉）。这是一种传递性，一些学者称为g-transitivity（Freeman等，1979）。Granovetter（1973）认为这种传递性是关系形成的内置属性。例如，人们往往趋于同质性，也就是说，他们倾向于与自己相似的人建立强关系（Lazarsfeld和Merton，1954；McPherson等，2001）。同质性具有一定的弱传递性，因为如果行动者*A*与*B*相似，且行动者*B*与*C*相似，那么行动者A与C也会存在某些相似之处（即弱相似性）。因此，在某种程度上，弱相似性也会在关系结构中引发弱传递性。

弱关系理论的第二个前提是桥接关系，该关系是新想法的一个潜在来源。桥接关系将一个人和与其没有共同好友的人联系起来。Granovetter（1984）认为，通过桥接关系，一个人能接触到从未在其亲密朋友中流通的消息。如图1-13所示，行动者A与G之间是一个桥接关系。因为行动者A是其所在社会群体里唯一一个有外部关系的人，其可以从行动者G处获得其他群体成员没听到的消息。因此，弱关系很有可能成为桥梁。另外，由于桥梁是新颖性信息的来源，而只有弱关系才能成为桥梁，所以弱关系是最佳的新颖性信息的潜在来源。Granovetter和Soong（1983）用这个理论来解释为什么人们常常通过朋友圈外的人而不是朋友找到工作。从这个意义上讲，弱关系是个体社会资本之一，有更多的弱关系（即更多的社会资本）的人们就更有可能成功。Granovetter也将弱关系理论应用于群体层面，他认为一些具有较强的局部凝聚性的群体，却缺乏整体凝聚性；而另一些具有较弱的局部凝聚性的群体，却有强大的整体凝聚性。Granovetter的研究表明，城市能够同化一个邻近社区而不是其他社区，是因为这个邻近社区的弱关系结构形成群体社会资本，该社会资本能帮助群体成员共同努力实现目标，如调动资源和共同应对外部威胁。

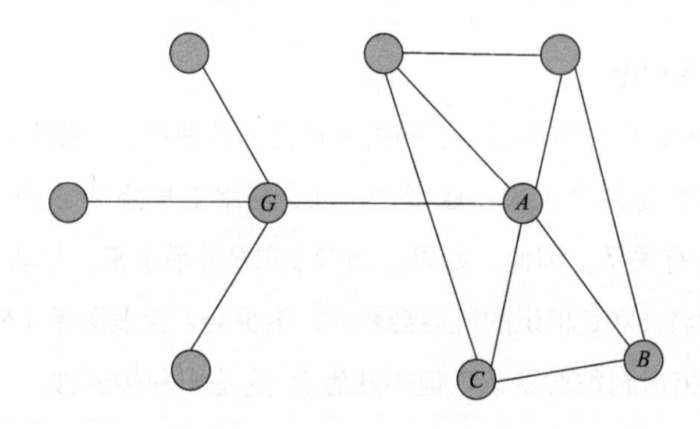

图1-13 行动者A与G的桥接关系

（4）嵌入性理论

“嵌入性”这一概念最早是由Polanyi（1944）提出，并将此用于经济学理论。随后Granovetter（1985）把嵌入性研究推向了新的阶段，他认为，“经济活动是在社会网络的互动过程中做出决定的”，自此嵌入性理论（Embeddedness Theory）成为了连接经济学、社会学与组织理论的桥梁。从嵌入性概念的起源和发展来看，Polanyi最初提出的嵌入性指的是社会体系在经济体系运作过程中产生的影响，强调经济体系与社会体系之间的双向联系。他讨论了经济活动不仅仅是市场交换，而是嵌入在更广泛的社会关系和文化认知中；而Granovetter则注重经济行为在社会网络中的嵌入性，强调经济行为与社会体系各方面的多边联系。他讨论了经济行为不仅受到个体理性选择的驱动，而是嵌入在社会网络中，社会网络为个体提供信息、支持和信任，影响了他们的决策和行动。

从微观层面来看，嵌入性理论指行动者的行为都嵌入在社会网络中，而这些社会关系会影响行动者的行为结果（Granovetter，1985），即“现行的社会关系约束着行动者的行为，如果将行动者单独割裂出来进行分析，就会产生严重的误解”（Granovetter，1985）。从宏观层面来看，嵌入性理论认为所有的经济行为都嵌入在社会背景之中，并将经济交换描绘成社会网络中的嵌入关系，而关系的结构特征影响着经济行为。嵌入性理论的提出是对网络结构如何产生管理机制和如何促进行动者通过网络关系获得收益的可能性解释（Uzzi和Gillespie，2002）。

随着嵌入性理论的逐渐完善，学者们又从不同维度对嵌入性类型进行了详细的划分。Zukin和Dimaggio（1990）提出嵌入性分为4种类型：结构嵌入性、认知嵌入性、文化嵌入性和政治嵌入性。这种分类只考虑了内部个体认知和外部环境因素，缺乏与社会网络的关联性。学术界普遍认可Polidoro等（2011）的分类，即关系、结构和位置嵌入性。Polidoro等（2011）总结并阐释了嵌入性的作用机制，即关系嵌入性能形成基于知识的信任；结构嵌入性能形成社会监管机制；位置嵌入性能形成声誉机制，进而研究了嵌入性对网络关系稳定性的影响。更进一步地，基于Nahapiet和Ghoshal（1998）提出的社会资本三维划分方法（关系、结构和认知），González等（2013）将嵌入性细分为关系（关系数量和关系强度）、结构（网络密度、结构洞和中心性）和认知（跨学科合作）三个维度。基于Burt和Ronchi（2007）次级结构洞的思想，Min和Mitsuhashi（2012）在关系嵌入性和结构嵌入性的基础上，引入了间接嵌入性，用于描述间接连接的稠密程度，进而研究了嵌入性对结构洞消失的影响，包括联系人之间建立关系（结构洞填充）、中间人和联系人之间的桥连接消失（结构洞分解）两种情况。此外，Gulati（1998）还总结了嵌入性理论的优势，即资源获取、资源共享、信息和知识扩散、共同解决问题、形成互惠准则以降低交易成本。

（5）结构洞理论

结构洞理论关注的是个体网——围绕给定节点的节点群，以及它们之间的关系。我们比较图1-14中的节点A和B的个体网，节点A和B都有相同数量的关系，因此，它们的关系强度是相同的。然而，由于节点B的接触者彼此相连，则节点B从节点X处获得的信息很可能与从节点Y处获得的信息相同。相比之下，节点A的关系连接到三个不同信息源。因此，节点A在任何时间都可能会获得比节点B更多的非冗余信息，进而可以有更好的执行能力或被视为新思想的来源（Burt，1992）。

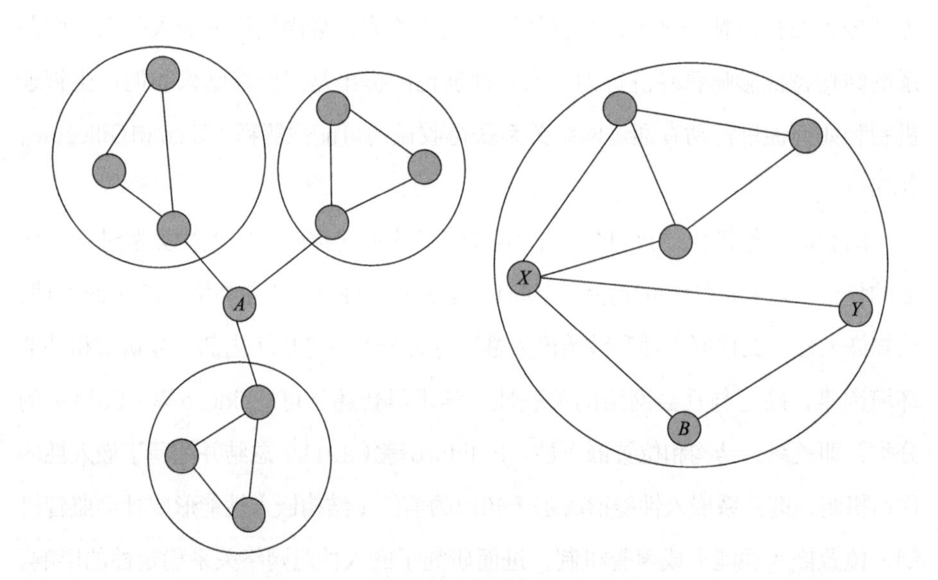

图1-14 节点A的个体网与B的个体网

另外，Burt（1992）认为，结构洞不仅产生信息优势（即占据结构洞的行动者能更快获取高价值信息为己所用），而且还产生控制优势（即占据结构洞的行动者可以操控其联系人之间的信息流动和传递）。结构洞是中间人策略的背景，中间人描述了一个从不相关的他人中获利的行动者。一个常见的中间人策略是在有相同关系的两个或更多的行动者之间处于第三者位置。例如，一个买方A与来自不同企业的卖方B和C谈判。买方A与卖方B和C都有联系，而卖方B和C没有联系，买方A分别在卖方B和C那里获取对自己有利的价格信息，通过这些信息为自己争取到更优惠的价格。然而，由于买方A市场还存在其他买方D，导致卖方B、C可能会选择买方D来替代买方A，从而获得新的结构洞利益。为了降低这种情况发生的可能性，买方A可以发展其与买方D的关系（即填补结构洞），这样卖方B和C很难在他们之间获取利益，如图1-15所示。

再例如，日本的keiretsu系统[1]是所有权相互关联的复杂企业集团（Webster，1992）。这些企业在互惠的基础上建立了长期关系，有助于企业之间的信息共享。根据Burt的论述，这样的系统可以自由地构造结构洞，即由于该系统拥有庞大的关系网络，成员企业可以在其中与富有结构洞的供应商进行互动，由此获得更多的机会来谈判有利条件，从而享受更高的回报率。

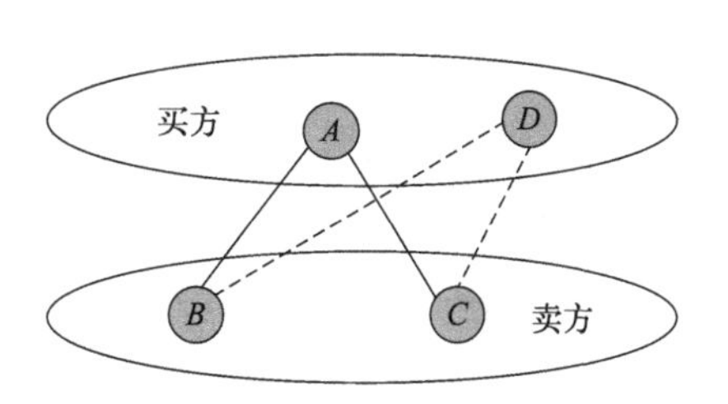

图1-15 买方A占据结构洞位置和买方D后加入网络中

最后，Burt的结构洞理论可以总结如下：与联系人的关系利益是由发展和维持关系所投入的时间和精力乘以回报率决定的。回报率是以下内容数量的乘积：

① 行动者网络中联系人和其他联系人之间存在多少初级结构洞；

② 在联系人和其他可以替换的联系人之间有多少次级结构洞；

③ 在行动者和其他可以替换的行动者之间有多少结构洞。

---

[1] 在企业文化里，keiretsu指的是日本式的企业组织。一个keiretsu是一组联营公司，它们结成一个紧密的联盟，为彼此的成功而一起奋斗。keiretsu系统是基于政府和企业间的亲密合伙关系，将银行、厂商、供应者和发行者与日本政府连结在一起的一个复杂的关系网络。

基于Burt（1992）结构自主性概念，当行动者A自身的关系中没有结构洞，而处于另一端的行动者B富有结构洞，那么行动者A可以利用行动者B的结构洞为自己创造信息和控制优势。因此，该网络赋予了行动者A高度的结构自主性。结构自主性反映了行动者A是否拥有一个富有结构洞的网络机会，简单来说，就是行动者A自身周围没有结构洞，而行动者B周围有很多结构洞可以被行动者A利用。可见，一个结构自主的行动者最能获得更多的利益。

（6）弱关系理论和结构洞理论的比较

通过对弱关系理论和结构洞理论的介绍，我们对这两个理论进行对比解析如下：

Kilduff等（2010）认为，Burt对于社会的描述明显不同于Granovetter。例如，Kilduff等认为Granovetter采纳一个偶然形成的关系世界，而Burt采纳一个更战略和实用的观点。就具体的理论来说，Burt的理论与Granovetter的理论息息相关。Burt认为，行动者A比B的结构洞多，说明行动者A有更多的非冗余关系。Granovetter认为，行动者A比B有更多的桥梁，说明行动者A拥有更多的获利机会。但无论我们称之为非冗余关系还是桥梁，概念和结果是一样的，即获取新颖性信息和对自己有益的机会。Granovetter和Burt也存在不同之处。Granovetter首次提出了弱关系的概念，并进一步认为弱关系能成为信息桥。对此，Burt并不反对，甚至提供了经验证据证明弱关系更容易衰退（Burt，1992，2002）。然而，Burt将弱关系仅仅视为一种基本原则的“关联”，即非冗余性。但这些都是微小的差异，这两个理论都是基于相同的网络运作模型。

从网络基元角度来审视弱关系理论和结构洞理论，可以看到社会网络理论所具有的两个非常典型的特征：

首先，这两个相关联的概念在网络结构和位置上发挥基础作用（Tolbert等，2011）。例如，对于弱关系理论，它强调弱关系优势不是与生俱来的，而是结构所起的作用，因为网络中的行动者倾向于桥接其他群体。同样地，对于结构洞理论，它是强调焦点行动者的个体网结构对该焦点行动者产生的结构优势。然而，这两个理论忽略了如创意、智力等个体属性，只关注联系人的多少和有无关联。这并不是因为个体属性不重要，而是这两个理论致力于解释结构和结果之间的关系，其中包括单独研究结构差异所起的作用，以及研究结构和属性如何相互作用以产生结果。

其次，还有一个关于网络功能的隐含理论：在弱关系理论和结构洞理论中，网络具有流通或扩散信息的功能（Tolbert等，2011）。这两个理论侧重于将社会系统作为信息流动的网络渠道和路径，并将这种用于信息传递、转移、交换、共享的模型称之为流模型（Tolbert等，2011）。抽象的流模型预先假设了一些基本条件，例如，信息流随着路径长度的增加而需要更长的时间传递。从这个假设中可以推导出弱关系理论和结构洞理论的一般结论，例如，处于网络中较远位置的节点，接收信息流的时间晚于位置更中心的节点；同样地，嵌入在稠密网络中的行动者容易从其他不同行动者中收到相同的信息流，因为稠密网络中行动者互相联系较为密切；而嵌入在稀疏网络中的行动者会收到异质的信息流，因为稀疏网络中行动者之间关系较弱。这些结论可以进一步推广扩展到各种研究结果。例如，信息传递的速度和数量会影响创造力的提升，因为更快获取信息的行动者，可能会获得更多的灵感和创意；信息流的多样性和数量会影响晋升和就业机会，因为接触到广泛信息的行动者可能更具有竞争力，更容易获得职业发展的机会。

（7）社会资本理论

社会资本理论是一个相对较晚的理论。虽然学者Loury（1976）和Ben-Porath（1980）已经指出了社会关系具有资源或资本的性质，并使用了“社会资本”一词，但直到20世纪80年代，Bourdieu（1980，1983，1986）、Coleman（1988，1990）和林南（2005）等社会学家详细地探究了这一理论，社会资本理论才引起学术界的广泛关注。社会资本的分析层次可以分为两个视角：

第一个视角关注个体对社会资本的使用，即个体如何获取和利用嵌入在社会网络中的资源。在这一层次上，社会资本类似于人力资本，因为个体的行动是为了自身的回报，而个体回报的积累也有助于集体。在这个视角中，分析的重点是：个体如何在社会关系中进行投资；个体如何获取嵌入在关系中的资源。Burt（1992）的著作就反映了这一视角，提出网络位置可以代表并创造竞争优势。处在“结构洞”位置的焦点行动者，通过连接携带信息和知识等资源的联系人，形成了其有价值的资本。

第二个视角关注群体层次的社会资本，研究主题集中在：某些群体如何发展并维持作为集体财产的社会资本；集体财产如何提高群体成员的生存机会。Putnam（1993，2000）的著作则是这一视角的典型代表。虽然这个视角承认个体互动和网络运作在扩展社会资本中的重要性，但它更注重于集体财产生产与维持的要素和过程。

林南（2005）对于社会资本提出自己独特的见解。他认为，社会资本作为在市场中期望得到回报的社会关系投资，可以定义为在目的性行动（Purposive Action）中获取的和/或动员的、嵌入在社会结构中的资源。在这个定义中，有三个重要组成部分：资源；社会结构；行动。下面对这三个组成部分进行详细介绍：

对于前两个组成部分，林南提出宏观社会结构表现为一种等级体系，在微观层面，根据个体行动者的驱动力不同，社会互动可以分为同质性互动和异质性互动。同质性互动是指在相似等级的个体之间发生的互动，主要目的是维持已拥有的资源；异质性互动是获得未拥有的资源，发生在不同等级或拥有不同资源的个体之间的互动。林南认为，同质性互动已得到了社会学界的广泛关注，而异质性互动只是最近才得到关注，相关研究几乎没有考虑到在这一过程中个体行动与结构约束之间动态的相互作用，所以他认为应该把研究重点放在这里。地位取得可以理解为个体行动者为获取社会经济地位上的回报而调动资源或进行投资的过程。林南认为，更好的社会资源的获得和利用会导致更为成功的同质性互动，这是其理论的基本前提。

对于第三个组成部分，林南认为，不同的行动者会采取不同的行动。即便两个行动者的关系范围和社会资本数量相同，但由于他们的行动选择不同，最终结果也会不同。他进一步指出，社会学的核心问题在于分析行动和结构：个体在结构性的机会和约束下做出行动选择，而这些选择与结构性的机会和约束相互作用，进而改变或创造新的结构性机会和约束。这是宏观结构和微观结构之间必然发生的转换过程，社会资本在个体行动与结构之间起着基础性的联系作用。

总的来说，对于嵌入在社会网络中的社会资本为何能增进行动的效果有四个方面的原因：个体的社会关系能促进信息流动；这些社会关系可以对代理人（如组织的招聘者或管理者）施加影响，而代理人在涉及行动者的决策中（如雇佣或升职）起着关键的作用；这些社会关系资源，在某种程度上反映了个体通过社会网络来获取资源的能力；这些社会关系被认为可以强化认同感。综上，社会资本的理论模型可以概括为如图1-16所示。

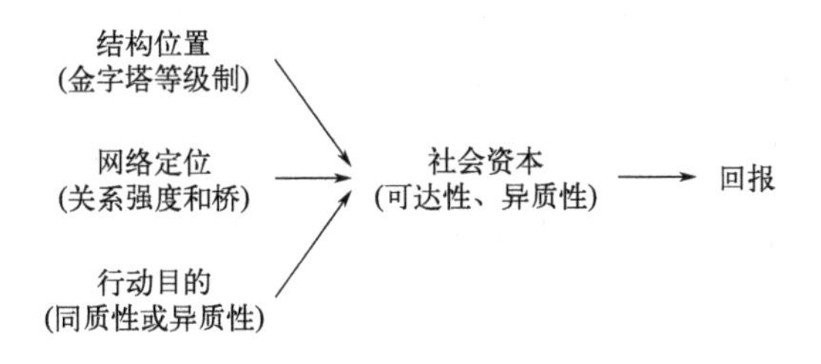

图1-16　社会资本理论模型

林南根据其分析框架，总结出了社会资本理论的三个特征：社会资本理论的概念包含资源、社会结构和行动三个方面，不能只从个体或群体层面分析；社会资本理论只有在等级结构背景中才会具有意义；社会资本理论关注个体行动者的行动，因此要从微观角度分析。林南认为这些特征也表明了社会资本理论将有助于弥合宏观分析与微观分析之间的鸿沟，促进社会学的发展。总之，林南的研究更多的是重视个体或组织层面的社会资本分析，因此，其研究更适合运用于社会网络分析。

1.3　动态网络研究概况

刘军（2019）指出，社会行动者或许称之为社会能动者更好。能动者是具有主观能动性的行动者，是具有思想的、有限理性的行为者。这个观点强调了行动者的个体属性在网络动态演化中的重要作用，例如，性别、年龄、性格、受教育程度、社会地位、价值观等个体属性会影响行动者的行为和决策，如焦点行动者会选择与其性格、地位相似的其他行动者建立关系；当其他行动者的价值观与其不相符时，焦点行动者可能会倾向于弱化他们之间的关系。因此，行动者的个体属性会对网络结构的动态变化产生重要影响。

目前，越来越多的学者开始关注社会网络中行动者之间的动态特性（Heider，1946）。一些研究证明了特定的行业事件如何随着时间的推移塑造网络（Madhavan等，1998）。另一些研究提出了用于了解组织领域如何演变的宏观动态网络（Powell等，2005）。通过收集整理已有文献，我们可以将动态网络的新兴工作大致分为三种，如表1-3所示。

第一，通过观察关系的生命周期（新与旧的关系、关系记忆或后来获得的关系）如何影响组织绩效来探索网络的动态性（Baum等，2012；McEvily等，2012；Soda等，2004）。所讨论的“动态”是特定关系或结构的生命阶段或历史。

第二，通过观察关系的形成和终止来探索动态网络，这是迄今为止最常见的动态网络研究方法，也是将动态网络解释为网络“变化”或发展的最直接方法（Casciaro和Lobo，2008）。

第三，通过观察整个结构如何演变来研究动态网络，而不仅仅是单个关系的获得或损失，Zaheer和Soda（2009）对结构洞起源的研究很好地证明了这一点。

表1-3 动态网络研究分类

研究内容	代表文献
通过观察关系的生命周期（新与旧的关系、关系记忆或后来获得的关系）如何影响组织绩效来探索网络的动态性	Baum等，2012； McEvily等，2012； Soda等，2004
通过观察关系的形成和终止来探索动态网络	Burt，2000，2002； Casciaro和Lobo，2008
通过检查整个结构如何演变而不仅仅是单个关系的获得或损失来研究动态网络	Zaheer和Soda，2009； Gulati等，2012

由上可知，网络动态性的大多数研究都基于个体或组织层面，通过整理上述文献提高了我们对动态网络的理解。这些研究表明动态网络比静态网络研究更加

灵活和可塑，并且对于理解社会行动者能动性及其在网络起源和发展中的作用更具理论意义和实践价值（Ahuja等，2012）。但对于这一较为新兴的研究概括并预测其方向还为时过早，我们需要更加深入地分析其研究范式、理论和方法等。

因此，本书基于动态网络视角，按照如下顺序展开分析：本章主要概述了社会网络的基本概念、方法、理论，而后又对复杂网络与社会网络的关系进行了分析，并重点引入动态网络，说明其研究意义；第2章介绍了动态网络基础，其中包括动态网络的含义、基本范式与逻辑框架、分类以及基本理论，归纳总结了动态网络的应用领域；第3章从定义、特征、具体应用方面介绍了动态网络的四个基础性的驱动因素，即代理、机会、惯性、随机/外生因素；第4章研究了基于驱动因素下网络的动态变化，从节点、关系、结构三个层面分析了动态网络的分析维度；第5章和第6章分别从个体网、整体网两个层次进行动态网络分析，主要研究了个体及整体随着时间推移，其节点属性、网络关系和结构的变化；第7章引入时间因素，介绍了时间尺度的基本属性和划分类型，以及时间在动态网络分析中的作用；第8章介绍了动态网络研究的实证和仿真两种研究方法，分析了动态网络分析中的数据使用及Patlab平台在动态网络研究中的应用，并提出动态网络研究中需要注意的事项；最后，第9章从网络研究发展的角度出发，介绍未来研究的重点和方向。

1.4 本章小结

在社会网络分析的理论方面，具有代表性的理论有Granovetter的弱关系理论、Burt的结构洞理论、林南的社会资本理论等。在社会网络分析的方法方面，常用到数学领域的两种方法：图论法和矩阵法。社会网络包含在复杂网络内，但二者又有明显区别，复杂网络更偏向于是一种数学工具或一种分析问题的方法，而社会网络则偏向于是一种概念，是社会学研究的对象。

由于社会关系并不是一成不变的，所以社会网络的本质是动态的。动态网络比静态网络更加灵活和可塑，并且对于理解社会行动者能动性及其在网络起源和发展中的作用更具理论意义和实践价值。

参考文献

[1] Ahuja G, Soda G, Zaheer A. The genesis and dynamics of organizational networks[J]. Organization Science, 2012, 23(2): 434-448.

[2] Albert-László Barabási, Réka Albert. Emergence of scaling in random networks[J]. Science, 1999, 286(5439): 509-512.

[3] Albert-László Barabási. Linked: The new science of networks[J]. American Journal of Physics, 2002, 71(4): 243-270.

[4] Barnes J A. Class and committees in a Norwegian island parish[J]. Human Relations, 1954, 7(1): 39-58.

[5] Baum J A C, McEvily B, Rowley T J. Better with age? Tie longevity and the performance implications of bridging and closure[J]. Organization Science, 2012, 23(2): 529-546.

[6] Ben-Porath Y. The F-connection: Families, friends, and firms and the organization of exchange[J]. Population and Development Review, 1980: 1-30.

[7] Bidwell M, Fernandez-Mateo I. Relationship duration and returns to brokerage in the staffing sector[J]. Organization Science, 2010, 21(6): 1141-1158.

[8] Bourdieu P. The forms of capital[M]. Greenwood, New York, NY, 1986.

[9] Bourdieu P. Le Capital social: Notes provisaires[J]. Idées économiques et sociales, 1980, (31): 29-34.

[10] Bourdieu P. The field of cultural production, or: The economic world reversed[J]. Poetics, 1983, 12(4-5): 311-356.

[11] Bourdieu P, Richardson J G. Handbook of theory and research for the sociology of education[J]. The Forms of Capital, 1986, 16(6): 241-258.

[12] Burt R S. A note on strangers, friends and happiness[J]. Social Networks, 1987, 9(4): 311-331.

[13] Butts C T. A relational event framework for social action[J]. Sociological Methodology, 2008, 38(1): 155-200.

[14] Burt R S. Bridge decay[J]. Social Networks, 2002, 24(4): 333-363.

[15] Burt R S. Secondhand brokerage: Evidence on the importance of local

structure for managers, bankers, and analysts[J]. The Academy of Management Journal, 2002, 50(1): 119-148.

[16] Burt R S. Structural holes: The social structure of competition[M]. Cambridge, MA: Harvard University Press, 1992.

[17] Burt R S. The contingent value of social capital - Science Direct[J]. Knowledge and Social Capital, 2000, 26(3): 255-286.

[18] Burt R S, Doreian P. Testing a structural model of perception: Conformity and deviance with respect to journal norms in elite sociological methodology[J]. Quality and Quantity, 1982, 16: 109-150.

[19] Burt R S, Ronchi D. Teaching executives to see social capital: Results from a field experiment[J]. Social Science Research, 2007, 36(3): 1156-1183.

[20] Centola D. The spread of behavior in an online social network experiment[J]. Science, 2010, 329(59): 1194-1197.

[21] Centola D, Macy M. Complex contagions and the weakness of long ties[J]. American Journal of Sociology, 2007, 113(03): 702-734.

[22] Casciaro T, Lobo M S. When competence is irrelevant: The role of interpersonal affect in task-related ties[J]. Administrative Science Quarterly, 2008, 53(4): 655-684.

[23] Coleman J S. Collective decisions[J]. Sociological Inquiry, 1964, 34(2): 1-13.

[24] Coleman J S. Commentary: Social institutions and social theory[J]. American Sociological Review, 1990, 55(3): 333-339.

[25] Coleman J S. Social capital in the creation of human capital[J]. American Journal of Sociology, 1988, 94(5): 95-120.

[26] Freeman L C. A set of measures of centrality based on betweenness[J]. Sociometry, 1977: 35-41.

[27] Freeman L C, Roeder D, Mulholland R R. Centrality in social networks: Experimental results[J]. Social Networks, 1979, 2(2): 119-141.

[28] González M, Guzmán A, Pombo C, et al. Family firms and debt: Risk aversion versus risk of losing control[J]. Journal of Business Research, 2013, 66(11): 2308-2320.

[29] Granovetter M S. Economic action, social structure, and embeddedness[J]. Administrative Science Quarterly, 1985, 19: 481-510.

[30] Granovetter M S. Small is bountiful: Labor markets and establishment size[J]. American Sociological Review, 1984, 49(6): 323-334.

[31] Granovetter M S. The strength of weak ties[J]. American Journal of

Sociology, 1973, 78(6): 1360-1380.

[32] Granovetter M, Soong R. Threshold models of diffusion and collective behavior[J]. Journal of Mathematical Sociology, 1983, 9(3): 165-179.

[33] Gulati R. Alliances and networks[J]. Strategic Management Journal, 1998, 19(4): 293-317.

[34] Gulati R, Wohlgezogen F, Zhelyazkov P. The two facets of collaboration: Cooperation and coordination in strategic alliances[J]. Academy of Management Annals, 2012, 6(1): 531-583.

[35] Heider F. Attitudes and cognitive organization[J]. The Journal of Psychology, 1946, 21(1): 107-112.

[36] Heider F. The naive analysis of action[M]. New York: John Wiley & Sons US, 1958.

[37] Jacobsen D H, Stea D, Soda G. Intra-organizational network dynamics: Past progress, current challenges, and new frontiers[J]. Academy of Management Annals, 2022, 16(2): 853-897.

[38] Kitts J A, Quintane E. Rethinking social networks in the era of computational social science[J]. The Oxford Handbook of Social Networks, 2020, 24(1): 71-97.

[39] Kilduff M, Landis B, Burt R S. Neighbor networks: Competitive advantage local and personal[J].Administrative Science Quarterly, 2010, 55(4): 677-679.

[40] Lazarsfeld P F, Merton R K. Friendship as a social process: A substantive and methodological analysis[J]. Freedom and Control in Modern Society, 1954, 18(1): 18-66.

[41] Lindzey G. Handbook of social psychology: Group psychology and the phenomena of interaction (3rd Ed.) [M]. New York: John Wiley & Sons US, 1985.

[42] Loury G C. A dynamic theory of racial income differences[R]. Discussion paper, 1976.

[43] Madhavan R, Koka B R, Prescott J E. Networks in transition: How industry events (re)shape interfirm relationships[J]. Strategic Management Journal, 1998, 19(5): 439-459.

[44] Marcum C S, Schaefer D R. Modeling network dynamics[J]. Journal of Network & Computer Applications, 2021, 86(5): 92-102.

[45] McEvily B, Jaffee J, Tortoriello M. Not all bridging ties are equal: Network imprinting and firm growth in the Nashville legal industry, 1933-1978[J].

Organization Science, 2012, 23(2): 547-563.

[46] McPherson M, Smith-Lovin L, Cook J M. Birds of a feather: Homophily in social networks[J]. Annual Review of Sociology, 2001, 27(1): 415-444.

[47] Min J, Mitsuhashi H. Dynamics of unclosed triangles in alliance networks: Disappearance of brokerage positions and performance consequences[J]. Journal of Management Studies, 2012, 49(6): 1078-1108.

[48] Nahapiet J, Ghoshal S J. Social capital, intellectual capital, and the organizational advantage[J]. The Academy of Management Review, 1998, 32: 119-157.

[49] Newcomb W A, Kaufman A N. Hydromagnetic stability of a tubular pinch[J]. The Physics of Fluids, 1961, 4(3): 314-334.

[50] Norman S, Luthans B, Luthans K. The proposed contagion effect of hopeful leaders on the resiliency of employees and organizations[J]. Journal of Leadership & Organizational Studies, 2005, 12(01): 112-130.

[51] Obstfeld D. Social networks, the tertius iungens and orientation involvement in innovation[J]. Administrative Science Quarterly, 2005, 50(1): 100-130.

[52] Paruchuri S. Intraorganizational networks, interorganizational networks, and the impact of central inventors: A longitudinal study of pharmaceutical firms[J]. Organization Science, 2010, 21(1): 63-80.

[53] Polanyi K. The great transformation: The political and economic origins of our time[M]. Boston, MA: Beacon Press, 1944.

[54] Polidoro J F, Ahuja G, Mitchell W. When the social structure overshadows competitive incentives: The effects of network embeddedness on joint venture dissolution[J]. Academy of Management Journal, 2011, 54(1): 203-223.

[55] Powell W W, White D R, Koput K W, et al. Network dynamics and field evolution: The growth of interorganizational collaboration in the life sciences[J]. American Journal of Sociology, 2005, 110(4): 1132-1205.

[56] Putnam R D. Bowling alone: America' s declining social capital[M]. New York: Palgrave Macmillan US, 2000.

[57] Putnam R D. The prosperous community: Social capital and public life[J]. The American Prospect, 1993, 4(13): 1-11.

[58] Quintane E, Carnabuci G. How do brokers broker? Tertius gaudens, tertius iungens, and the temporality of structural holes[J]. Organization Science, 2016, 27(6): 1343-1360.

[59] Raven B H, Rubin J Z, Quirk T J. Student study guide to accompany social

psychology, second edition[M]. Wiley New York, 1983.

[60] Redl F. The phenomenon of contagion and“shock effect” in group therapy[M]. New York: International Universities Press, 1949.

[61] Ron Milo S I, Kashtan N, Levitt R, et al. Superfamilies of evolved and designed networks[J]. Science, 2004, 303(56): 1538-1542.

[62] Scott A J. The cultural economy of cities: Essays on the geography of image-producing industries[M]. London: Sage Publications Ltd., 2000.

[63] Scott J M, Dawson P, Thompson J L. Eco-socio innovation: Underpinning sustainable entrepreneurship and social innovation[M] Sustainable Entrepreneurship and Social Innovation. Routledge, 2016.

[64] Scott J. What is social network analysis?[M]. Bloomsbury Academic, 2012.

[65] Simmel G, Levine D N. On individuality and social forms selected writings[M]. Chicago: University of Chicago Press, 1971.

[66] Simmel G. On individuality and social forms[M]. Chicago: University of Chicago Press, 1971.

[67] Soda G, Usai A, Zaheer A. Network memory: The influence of past and current networks on performance[J]. Academy of Management Journal, 2004, 47(6): 893-906.

[68] Tolbert P S, David R J, Sine W D. Studying choice and change: The intersection of institutional theory and entrepreneurship research[J]. Organization Science, 2011, 22(5): 1332-1344.

[69] Uzzi B, Gillespie J J. Knowledge spillover in corporate financing networks: Embeddedness and the firm’s debt performance[J]. Strategic Management Journal, 2002, 23(7): 595-618.

[70] Wasserman S, Faust K. Social network analysis: Methods and applications (structural analysis in the social sciences)[M]. Cambridge, MA: Cambridge University Press, 1994.

[71] Watts D J, Strogatz S H. Collective dynamics of ‘small-world’ networks[J]. Nature, 1998, 339(6684): 440-442.

[72] Webster J F E. The changing role of marketing in the corporation[J]. Journal of Marketing, 1992, 56(4): 1-17.

[73] Wellman B. Network analysis: Some basic principles[J]. Sociological Theory, 1983: 155-200.

[74] Wheeler L. Toward a theory of behavioral contagion[J]. Psychological Review, 1966, 73(02): 179-192.

[75] White R L. Review of recent work on the magnetic and spectroscopic properties of the rare-earth orthoferrites[J]. Journal of Applied Physics, 1969, 40(3): 1061-1069.

[76] Zaheer A, Soda G. Network evolution: The origins of structural holes[J]. Administrative Science Quarterly, 2009, 54(1): 1-31.

[77] Zukin S, Dimaggio P. Structures of capital: The social organization of economy[M]. Cambridge, MA: Cambridge University Press, 1990.

[78] 戴维·诺克. 社会网络分析: 第2版[M]. 上海: 上海人民出版社, 2017.

[79] 戴维·诺克. 社会网络分析[M]. 上海: 格致出版社, 2017.

[80] 何大韧, 刘宗华, 汪秉宏. 复杂系统与复杂网络[M]. 北京: 高等教育出版社, 2009.

[81] 李超平, 徐世勇. 管理与组织研究常用的60个理论[M]. 北京: 北京大学出版社, 2019.

[82] 林聚任. 社会网络分析: 理论、方法与应用[M]. 北京: 北京师范大学出版社, 2009.

[83] 林南. 社会资本: 关于社会结构与行动的理论[M]. 上海: 上海人民出版社, 2005.

[84] 刘军. 社会网络分析导论[M]. 北京: 社会科学文献出版社, 2004.

[85] 刘军. 整体网分析: UCINET软件实用指南[M]. 上海: 上海人民出版社, 2019.

[86] 斯科特, 卡林顿. 社会网络分析手册(下卷)[M]. 重庆: 重庆大学出版社, 2018.

[87] 孙笑明, 崔文田, 王乐. 结构洞与企业创新绩效的关系研究综述[J]. 科学学与科学技术管理, 2014, 35(11): 142-152.

[88] 汪小帆, 李翔, 陈关荣. 复杂网络理论及其应用[M]. 北京: 清华大学出版社, 2006.

[89] 王乐, 崔文田, 孙笑明, 等. 动态组织网络研究综述[J]. 软科学, 2016, 30(8): 119-122.

[90] 袁方. 社会研究方法教程[M]. 北京: 北京大学出版社, 1997.

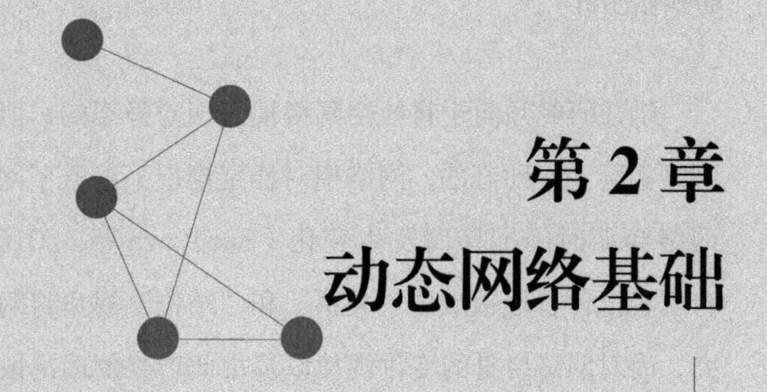

第 2 章
动态网络基础

以往研究倾向于将社会网络视为相对静态的，但越来越多学者认识到社会网络实际上是动态的，网络相对稳定情况下隐藏了网络的持续变化和调整，即网络会随时间推移而发生变化（Sasovova等，2010；Schulte等，2012）。已有学者批评管理领域中“关系”和“结构”视角将网络作为一种分析工具的研究，而对网络自身的变化规律以及由此产生的理论性探讨却鲜有涉及（Burt和Burzynska，2017），即网络本身是如何形成的，它们是如何转化的，以及它们是如何消失的研究较少。动态网络分析关注的重点是网络结构是如何产生的，以及随着时间的推移，网络结构是如何变化的（Zaheer和Soda，2009），即网络结构的形成、维持、衰退、消失。实际上，个体自我中心网和整体网的网络结构都不是一成不变的，因此，我们需要不断加强网络动态性研究（Kilduff和Oh，2006；Rivera等，2010；Burt等，2013），并给出网络结构的源起和变化影响因素（Zaheer和Soda，2009；Polidoro等，2011）。以下内容我们将分析动态网络的定义、动态网络分析运用的基本理论及动态网络分析在企业管理中的应用。

2.1 动态网络的含义

2.1.1 动态网络的定义

尽管人们对动态网络这个话题的研究兴趣由来已久，但动态网络的定义仍然不是很清晰，回顾以往相关研究，主要体现在以下两个方面：指代动态网络的名词不统一以及动态网络的概念中是否应该包含对网络未来变化的预测。

首先，不同学者关于动态网络给出了各不相同的定义，且用于指代动态网络的名词多种多样，这些相互关联但又截然不同的名词往往交替使用，没有统一的标准。例如，Maclean和Harvey在2015年的文章中使用“network emergence”一词；Doreian和Conti在2017年的文章中使用“network evolution”一词；Shah等在2020年的文章中使用“network origins”一词；Quinn和Baker在

2021年的文章中使用“network genesis”一词。此外，Berends等（2011）以及Parker等（2015）分别在文章中使用“network dynamics”和“network change”指代网络的变化，如表2-1所示。

其次，动态网络的概念是否扩展到网络变化的预测和网络变化的结果，或兼具两者也没有明确说明。随着动态网络研究的不断深入，Ahuja等（2012）对动态网络概念的描述趋向于将动态网络设想为对网络变化原因的分析，然而，Bravo等（2012）、Soda等（2021）在其研究中明确地将动态网络与预测网络变化的非网络结果的模型联系起来。总之，学者们要么选择不定义这个概念，要么选择使用一个只适用于个人研究的特殊定义，在动态网络定义的问题上没有一个统一标准的概念，这使得阅读动态网络相关文献较为困难，一定程度上阻碍了动态网络研究的发展。

表2-1 动态网络术语

动态网络	作者
network dynamics	Berends等（2011），Ahuja 等（2012）
network emergence	Maclean和Harvey（2015）
network change	Parker等（2015）
network evolution	Doreian和Conti（2017）
network origins	Shah等（2020）
network genesis	Quinn和Baker（2021）

为了解决这一问题，进一步促进动态网络研究的连贯发展，Jacobsen等（2022）明确提出了动态网络的定义，即动态网络是指网络变化与其前因和结果相关的过程。换句话说，动态网络研究关注的是网络为什么以及如何发生变化的过程，这种变化为什么以及如何会产生为某些结果。Jacobsen等（2022）所提出的定义包含三个必要充分的构成要素：网络自身的变化，网络变化的驱动因素和结果，以及驱动因素和结果之间的关系，如图2-1所示。

（1）网络自身的变化

网络自身的变化包括节点或构成网络的关系的变化（Ahuja等，2012），具

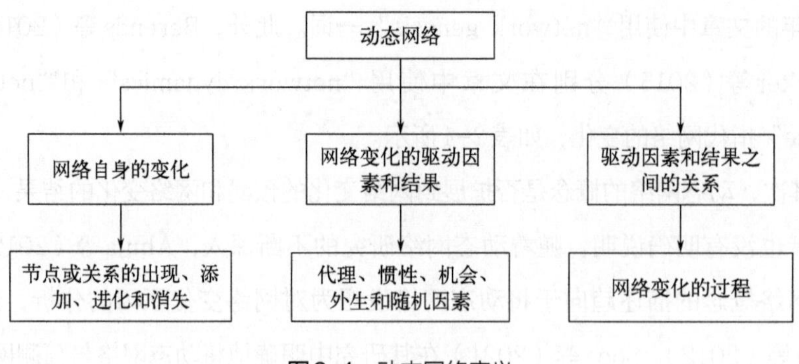

图2-1 动态网络定义

体表现为节点或关系的出现、添加、进化和消失。这些变化可能是客观的，比如当一个网络成员从所属的网络中退出（Stuart，2017）；也可能是主观的，比如当一个网络成员改变其对同事在网络中的地位的看法（Brands，2013）。无论是主观的还是客观的，节点或关系的变化可以在四个不同但相互关联的层次上展开：节点、关系、自我中心网和整体网。

节点变化是指节点本身的变化（Ahuja等，2012），如个人满意度和承诺的变化（Krackhardt和Porter，1985）、领导力感知的变化（DeRue等，2015）。当节点之间的关系被建立或终止，或者节点的属性及拥有的资源发生变化时（Dahlander和McFarland，2013），连接节点的关系就会发生变化。自我中心网变化通常捕捉焦点节点在网络中的变化，如自我中心网的中心性、网络规模或网络密度的变化（Sasovova等，2010）。整体网变化在整个网络中展开，例如整体网的中心性、网络规模或网络密度的变化等（Stuart，2017）。

（2）网络变化的驱动因素和/或结果

Ahuja等（2012）指出网络的动态变化主要由四个基本因素驱动：代理、惯性、机会、随机/外生因素。所谓"驱动因素"，指的是用来将经验现象与网络自身所发生的变化联系起来的基本解释逻辑。

其中，代理驱动因素代表焦点行为者的动机和能力，用以改变自身的节点、关系或结构状态（Emirbayer和Mische，1998）。例如，网络中的行动者有意地创造能提供价值的关系或消除不能带来价值的关系（Dahlander和Mcfarland，2013；Stea等，2021）。惯性驱动因素解释了网络的动态变化会遵循之前的模式以及习惯（Kim等，2006）。例如，当网络中的焦点行动者想要结束某段关系时，网络中固有的强关系会对其结束关系的行为产生约束（Dahlander和McFarland，2013）。机会驱动因素反映了驱动网络变化的力量，根据便利和同质的逻辑（Blau，1994），就像参加社会活动增加了建立新的友谊关系的可能性（Giese等，2020）。最后，网络变化可以由网络之外的随机/外生因素造成。例如，网络伙伴的随机分配（Hasan和Bagde，2015）、自然环境的变化、政策法规的变化。

此外，网络变化可以产生各种各样的结果。一般来说，这些结果可以是经济的，如回报（Eguíluz等，2006）、生产力（Marion等，2016）和创新绩效（Mannucci和Perry-Smith，2021）。网络变化结果也可以是非经济的心理因素，如工作动机（Ng和Feldman，2014）、工作满意度（Krackhardt和Porter，1985）和领导者魅力（Balkundi等，2011）。网络变化结果还可以是非经济的社会学方面影响，如信任（Frey等，2019）、地位（Skvoretz和Fararo，1996）、信誉、声誉和集体影响（Quinn和Baker，2021）。

（3）网络变化的过程

对于动态网络的定义，只是孤立地描述网络自身的变化、变化的驱动因素和结果是不够的。当动态网络定义仅仅是对网络变化、变化驱动因素以及结果的阐述时，我们对网络变化的理解可能只是片面的，因为我们最多只能回答什么是网络变化这个问题。相反，我们认为动态网络不仅关注网络变化是什么，而且还需要关注网络变化的过程，即网络变化的时间效应。因此，定义的最后组成要素是对连接网络变化实例与其驱动因素和结果的时间效应的解释。Jacobsen等（2022）在定义动态网络时，把时间尺度包含在了定义中，因为时间尺度是基于时间是变化的这一先决条件，这种过程和动态的观点被认为是“明确地将活动的时间和进展作为解释和理解的元素”（Kunisch等，2017）。时间尺度是动态网络研究的关键因素（Soda等，2004）。更多学者关注网络节点属性、关系、结构如何随着时间的推移而相互影响，关注网络本身的动态变化（Chen等，2022）。

在一个规范的动态网络定义提出来之前，动态网络通常只是作为一个一般概念来使用，学者们赋予其各种各样的含义，将各自研究内容的潜在假设隐含在概念中。以往动态网络不统一的定义中，主要是对网络变化的描述性表述，不涉及对网络变化结果及其前因之间关系的解释。例如，Doreian和Stokman（1997）提出的“网络动态性描述的是网络变化”。相比之下，Ahuja等（2012）将动态网络视为对网络变化原因的分析，解释“网络特征随时间变化的过程”。本研究所采用的定义与Ahuja等（2012）的观点一致：动态网络重点在于解释网络的变化，同时提供一个契机来扩展动态网络的含义，以进一步丰富动态网络的研究范畴。具体而言，我们认为，动态网络既涉及推导出一个被理解的网络变化过程，也涉及理解这种变化的结果，而不局限于两者中的任何一个。因此，本研究中的动态网络定义重点在于解释网络随着时间的推移而发生的变化，这些解释涉及网络变化的前因、结果，以及前因和结果相互之间的关系，即网络变化的动态全过程，从而使该动态网络定义与先前关于动态网络的内容和观点区分开来。

2.1.2 基本范式与逻辑框架

Ahuja等（2012）的动态网络研究以代理、机会、惯性、随机/外生因素四个微观基础为起点，通过深入分析网络基元的节点、连接和结构，将网络架构维度分为网络结构和网络内容两个维度，构建了理论分析框架和假设，强调了时间因素的关键性。其中网络结构维度分为自我中心网（中心性、约束）和整体网（度分布、连通性、聚集性、度同配性）；网络内容维度分为流类型和不同流的个数。借鉴Sasovova等（2010）的观点，研究从相似性、异质性、显著性吸引、经纪和网络封闭等微动态出发，对网络架构维度的结构和内容变化进行了理论建构，如图2-2所示。

在Ahuja等（2012）的理论框架中，网络动态性的驱动因素涵盖代理、机会、惯性、随机/外生因素四个基本因素。代理体现了焦点行动者通过有意识地建立或消除网络连接，以塑造有利的网络结构的动机和能力；机会指焦点行动者出于信任和互惠机制，在群体内更倾向于构建网络连接，可能导致形成集群或封闭网络；惯性表明焦点行动者的行为受规范、习惯和利益的影响，维持网络结构的持续发展，形成路径依赖；随机/外生因素则引导网络结构的变化。

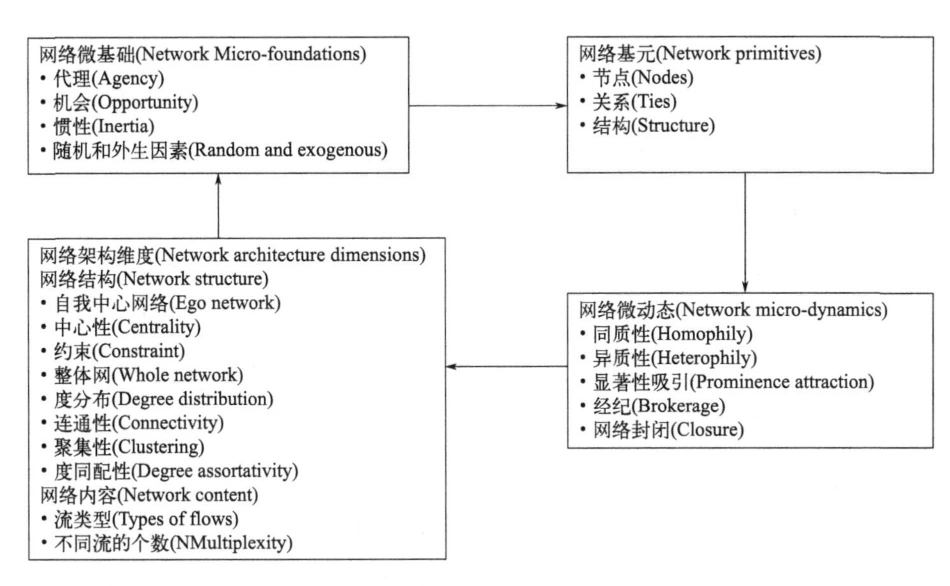

图2-2　动态网络分析基本范式与逻辑框架

动态网络研究主要关注随着时间推移网络变化的前因、后果及其相互关系，聚焦于网络结构的形成、发展和解体。Ahuja等（2012）的动态网络分析框架进一步细化和补充了动态网络研究，提出的分析范式为这一研究领域提供了指导和依据。同时Ahuja等（2012）强调了网络变化的四个基本驱动因素，并对这些驱动因素和具体应用结果及相互关系进行了详细的分析。网络的动态演化源自微基础的驱动，通过深入分析网络微基础，构建理论分析框架和假设，针对经纪和网络封闭等微动态展开讨论。这一理论框架不仅强化了对网络变化的驱动因素的理解，还为后续动态网络研究提供了全面和深入的视角。

2.1.3　网络动态变化的分析视角

在社会学的影响下，早期的组织网络研究倾向于将网络结构视为一种稳定的“单位间关系的持久秩序或模式”（Laumann和Pappi，2013）。后续研究结果表明，人际关系（如友谊）似乎很快稳定下来，从而强化了对持久性的重视（Newcomb和Kaufman，1961；Moody等，2005）。然而，这种明显的稳定性并不意味着网络是静态的。例如，网络会随着环境冲击和破坏而发生改变

(Barley，1986)，而且即使没有破坏性的外部事件，网络也可能发生变化和不断发展。我们认为“动态网络”不是一个单一的结构，更确切地说，它是一个覆盖广阔领域的研究范围，具有三种不同类型的网络动态分析视角。

（1）不同层级网络的动态变化分析视角

网络变化是指特定类型的关系中发生了谁与谁相关的变化，换句话说，这项研究工作包括关系是否存在以及如何形成、关系不存在以及解散的模型，具体包括两个层级：个体网层级与整体网层级。例如，个体网层级的变化，包括每个个体所连接关系的数量、关系的强弱程度等变化；整体网层级的变化，包括网络规模、网络密度等的变化。

个体网层级的变化会导致整体网层级的变化，但反过来，整体网层级的变化并不能说明个体网络层级的变化。例如，随着时间的推移，添加新的关系可以关闭网络中先前存在的结构洞，中断旧的关系可以重新打开先前填充的结构洞，如图2-3所示网络。从个体网络层级的角度来看，左侧网络和右侧网络关系变化是不相同的，在左侧网络关系变化中，行动者A与现有行动者C、D和E断开了关

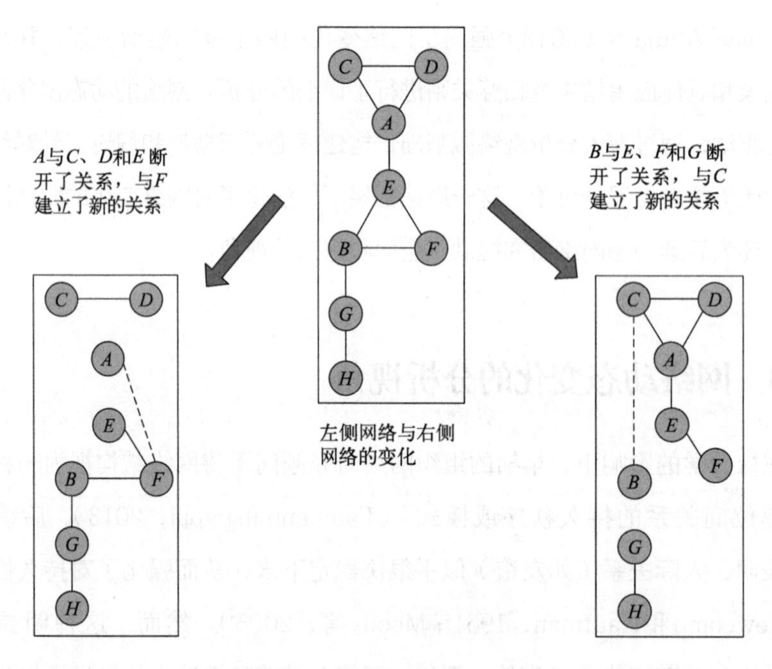

图2-3　不同层级网络动态变化

系，与行动者F建立了新的关系。在右侧网络关系变化中，行动者B与现有行动者E、F和G断开了关系，与C建立了新的关系。左侧网络和右侧网络中个体网发生了很大的变化（如左侧网络中行动者A和右侧网络中的行动者B），导致这两个网络的整体结构发生了很大的变化，但是整体网结构的变化，难以看出部分行动者的个体网的变化情况（如行动者H）。

在我们的框架中，网络变化的每个层级都具有一定程度的自主性和稳定性，但每个层次都与其他层次相互联系并依赖于其他层次。网络变化的研究要么试图解释导致某些节点连接而其他节点断开连接的个体网变化的社会过程（Clough和Piezunka，2020；Tasselli等，2020），要么试图解释整体网随时间的变化（Hernandez和Shaver，2019；Kleinbaum，2018）。

（2）事件驱动网络变化的分析视角

网络研究中分析的大多数关系都由所谓的关系状态组成（Borgatti等，2014）。关系状态是连续和持久的，可以将其视为某节点相对于另一个节点的关系变化。社会网络动态变化很重要的一个推动因素便是关系事件，关系事件可以促使网络中的节点、关系以及结构发生相应的变化。人际交往中一个常见的例子是行动者A是行动者B的朋友。在组织间环境中一个常见的例子是一家公司X与另一家公司Y建立合资企业，这些都是关系事件促使网络节点、关系以及结构的变化。相比之下，关系事件由关系行为（例如，行动者A向B发送电子邮件）和交易（例如，行动者A向B购买商品）组成（Quintane和Carnabuci，2016）。关系事件是暂时的，可以被认为是一个行动者与另一个行动者一起做的事情（例如，一起去看电影）。

因此，对关系行为以及事件的研究可以解释网络中成对节点、关系以及结构之间随时间发生变化的特征（Schecter和Quintane，2021）。更重要的是，对网络关系行为及事件的研究能够揭示网络中节点、关系以及结构动态变化的原因和机制。同时，研究动态网络中事件变化可以提高网络分析效果，通过更精确地分析网络中节点、关系以及结构与网络行为之间的关系，可以提高网络分析的准确性和可靠性。了解动态网络的事件变化有助于预测网络整体变化，为组织决策者提供网络节点、关系和结构多层级变化的有效信息，从而制定更加科学的政策和措施来引导网络积极发展。

（3）节点属性变化驱动网络变化的分析视角

节点属性是网络发生动态变化的重要影响因素，而网络结构以及网络内容的变化反过来又会影响节点属性的变化。网络中的节点是相互影响的，某一节点的属性变化会影响其他节点的属性变化。例如，一项早期研究检查了“毒丸”（一种公司收购防御策略）在董事会连锁网络中的扩散（Davis，1991）。一家公司采用“毒丸”这种防御策略，那么通常“毒丸”也会在与这家公司有相同董事的公司施行。这个案例表明了网络中的节点会根据其他节点的属性来更改自身属性，从而使自身更好地适应网络变化。

节点属性的变化推动网络的动态变化，主要关注点在于网络中的节点如何凭借自身的属性优势提高自己在网络中的位置优势，例如改变网络中心性。就像网络中行动者的属性影响网络动态变化一样，节点本身属性可能是网络变化的关键点。网络节点的属性变化成为热点研究，多年来，学者们已经基于不同的节点属性开发了丰富多样的动态网络分析范式。

2.2　动态网络分析运用的基本理论

网络的动态变化包含两个方面：一是网络拓扑结构的变化，二是网络中社会行为的演化。网络拓扑结构的变化主要表现为节点的增加或减少，以及节点之间关系的生成、维持和移除。而社会行为的演化则主要体现为观点的形成、信息的传播和行为的博弈等过程。网络动态演化的两部分也是相互影响、互为协同的。对网络进行动态分析，一般有两种研究路线：第一，通过对实际数据的分析和挖掘，发现网络动态演化的规律以及规律背后的社会行为模式，采用实证研究的范式。第二，对网络演化进行建模，建模的理论基础包括以往经典的社会理论和网络演化模型。而无论采用哪种方式对动态网络进行探索，都需要了解动态网络演化前因及结果的社会理论以及理论背后的机制，这些理论及理论背后的机制对网络的动态变化有着重要的影响。

目前有关动态网络分析所采用的理论较多且不统一，如资源依赖理论、路径依赖理论、同质性理论、自利理论、认知理论以及传染理论等（李传佳和李垣，2017）。这些不统一的理论之间可能存在一定的交叉，拥有相似的理论机制，对于网络的动态变化又提供了不同分析层次上的解释，而且这些解释有时是相互补充的，有时是相互矛盾的。通过对不同理论的比较和分析，我们选取不存在交叉的三个理论作为动态网络分析的基本理论进行论述，如图2-4所示。

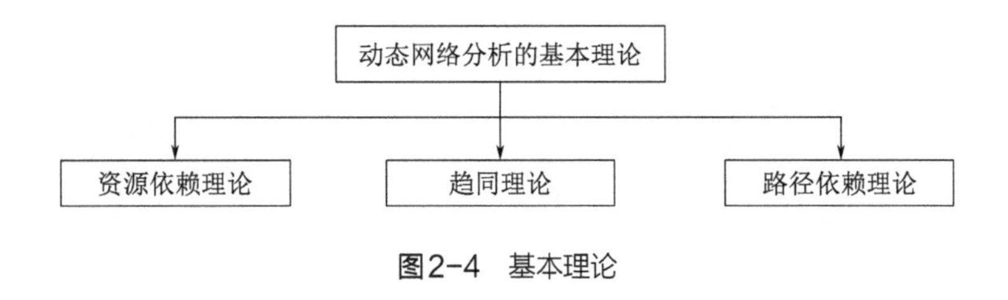

图2-4 基本理论

2.2.1 资源依赖理论

（1）资源依赖理论内涵

资源依赖理论最早来源于生物进化论。在关于组织与环境之间关系的研究中，资源依赖理论指出，任何组织的生存和发展都高度依赖于其外部环境中的关键资源，这些资源包括资金、人力、技术、信息以及其他必要的投入。而这些资源的获取又取决于组织能否满足其主要利益相关者的需求，这些利益相关者主要包括消费者和投资者。如果一个组织无法有效地满足消费者和投资者的需求，将会面临严重的资源短缺问题。这种资源短缺严重影响组织的运营效率和竞争力，最终可能导致组织的失败。因此，资源依赖理论强调，组织必须建立和维护与其利益相关者的良好关系，通过提供所需的产品、服务和利益，确保持续获取关键资源，从而实现长久的生存和发展（郭柏林和杨连生，2023）。因此，通过这一种“物竞天择，适者生存”的机制，那些在行业中脱颖而出的企业通常是最能迎合消费者和投资者需求的企业。

资源依赖理论的核心内容涵盖了组织、环境、资源和依赖这四个关键概念

（杰弗里和杰勒尔德，2006）。

第一个关键概念是组织。资源依赖理论将组织视为开放的系统，强调组织必须与外部环境保持互动和联系。组织由不同的利益主体组成，这些主体通过贡献来获取利益。然而，贡献和所得往往是不对等的。当一个主体掌握另一个主体生存和发展所必需的稀缺资源时，前者对后者就具有控制力和权力。这种控制力和权力在资源依赖理论中是至关重要的，因为它直接影响组织间的关系和权力动态（Pfeffer和Salancik，1978）。

第二个关键概念是环境。环境在资源依赖理论中也占据着重要位置。环境由相互影响的组织构成，这些组织可以自由进入或退出环境，从而影响环境的稳定性。组织必须与环境中的其他组织进行资源交换，以维持其生存和发展。环境的复杂性和多变性意味着组织必须不断适应和应对外部环境的变化，以确保自身的稳定和发展。在这种情况下，组织的适应能力和灵活性变得尤为重要（谭婷，2013）。

第三个关键概念是资源。资源可以是有形的，如资金、原材料和设备，也可以是无形的，如知识、技术和信息。组织需要这些资源来完成任务和实现目标。由于环境中组织的流动性，资源的不均衡分布是常见的现象。这种不均衡状态直接影响资源的丰盈或稀缺，从而影响组织的资源获取能力和竞争力。为了获得所需的资源，组织必须与其他组织进行交换，这种交换关系是组织生存和发展的关键。

依赖则是资源依赖理论的第四个重要概念。依赖指的是组织对资源的需求程度和可用程度，尤其是稀缺性和关键性资源（Frooman，1999）。组织对稀缺和关键资源的依赖程度越高，其在资源交换关系中的弱势地位就越明显。为了减少对单一资源供应方的依赖，组织通常会采取多样化的资源获取策略，例如寻找多个供应商、开发替代资源，或者通过建立合作和联盟关系来增强自身的资源获取能力。通过这些策略，组织可以降低资源依赖带来的风险，提高自身的生存和发展能力。

从以上四个概念的分析可知，资源依赖理论基于四大假设：首先，组织的首要任务是生存，其次是发展。为了生存和发展，组织必须与环境中的其他组织进行互动和交换，来获取一些无法自给自足的资源。第三，组织的存续是建立控制和维持它与其他组织之间各种利益关系之上的。最后，组织通过控制这些关系来确保资源的获取和利用，从而确保自身的生存和发展（Reitz，1979）。资源依赖理论不仅揭示了组织与环境之间的互动关系，还强调了权力和控制力在资源交换过程中的重要性。组织通过获取和控制关键资源来增强自身的竞争力，同时也通过资源交换来保持与环境的联系和互动。在这种动态的关系中，组织必须不断调整和优化其资源获取和利用策略，以应对环境的变化和挑战。

组织对环境中资源的依赖程度取决于三个主要因素：第一，资源对组织存续的重要性，即资源对组织生存和发展的关键程度。第二，组织内外部特定群体获得资源使用的程度，这涉及资源的分配和获取渠道。第三，其他可替代资源的存在程度，即是否存在其他可以替代当前资源的选项。

资源依赖具有三种相互依赖类型：共生、非对称和竞争。共生依赖是指两个组织彼此需要对方的资源来维持存续，例如制造企业和其供应商之间的关系。非对称依赖是指一个组织掌握着另一个组织存续的必需资源，而另一个组织却没有掌握对方存续的必需资源，例如大型超市对小型供应商的资源控制。竞争依赖是指两个组织都依赖某种稀缺资源，且必须竞争来获得该资源，例如两个企业竞争同一个市场份额（Van Raak等，2002）。

面对环境中的资源依赖，组织并不是被动无策的。对于组织内部而言，组织可以积极适应环境，研究资源依赖关系，采取措施和调整策略以降低对环境资源的依赖程度，甚至使环境适应自己。具体来说，组织可以通过内部重组、流程优化、技术创新等方式增强自身的资源获取和利用能力，从而减少对外部资源的依赖程度。此外，组织还可以通过培养多样化的资源来源，降低对单一资源依赖的风险。对于组织外部而言，组织可以通过加强协作和形成联盟来调整对外部资源的依赖程度。例如，组织可以与其他组织建立战略合作伙伴关系，通过资源共享和联合开发来增强彼此的资源获取能力。此外，组织还可以通过并购、合资等方式直接获取其他组织的资源，从而增强自身的资源基础。

（2）资源依赖理论与组织间合作网络形成和发展的关系

组织间合作网络指组织为使自身经营行为达到利益最大化，开始寻求与其他组织建立合作关系的机会，形成对自身有利的合作关系网络。组织间合作网络改变了传统的竞争模式，使得企业与企业之间的竞争逐步演化为企业对所处网络地位与网络中资源的竞争。通过建立合作网络，组织能够优化其对环境中资源的依赖程度，从而有效应对技术不确定性、资源稀缺性和内部技术创新能力有限等问题。这种合作不仅有助于缓解外部资源的不足，还能增强企业的核心技术能力，从整体上提升自身及所在网络的竞争力和抗风险能力，实现自身更高盈利目标的同时达到所有网络成员共同获益的目标。

根据资源依赖理论，组织间合作网络的演化可分为宏观和微观两个层面。在宏观层面上，组织通过调整网络结构来获取所需资源；而在微观层面上，组织间关系的变化则推动了整体网络结构的演化。无论是通过复制现有的网络关系，还是重构新的网络关系，这些关系的演化都是为了更有效地获取和整合资源。在这一过程中，组织通过建立和维护关系，能够获取嵌入在网络内的信息，从而增强其资源汲取能力。这不仅有助于提升组织自身的资源积累，还能增强其生存与发展能力，确保在竞争环境中保持优势（吕文晶等，2017）。

由于组织是不断变化和发展的，因此，组织存续所需要的资源也是动态变化的，所以组织间合作网络的连接会随着组织所依赖资源的变化而不断变化。资源的依赖性促使组织不断建立新的合作关系，淘汰旧的合作关系。当组织战略或发展轨迹发生变化时，对某种资源的依赖度会降低，对另一种资源的依赖度会提升，那么组织就会在资源的牵引下，不断寻求新的网络成员与其建立网络。这种新建立的网络都会有新资源的嵌入，对于嵌有组织不再依赖的资源的网络，组织会主动减少网络连接关系甚至直接断开。

总之，组织间合作网络的变化都是以资源需求为导向的，组织内所需的稀缺资源占组织外的资源总量的比重决定了组织间合作网络变化的方向以及速度。

（3）资源依赖理论与个体合作网络形成和发展的关系

尽管资源依赖理论最初是在组织层面提出的，但随着社会网络研究的不断发展，资源依赖理论已经逐步适用于个体层面，因为获取资源也是个体建立网络的动机与目的之一。个体合作网络指焦点行动者为了职业发展等，需要通过与其他行动者建立合作关系来获取和交换经验、信息和知识等资源，从而建立起来的合作网络。

与组织类似，个体也有需要完成的目标以及满足生存发展的需求。但个体在完成目标和满足生存发展的需求过程中，仅仅依靠自身力量以及自身所拥有的资源是不够的。因此，个体需要向能够为自己提供资源的他人寻求帮助和建立合作，这个过程中个体之间的合作网络开始形成。例如，当人们寻找备选职业时，他们可能会首先确定一组对实现这一目标有价值的资源（关于备选工作的信息）。当焦点行动者确定自身所需要的、明确方向的资源时，他们就会主动与每个潜在联系人建立网络连接，已建立连接关系的强弱程度，自身所占据的结构洞数量等，这些网络结构是否能为自身提供所需资源等，从而确定是否可以访问和获取到他们所需的资源。这些网络连接中，焦点行动者会高度重视能够获得这些资源的关系，有意弱化、不那么重视无法获得这些资源的关系。通过这种方式，焦点行动者对每一个潜在联系人会进行相应的比较和评估，从而主动去改变网络结构。研究表明，焦点行动者为了完成一个目标，他们会倾向于选择与那些对实现自身目标更有帮助的行动者建立连接（Fitzsimons和Shah，2008）。因此，资源需求导向是个体间建立合作关系的关键和核心因素。

网络的动态变化还取决于外部资源的分布情况，以及这些资源之间的相互依赖性和互补性（李国武，2010）。个体会根据对资源的不同需求，尽可能使网络结构朝着自己希望的方向发展。例如，当个体想要在一个新部门内学习到更多知识，那么他们会尽可能地与该部门内的新同事建立合作关系，将自己嵌入在组织内的稠密网络中，从而可以得到更多知识共享和交换的机会。当组织中的个体所掌控的资源是较为稀缺的资源时，那么他会吸引组织内其他成员主动与其建立合作关系，并在这些合作关系中占据核心位置，如占据结构洞位置、占据中心性较高的位置，因此，他们利用自身掌握的稀缺资源来获得网络利益。个体也会根据自己的发展与所处的位置，实时调整自己所依赖的资源，根据自己所需要的资源主动对自身所处的网络进行修剪、更新，对自身所需的新资源建立新的合作网络，弱化没有价值的资源所嵌入的合作网络。

总之，网络中的资源不仅是人们在进行各种网络活动时的主要考虑因素，也是决定网络动态变化的重要因素。资源的种类、分布、获取难度和利用效率等都会直接影响人们的行为和决策，从而对网络的整体结构和发展趋势产生深远的影响。因此，资源在网络活动中占据着核心地位，其重要性不容忽视。

2.2.2 趋同理论

（1）趋同理论内涵

趋同理论认为，人们更可能与在某些方面相似的人建立社会关系，因为相似性有助于形成共同的价值观，建立信任关系，并减少误解和冲突，从而促进彼此之间更有效和开放的沟通。这一理论强调了在社会互动中，共同的兴趣、信仰和背景能够成为连接的纽带，使得人们在沟通和交流时更加顺畅和愉快。相似性不仅在初次接触时能够拉近彼此的距离，还在长期互动中发挥着维系关系的重要作用。通过减少因差异带来的潜在摩擦，相似性让人们更容易理解和接受彼此的观点和行为，从而在社交、合作和互助中取得更大的成功和满足感。因此，无论是朋友关系还是工作关系，人们都更倾向于寻找与自己相似的人。同时，在相处过程中，人们希望与自己的同伴保持一致，也会相应地改变自己的态度、观点和行为，使得双方在合作过程中趋于一致。因此，趋同便是拥有同质性的个体或组织不断靠近且建立关系的过程。

中国古谚语“物以类聚，人以群分”和古希腊哲学家亚里士多德的观点“我们爱的是与自己相似的朋友”都揭示了同质性在人类社会中的重要性，即人们倾向于与那些在各种方面与自己相似的人建立和维持关系。这种同质性在社会学中得到了广泛的验证。例如，三元闭合原理明确说明了社会关系中的相似性如何起着重要的作用。根据这一原理，如果两个人都有一个共同的朋友，那么他们之间建立联系的可能性就会大大增加，这进一步强化了同质性的影响力（Rapoport，1953）。同质性不仅在地缘（老乡）、血缘（家族）和社会组织（同事）等正式关系中显而易见，还在诸如兴趣爱好、价值观念、文化背景、受教育程度等非正式特征中体现得淋漓尽致（McPherson等，2001）。人们往往更容易与那些拥有相似背景、兴趣和价值观的人形成紧密的社会纽带，这种现象在各个层面的社会互动中都普遍存在。尽管在现代社会的日常生活中，工作关系和其他各种各样的社交互动是不可避免的，但相似的社会属性仍然是建立和维持社会关系的重要条件。无论是在职场、社区还是在线社交网络中，人们都会不自觉地寻找和自己相似的人，以便获得心理上的认同感和情感上的共鸣。这样的同质性不仅有助于人们在情感上相互支持，还能够提高合作效率，增强团队凝聚力。因此，同质性在社会关系的形成和维持中扮演了至关重要的角色，是人类社会中不可忽视的一个基本规律。

（2）趋同理论与网络形成和发展的关系

社会选择理论强调，社会网络中的成员基于自身的地域、信仰、兴趣及目标等因素，自发地与其他成员形成关系。Lazarsfeld和Merton（1954）的研究指出，网络形成与网络成员之间的人口统计、信仰和行为特征显著相关，并提出人们会选择与自己具有类似特质（如人口统计特征、信仰、行为特征等）的人建立关系。这个发现揭示了人们选择与他人交往的过程中存在同类相吸的现象。

趋同理论研究中学者们进一步探讨了社会选择机制，并引入了同质性和选择同质性（Choice Homophily）等术语。这些术语帮助研究者更精确地描述和分析社会网络中成员进行关系选择的机制。Centola和Macy（2007）在其研究中深入探讨了社会选择机制，并提出了两种类型的同质性：价值同质性（Aspirational Homophily）和状态同质性（Status Homophily）。价值同质性指的是行动者根据兴趣爱好、目标选择志同道合的人建立关系；状态同质性则是行动者根据性别、年龄等属性选择与自己相似的人建立关系。这两种同质性揭示了社会选择的不同层面和动机，丰富了对社会网络形成过程的理解。与此同时，异质性作为同质性的对立面，对网络关系的破裂有显著影响。异质性指的是行动者之间属性的差异，这些差异可能导致沟通障碍、信任缺失，最终导致关系的解体。因此，在研究社会网络时，理解同质性和异质性的双重作用，对于解释关系形成与破裂的机制至关重要（何军和刘业政，2017）。

（3）“地位同质性”和“价值同质性”与网络形成和发展的关系

Lazarsfeld和Merton（1954）对同质性进行了“地位同质性”和“价值同质性”之间的区分，地位同质性指网络中的个体隶属关系以及他们在网络中的位置具有相似性；而价值同质性指网络中的个体的价值观具有相似性。McPherson

等（2001）扩展了Lazarsfeld和Merton（1954）对同质性区分的内涵，地位同质性包括主要的社会人口学维度，这些维度将社会归属特征（如种族、民族、性别、年龄）以及后天特征（如教育、职业、行为模式）进行分层；价值同质性包括各种各样的内在状态（价值观、性格），这些状态被认为塑造了个体未来行为的走向。

① 地位同质性对网络变化的影响。

地位同质性对于个体层面关系的建立有很重要的作用。在关系建立之初，焦点行动者总是想与有更多资源以及更高地位的行动者建立关系，但关系的建立并不是单方面的，而是双方互相选择的结果。因此，想要建立关系的焦点行动者会仔细衡量目标行动者所处的地位与自己是否差距过大。如果目标行动者所处的地位过高，他们会不屑于与焦点行动者建立合作关系而使关系的建立异常困难，即使能够建立关系，后期也会因为无法向对方提供对应资源而使关系失去价值。如果目标行动者所处的地位过低，那么关系的建立会难以达到预期的效果，焦点行动者无法获取相应的价值。关系的变化方式与关系的建立方式类似，由于网络中资源的共享机制，节点的地位属性会不断接近，网络变化也会朝着节点地位趋同的方向不断发展，进而促使网络中的资源流动更加有效，每个节点所能接触到的资源多少以及质量不断趋于一致。同时，网络中地位接近的节点相较于地位差异较大的节点之间发生的冲突会明显减少。因此，同质性不仅促进了关系的形成，也使得关系更加持久和牢靠，且即使是关系中断后，同质性依旧发挥着作用。性别、年龄、地位、研究领域、毕业院校和家庭状态等维度上的组合相似性降低了关系破裂的概率；并且与企业其他部门的同事相比，部门内的关系衰减得更慢；同时，在团队解散后，性别和毕业院校相似的个体之间的联系会更加频繁。

地位同质性也影响组织层面关系的建立。地位同质性对网络变化的影响不仅体现在个体层面，在组织层面也有重要的影响作用。在组织层面，地位同质性指组织在行业中所处的地位是否存在相似之处，组织所拥有的资源是否相近，组织所经营的内容是否存在重叠之处。尽管组织需要异质性资源来提高自己的核心竞争能力，但当几个企业生产能力相似、经营目标大致相同以及在行业中所处的地位类似时，这几个企业之间采取战略合作的形式会比较成功。此外，通过联盟谈判的方式，企业的购买成本会降低，遇到的风险同时也会降低。因此，地位同质性使得这些企业之间也更容易形成稳定、持久、牢靠的联盟关系。

② 价值同质性对网络变化的影响。

在介绍价值同质性之前，我们先简单了解一下节点认知。节点认知是指现实世界在网络中各节点认知图谱中的投影。每个节点代表一个个体或组织，他们在面对现实世界时，依赖于其自身的知识、经验和信息处理能力，形成了对周围环境的理解和判断。然而，由于每个个体或组织的认知能力有限，这种对现实世界的认知投影只能是局部的和抽象的版本。这种有限理性[1]意味着人们无法全面、精确地把握现实的全部细节和复杂性。尽管如此，这种不完全的认知对于个体或组织的学习和行动依然至关重要。认知图谱帮助他们在面对复杂和多变的环境时，制定出相对合理和有效的决策。它们提供了一个简化的框架，使得个体或组织能够识别关键的信息和模式，从而在有限的信息基础上进行判断和行动。正是这种基于不完全认知的决策过程，推动了个体或组织的学习、适应和发展。在这个过程中，认知图谱不仅是对现实的简化描述，更是指导个体或组织在现实中进行探索和应对挑战的重要工具。

组织网络的动态变化过程是一个复杂且持续进行的过程，其核心在于领导者或核心成员的认知和决策能力。在这个过程中，领导者或核心成员首先通过对外部环境和内部情况的认知，做出初步的变化决策。这些决策不仅影响着组织网络的结构和功能，还直接关系到组织的适应能力和竞争力。在实施这些变化决策后，组织会通过各种反馈机制获取实施效果的相关信息。这些反馈信息包括执行过程中遇到的挑战、达成的效果以及外部环境的反应等。领导者或核心成员会根据这些反馈，分析和评估初步决策的成效和不足之处。在不断接收和处理反馈信息的基础上，领导者或核心成员会对其认知进行调整和更新。这种调整不仅仅是对现有策略的微调，更是对整体认知框架的优化。这种优化过程是动态的、连续

---

[1] 有限理性是指介于完全理性和非完全理性之间的在一定限制下的理性。有限理性是为抓住问题的本质而简化决策变量的条件下表现出来的理性行为。有限理性的概念最初是由美国经济学家肯尼斯·J·阿罗提出的，他认为有限理性就是人的行为“即是有意识地理性的，但这种理性又是有限的”。

的，是一个不断学习和进步的过程。随着认知的更新，领导者或核心成员会制定新的变化决策，指导组织网络进入下一阶段的调整和发展。通过这样的循环，构成了组织网络的动态变化过程。

认知同质性是价值同质性的重要组成，相同的认知使得网络在建立初期就会异常顺利，因为相同的认知使不同节点在建立关系时会产生遇到知己的归属感。价值同质性会使网络的变化向着集中度更高的方向变化，且价值同质性在组织层面的体现就是组织相同的愿景以及相同的组织文化。价值同质性高的组织不仅会因为相类似的组织文化使关系的建立更加容易，同时，除了资源上的依赖之外，情感价值上的依赖会使得关系更加难以断裂。

通常来说，地位同质性越高，网络中的关系强度就会越强，但对于价值同质性来说，并不全是这样的。价值同质性对关系的形成和持续有倒U形的影响：当价值同质性适中时，有利于双方关系的建立和维持；而当价值同质性过高时，双方可能会成为竞争者，不利于关系的维持。也就是说，当价值同质性过低时，双方难以找到共同点而无法形成关系；而当价值同质性过高时，竞争压力增大，关系也难以持续（邱泽奇和乔天宇，2018）。所以，同质性在某些时候会使关系形成、维持，但在某些时候又会加速关系的弱化，或直接导致关系破裂。

2.2.3 路径依赖理论

（1）路径依赖理论内涵

路径依赖的概念最初起源于生物学，用来描述偶然性和随机因素对物种进化路径的影响。这一概念后来被美国经济学家David引入经济学领域，用来解释技术变迁的问题。在经济学中，路径依赖的基本定义是过去的选择会对现在和未来产生持续的影响，类似于物理学中的“惯性”原理，即一旦行动者进入某一路径，其就会沿着该路径继续发展并被锁定在这一路径上。

首先，路径依赖既可以被视为一种“锁定”状态，这种状态可能是高效的，也可能是低效的。高效的“锁定”状态意味着行动者进入了一个具有优势或不断优化的路径，能够持续获得良好的结果和收益。例如，某种技术标准在市场初期取得了领先地位，并通过规模经济、网络效应等机制进一步巩固了这种领先地位，最终成为行业标准，为技术持有者带来了持续的经济利益和技术进步。反之，低效的“锁定”状态则意味着行动者陷入了一个劣势或次优的路径，难以摆脱早期决策或偶然事件带来的负面影响，导致资源浪费、效率低下甚至市场失败。例如，某些技术或制度一旦确立，尽管其效果不佳，却由于路径依赖的锁定效应，难以被更优的替代方案取代。

其次，路径依赖也可以被看作是一种非线性、非遍历性且存在多种可能性的随机动态过程。这种非线性意味着行动者的发展并不是线性和可预测的，小的初始变化或随机事件可能会通过复杂的反馈机制被放大，导致行动者进入完全不同的发展路径。而非遍历性则表明并非所有可能的状态都会被行动者经历，某些路径一旦被选择，其他路径可能永远不会被探索或实现。路径依赖的随机动态过程强调了行动者在演化过程中的不确定性和多样性，不同的初始条件和历史事件可能会导致截然不同的发展结果（诺思，1994）。

再次，路径依赖理论特别强调初始条件的重要性，早期的偶然历史事件对行动者的发展轨迹具有决定性的影响。这表明行动者对初始条件非常敏感，微小的事件通过自我增强机制会放大其影响，导致行动者沿着特定路径发展。例如，一家新创公司在市场初期取得的微小优势，可能通过口碑传播、用户积累和市场反馈等自我增强机制，迅速扩大其市场份额，最终成为行业领导者。这种自我增强机制类似于滚雪球效应，早期的微小事件或优势通过不断积累和放大，决定了行动者的发展方向和最终状态。

最后，一旦某个偶然事件发生，路径依赖会表现出一种决定性的因果模式，类似于“惯性”效应，从而导致行动者在既定路径上持续演进。这个因果模式意味着早期的决策和事件不仅影响当前的状态，还会通过累积效应和反馈机制，持续影响未来的发展。例如，一个国家早期选择了某种经济制度或政策框架，这一选择会通过法律、文化和社会结构等机制得到加强和巩固，使得未来的政策和制度变革更加困难。路径依赖中的“惯性”效应使得行动者一旦进入某一路径，就会沿着该路径继续发展，除非有强大的外部干预或剧变，否则很难改变既定的轨迹（时晓虹等，2014；曹瑄玮等，2008）。

路径依赖理论的核心要点主要体现在四个方面：

首先，历史事件的重要性不可忽视。路径依赖理论认为，某些偶然发生的历史事件在网络变化过程中扮演着至关重要的角色。这些事件一旦发生，其影响会逐渐被放大，导致网络动态变化高度依赖于初始条件。换句话说，早期的偶然性事件会对网络的后续发展方向产生深远的影响，形成一种"锁定效应"，使得网络变化在特定的路径上不断演进，难以轻易脱离。

其次，时间的重要性也是路径依赖理论的一个关键要素。路径依赖理论从动态的视角考察网络变化，强调历史演变过程的不可逆性。在这种动态过程中，时间起到了重要的作用。网络变化并不是一蹴而就的，而是经过长时间的积累和演化。早期的选择和事件会在时间的推移中产生累积效应，使得网络的演变方向逐渐明确并难以逆转。这种时间维度的不可逆性进一步加深了路径依赖的影响，使得网络变化具有高度的连续性和稳定性。

第三，网络路径的自我强化作用在路径依赖理论中同样占据重要地位。路径依赖理论强调，在网络路径的变迁过程中，初始选择通过"正反馈机制"形成相应的路径集合，从而决定网络的长期发展方向。这意味着，早期的决策和选择会通过一系列的反馈机制不断被强化和固化，形成一种自我增强的效应。随着时间的推移，这种自我强化作用使得网络路径逐渐固定，改变路径的难度不断增加。这种机制解释了为什么某些网络结构一旦形成，就会在相当长的时间内保持稳定，不易被打破或改变。

最后，人的有限理性和路径转换成本也是路径依赖理论中不可忽视的因素。由于人的有限理性，决策过程常常受偶然因素的影响，难以做到完全理性和最佳选择。与此同时，高昂的路径转换成本使得改变既有路径变得不经济，从而巩固了路径依赖的"惯性"锁定效应。这意味着，即便在面对新的机会或挑战时，人们也可能因为转换成本过高而选择维持现有路径，进一步强化了路径依赖的特性（尹贻梅等，2011）。

（2）路径依赖理论与组织间合作网络形成和发展的关系

20世纪90年代起，路径依赖被广泛应用于政治学、社会学以及经济学的研究。大量研究表明，社会关系具有路径依赖性，即现在的网络形态及网络变化会受到之前网络的影响，例如，具有更高中心性的组织会更倾向于复制以往网络来加强当前网络。在网络初步建立之后，组织间合作网络的维持、收缩或终结都可以用路径依赖理论作出解释。

组织间合作网络的路径依赖导向是指网络发展受到过去经验影响的程度。一般而言，在面对高度动态化和不确定性的外部环境时，组织通常会倾向于重复先前成功的经验，即依循原有路径进行网络的复制、强化和重构。通过组织间合作网络，组织可以获取所需的知识和经验，而如何高效利用这些知识和经验则会影响网络的动态变化。这意味着组织间合作网络变化导向受到现有网络中可获取的知识和技能，以及这些知识技能如何被利用的影响。当网络路径依赖导向较强时，组织将沿用原有的网络关系以及网络结构，在网络动态变化中表现为对现有网络发展方向与路径的小幅度完善；当网络路径依赖导向较弱时，组织将寻找新的合作伙伴，与其构建新的合作网络，在网络动态变化中表现为对现有网络发展方向与路径的大幅度改变。

（3）路径依赖理论与个体合作网络形成和发展的关系

路径依赖理论在个体层次上依然适用。每个个体的网络变化依旧受过去合作网络的影响，过去合作网络的连接形式是网络变化的重要影响因素，过去网络会持续地为个体提供相应的资源。在网络发生变化之时，个体会在依照旧的路径进化和建立新的关系之间作出权衡。一方面，要想与新合作者建立联系，个体就要付出更多的时间和精力去了解新的合作者，并且在建立新关系的过程中充满了不确定性和风险性。与此相反，重复的合作会比新的合作启动成本更低，因为先前的合作关系具有更强的确定性和更高的信任性，并且长期保持联系的个体之间通常能进行更好的沟通和交流，所以个体往往倾向于维持现有的关系，而不愿意发展新的关系。此外，由于内在和外在环境的双重限制，即使个体有意愿解除旧关系并建立新关系，那也难以在短时间内迅速做出反应。因为建立新的网络并不是无目的的、随机的：首先，个体建立新关系需要有清晰的目的和认识，进一步发掘潜在的合作者；其次，个体付出相应的时间、精力等成本与潜在合作者建立合作关系。这个过程并不能在短时间内就完成。因此，个体更倾向于维持原有的合作网络。也就是说，一旦个体之间合作关系形成，且这些合作关系为其带来利益，他们就会更倾向于满足并保持当前的合作。

路径依赖理论在个体网络动态变化中还体现在，个体过去的关系会一定程度上影响着其现在关系的建立。如当个体加入新组织之前，其在原组织中的合作网络中的关系强度、结构洞、中心性等，会在一定程度上影响其在新组织的合作网络形成。个体在建立新合作关系时，通常会利用过去积累的社会资本。一方面，个体原有的朋友（经纪人）可以为他们介绍新的朋友，从而间接关系变为直接关系。这个过程是中间人结构洞填充的过程，合作网络会变得越来越稠密，网络中的知识、信息等资源可以流动得更加快速，信任关系会进一步增强。另一方面，在网络建立的过程中，有建立更多网络意愿的个体会寻找为其提供更有价值知识、信息等资源的行动者，同时努力提升自身知识、信息所包含的价值。路径依赖理论指出，个体的原有社会资本不仅是其现有资源的体现，还能够作为一种重要的价值信号。这种价值信号可以吸引更多的人愿意与其建立和维持关系。因为社会资本可以带来诸多益处，包括获取更好的信息、资源和机会，这使得拥有较多社会资本的个体更具吸引力。因此，这种趋势会导致社会资本的进一步集中，形成一种“马太效应”，即强者愈强，弱者愈弱，最终导致社会贫富差距的不断扩大。这一过程形成了一种路径依赖，因为最初的优势在后续的发展中被不断放大和强化，形成一种自我增强的循环机制。这个过程中，路径依赖性会进一步增强（曹勇等，2021）。

由此可见，不论是整体网的动态变化还是个体网的动态变化，路径依赖理论在网络动态变化中都起着重要的方向指引以及路径规划作用，过去的网络不仅能够影响之后的网络变化方向以及网络结构的变化形式，而且还可以改变现有网络中节点的属性，影响后续网络的建立以及发展。以上所述，可概括为以下三个特点：路径依赖对网络变化的认知锁定、路径依赖对网络变化的资源锁定，以及改变路径需改变社会网络关系的转换成本过高。

（4）基于路径依赖理论下以往合作网络对行动者当前合作网络的影响

由于网络内关系的存在，这些关系不仅增强了网络成员之间的联系，还大大降低了知识和信息扩散的难度。在这样的网络中，频繁的非正式交流成为了日常工作的一部分，这种交流不仅促进了成功经验的传播，也使得特定领域的知识在成员之间迅速扩散。通过不断地交流和互动，网络成员的认知水平得到了显著的提升，形成了稳定的思维惯性。这种惯性使得他们在处理问题时，倾向于依赖已有的知识和经验，表现出强烈的路径依赖性。当网络成员嵌入到新的合作网络中时，他们往往会依赖以往网络中积累的知识和经验。这种依赖性不仅体现在技术和方法的应用上，也体现在解决问题的思维模式和策略选择上。由于之前的网络关系带来了丰富的知识沉淀，新成员在面对新的挑战时，习惯性地使用以前的经验和方法。这种路径依赖虽然可以提高效率，但也可能限制创新，阻碍新思路和新方法的产生。

首先，以往在合作网络内进行的知识和信息传播常常会引起潜在进入者产生选择性注意（Selective Attention）。也就是说，这些潜在进入者在接收到合作网络内的信息后，往往只会关注当前网络所提供的机会，而忽略了其他可能存在的潜在网络的机会。这种选择性注意可能是由于合作网络内的信息传播的密集性和可靠性，使得潜在进入者对以往网络的机会产生了更高的信任和依赖，从而对当前网络的机会缺乏足够的关注和探索。这种现象在一定程度上限制了潜在进入者的选择范围，使他们可能错失当前网络中的更好或更适合的机会。形成选择性注意后，潜在进入者的认知逐渐在以往合作网络中的知识和信息传播过程中得到不断的强化。这种强化作用使得他们对特定信息和观点的关注度增加，从而逐渐形成固定的思维模式和习惯。这种思维惯性使得潜在进入者倾向于依赖现有的合作网络，难以跳出已有的认知框架。这就使得他们在面对新的合作机会时，往往会忽略或排斥其他潜在的网络，导致其未来进入其他网络的可能性大大降低。最终，他们的认知和行为被牢牢锁定在原有的合作网络中，限制了新的创新和发展的可能性。

其次，以往合作网络所提供的知识和信息，也帮助潜在进入者在加入当前合作网络时减少了许多不确定性。这些已有的信息和经验使他们对网络的运作方式和潜在收益有了更清晰的理解，从而降低了进入新网络可能带来的风险和困惑，使得他们更容易融入并适应当前的合作环境。潜在进入者通过与过去和现在的合作网络中的节点进行交流，能够深入了解行业的发展路径，识别出其中蕴含的机会。这些交流不仅拓宽了他们的视野，还对他们的认知产生了重大影响。研究表明，那些拥有广泛合作网络的创业者在机会识别方面明显优于单打独斗的行动者（张宝建等，2011）。这是因为，以往的合作网络不仅提供了丰富的知识资源，还让这些潜在进入者更容易形成认知上的锁定效应。他们会在当前的网络中表现出路径依赖，倾向于模仿以往成功者的行动。具体来说，以往的合作网络中的知识和经验能够为潜在进入者提供一种认知框架，使他们在面对复杂的市场环境时，能够更快地做出反应并采取相应的行动（Ramos-Rodriguez等，2010）。此外，这种模仿行为还可以减少他们在创新过程中的不确定性和风险，增强他们的自信心。

再次，以往合作网络能够为新进入者（已经进入当前合作网络的行动者）提供信誉资源。信誉能够节约成本，并为交易双方提供稳定的预期。同时，信誉是一种无形资产，是通过长期的诚实、可靠和专业的行为逐渐积累而成的。对于新进入市场的企业或个体来说，获取信誉是最为艰难的一步。在初期阶段，他们往往面临着信任缺乏的问题。相比之下，那些已经存在于市场中的企业或个体，他们通过长期合作建立起了稳定的社会关系网，这些关系网能够快速地产生信任。对于新进入者来说，融入这些现有的合作网络是建立信任和合作关系的有效途径。通过与这些已有的社会关系网建立联系，新进入者可以迅速获得市场资源和信息渠道。这不仅有助于他们在短时间内取得市场立足点，还能加速他们的成长和发展。这些宝贵的资源不仅帮助新进入者在市场中迅速站稳脚跟，还能确保他们的行为和所处的合作网络在特定的发展路径上保持稳定。通过这种方式，新进入者可以逐步积累信誉，提升自身的市场竞争力，最终在市场中取得长足的发展。

新进入者往往依赖之前合作网络所提供的资源，沿着既定的路径来创建新的关系。这种关系建立在以往的信任和合作基础之上，并在惯性的影响下继续发展。然而，如果新进入者希望改变成长路径，融入新的合作网络，他们将面临较大的转化成本。这种转变不仅需要时间和精力，还可能需要克服既有路径依赖带来的阻力。路径依赖是一种自我强化的过程，导致新进入者对新网络的排斥。这种排斥不仅源于现有网络的稳定性和可靠性，还受到经济、政治和文化等多方面因素的影响，增加了新网络融入的难度。例如，经济方面的资源分配不均，政治环境的限制，文化差异的存在，都可能成为新进入者融入新网络的障碍。在现有的合作网络中，各个行动者通过信任关系进行资源的交换和共享，形成了牢固的路径依赖。这种信任关系是建立在长期的合作和互动基础之上的，具有很强的稳定性和排他性。新进入者要想打破这种既有的路径依赖，融入新的网络，就必须建立新的信任关系，这需要克服诸多障碍和挑战。因此，路径依赖不仅限制了新进入者的发展路径，也增加了其融入新网络的成本和难度。

久而久之，既有合作网络内的行动者参与既有合作网络外部活动的意愿逐渐减弱，他们的行为就被限定在了既有合作网络内部。既有合作网络的排斥性与网络外部的不确定性使得既有合作网络成为一个一定程度上封闭的系统，削弱了其中各个行动者应对外界环境变化的能力，无形中提高了发展路径的转换成本。因此，较高的转化成本也会将网络中的行动者长久地锁定在既定路径的关键因素上。可见，人们都不愿意跳出已有的舒适圈，都希望在既有的网络中继续发展下去。但实际中，随着行动者生存竞争发展需求、组织外部环境、组织内部环境等的变化，他们需要不断拓展网络范围，构建新的合作关系，占据更多有利的网络位置，为自身获取更多的生存资源。

2.3　动态网络分析在企业管理中的应用

动态网络应用领域十分广泛，且不同的动态网络类型拥有不同的应用领域，如动态知识网络可用于分析知识元素的聚集程度；动态文献引用网络可用于研究相似性分析；动态城市交通网络可实时查看城市交通情况。本书将聚焦动态组织网络，在本节中重点介绍动态组织网络的应用领域。动态组织网络研究在企业管理中发挥着越来越重要的作用。通过动态组织网络研究，企业可以更好地进行人力资源管理、创新管理、营销管理、供应链风险管理以及组织情报分析。通过了解员工之间的互动模式、组织结构和工作流程，发现并解决管理中的问题和障碍，提高团队协作和员工创新能力，提高管理效率和决策质量，进而推动企业的发展和创新。

2.3.1 人力资源管理

动态组织网络研究在企业人力资源管理中的应用，可以为企业提供多方面的优势，帮助企业更全面地理解和优化其内部运作，进而帮助企业更好地进行人力资源管理。

首先，通过动态组织网络研究，企业可以深入了解员工之间的互动模式和组织结构。现代企业越来越依赖于团队合作和信息共享，而不仅仅是单一的工作任务。因此，了解员工之间如何互动、交流和协作，对于企业高效运作至关重要。通过收集和分析员工之间的互动数据，如电子邮件、会议记录和社交网络活动，企业能够绘制出员工之间的互动网络图。这些网络图不仅展示了知识和信息的传递路径，还揭示了员工之间的合作关系和互动频率。

其次，动态组织网络研究可以帮助企业发现隐藏的知识网络和信息流动路径。企业中的知识并不总是显性和可见的，很多时候重要的信息和知识在员工之间非正式的互动中流动。通过动态组织网络分析，企业可以识别出哪些员工是信息的关键节点，哪些员工在知识传播中扮演着重要角色。这对于企业来说是非常有价值的，因为它能够帮助企业确定知识管理的重点，确保关键信息不会因为人员变动而丢失。

此外，动态组织网络研究还可以揭示组织内部员工之间的合作偏好和社交团体。每个员工都有自己的社交圈和合作习惯，有些员工可能更愿意与某些同事合作，而有些则可能在团队中扮演着桥梁的角色。通过分析这些数据，企业可以更好地理解员工的合作偏好，从而在项目分配和团队组建时做出更明智的决策。例如，企业可以将合作紧密的员工安排在同一个项目中，以提高项目的协同效率。

动态组织网络研究还能够帮助企业了解群体成员之间的相互依赖关系和工作负载分配情况，优化工作分配和资源配置。通过分析员工之间的依赖关系和工作互动频率，企业可以发现哪些员工承担了过多的工作负担，哪些员工的工作相对较轻。这有助于企业在任务分配时更加公平和合理，避免因工作负担不均而导致的员工压力和工作效率下降。同时，合理的工作负载分配还可以提高员工的工作满意度和整体团队的工作效率。

在人才管理方面，动态组织网络研究也具有重要的意义。通过分析员工之间的互动数据，企业可以发现潜在的领导者和创新者。这些员工可能在正式的职位体系中并不突出，但他们在日常的互动中展现出了领导能力和创新思维。通过识别和培养这些潜力股，企业可以为未来的发展储备和培养更多的人才，提升企业的竞争力。

因此，动态组织网络研究为企业提供了一种新的视角和工具，能够帮助企业更好地理解和管理其人力资源。通过深入分析员工之间的互动模式、知识流动和合作关系，企业可以优化组织结构、提高工作效率、发现和培养潜在人才，从而实现更高效的管理和更长远的发展。随着数据分析技术的不断进步，动态组织网络研究在企业管理中的应用前景将会更加广阔，为企业带来更多的创新和机遇。

2.3.2 创新管理

动态组织网络研究可以帮助企业更好地进行创新管理。动态组织网络研究在企业的创新管理中起到了至关重要的作用，能够有效促进知识共享、推动内部协作并建设创新文化，从而提升企业的整体创新能力。

首先，动态组织网络可以促进个体之间的知识共享和交换，大幅提升这个过程的效率。创新往往源于不同知识领域的碰撞与融合。通过动态知识网络，企业内部的员工能够及时获取最新的信息和资源，与其他创新者进行深入的交流与合作。这种信息在网络中的流动性打破了传统的信息孤岛，使知识在企业内部更加通畅地传播和共享，从而激发新的创意和创新思维。例如，通过内部的知识管理平台，员工可以分享自己的研究成果、项目经验和技术见解，与其他部门的同事进行讨论与合作，从而形成一个互动频繁、知识流动的创新生态系统。

其次，动态组织网络有助于推动跨学科和跨团队的合作。在现代企业中，创新往往需要跨越单一学科和部门的界限，通过跨学科的合作才能实现更具前瞻性的成果。动态网络通过建立灵活的群体结构和流动的沟通渠道，使不同部门和不同专业背景的员工能够更容易地合作和交流。例如，一个技术部门的工程师可以与市场部门的分析师合作，共同开发出更符合市场需求的新产品。这种跨部门的合作不仅能提高创新效率，还能使企业更灵活地应对市场变化和技术进步。

动态组织网络还可以促进企业内部的协作和创新文化的建设。通过建立灵活的群体结构和流动的沟通渠道，企业能够更好地适应和响应快速变化的市场环境和技术进步。动态网络在组织中的应用包括建立项目组合管理系统、推动跨部门协作以及激励员工参与创新活动等。例如，通过项目组合管理系统，企业可以更有效地分配资源和管理多个创新项目，确保每个项目都能得到充分的支持和关注。此外，通过跨部门的合作，企业可以形成一个开放、包容的创新文化，激励员工积极参与创新活动，提出新的想法和建议。

2.3.3 营销管理

动态组织网络研究在企业的市场营销管理中具有极其重要的作用。通过分析客户之间的关系和交互行为，企业能够更加精准地识别潜在客户并评估客户的价值，从而制定更加高效的营销策略。

首先，动态组织网络研究可以帮助企业全面了解客户之间的关系网络。在传统的营销模式中，企业通常依靠大规模的广告投放，希望能够覆盖更广泛的客户群体。然而，这种方式的效果往往不尽如人意，因为广告的投放往往基于一些粗略的统计数据或假设，不能真正反映客户的个性化需求和兴趣。而动态组织网络研究通过分析客户之间的互动数据，如社交媒体上的交流、在线评论和购买行为等，可以绘制出客户之间的关系网络图。这些网络图不仅展示了客户之间的关系，还揭示了他们的兴趣、偏好和购买倾向，从而为企业提供了更为精准的营销策略。

其次，动态组织网络研究能够识别潜在的高价值客户。在一个客户网络中，有些客户可能是信息传播的关键节点，他们的意见和行为能够影响到其他客户的决策。通过动态网络分析，企业可以识别出这些关键节点客户，并重点关注他们的需求和反馈。例如，通过分析社交媒体上的互动数据，企业可以找出那些活跃度高、影响力大的用户，并将他们作为重点营销对象。通过针对这些关键节点客户的精准营销，企业能够更有效地扩大品牌影响力和产品知名度。

再次，动态组织网络研究还可以帮助企业优化营销资源的配置。传统的营销模式往往存在资源浪费的问题，因为广告投放的广泛性和盲目性导致了许多无效的营销支出。而通过动态网络分析，企业可以更精准地定位目标客户群体，制定针对性的营销策略。例如，通过分析客户的购买行为和兴趣偏好，企业可以将营销资源集中投放在最有可能产生购买行为的客户群体上，从而提高营销活动的转化率和投资回报率。

最后，动态组织网络研究还能够提升客户体验和满意度。通过深入分析客户之间的关系和交互行为，企业可以更好地理解客户的需求和期望，从而提供更加个性化的产品和服务。例如，通过分析客户的购买历史和反馈，企业可以为客户推荐更符合他们需求的产品，提升客户的满意度和忠诚度。此外，通过动态网络分析，企业还可以及时发现和解决客户的问题和投诉，提升客户服务质量和客户体验。

此外，在市场竞争日益激烈的今天，动态组织网络研究还可以帮助企业保持市场竞争力。通过实时监测和分析市场动态和客户行为，企业可以快速响应市场变化和客户需求。例如，通过分析社交媒体上的舆情数据，企业可以及时调整营销策略，避免潜在的市场风险和危机。此外，通过动态网络分析，企业还可以发现市场中的新兴趋势和机会，及时调整产品和服务，保持市场竞争力。

2.3.4　供应链风险管理

动态组织网络研究在企业的供应链风险管理中扮演着重要角色，通过分析组织与供应商以及合作伙伴的关系，企业能够更有效地识别和应对各种风险。

首先，动态组织网络研究能够帮助企业全面了解其供应链网络结构。现代企业的供应链往往非常复杂，涉及多个供应商和合作伙伴。通过动态组织网络分析，企业可以绘制出详细的供应链网络图，明确各个节点之间的关系。当企业与供应商和合作伙伴形成紧密联系时，可以有效降低供应链断裂的风险。例如，如果某个关键供应商出现问题，企业可以迅速识别出潜在的替代供应商，确保供应链的连续性。这种紧密的网络关系有助于企业在面对供应链中断风险时更具弹性和应对能力。

其次，动态组织网络研究可以帮助企业识别和管理潜在的合作风险。在企业与供应商和合作伙伴的关系中，不可避免地会存在各种潜在的风险，如合作伙伴的财务状况、合规性问题以及经营稳定性等。通过动态网络分析，企业可以对这些合作伙伴进行全面评估，识别出潜在的高风险节点。例如，如果某个合作伙伴的财务状况不稳定，企业可以提前采取措施，如寻找替代合作伙伴或调整合作策略，以降低合作风险。

同时，动态组织网络研究还能够提升企业在行业中的整体风险应对能力。企业参与行业联盟和行业组织，可以通过共享行业信息和资源，增强对行业风险的把控能力。行业联盟和组织通常会定期发布行业报告、市场分析和风险预警信息，这些信息对企业的决策具有重要参考价值。通过与其他企业共享信息和资源，企业能够更全面地了解市场动态和潜在风险，从而提前制定应对策略。例如，当行业中某个重要原材料供应紧张时，行业联盟可能会发布预警信息，企业可以根据这些信息提前采购或寻找替代材料，减少因原材料短缺而带来的风险。

此外，动态组织网络研究还可以帮助企业建立更强大的内部风险管理体系。通过分析企业内部各部门和员工之间的关系网络，企业可以识别出关键人员和关键岗位，这些人员和岗位在风险管理中起到至关重要的作用。例如，某些员工可能在多个项目中担任关键角色，他们的工作状态和稳定性直接影响到项目的顺利进行。通过动态网络分析，企业可以制定针对性的风险管理措施，如加强关键岗位的培训、增加人员储备等，确保在突发情况下能够迅速响应和恢复。

最后，动态组织网络研究还可以帮助企业提高风险管理的效率和效果。通过实时监测和分析企业内部和外部的网络关系，企业可以快速识别出潜在的风险信号，并及时采取措施。例如，通过对供应链网络的实时监测，企业可以及时发现供应商交付延迟、质量问题等风险，提前采取应对措施，避免风险的扩大和蔓延。

2.3.5 组织情报分析

动态组织网络研究在企业情报分析中具有重要的应用价值，它结合了网络分析和时间序列分析的方法，为情报信息的收集和分析提供了强大的工具和方法，从而帮助情报分析人员更好地理解和识别组织安全威胁、趋势及关系的演变，提升情报工作的预警能力。

首先，动态网络分析可以有效整合不同来源的情报数据。这些数据来源包括社交媒体、新闻报道、情报机构等。通过将这些多样化的数据整合在一起，动态网络分析能够为情报分析人员提供一个全面的视角，帮助他们追踪事件、人物和组织之间的关系。例如，当一个重大事件发生时，情报分析人员可以通过动态网络分析快速了解相关人物和组织的背景，识别出潜在的威胁和重要的情报线索。这种综合分析能力使得情报分析更加准确和高效，有助于及时发现和应对潜在的安全威胁。

其次，通过对动态网络的分析，情报分析人员可以深入了解各种威胁、组织和个体之间的关系及其演化趋势。这种分析不仅能够揭示当前的安全态势，还能预测未来可能发生的事件。例如，通过对组织网络的动态分析，情报分析人员可以发现其成员之间的联系和活动模式，预测其可能的行动计划，从而为组织决策者提供重要的情报支持。这种预测能力使得情报工作更加有前瞻性，能够为组织的安全决策提供有力的依据。

此外，动态网络分析还促进了组织间的情报共享和合作。通过分析共享的网络数据，不同组织和机构可以更好地理解整体威胁和趋势。通过这种合作，各组织可以形成一个联合的情报网络，共同打击安全威胁，提升整体的安全水平。这种情报共享和合作不仅提高了各组织的应对能力，还增强了全球范围内的安全合作。

最后，动态网络分析不仅可以用于收集情报，还可以帮助识别和阻止竞争对手的情报活动。通过监测网络中的异常行为和模式，情报分析人员可以及时发现潜在的威胁和攻击。例如，通过对公司内部网络流量的动态分析，可以识别出异常的数据传输和访问行为，及时发现并阻止竞争对手的间谍活动。这种防御能力对于保护企业的知识产权和敏感信息至关重要，有助于维护企业的竞争优势和安全。

2.4 本章小结

本章首先在现有动态网络研究的基础上对“动态网络”这一定义进行清晰界定，即动态网络是指网络变化与其前因和结果相关的过程。然后论述了资源依赖理论、趋同理论以及路径依赖理论三种动态网络基本理论在个体网、整体网动态变化的各个环节中所起的重要作用。最后从人力资源管理、创新管理、营销管理、供应链风险管理、情报分析以及企业情报分析五个方面论述了动态网络分析在企业管理中的实际应用。

参考文献

[1] Ahuja G, Soda G, Zaheer A. The genesis and dynamics of organizational networks[J]. Organization Science, 2012, 23(2): 434-448.

[2] Balkundi P, Kilduff M, Harrison D A. Centrality and charisma: Comparing how leader networks and attributions affect team performance[J]. Journal of Applied Psychology, 2011, 96(6): 1209-1222.

[3] Barley S R. Technology as an occasion for structuring: Evidence from observations of ct scanners and the social order of radiology departments[J]. Administrative Science Quarterly, 1986, 31(1): 78-108.

[4] Berends H, van Burg E, van Raaij E M. Contacts and contracts: Cross-level network dynamics in the development of an aircraft material[J]. Organization Science, 2011, 22(4): 940-960.

[5] Blau P M. Structural Contexts of Opportunities[M]. Chicago: University of Chicago Press, 1994.

[6] Borgatti S P, Daniel J B, Daniel S H. Social network research: Confusions, criticisms, and controversies in: Contemporary perspectives on organizational social networks[M].Britain: Emerald Group Publishing Limited, 2014.

[7] Brands R A. Cognitive social structures in social network research: A review[J]. Journal of Organizational Behavior, 2013, 34(S1): 82-103.

[8] Bravo G, Squazzoni F, Boero R. Trust and partner selection in social

networks: An experimentally grounded model[J]. Social Networks, 2012, 34(4): 481-492.

[9] Burt R S, Burzynska K. Chinese entrepreneurs, social networks, and guanxi[J]. Management and Organization Review, 2017, 13(2): 1-40.

[10] Burt R S, Kilduff M, Tasselli S. Social network analysis: Foundations and frontiers on advantage[J]. Annual Review of Psychology, 2013, 64(1): 527-547.

[11] Centola D, Macy M. Complex contagions and the weakness of long ties[J]. American Journal of Sociology, 2007, 113(3): 702-734.

[12] Chen H, Mehra A, Tasselli S. Network dynamics and organizations: A review and research agenda[J]. Journal of Management, 2022, 48(6): 1602-1660.

[13] Clough D R, Piezunka H. Tie dissolution in market networks: A theory of vicarious performance feedback[J]. Administrative Science Quarterly, 2020, 65(4): 972-1017.

[14] Dahlander L, McFarland D A. Ties that last[J]. Administrative Science Quarterly, 2013, 58(1): 69-110.

[15] Davis G F. Agents without principles? The spread of the poison pill through the intercorporate network[J]. Administrative Science Quarterly, 1991, 36(4): 583-613.

[16] DeRue D S, Nahrgang J D, Ashford S J. Interpersonal perceptions and the emergence of leadership structures in groups: A network perspective[J]. Organization Science, 2015, 26(4): 1192-1209.

[17] Doreian P, Conti N. Creating the thin blue line: Social network evolution within a police academy[J]. Social Networks, 2017, 50: 83-97.

[18] Doreian P, Stokman F. The dynamics and evolution of social networks[J]. Evolution of Social Networks, 1997, 234(3): 1-17.

[19] Egu í luz V M, Zimmermann M G, San M, et al. Cooperation and the emergence of role differentiation in the dynamics of social networks[J]. American Journal of Sociology, 2006, 110(4): 977-1008.

[20] Emirbayer M, Mische A. What is agency?[J] American Journal of Sociology, 1998, 103(4), 962-1023.

[21] Fitzsimons G M, Shah J Y. How goal instrumentality shapes relationship evaluations[J]. Journal of Personality and Social Psychology, 2008, 95(2): 319-337.

[22] Frey V, Buskens V, Corten R. Investments in and returns on network embeddedness: An experiment with trust games[J]. Social Networks, 2019,

56: 81-92.

[23] Frooman J. Stakeholder influence strategies[J]. The Academy of Management Review, 1999, 24(2): 191-205.

[24] Giese H, Stok F M, Renner B. Early social exposure and later affiliation processes within an evolving social network[J]. Social Networks, 2020, 62: 80-84.

[25] Hasan S, Bagde S. Peers and network growth: Evidence from a natural experiment[J]. Management Science, 2015, 61(10): 2536-2547.

[26] Hernandez E, Shaver J M. Network synergy[J]. Administrative Science Quarterly, 2019, 64(1): 171-202.

[27] Jacobsen D H, Stea D, Soda G. Intra-organizational network dynamics: Past progress, current challenges, and new frontiers[J]. Academy of Management Annals, 2022, 16(2): 853-897.

[28] Kilduff M, Oh H. Deconstructing diffusion: An ethnostatistical examination of medical innovation network data reanalyses[J]. Organizational Research Methods, 2006, 9(4): 432-455.

[29] Kim T Y, Oh H, Swaminathan A. Framing interorganizational network change: A network inertia perspective[J]. Academy of Management Review, 2006, 31(3): 704-720.

[30] Kleinbaum A M. Reorganization and tie decay choices[J]. Management Science, 2018, 64(5): 2219-2237.

[31] Krackhardt D, Porter L W. When friends leave: A structural analysis of the relationship between turnover and stayers' attitudes[J]. Administrative Science Quarterly, 1985, 30(2): 242-261.

[32] Kunisch S, Bartunek J M, Mueller J. Time in strategic change research[J]. Academy of Management Annals, 2017, 11(2): 1005-1064.

[33] Laumann E O, Pappi F U. Networks of collective action[M]. New York: Academic Press, 2013.

[34] Lazarsfeld P F, Merton R K. Friendship as a social process: A substantive and methodological analysis[J]. Freedom and Control in Modern Society, 1954, 18(1): 18-66.

[35] Maclean M, Harvey C. 'Give It Back, George': Network dynamics in the philanthropic field[J]. Organization Studies, 2015, 37(3): 399-423.

[36] Mannucci P V, Perry-Smith J E. "Who are you going to call?" Network activation in creative idea generation and elaboration[J]. Academy of Management Journal, 2021, 65(4): 1192-1217.

[37] Marion R, Christiansen J, Klar H W. Informal leadership, interaction, cliques and productive capacity in organizations: A collectivist analysis[J]. The Leadership Quarterly, 2016, 27(2): 242-260.

[38] McPherson M, Smith-Lovin L, Cook J M. Birds of a feather: Homophily in social networks[J]. Annual Review of Sociology, 2001, 27(1): 415-444.

[39] Moody J, McFarland D, Bender-deMoll S. Dynamic network visualization[J]. American Journal of Sociology, 2005, 110(4): 1206-1241.

[40] Newcomb W A, Kaufman A N. Hydromagnetic stability of a tubular pinch[J]. The Physics of Fluids, 1961, 4(3): 314-334.

[41] Ng T W, Feldman D C. Community embeddedness and work outcomes: The mediating role of organizational embeddedness[J]. Human Relations, 2014, 67(1): 71-103.

[42] Parker A, Halgin D S, Borgatti S P. Dynamics of social capital: Effects of performance feedback on network change[J]. Organization Studies, 2015, 37(3): 375-397.

[43] Pfeffer J, Salancik G R. The external control of organizations: A resource dependence perspective[M]. Stanford, Calif.: Stanford Business Books, 1978.

[44] Polidoro F, Ahuja G, Mitchell W. When the social structure overshadows competitive incentives: The effects of network embeddedness on joint venture dissolution[J]. Academy of Management Journal, 2011, 54(1): 203-223.

[45] Quinn R W, Baker W E. Positive emotions, instrumental resources, and organizational network evolution: Theorizing via simulation research[J]. Social Networks, 2021, 64: 212-224.

[46] Quintane E, Carnabuci G. How do brokers broker? Tertius gaudens, tertius iungens, and the temporality of structural holes[J]. Organization Science, 2016, 27(6): 1343-1360.

[47] Ramos-Rodriguez A R, Medina-Garrido J A, Lorenzo-Gomez J D, et al. What you know or who you know? The role of intellectual and social capital in opportunity recognition[J]. International Small Business Journal, 2010, 28(6): 566-582.

[48] Rapoport A. Spread of information through a population with socio-structural bias: Assumption of transitivity[J]. The Bulletin of Mathematical Biophysics, 1953, 15(4): 523-546.

[49] Reitz H J. The External control of organizations: A resource dependence perspective[J]. Academy of Management Review, 1979, 4(2): 309-310.

[50] Rivera M T, Soderstrom S B, Uzzi B. Dynamics of dyads in social networks: Assortative, relational, and proximity mechanisms[J]. Annual Review of Sociology, 2010, 36(1): 91-115.

[51] Sasovova Z, Mehra A, Borgatti S P. Network churn: The effects of self-monitoring personality on brokerage dynamics[J]. Administrative Science Quarterly, 2010, 55(4): 639-670.

[52] Schecter A, Quintane E. The power, accuracy, and precision of the relational event model[J]. Organizational Research Methods, 2021, 24(4): 802-829.

[53] Schulte M, Cohen N A, Klein K J. The coevolution of network ties and perceptions of team psychological safety[J]. Organization Science, 2012, 23(2): 564-581.

[54] Shah P P, Peterson R S, Jones S L. Things are not always what they seem: The origins and evolution of intragroup conflict[J]. Administrative Science Quarterly, 2020, 66(2): 426-474.

[55] Skvoretz J, Fararo T J. Status and participation in task groups: A dynamic network model[J]. American Journal of Sociology, 1996, 101(5): 1366-1414.

[56] Soda G B, Mannucci P V, Burt R S. Networks, creativity, and time: Staying creative through brokerage and network rejuvenation[J].The Academy of Management Journal, 2021, 64(4): 1164-1190.

[57] Soda G, Usai A, Zaheer A. Network memory: The influence of past and current networks on performance[J]. Academy of Management Journal, 2004, 47(6): 893-906.

[58] Stea D, Torben B P, Soda G. Keep or drop? The origin and evolution of knowledge relationships in organizations[J]. British Journal of Management, 2021, 33(3): 1517-1534.

[59] Stuart H C. Structural disruption, relational experimentation, and performance in professional hockey teams: A network perspective on member change[J]. Organization Science, 2017, 28(2): 283-300.

[60] Tasselli S, Zappa P, Lomi A. Bridging cultural holes in organizations: The dynamic structure of social networks and organizational vocabularies within and across subunits[J]. Organization Science, 2020, 31(5): 1053-1312.

[61] Van Raak A, Paulus A, Mur-Veeman I. Governmental promotion of co-operation between care providers: A theoreical consideration of the Dutch experience[J]. International Journal of Public Sector Management, 2002, 15(7): 552-564.

[62] Zaheer A, Soda G. Network evolution: The origins of structural holes[J]. Administrative Science Quarterly, 2009, 54(1): 1-31.

[63] 曹瑄玮，席酉民，陈雪莲．路径依赖研究综述[J]．经济社会体制比较，2008, (03): 185-191.

[64] 曹勇，刘弈，谷佳，等．网络嵌入、知识惯性与双元创新能力——基于动态视角的评述[J]．情报杂志，2021, 40(03): 182-186+174.

[65] 郭柏林，杨连生．资源依赖理论视角下高校交叉学科发展的路径[J]．中国科学基金，2023, 37(01): 140-149.

[66] 何军，刘业政．同质性和社会影响对混合型社交网络形成的仿真分析[J]．现代情报，2017, 37(04): 87-94.

[67] 杰弗里·莫佛，杰勒尔德·R·萨兰基克．组织的外部控制：对组织资源依赖的分析[M]．闫蕊译．北京：东方出版社，2006.

[68] 李传佳，李垣．动态视角下的个人社会网络研究综述与展望[J]．软科学，2017, 31(04): 66-69.

[69] 李国武．组织的网络形式研究：综述与展望[J]．社会，2010, 30(03): 199-225.

[70] 吕文晶，陈劲，汪欢吉．组织间依赖研究述评与展望[J]．外国经济与管理，2017, 39(02): 72-85.

[71] 诺思．制度、制度变迁与经济绩效[M]．上海：三联书店，1994.

[72] 邱泽奇，乔天宇．强弱关系，还是关系人的特征同质性？[J]．社会学评论，2018, 6(01): 3-20.

[73] 时晓虹，耿刚德，李怀．"路径依赖"理论新解[J]．经济学家，2014(06): 53-64.

[74] 谭婷．资源依赖理论视角下党组织权力再生产的逻辑和机制研究——以上海市L基层党组织为例[D]．上海：上海大学，2013.

[75] 尹贻梅，刘志高，刘卫东．路径依赖理论研究进展评析[J]．外国经济与管理，2011, 33(08): 1-7.

[76] 张宝建，胡海青，张道宏．企业孵化器组织的网络化机理研究述评[J]．科学学与科学技术管理，2011, 32(10): 152-157.

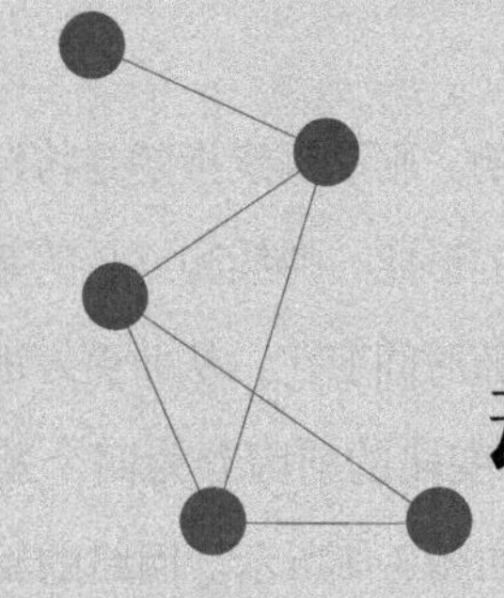

第3章 动态网络的驱动因素

网络的动态变化受到多种驱动因素的影响。驱动因素指的是将经验现象与网络变化实例联系起来，改变和塑造网络关系的形成、持续和终止的基本因素。理解动态网络的驱动因素有助于揭示网络如何随时间变化，从而更好地分析网络行为。与Ahuja等（2012）一样，本书将网络变化的前因分为四个基本的驱动因素：代理、惯性、机会、随机/外生因素，如图3-1所示。网络的驱动因素适用于所有分析层次的网络，包括个体网络和整体网络。

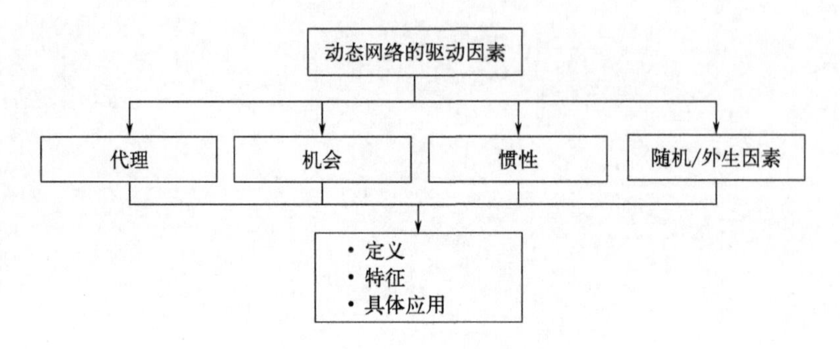

图3-1　动态网络驱动因素

研究动态网络的驱动因素具有以下三点重要意义：首先，揭示网络动态变化的原因和机制可以更好地理解网络变化的过程和模式。其次，了解动态网络的驱动因素有助于预测和控制网络行为，为决策者提供有关网络变化的信息，从而制定有效的政策和措施来引导网络积极发展。最后，研究动态网络的驱动因素可以提高网络分析效果，通过更精确地分析网络结构与行为之间的关系，提高网络分析的准确性和可靠性。动态网络分析为社会科学研究提供了一种新的视角和方法，使社会科学研究变得更加深入、系统和客观，促进社会科学的发展。

3.1　代理

3.1.1　代理定义

在网络形成和演变的过程中，代理（Agency）是关键驱动因素之一。代理指的是行动者有意识地修改其所处社会网络结构的行为（White和Farmer，1992；Emirbayer和Mische，1998；Burt，2005）。代理体现了行动者的动机和能力，通过主动形成有益的关系或解除不必要的关系（Stea等，2021），以改变网络状态、关联性和网络结构（Emirbayer和Mische，1998）。

代理行为（Agency Behavior）主要涵盖了网络中实体（也可以视为节点）在网络变化过程中的行动和策略。这些行为会对网络结构的动态变化、信息的传播以及实体间的互动模式产生影响。行动者通过形成或终止网络关系，强化或削弱已有的网络关系，有意识地与网络中的其他行动者构建关系，来揭示行动者主动追求构建对自身有利的网络结构这一行为的动机（这里的行动者指个体或组织）。

Burt（1992，2012）的结构洞理论也强调了在创造具有价值的社会结构形式中，企业家扮演了代理人这一重要角色。这里所说的代理人（agent）是具有行动能力的实体。Kadushin等（1992）的研究将代理人概念进一步推进，将代理人看成是有目标、有动机的实体。通过与他人合作或竞争的方式，代理人能够了解影响社会网络的人际互动和资源分配的规律，并获取人力与非人力资源（代理人所需的社会资本）。代理人的能动性来源于他们对这些规律的理解和掌握，并有能力将其应用于新的环境。换言之，代理人基于对资源的掌控，具备了根据不同的情况重新诠释或调整资源配置的能力。因此，在一定程度上，代理人有能力管理他们所拥有的社会关系，并在一定程度上影响这些关系的发展。代理人主动寻求建立关系的行为模式反映了代理微观基础对网络结构的影响。网络结构为代理人提供社会资本，也影响代理人日后的行动，这也体现了结构是产生代理的原因之一。综上，代理和结构是相互依存、相辅相成的。

3.1.2　代理特征

（1）普遍性

代理广泛存在于我们的生活和工作中，在不同的文化和历史背景下可以呈现出多样的形式。正如每个行动者都有使用和理解特定语言（例如，法语或阿拉伯语）的能力，这种代理能力是由特定的社会环境、文化习俗以及可利用的资源塑造而成的。同样，代理能力也会受到这些因素的深刻影响。因此，代理能力的表现和效力会在不同的文化和社会环境中体现出不同的特征和形式。

现有研究进一步揭示了每个行动者在实践中都表现出一定程度的代理能力（Goffman，1959，1967）。社会中的每个行动者都会运用复杂的互动策略来管理和维护持久的关系，即便在最为平常的生活交流中，他们也会采取一些策略，例如，他们采取措施来修复因误解而受损的关系（Goffman，1967）。同时，这也表明了每个行动者对互动方式的理解和应用会对他们的代理能力产生重要影响。虽然每个行动者在管理和维护社会关系方面的能力存在较大差异，但是所有社会成员在日常生活和工作中都会在一定程度上展示着他们的代理能力。

（2）差异性

不同人展示的代理能力不同，其表现形式和程度存在显著的差异。在不同的社会环境中，人们有动机和目的的创新行为存在很大的差异，这取决于这些环境内特定网络结构提供的信息。在不同的社会网络中，代理的表现形式和程度也各不相同。由性别、财富、社会声望、种族、职业、年龄和教育等因素定义的不同社会地位，使个体能了解到各种不同的模式，并获取不同类型和数量的社会资本，从而产生各种不同的代理行为。此外，即使是相同或相似职位的个体，他们在不同社会环境中的代理行为也可能存在显著的差异。例如，相比于西安某艺术馆的负责人，北京某艺术馆的负责人对艺术风格的认知可能有很大的不同（文化环境差异较大）；某个县的县长在环境政策方面的影响力可能无法比肩某个市的市长（管理范围差异较大）。简而言之，结构赋予代理能力的方式是多样的，这也意味着代理能力的表现形式能反映出焦点行动者的动机、意图和知识。结构以及代理能力的存在，揭示了能力分配的显著差异。

（3）个体性和集体性

Hindess（1986）指出，“代理”这一概念不仅适用于个体，同时也必须适用于在社会生活中充当重要角色的集体，例如，公司、行业协会、家庭等。代理具有强大的社会性和集体性，焦点行动者需要具备协调他人行动的能力。代理人与他人的紧密互动促使网络中信息快速流动，使得网络中的各种资源重新配置。

此外，个体行使代理的程度也取决于其在组织中的地位。例如，企业负责人的个人决定或冲突可能会影响数千人的生活。在公司的高级管理人员或在大学中教授的地位，通过行动制约集体，也极大地扩展了他们的影响力。因此，尽管代理是个体的特质，但其权力的来源和实施方式却具有显著的集体性。

3.1.3 代理的具体应用

代理作为网络动态演化的基本驱动因素，存在诸多应用差异。可以从个体层面和组织层面对代理行为进行分析，具体如下：

（1）代理影响节点的变化

代理行为重点研究了行动者（节点）的行为动机，如组织新成员为了尽快融入组织，其倾向于与人种学特征相似的其他成员建立关系（Gibbons和Olk，2003）。但是，组织内部个体网络的形成和发展并非平衡的，新成员倾向于与相似的其他成员建立联系，这会导致某些类型的连接比其他类型更为频繁地出现，从而在组织内部的个体网络中产生不平衡（Tasselli和Caimo，2019）。

相关研究认为代理行为的动机在不同的行动者之间存在系统性差异，例如，性格（Kleinbaum等，2013；Kleinbaum，2018）、心理趋势（Obstfeld，2005）、动机（David等，2020）、身份认同（Lomi等，2014）以及对网络态度的观念（Kuwabara等，2018）。当行动者的代理动机受到其个体特征的影响时，例如，性格特征，这些动机则反映了该行动者的直接性和习惯性的日常行为模式（Sasovova等，2010）。

此外，代理行为被描述为具有强烈的目标导向性（Tröster等，2019）。例如，Bensaou等（2014）在16个月的时间内，通过对新的专业服务人员的行为模式进行研究发现，不同的个体在社交方式上存在显著差异，表现为从被动的“纯粹主义者”（他们的网络关系在没有任何积极干预的情况下自然发展）到具有高度目标导向和工具化的“战略家”（他们制定明确的策略，与谁建立联系以及如何建立联系）。

（2）代理影响关系的变化

组织层面的代理行为研究主要关注不同组织间的特性，但也强调了各个组织之间代理发展的共同趋势。组织倾向于与值得信任的合作伙伴建立关系（Baum等，2005），或者愿意与具有丰富社会资本的伙伴建立合作关系（Hernandez和Shaver，2019），同时也会在网络中追求权力和管理能力（Howard等，2017）。行动者试图建立关系以强化其权力并管理其他行动者，这虽然可能引发其他行动者的反抗，但网络动态并不是由单方面的代理行为驱动，而是随着代理行为的变化而发展（Kumar和Zaheer，2021；Rogan和Greve，2015）。可见，在网络中，各个行动者并非被动地接受网络结构，而是通过代理行为选择合作伙伴、制定策略等来影响网络的动态变化。

战略研究通常将组织视为有代理能力的行动者，通过建立组织间关系，降低成本、减少风险和获得所需资源来获取优势（Gulati，1999）。组织间动态网络关系涉及的行动者特征包括战略方向（Koka等，2006）、风险降低（Knoben和Bakker，2019）、资源互补性（Furlotti和Soda，2018）和地位（Shipilov等，2011）。由于在市场关系中可能存在的机会主义行为增加了风险，降低风险已成为研究网络变化的常见原因。为了降低向其他组织泄露专有知识的风险，焦点组织可能会战略性地调整其联盟网络（Hernandez等，2015），常见的战略是与值得信任的其他组织形成联盟网络。相关学者试图理解行动者层面的动机，虽然这些动机背后的跨群体关系涉及更大的不确定性，但也提供了获取新观念和资源的潜在途径（Baum等，2010）。对于新兴风险投资企业的网络变化，已有研究检验了企业战略的差异与新关系形成速度之间的关系（Hallen和Eisenhardt，2012），探讨了公司经理的离职行为如何影响公司间联盟的关系。例如，研究广告公司之间的合作关系发现，随着离职的高管和交易所经理人数的增加，他们公司之间联盟终止的可能性也会增加，尽管这些影响会因离职高管的网络位置和与市场联系的强度而发生改变（Broschak和Block，2014）。

（3）代理影响结构的变化

从上述个体层面和组织层面来看，代理适用于解释网络在动态环境中变化的理论，通过工具性网络（Instrumental Network）视角解释网络的变化——代理通过自我结构变化来实现其发展目标。节点的变化可能是通过分类逻辑，形成、维持或消除具有改善自我位置的特定特征的联系而发生的，而自我结构的变化则源于修改自我对网络中其他节点的结构依赖性的逻辑，这就产生了“修改依赖性”概念。

所谓的“修改依赖性”是指代理人减少对其他行动者的依赖，或者增加其他行动者对自己的依赖（Pfeffer和Salancik，1978；Gulati等，2012）。这种依赖性的调整可以通过几种方式实现。一方面，行动者可以通过建立或终止某些关系来增强自己的中间人权力，从而增加其他行动者对自己的依赖。行动者会选择与某个关键的组织或个体建立新的关系，或者选择与有替代关系（资源）的组织或个体终止关系。另一方面，行动者可以通过填补不利的结构洞或与其他行动者建立关系，从而削弱其他中间人对信息的控制权。如果行动者发现自己在网络中的位置与其他人联系较少时，或者其关系主要由中间人控制时，那么他们可能会寻求与更多的行动者建立直接联系，从而减少对这些中间人的依赖。同时，行动者可能因对过去高度凝聚的网络结构的不满而选择终止某些关系，如果行动者在自己的网络中产生了负面的情绪或行为，那么他们可能会选择重新配置其关系，以便在一个更开放、多样化的行动者集群中寻找新的机会（Zaheer和Soda，2009）。行动者也可能选择在现有联系的基础上建立新的关系，因为这种关系的深化可能有助于培养值得信赖的合作伙伴。因此，依赖性的调整既可以视为一种战略行为，也可以视为一种源于行动者微观行为的网络动态，这种动态通过影响节点关系进而影响网络的整体结构。

3.2 机会

3.2.1 机会定义

机会（Opportunity）指的是行动者之间的邻近性或者相似性为其发展提供的可能性，它能促进新关系的建立和发展（Giese等，2020）。机会可能来自于外部环境和地理邻近，这意味着人们会因为生活在相同或接近的地理位置而建立关系（Rivera等，2010）。同时，机会也可能来自于相似的兴趣和爱好，即人们倾向于与有共同兴趣和爱好的人建立关系（Huckfeldt，2009）。相似性有助于行动者形成跨正式组织边界的沟通联系，并且随着时间的推移，这种联系逐渐发展为跨群体的非正式网络（Tasselli等，2020）。相似的兴趣和爱好可称为行动者之间的同质性，同质性是指在种族、性别、年龄、教育、职业等社会特征方面相似的人倾向于形成（积极）关系的趋势（McPherson等，2001）。此外，人们也会被推荐或建议所驱动，选择与被推荐人建立新的联系（Gulati，1995；Gulati和Gargiul，1999）。因此，“机会”这一驱动因素是指促进人们建立新关系的各种环境条件和个人倾向。

机会在网络中源于个体之间、群体内部或群体间的相互联系。机会体现在具有相同社会背景、拥有共同的身份或目标，或在地理上接近的个体或组织之间建立的互动关系中。例如，来自同一学校的学生在彼此之间会形成校友网络，或同一办公室内同事之间会建立同事网络；建校时间相近的五所学校，教师之间的联系更为紧密；同一地点的教师的交流更为频繁，情感联系也更为紧密（Bunderson和Reagans，2011）；正式的组织结构为公司员工提供了互动的机会，并定义了员工的身份，从而促进了员工之间关系的形成（Kleinbaum等，2013）。机会也可以通过先前存在的关系体现出来，公司可能与已有的盟友或合作伙伴的合作伙伴建立联盟，这都是基于信任和便利性的原则。机会驱动的自然结果是形成集群或封闭网络，因为推荐、传递性和重复性的逻辑都在加强行动者之间的联系。

3.2.2 机会特征

（1）外部性

机会的来源涉及人口分布的多维空间和组织外部环境，这些外部因素共同对关系的变化产生影响，进而体现了机会的外部性。人口分布的多维空间意味着机会的分布与人口的地理位置、社会背景、职业分布等多种因素相关。不同地区、不同职业、不同社会背景的个体所能获得的机会存在显著差异。例如，大城市通常提供更多的就业和发展机会，而农村或偏远地区的机会则相对较少。因此，人口分布的多维空间影响着人们机会的获取。

组织外部环境促使网络变化的观点也得到了很好的验证。早期的组织与其他组织结成联盟，是为了获取资源和应对环境变化的需求（Benson等，1978；Pfeffer和Salancik，1978；刘晓燕等，2023）。而组织外部环境中的变化和冲击影响了组织的联盟战略，但也为曾经处于边缘位置的公司创造机会，使其在不断发展的行业网络中处于更中心的位置（Corbo等，2016）。组织外部环境如制度规范的变化，也是影响机会的因素之一。这些变化可能包括政策调整、市场环境变化、科技进步等。例如，科技进步可能会带来新的产业机会，而政策调整可能会影响某些行业的发展。这些变化不仅改变员工之间的互动方式，影响组织内部的网络关系，影响整个组织的效率和创新能力，进而影响整个行业网络结构。同时，行业网络结构是在一个行业内的不同组织之间的关系网络，而制度规范的变化会对整个行业网络结构产生深远影响（McDermott，2007；Zhang等，2016），驱动整个行业的网络结构发生变化（Tatarynowicz等，2016），例如，新的行业规范可能会促进企业之间的合作，或者导致某些企业退出市场，从而改变整个行业的竞争格局。

（2）时效性

组织中与工作角色和项目目标相关的机会因素，在特定时间内推动网络的动态变化，这显示了机会的时效性。这种时效性表明，机会是随着时间的推进和项目的进展而变化的。具体而言，在项目进行过程中，资源、信息和人脉的流动都会集中在与项目目标紧密相关的工作角色和任务上，项目主管在一段时间内与某个团队密切合作，当项目完成时，主管会将注意力转移到其他团队上（Quintane等，2013；Jonczyk等，2016）。同时，项目完成后，原本集中在项目目标上的关注点会迅速转移，网络结构也会随之变化，进而促进了网络的动态变化。新的项目、新的目标会引导资源和信息向新的方向流动，原本在旧项目中占据核心位置的个体和角色可能会失去原有的地位和关注（Kleinbau等，2013）。从而可知，机会往往是短暂的，随着项目的完成，由项目产生的机会也就消失了。

（3）层级性

机会的层级性体现在社会地位和地理优势上。拥有较高社会地位的个体或群体由于具备资源、权力和影响力的优势，能够更多地获得并利用各种机会。这些使得他们在建立和维持有利关系方面占据更大的优势，并为个体或群体形成了一个良性循环。反之，社会地位低的个体或群体则面临更多机会获得的困难。这些外部因素决定了个体在社会网络中的位置，进而影响其能否获得有利的机会。

地理优势不仅影响了日常互动的频率和质量，也影响了社会网络的扩展范围。居住在资源丰富区域或接近重要社会、经济中心的人们更容易接触到机会。与处于资源丰富地域的群体相比，生活在边缘地带或资源贫乏地区的人们，由于地理位置的劣势，则面临更多机会获取的障碍。这些障碍可能源于各种资源匮乏、社会资本有限以及信息获取渠道不足，使得他们难以与资源丰富的人们竞争。由于这种机会获取的不平等，导致社会网络中的层次差异进一步加剧。这种层级差异不仅体现在资源的分配上，也体现在关系的形成和维持上，使得社会结构中的不平等现象更加显著和持久（Blau，1994）。

（4）邻近性

邻近性也在机会的获取中扮演着重要作用。Mizruchi（1996）在研究地理位置对公司董事会成员选择的影响时指出，如果这些公司的总部设在相邻的地方，那么它们会更有可能共享公司的董事会成员。公司总部位于相邻位置，他们会形成一些高级俱乐部，这些俱乐部的会员资格是董事会连锁（指公司之间通过一个人出任两个以上公司董事而形成的关系网络）的实际驱动因素。这些俱乐部作为重要的社交场所，为会员们提供了很好的互动机会，这些互动进一步促进企业间联盟的建立。

经济地理学家长期以来研究地理邻近性以外的各种邻近性的重要性（Boschma，2005）和不同的距离对企业绩效及知识转移的重要性（Bell和Zaheer，2007；Broekel和Boschma，2012；Almeida和Kogut，1999；Breschi和Lissoni，2009；Balland等，2013）。例如，在推动企业间联盟的形成方面，除了企业间的地理邻近性之外，这些企业嵌入同一社会背景、知识基础、共同文化、价值观和规范方面的相似性，为他们之间更好地进行资源共享和知识流通提供更多的机会（王菡丽和冯熹宇，2023）。

3.2.3　机会的具体应用

机会这一驱动因素在网络分析中的应用非常广泛，它影响网络的节点、关系和结构的各个方面。以下是对“机会”因素在这三个方面的具体应用的分析：

（1）机会影响节点的变化

在个体节点层面，机会可以被理解为节点获取资源、信息或者新的联系的可能性。例如，在职场网络中，一个员工通过参加培训和会议获得的新技能和知识可以被看作是一种机会，这种机会可能导致其在网络中的地位提升或者职业发展。机会还可以表现为节点因外部变化（如市场需求、政策变动等）而进行自我调整的能力。这种调整可能导致节点在网络中的功能或角色发生变化，从而影响其与其他节点的互动方式。如Mizruchi（1996）的研究所示，地理位置的邻近性是影响节点机会的一个重要因素，因为地理上相邻的企业可能通过共享董事会成员形成更紧密的合作关系。这表明节点的地理位置能够直接影响其获取资源和机会的能力，特别是在高级俱乐部这类社交场所中，地理邻近性能够促进互动和合作。

（2）机会影响关系的变化

机会在关系层面主要表现为促进或阻碍关系的形成和维持。例如，技术进步和市场变化常常创造新的合作机会，促使原本没有直接联系的节点建立合作关系。在关系层面，除了地理邻近性，同质性的各种特征（如文化、社会背景、知识基础等）也极大地影响了关系的形成和维持。如Bunderson和Reagans（2011）与Tasselli等（2020）的研究发现，文化相似性和空间邻近性促进了教师和跨组织成员间更紧密的联系和情感联结，进而影响了信息的流通和资源的共享。这说明机会的利用不仅受到物理空间的影响，还与社会和文化因素密切相关。另外，机会也可以通过改变关系的性质和强度来影响网络。例如，新的商业模式或合作策略可能使得某些关系变得更加紧密和频繁，而其他关系则可能因此变得较为疏远。

（3）机会影响结构的变化

从网络结构的角度看，机会可以影响网络规模的大小。例如，新兴市场的出现或者政策的引导可能鼓励网络向特定领域或地理区域扩展。机会也可以促使网络中出现新的集群或子群体。例如，Boschma（2005）、Broekel和Boschma（2012）等强调，除了地理位置，社会文化的邻近性、共同的价值观和规范以及组织群体的归属感也对网络结构的演变具有显著影响。这些因素的共同作用推动了不同网络群体间的知识转移和联盟形成，从而影响整体网络结构的适应性和动态演进。这些新的集群可能是围绕特定的技术、产品或服务形成的，它们可能会对网络的信息流、资源分配和影响力分布产生重要影响。

综上所述，机会作为一种驱动因素，通过在节点、关系和结构层面的作用，不断推动网络适应和利用外部变化，从而实现持续的成长和发展。理解这一点对于那些试图在动态的环境中优化其网络位置或增强网络效能的个体或组织尤为重要。

3.3 惯性

3.3.1 惯性定义

关系的变化并非仅仅通过代理或机会来实现，也会因一组相互作用下形成的例行规定或习惯而发生变化（Kim等，2006）。惯性（Inertia）是指组织或社会网络在面对改变时的一种自我保护机制，它通过维持旧的结构和行为模式来减少不确定性和风险（Giddens，1984）。在组织理论和社会网络分析中，惯性被定义为组织或社会网络在面临改变时的持久性和稳定性。它反映了组织或社会网络对改变的抵抗，以及在尝试终止旧的关系或建立新的关系时遇到的挑战（Kim等，2006）。在深层次上，惯性源自组织或社会网络内部的规范、习惯和相互依赖关系。这些因素在日常活动中得到强化，使得组织或社会网络的结构和行为模式变得稳定和持久（Sydow和Windeler，1998）。因此，惯性不仅体现在组织或社会网络的结构中，也体现在其文化、价值观和社会互动规则中。同时，惯性可能对组织或社会网络的创新和变化产生限制效应。强关系可能会限制行动者终止旧的关系，而惯性导致的网络持久性和稳定性也可能阻碍新的关系的形成（Dahlander和McFarland，2013）。

3.3.2 惯性特征

惯性作为一种使网络结构维持现状的驱动因素，在很大程度上塑造了组织或社会网络面对变革时的行为模式。在组织理论和社会网络分析中，理解惯性的关键点在于认识到它是一种阻力。虽然它确实表现为对变化的抵抗，但这种抵抗本质上是基于深层次的结构和文化因素。惯性在组织和社会网络中的特征具体体现在以下几个方面：

（1）抵抗性

组织或社会网络对变化的抵抗通常源自于对现有资源、地位和权力结构的保护需求。变化可能会带来不确定性，威胁到组织的整体利益和安全。这种抵抗可能导致组织错失适应外部环境变化的机会，例如，技术创新或市场动态的变化，最终可能影响组织的竞争力和生存能力。

（2）稳定性和持久性

稳定性体现在惯性使组织能够在日常运营中保持一致性。持久性则意味着惯性是一种长期存在的力量，根深蒂固于组织的结构、文化、流程和行为模式中。这种持久性确保了组织在面对外部压力时能够保持其核心特性和运作方式。由于这种稳定性和持久性，组织往往倾向于维护已经被证明有效的结构和流程，从而在一定程度上保证了组织工作效率和质量。然而，这也可能导致组织变得越来越僵化，对外部环境的变化反应越来越迟缓，不愿意或无法快速调整策略和操作方式以应对和适应快速变化的外部环境。尤其是在快速变化的市场或技术环境中，过度依赖稳定性和持久性可能会限制组织的创新能力，最终影响其竞争力和生存能力。

（3）文化惯性

组织文化中固化的价值观、信仰和规范形成了一种集体认同感，成为组织成员行为的无形指南。文化惯性深植于组织结构中，因其源自组织长久的发展历史和被其他组织认同的身份，并且这些组织文化是不容易改变的。文化惯性在稳定组织的内部结构和指导组织成员的行为方面起着关键作用，但同时也可能阻碍组织接受新思想和提高创造力、创新产出。文化惯性使得组织任何试图改变现有网络结构的行为都需要对这些深层次的文化价值有深刻的理解和特殊的处理。例如，在组织变革中，组织克服文化惯性过程中通常需要一定的时间和持续的努力，包括引入新的文化实践和逐步改变人们的观念。

（4）资源依赖性

资源依赖性反映了组织对现有资源和结构的依赖程度。组织在资源依赖性方面的惯性表现为依赖现有的技术设备、人力资本和供应链网络等资源配置，因为其在过去的运营中证明了这些资源的有效性和可靠性。资源依赖性使得组织倾向于维持现状，避免对资源配置进行重大变更，从而减少变更带来的不确定性和风险。尽管这种资源依赖性能够提供一定的稳定性和持续性来确保组织的正常运转，但也可能导致组织在面对外部环境变化时反应迟钝，难以迅速调整和优化资源配置。此外，长期的资源依赖性会使得组织变得固化而缺乏灵活性，限制其在竞争激烈的市场中迅速应对新挑战和抓住新机遇的能力。

3.3.3 惯性的具体应用

惯性涉及多个领域，尤其是在人际网络和企业联盟中。通常研究的结构惯性主要包括同质性，即行动者倾向于与已有联系的个体或组织建立长久的联系，从而建立稳定的互惠关系，这意味着行动者期望在建立关系时得到相应的回报。以往研究显示，如果网络结构中的互惠关系比例过高，地位较高的个体或组织可能不会向地位较低的个体或组织寻求建议，这是因为他们可能无法得到足够的回报（Gulati，1995；Gulati和Gargiulo，1999）。这种结构惯性并非固定不变，而是可能随着时间的推移和关系属性的变化而发生变化。人际网络研究还进一步探讨了网络结构如何影响后续的网络动态。例如，个体网络中的结构洞，即那些在网络中尚未通过关系连接的个体，可能影响后续关系的形成和终止（Balkundi等，2019；Cannella和McFadyen，2016；刘意等，2020）。这是因为结构洞代表了未来发展新关系的机会，同时也可能成为关系终止的风险点。无论是同质性、互惠性，还是结构洞，都是惯性在动态网络中的具体体现，在一定程度上驱动着网络关系的发展和变化。

（1）惯性影响节点的变化

从节点角度来看，过去建立的历史关系可能导致组织更倾向于与已有的合作伙伴进行进一步的合作，从而形成了倾向于维持既有稳定关系的网络惯性（Kale等，2000）。例如组织年龄、领导力或市场主导地位等节点特征，可能影响组织在维持现有网络与促使网络变化之间的选择（Kim等，2006）。在组织内部一旦形成了联盟管理的惯例（Kale等，2002），可能会驱使组织形成更多类似的联盟。这既是由于组织可以在更广泛的联盟网络中分摊其固定成本，也是为了证明其自身存在的价值。

（2）惯性影响关系的变化

从关系角度看，组织惯例和规范可以增强组织之间的关系持久性以及限制新关系的形成（Gulati，1995）。网络惯性（Network Inertia）是指在组织间网络中，如供应链网络或合作网络等，组织持续保持现有关系的倾向，也可以理解为组织与合作伙伴之间关系的持久性。这种惯性来源于历史交易关系、契约义务、商业策略等多种因素，在组织寻求新的合作伙伴时形成障碍。

但是网络惯性也可能在组织试图改变现有关系时形成阻碍。在网络变化过程中，特定的限制因素会影响组织，因为通过网络关系获得的利益会带来网络惯性。当关系变化可能面临组织失去特定资产价值的风险时，组织可能会认为现有关系变化的代价过高，因此更倾向于维持当前的网络关系。已有研究证明组织间的网络变化受到其先前网络关系的显著制约，这些研究结果揭示了网络惯性在很大程度上反映了先前关系对组织进行网络变化的制约力量（Gulati，1995；Gulati和Gargiulo，1999）。总的来说，网络惯性反映了网络动态演化的力量，这种力量使得组织更倾向于保持而不是改变现有的网络关系，从而限制了组织的网络范围拓展。

（3）惯性影响结构的变化

从结构的角度来看，惯性影响着组织内部网络结构的变化。结构惯性（Structural Inertia）反映组织内部结构和运作过程的稳定性，包括决策制度、管理结构、业务流程和程序等方面。结构惯性具有稳定性和复杂性两个方面，随着时间的推移，组织内的网络可能变得更为稳定（拥有明确的结构、规范和文化），或者变得更为复杂（随着利益相关者的不断扩大，观念差异也会相应增加），这种稳定且复杂的内部网络会对组织拓展组织间合作网络产生深远影响。

当组织的内部结构变动不大时，就可能产生较大的结构惯性，从而对组织的灵活性和应变能力产生不利影响。在结构惯性的影响下，随着组织年龄的增长，其结构惯性也会逐渐增加，组织部门之间、员工之间的互动模式也变得更加稳定，甚至可能趋于僵化。同时，随着组织规模的扩大，结构惯性也会随之增强，因为规模的增大意味着部门数量的增多，部门与员工间的层级关系变得更复杂。一般来说，大型组织的变动概率较低，而中型组织则可能具有更高的变动概率。结构惯性的存在，使得组织在引入新的合作伙伴以替代现有的合作伙伴时，往往需要面对巨大的承诺和资源投入。而随着规模的扩大，组织内部的复杂度可能进一步提高，协调部门与员工之间的利益差异变得更为困难。因此，结构老化和规模较大的组织内部网络往往会表现出更强的网络惯性。这为我们理解组织为何在面对变革时会遇到困难提供了理论支持。

但是从结构惯性的角度来看，这种惯性并不仅仅是网络的负面反映（Hannan和Freeman，1984），也可以被视为成功网络管理的副产品。随着时间的推移，组织在建立并维护关系的过程中形成了特定的资产（Blau，1964；Dyer和Singh，1998；Williamson，1985；魏龙和党兴华，2018），如制度化的日常流程和人力资源，这些特定的资产被视为带给组织竞争优势的源泉（Galaskiewicz和Zaheer，1999）。综上可知，惯性可对网络的动态变化产生积极和消极两种影响。

3.4 随机/外生因素

3.4.1 随机/外生因素定义

随机/外生因素（Random/Exogenous factors）作为驱动因素，指的是那些对网络变化产生影响但又无法由网络内的个体或组织直接控制的、来自网络之外的随机或外部因素。这一因素通常是外部的、不可预测的，并且不受网络内部控制。它们可以极大地影响组织或社会网络的行为和结构，有时甚至会引起重大的转变。一方面，随机/外生因素通常包含那些偶发的、不可预测的事件，如自然灾害、意外事故或其他意外情况，这些事件的发生和时机往往难以预测；另一方面，随机/外生因素来源于组织或网络外部的因素（Hasan和Bagde，2015），如政治变动、经济危机、技术创新或法律法规变化。

随机/外生因素虽然来自于网络外部，但对网络内部结构和功能具有深远的影响。随机/外生因素可能直接改变网络的运行环境或条件。例如，新技术的引入可能直接导致某些技能过时，或者经济衰退可能减少网络中的资源流动。随机/外生因素还可能通过影响网络中的某些成员而间接影响整个网络。例如，政策变化可能影响特定行业的组织成员（需求商和供应商）技术或产品的需求量和生产量、辅助材料需求量和生产量，进而影响整个供应链网络。面对随机/外生因素的影响，组织可能需要调整其网络结构或功能以适应新的环境条件，包括改变内部的通信模式、资源分配或成员角色。大规模或突然的随机/外生变化可能导致网络经历短期的不稳定或混乱，之后才可能达到新的平衡状态。

3.4.2 随机/外生因素特征

随机/外生因素可能源于宏观环境的变化，也可能源于微观层面的偶然事件。它们的特征主要表现在不确定性和不可预测性。例如，两个组织可能因为偶然被同一董事会提名而建立联系，这种联系的形成并不是个体的有意为之，而是由随机的、外在的条件决定的（Watts和Strogatz，1998；Kossinets和Watts，2009）。又如，在动态网络分析中的随机/外生因素可能源自数据收集与处理过程中的误差，或者是网络成员的非理性行为，而这些因素可能会给分析结果带来不确定性与随机性。再如，在金融市场，股票价格的波动可能受到市场的随机噪声、投资者情绪等因素的影响，进而对金融网络的稳定性和复杂性产生影响。

（1）不确定性

不确定性指未来事件的结果难以预知或预测。在组织和社会网络中，这通常关联于缺乏关于将要发生事件的准确信息，或者未来环境的可能变化。不确定性迫使组织在有限的信息下做出决策，这可能导致组织无法进行有效的风险管理，进而影响组织策略的准确性和有效性。因此，组织必须设计灵活的策略来应对可能的多种情况，增加冗余和弹性以缓冲不确定性带来的冲击。

（2）不可预测性

不可预测性指事件发生的时间、地点或性质难以提前预见。这种特征尤其适用于那些受多种复杂因素影响，且这些因素之间相互作用难以准确模拟的情况。不可预测性使得组织难以制定和实施具体的应对策略，因为它们不仅不知道何时可能面对问题，还不知道问题的具体形态。这种情况下，传统的风险管理策略可能不足以覆盖所有潜在的风险，组织需要制定灵活的风险应对策略，来减少不可预测的随机/外生因素对组织整体带来的冲击。

随机/外生因素中的外部环境变化会直接或间接地影响到网络的演化过程，例如，自然灾害、传染病爆发、经济波动等，而且这些因素的未来发展趋势往往具有不确定性，难以准确预测其变化规律。此外，随机/外生因素也可能是人为造成的，例如，政策变化、企业战略、技术革新、市场竞争、个人行为等，这些人为因素会对网络结构演化产生较大影响，而且这些影响也具有一定的不可预测性。

3.4.3 随机/外生因素的具体应用

随机/外生因素通常来源不同、性质不同、影响不同，它们的出现往往是不确定的、不可预测的，难以被网络内部状态所决定。它们可能受到网络外部的突发事件、随机事件、外部环境的影响，可能突然或逐渐发生变化，对网络节点、关系、结构产生的影响往往具有一定的随机性/外生性。下面详细分析这些因素在不同层面的具体应用：

（1）随机/外生因素影响节点的变化

随机/外生因素可能直接影响个体节点的行为和状态。例如，一场经济衰退可能导致企业裁员，影响个别节点（如员工）的职业生涯和在网络中的位置。又如技术突破中新技术的出现，可能使某些企业或个体获得新的商机，从而增强其在网络中的地位。

（2）随机/外生因素影响关系的变化

随机/外生因素可以影响网络中的关系变化。例如，政治冲突或贸易限制可能迫使焦点企业重新评估和调整其供应链，切断与某些节点（供应商）的关系，同时可能寻求新的节点（合作伙伴）来建立合作关系。又如技术变革可能改变节点间的沟通方式，如新技术的兴起改变了企业间的合作方式，这可能促使网络中的信息流向和合作方式发生改变，进而改变企业间的合作关系。

（3）随机/外生因素影响结构的变化

外生因素可能导致网络整体结构的重大调整。例如，全球化趋势促使许多网络扩展到国际层面，但全球性的经济或政治危机又可能迫使这些网络收缩或重新本土化。又如新兴技术中区块链技术的出现可能引发整个行业的结构转变，促使旧有企业重新考虑其在网络中的位置，同时为新兴企业提供崛起的机会。

上文对网络微观基础的分析解释了网络如何建立，行动者在选择合作伙伴的过程中考虑了什么因素，网络在动态变化过程中受到什么力量的推动和阻碍等问题。代理、机会和惯性三种驱动因素推动了网络的发展和变化，并分别对应了动态网络研究中的三个常用理论，即资源依赖理论、趋同理论（同质性）和路径依赖理论。虽然结构性的随机/外生因素在某些条件下可能导致规律性模式，但是对于理解社会行为或者驱动这些模式形成的因素，它们的帮助很有限。因此，在研究网络动态变化的时候，我们需要关注那些更有可能揭示社会行为和机制的理论。这将有助于我们更好地理解网络是如何形成和变化的，网络是如何影响个体和组织的行为和决策的，以及如何利用网络优势改善组织的市场表现。

3.5 本章小结

本章深入探讨了动态网络的四个驱动因素：代理、机会、惯性和随机/外生因素。首先，详细介绍了每一种驱动因素的定义和特征。代理因素注重的是网络中个体或组织的主观行动，机会因素强调的是环境变化给个体或组织带来的网络机会，惯性因素讨论的是个体或组织维持网络状态保持不变的趋势，而随机/外生因素关注的是个体或组织无法预期的随机事件对网络的影响。其次，深入探讨了每一种驱动因素的具体应用，并举例阐述了如何在实际网络分析中应用这些理论。通过举例说明了我们深刻理解这些驱动因素的重要性，并讨论了如何在不同的实际情况中结合或选择适当的驱动因素进行网络分析。总之，本章的目标是帮助读者深入理解并熟练应用这四个驱动因素，以在动态网络分析中获得更准确、深入的洞察。

参考文献

[1] Ahuja G, Soda G, Zaheer A. The genesis and dynamics of organizational networks[J]. Organization Science, 2012, 23(2): 434-448.

[2] Almeida P, Kogut B. Localization of knowledge and the mobility of engineers in regional networks[J]. Management Science, 1999, 45(7): 905-917.

[3] Balkundi P, Wang L, Kishore R. Teams as boundaries: How intra-team and inter-team brokerage influence network changes in knowledge-seeking networks[J]. Journal of Organizational Behavior, 2019, 40(3): 325-341.

[4] Balland P A, Suire R, Jérme V. Structural and geographical patterns of knowledge networks in emerging technological standards: Evidence from the European GNSS industry[J]. Economics of Innovation and New Technology, 2013, 22(1): 47-72.

[5] Baum J A C, Cowan R, Jonard N. Network-independent partner selection

and the evolution of innovation networks[J]. Management Science, 2010, 56(11): 2094-2110.

[6] Baum J A C, Rowley T J, Shipilov A V. Dancing with strangers: Aspiration performance and the search for underwriting syndicate partners[J]. Administrative Science Quarterly, 2005, 50(4): 536-575.

[7] Bell G G, Zaheer A. Geography, networks, and knowledge flow[J]. Operations Research, 2009, 18(6): 955-972.

[8] Bensaou B M, Galunic C, Jonczyk-Sédès C. Players and purists: Networking strategies and agency of service professionals[J]. Organization Science, 2014, 25(1): 29-56.

[9] Benson J K, Pfeffer J, Salancik G R. The external control of organizations[J]. Administrative Science Quarterly, 1978, 23(2): 358-372.

[10] Blau P M. Exchange and power in social life[J]. American Sociological Review, 1964, 30(5): 789-802.

[11] Blau P M. Structural Contexts of Opportunities[M]. Chicago: University of Chicago Press, 1994.

[12] Boschma R A. Proximity and Innovation: A Critical Assessment[J]. Regional Studies, 2005, 39(1): 61-74.

[13] Breschi S, Lissoni F. Mobility of skilled workers and co-invention networks: An anatomy of localized knowledge flows[J]. Journal of Economic Geography, 2009, 9(4): 439-468.

[14] Broekel T, Boschma R. Knowledge networks in the Dutch aviation industry: The proximity paradox[J]. Journal of Economic Geography, 2012, 12(2): 409-433.

[15] Broschak J P, Block E S. With or without you: When does managerial exit matter for the dissolution of dyadic market ties?[J]. Academy of Management Journal, 2014, 57(3): 743-765.

[16] Bunderson J S, Reagans R E. Power, status, and learning in organizations[J]. Organization Science, 2011, 22(5), 1182-1194.

[17] Burt R S. Brokerage and Closure[M]. Oxford: Oxford University Press, 2005.

[18] Burt R S. Structural holes: The social structure of competition[M]. Cambridge, MA: Harvard University Press, 1992.

[19] Burt R S. Structural holes[J]. Contemporary Sociological Theory, 2012, 39(4): 217-220.

[20] Cannella A A, Mcfadyen M A. Changing the exchange: The dynamics of knowledge worker ego networks[J]. Journal of Management, 2016, 42(4):

1005-1029.

[21] Corbo L, Corrado R, Ferriani S. A new order of things: Network mechanisms of field evolution in the aftermath of an exogenous shock[J]. Organization Studies, 2016, 37(3): 323-348.

[22] Dahlander L, McFarland D A. Ties that last[J]. Administrative Science Quarterly, 2013, 58(1): 69-110.

[23] David N, Brennecke J, Rank O. Extrinsic motivation as a determinant of knowledge exchange in sales teams: A social network approach[J]. Human Resource Management, 2020, 59(4): 339-358.

[24] Dyer J H, Singh H. The relational view: Cooperative strategy and sources of interorganizational competitive advantage[J]. Academy of Management Review, 1998, 23(4): 660-679.

[25] Emirbayer M, Mische A. What is agency?[J]. American Journal of Sociology, 1998, 103(4): 962-1023.

[26] Furlotti M, Soda G. Fit for the task: Complementarity, asymmetry, and partner selection in alliances[J]. Organization Science, 2018, 29(5): 837-854.

[27] Galaskiewicz J, Zaheer A. Networks of competitive advantage[J]. Research in the Sociology of Organizations, 1999, 16: 237-261.

[28] Gibbons D, Olk P M. Individual and structural origins of friendship and social position among professionals[J]. Journal of Personality and Social Psychology, 2003, 84(2): 340-351.

[29] Giddens A. The constitution of society. Outline of the theory of structuration[M]. US: University of California Press, 1984.

[30] Giese H, Stok F M, Renner B. Early social exposure and later affiliation processes within an evolving social network[J]. Social Networks, 2020, 62: 80-84.

[31] Goffman E. Interaction ritual: Essays on face-to-face behavior[J]. American Sociological Review, 1967, 33(3): 462-742.

[32] Goffman E. The presentation of self in everyday life[J]. American Sociological Review, 1959, 21(5): 631-798.

[33] Gulati R, Gargiulo M. Where do interorganizational networks come from?[J]. American Journal of Sociology, 1999, 104(5): 1439-1493.

[34] Gulati R, Sytch M, Tatarynowicz A. The rise and fall of small worlds: Exploring the dynamics of social structure[J]. Organization Science, 2012, 23(2): 449-471.

[35] Gulati R. Network location and learning: The influence of network resources

and firm capabilities on alliance formation[J]. Strategic Management Journal, 1999, 20(5): 397-420.

[36] Gulati R. Social structure and alliance formation patterns: A longitudinal analysis[J]. Administrative Science Quarterly, 1995, 40(4): 619-652.

[37] Hallen B L, Eisenhardt K M. Catalyzing strategies and efficient tie formation: How entrepreneurial firms obtain investment ties[J]. Academy of Management Journal, 2012, 55(1): 35-70.

[38] Hannan M T, Freeman J. Structural inertia and organizational change[J]. American Sociological Review, 1984, 49(2): 149-164.

[39] Hasan S, Bagde S. Peers and network growth: Evidence from a natural experiment[J]. Management Science, 2015, 61(10): 2536-2547.

[40] Hernandez E, Sanders Wm G, Tuschke A. Network defense: Pruning, grafting, and closing to prevent leakage of strategic knowledge to rivals[J]. Academy of Management Journal, 2015, 58(4): 1233-1260.

[41] Hernandez E, Shaver J M. Network synergy[J]. Administrative Science Quarterly, 2019, 64(1): 171-202.

[42] Hindess B. Sociological theory in transition (RLE social theory)[M]. London: Routledge, 1986.

[43] Howard M D, Withers M C, Tihanyi L. Knowledge dependence and the formation of director interlocks[J]. Academy of Management Journal, 2017, 60(5): 1986-2013.

[44] Huckfeldt R. Interdependence, density dependence, and networks in politics[J]. American Politics Research, 2009, 37(5): 921-950.

[45] Jonczyk C D, Lee Y, Galunic C. Relational changes during role transitions: The interplay of efficiency and cohesion[J]. Academy of Management Journal, 2016, 59(3): 956-982.

[46] Kadushin C, Nohria N, Eccles R G. Networks and organizations: Structure, form, and action. [J]. Contemporary Sociology, 1992, 23(3): 444-454.

[47] Kale P, Dyer J H, Singh H. Alliance capability, stock market response, and long-term alliance success: The role of the alliance function[J]. Strategic Management Journal, 2002, 23(8): 747-767.

[48] Kale P, Singh H. Learning and protection of proprietary assets in strategic alliances: Building relational capital[J]. Strategic Management Journal, 2000, 21(3): 217-237.

[49] Kim T Y, Oh H, Swaminathan A. Framing interorganizational network change: A Network inertia perspective[J]. Academy of Management Review, 2006,

31(3): 704-720.

[50] Kleinbaum A M, Stuart T E, Tushman M L. Discretion within constraint: Homophily and structure in a formal organization[J]. Organization Science, 2013, 24(5): 1316-1336.

[51] Kleinbaum A M. Reorganization and tie decay choices[J]. Management Science, 2018, 64(5): 2219-2237.

[52] Knoben J, Bakker R M. The guppy and the whale: Relational pluralism and start-ups' expropriation dilemma in partnership formation[J]. Journal of Business Venturing, 2019, 34(1): 103-121.

[53] Koka B R, Madhavan R, Prescott J E. The Evolution of interfirm networks: Environmental effects on patterns of network change[J]. Academy of Management Review, 2006, 31(3): 721-737.

[54] Kossinets G, Watts D J. Origins of homophily in an evolving social network[J]. American Journal of Sociology, 2009, 115(2): 405-450.

[55] Kumar P, Zaheer A. Network stability: The role of geography and brokerage structure inequity[J]. Academy of Management Journal, 2021, 65(4): 1139-1168.

[56] Kuwabara K, Hildebrand C A, Zou X. Lay theories of networking: How laypeople's beliefs about networks affect their attitudes toward and engagement in instrumental networking[J]. Academy of Management Review, 2018, 43(1): 50-64.

[57] Lomi A, Lusher D, Pattison P E. The focused organization of advice relations: A study in boundary crossing[J]. Organization Science, 2014, 25(2): 438-457.

[58] McDermott G A. Politics and the evolution of inter-firm networks: A post-communist lesson[J]. Organization Studies, 2007, 28(6): 885-908.

[59] McPherson M, Smith-Lovin L, Cook J M. Birds of a feather: Homophily in social networks[J]. Annual Review of Sociology, 2001, 27(1): 415-444.

[60] Mizruchi M S. What do interlocks do? An analysis, critique, and assessment of research on interlocking directorates[J]. Annual Review of Sociology, 1996, 22: 271-298.

[61] Obstfeld D. Social networks, the tertius iungens orientation, and involvement in innovation[J]. Administrative Science Quarterly, 2005, 50(1): 100-130.

[62] Pfeffer J, Salancik G R. The external control of organizations: A resource dependence perspective[M]. US: Stanford University Press, 1978.

[63] Quintane E, Pattison P E, Robins G L. Short- and long-term stability in

organizational networks: Temporal structures of project teams[J]. Social Networks, 2013, 35(4): 528-540.

[64] Rivera M T, Soderstrom S B, Uzzi B. Dynamics of dyads in social networks: Assortative, relational, and proximity mechanisms[J]. Annual Review of Sociology, 2010, 36(1): 91-115.

[65] Rogan M, Greve H R. Resource dependence dynamics: Partner reactions to mergers[J]. Organization Science, 2015, 26(1): 239-255.

[66] Sasovova Z, Mehra A, Borgatti S P. Network churn: The effects of self-monitoring personality on brokerage dynamics[J]. Administrative Science Quarterly, 2010, 55(4): 639-670.

[67] Shipilov A V, Li S X, Greve H R. The prince and the pauper: Search and brokerage in the initiation of status-heterophilous ties[J]. Organization Science, 2011, 22(6): 1418-1434.

[68] Stea D, Torben Bach Pedersen, Soda G. Keep or drop? The origin and evolution of knowledge relationships in organizations[J]. British Journal of Management, 2021, 33(3): 1517-1534.

[69] Sydow J, Windeler A. Organizing and evaluating interfirm networks: A structurationist perspective on network processes and effectiveness[J]. Organization Science, 1998, 9(3): 265-284.

[70] Tasselli S, Caimo A. Does it take three to dance the Tango? Organizational design, triadic structures and boundary spanning across subunits[J]. Social Networks, 2019, 59: 10-22.

[71] Tasselli S, Zappa P, Lomi A. Bridging cultural holes in organizations: The dynamic structure of social networks and organizational vocabularies within and across subunits[J]. Organization Science, 2020, 31(5): 1053-1312.

[72] Tatarynowicz A, Sytch M, Gulati R. Environmental demands and the emergence of social structure[J]. Administrative Science Quarterly, 2016, 61(1): 52-86.

[73] Tröster C, Parker A, van Knippenberg D. The coevolution of social networks and thoughts of quitting[J]. Academy of Management Journal, 2019, 62(1): 22-43.

[74] Watts D J, Strogatz S H. Collective dynamics of “small-world” networks[J]. Nature, 1998, 393(6684): 440-442.

[75] White J W, Farmer R. Research methods: How they shape views of sexual violence[J]. Journal of Social Issues, 1992, 48(1): 45-59.

[76] Williamson O E. The economic institutions of capitalism firms, markets,

relational contracting[M]. New York, Free Press, 1985.

[77] Zaheer A, Soda G. Network evolution: The origins of structural holes[J]. Administrative Science Quarterly, 2009, 54(1): 1-31.

[78] Zhang C, Tan J, Tan D. Fit by adaptation or fit by founding? A comparative study of existing and new entrepreneurial cohorts in China[J]. Strategic Management Journal, 2016, 37(5): 911-931.

[79] 刘晓燕，孙丽娜，单晓红. 资源视角下组织创新合作机理研究[J]. 科学学研究，2023, 41(08): 1525-1536.

[80] 刘意，谢康，邓弘林. 数据驱动的产品研发转型：组织惯例适应性变革视角的案例研究[J]. 管理世界，2020, 36(03): 164-183.

[81] 王菌丽，冯熹宇. 创新网络嵌入对企业创新绩效的影响：回顾与展望[J]. 科学决策，2023(03): 128-140.

[82] 魏龙，党兴华. 惯例复制、网络闭包与创新催化：一个交互效应模型[J]. 南开管理评论，2018, 21(03): 165-175+190.

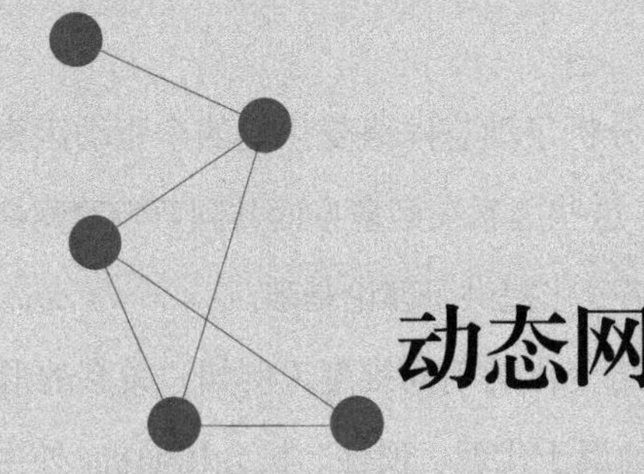

第4章
动态网络的分析维度

在前一章节中，我们详细分析了动态网络变化的四个驱动因素：代理、机会、惯性以及随机/外生因素。这些因素在诸多方面共同影响着网络的形成和变化，为我们以动态视角了解网络变化提供了理论基础。

在本章中，我们将按照网络变化的不同维度（例如，关系的形成）进行分析。这些变化的维度并不明确地属于代理、惯性、机会和随机/外生因素的任何特定的驱动因素，而是作为理论视角解释某些特定因素如何影响网络变化的结果。例如，关系可能会随着时间的推移而持续存在，这可能是受终止该关系的压力（即惯性）以及保存已累积的社会资本（即代理）所影响的。

近些年来，越来越多的学者认为需要采取动态的视角来研究社会网络。我们把网络作为因变量，研究网络形成和变化。网络的本质不仅是静态的网络结构，还包括正在进行社交活动时采取的网络行为、网络活动以及网络不断变化的过程。把社会网络当作一个动态过程来研究，而不是单纯研究其静态结构，是网络研究未来发展的必然趋势。为了全面理解和分析动态网络，我们必须将视角转向其主要构成要素并从不同的维度考察网络基本元素是如何变动的。网络动态视角从三个维度研究了网络的变化（王乐等，2016），即“点”——节点属性和节点所在网络结构的变化；“线”——关系的形成、维持和终止；“面”——整体网络结构的改变。网络三个维度的改变是密不可分的，它们互为因果，互相影响，如图4-1所示。

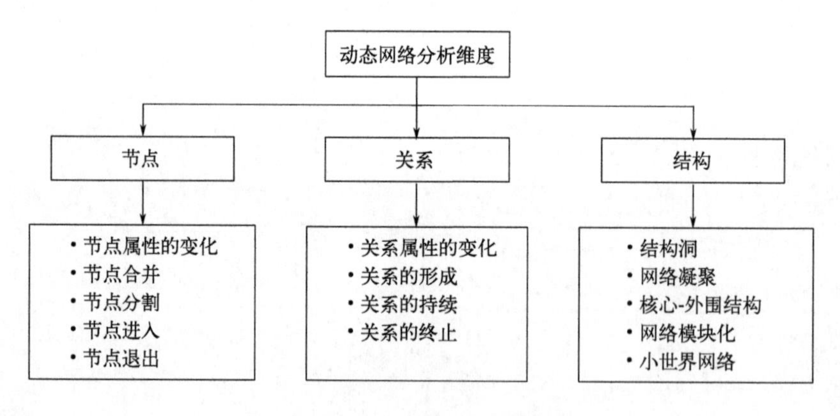

图4-1　动态网络分析维度

4.1　节点

节点层面的网络变化涵盖了节点的自身属性和结构两个方面（Chen等，2022），这两个方面都影响个体的社交行为和网络的形成及变化。

（1）节点属性的变化

涉及个体所连接的节点数量和类型，个体与其他节点建立连接的数量和种类可以随时间而变化。这种变化可以由以下几个因素影响：

① 人种学特性：包括性别、年龄、种族和文化背景等；

② 人格特征：如开放性、责任心、宜人性、神经质性和外向性等；

③ 个体表现：包括职业成就、学术表现和技能水平等；

④ 领导力：高领导力的个体可能有规模更大的网络；

⑤ 社会地位：社会地位和职位等可以影响个体的社交行为；

⑥ 节点稳定性：节点的稳定性可能影响其建立新联系和保持现有联系的能力。

（2）节点结构的变化

节点的内部结构——节点间的关系模式可以随时间而变化。这种变化可以由以下几个过程引发：

① 节点合并：两个或多个节点合并成一个新节点，原有的联系转移到新节点；

② 节点分割：一个节点分裂成多个新节点，原有的联系进行重组；

③ 新生节点：新节点的加入可能会改变原有的网络结构；

④ 节点退出：节点的退出可能会断开原有的联系，导致网络结构变化。

网络由两个基本部分组成：节点和关系，网络的结构由节点之间的关系决定。因此，结构变化从根本上说是节点或关系变化的结果。然而，在关于组织间合作网络的研究中，结构变化几乎完全被概念化为节点变化的结果。大多数研究都集中于合作伙伴如何改变网络，例如公司建立联盟或进行联合投资

（Ahuja和Polidoro，2009；Gulati和Gargillo，1999；Sytch和Tatarynowicz，2014）。一些研究还考虑了组织如何删除联系，例如公司终止联盟或修改网络（Hernandez等，2015；Polidoro等，2011）。

考虑组织间合作网络中的节点变化至关重要。首先，企业经常采取行动改变节点的存在和所有权：节点合并、节点分割、节点进入以及节点退出（Hernandez和Menon，2018）。这些行动都是企业调整自身网络位置、优化资源配置和提升竞争力的重要手段，通常涉及所有权的变更和重新分配。这些变化会对企业的战略、运营和绩效产生重要影响。其次，这些不同的节点和关系的改变会对组织间合作网络的结构产生异质性影响。

4.1.1 节点属性的变化

从节点属性的角度研究动态网络，主要关注节点个体如何提高自己在网络中的位置，例如改变网络中心性，就像社会网络行动者的属性影响网络动态变化一样，本身可能是网络变化的关键点。这一部分的研究明确地关注网络中节点的属性，并分析节点属性的转换。具体从人种学特性、人格特征、个体表现、领导力、地位、节点稳定性分析节点属性，如图4-2所示。

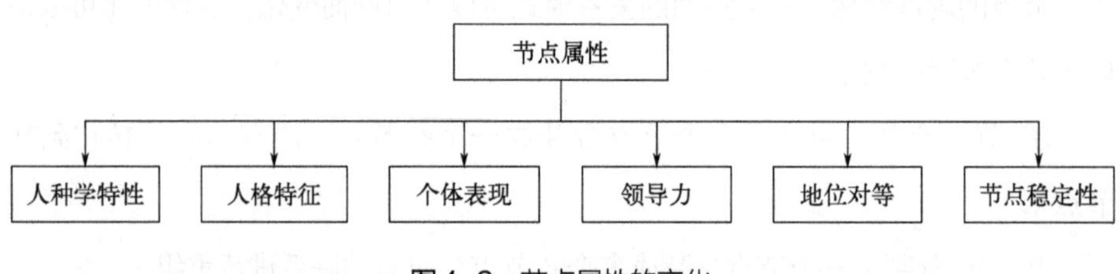

图4-2 节点属性的变化

（1）人种学特性

人种学特性是指描述个体的社会、文化和生物特征的一系列属性。常见的人种学特性包括性别、宗教信仰、教育背景、职业和收入等。性别差异可能影响组织内部的人际关系、领导风格、信息传播和组织文化等方面。例如，在一些组织中，性别刻板印象和性别歧视可能导致不同性别的员工在职业发展和晋升机会上存在差距。这可能导致组织内部的性别平衡和多样性受到影响，进而影响网络的动态变化。个体的教育背景和任职年限等人种学特性会影响个体的网络位置，教育程度高和任职年限长的人更能占据工具性网络（Instrumental Network，建议网络）的中心位置。Kleinbaum（2012）发现职业生涯的多样性对结构洞有显著影响，通过职业转变，会与更多不同领域的同事建立直接关系，帮助他们建立结构洞。

（2）人格特征

人格特征中广泛关注的一个话题是自我监控人格，它涉及个体如何根据不同情境调整自己的行为，以满足各种需求（Fang等，2015；李传佳和李垣，2017）。自我监控（Self-Monitoring）是指个体主动掌握自身的心理和行为，调整自己的动机和行动，以实现预定的模式或目标。自我监控人格对中心性和结构洞都有积极作用。另一个话题是大五人格（Big Five）对个体网络位置的影响。Fang等（2015）对大五人格对网络的影响进行了深入分析。他们针对开放性（Openness to Experience）与度中心性的关系提出了竞争性假设；对责任心（Conscientiousness）和宜人性（Agreebleness）与度中心性的关系提出了正假设；对神经质性（Neurotticism）与度中心性的关系提出了负假设。同时，他们认为开放性和责任心与结构洞之间具有正相关关系。Klein等（2004）也研究了大五人格与工具性（建议）网络和表达性（友谊）网络中心度的关系。责任心、外向性（Extraversion）、宜人性较高的人能够在建议网络中占据核心位置，而神经质性对建议网络中心度产生负面影响。在友谊网络中外向性和宜人性的人更容易成为核心，而神经质性的人则难以占据中心地位。无论是在个体社交环境，还是在公司组织架构中，人格特征都可以决定一个个体的社交倾向、交流风格和建立关系的能力，进而影响其在网络中的位置。值得注意的是，这些特征都有可能在某些情况下成为优势，在其他情况下成为劣势。这取决于特定的社交环境和人际互动的具体情况。

（3）个体表现

网络节点属性对个体表现有影响的同时，还发现个体表现也会影响其在网络中的位置（刘娜等，2019）。当个体在企业中表现优异时，他们在与别人建立关系时就拥有更多自主性，人们也更愿意与其建立关系。Perry- Smith和Shalley（2003）提出，在中心度影响个体创造力的同时，创造力也会影响中心度。Lee（2010）也指出，工作绩效越好的人更能建立关系，形成结构洞，而结构洞也将积极影响下一期的工作绩效。

（4）领导力

学者们对领导力的研究已超过一个世纪并积累了众多文献（Brass，1984；Kaiser等，2008）。Kaiser等（2008）的研究关注了领导力产生或持续的驱动因素，即导致行动者领导力程度发生变化或持续的因素，如社会认知。

社会认知在个体领导力产生中发挥着关键作用。首先，个体如何感知团队氛围和对自身角色的认知，对其是否愿意承担领导角色有决定性的影响。如果个体认为团队氛围积极热情，并认为自身具有领导能力，那么其更可能主动承担领导职责（DeRue等，2015）。其次，社会认知也影响了团队评估潜在的领导者。团队成员可能会对具有显著领导特质的个体产生初始的领导认知，但随着时间的推移，这些认知可能会发生变化，以适应那些展现出隐性领导特质的个体（Kalish和Luria，2016）。此外，团队成员的领导认知也会受到他们自身领导特质的影响。善于理解和处理情绪的个体更倾向于认同那些在任务领导和关系领导方面表现出优秀能力的领导者（Emery，2012）。最后，社会认知的另一个重要方面是对领导关系的处理方式。人们通常会对领导关系进行线性排序，形成一种隐性的等级结构（Carnabuci等，2018）。如果这种预期的顺序被打破，他们可能会通过调整自己的领导行为来尝试恢复这种顺序。

领导力对网络中的节点位置也产生影响。Fleming和Waguespack（2007）研究了1986～2002年期间互联网工程任务小组（Internet Engineering Task Force）的职业发展情况。他们发现，那些在群体中扮演中间人角色和跨界角色的行动者，显著提高了自己成为开放创新群体领导者的可能性。而这种影响在很大程度上取决于群体的活跃程度。Cohen等（1973）的研究发现，领导力的持续性与社会网络的结构有着密切关系。具有高度凝聚力的网络结构，有利于领导力的维持；而那些呈现出稀疏和分散特征的网络结构，则更可能导致领导力的降低。

（5）地位对等

地位代表了节点在网络中的重要性或影响力。节点地位的变化可能会引发网络结构的重组，从而使网络发生变化。首先，Skvoretz和Fararo（1996）的研究深入探讨了地位差异如何影响小组中行动者的行为。当行动者的行为受到外部地位差异的影响时，这些差异便成为了判断其在小组内部地位的关键依据。换言之，这些地位差异不仅塑造了行动者的互动行为，还在地位形成过程中发挥了决定性作用。地位差异对行动者的行为和相互作用产生了显著影响，从而在社会结构形成中扮演着重要角色。其次，Krackhardt和Porter（1985）的研究进一步强调了地位差异对于个体行为和态度的影响。他们发现，当一个员工的亲密同事离职时，该员工会更有可能对自己的工作投入更多的精力。这可以理解为该员工在心理认知层面认为其留下的决定是正确的。这种现象揭示了地位差异如何影响员工对自身工作满意度和投入程度的认知，进一步强调了地位这一节点属性在网络动态变化中的重要作用。

（6）节点稳定性

研究者们对企业联盟网络的稳定性/波动性进行了探讨（Kumar和Zaheer，2019）。稳定性是指网络在一段时间内保持不变或变化较小。在具有较高节点稳定性的组织网络中，信息传播可能更加顺畅和高效。因为在稳定的网络中，员工之间的关系和信任度较高，有利于信息在网络中的扩散。相反，如果节点稳定性较低的情况下，员工之间的关系可能较为脆弱，从而影响信息的有效传播。一项关于企业声誉的研究发现，由于不道德的企业行为，企业的合作网络中伙伴质量可能会下降，现有的合作伙伴可能会被低质量的合作伙伴所替代（Sullivan等，2007）。这表明，企业道德行为对于维持网络的稳定性至关重要。

此外，网络中节点的波动性也是研究的一个重要方面。企业网络研究关注了由于新网络行动者的加入或现有网络行动者的退出而导致的企业核心网络组成的变化（Vissa和Bhagawarla，2012）。这说明了企业网络的动态性以及新联系人和现有联系人在未来发展中的作用。关于“节点合并”的研究发现，收购公司可以通过控制被收购公司的网络来创造协同效应（Hernandez和Shaver，2018）。当一家公司收购另一家公司时，它也会继承其网络关系，即一家公司被另一家公司收购可能会导致收购公司网络结构的突然重大变化（Hernandez和Menon，2018）。因此，公司收购不仅仅是财务和战略层面的问题，还涉及网络层面的影响。

4.1.2　节点合并

当公司实施并购时，它不仅会继承目标公司的有形和无形资产，同时也会继承其外部关系网络，旨在创造协同价值（Haspeslagh和Jemison，1991）。这些外部关系包括目标公司与供应商或买方的“纵向”关系，以及与合作者或互补者的“横向”关系等。并购的主要关注点通常是收购公司和目标公司的内部资产（Hernandez和Menon，2018；Hernandez和Shaver，2018），即使收购公司未完全控制目标公司的外部关系，这些关系的整合也可能为收购公司带来益处。例如，这些关系可能帮助收购公司获取新的市场机会，提高与供应商和买方的协调效率，甚至开启新的合作关系。

从网络的角度来看，公司收购表示两个节点合并为一个节点。观察图4-3中的简化示例，A和B两个节点合并为一个节点。很明显，对于直接参与该行动的公司（A和B）和它们周围的公司（A_1、A_2、A_3和B_1、B_2、B_3），每个行动都会导致不同的网络结构产生。收购为收购公司提供了所有权，从而控制了目标公司的合同关系（例如公司联盟），使收购公司对另一个自我中心网络产生影响。由于收购公司继承了目标公司的一部分原有合作关系，收购公司可以修改网络结构，这种网络变化对收购公司的影响最为明显，因为在这笔交易中，收购公司获得了新的网络关系。此外，在这个过程中，收购公司和目标公司之外的其他公司也可能会受到影响，如与收购公司或目标公司相关的其他公司，从而导致网络外部性（Network Externality）的产生。

网络外部性指的是一个产品或服务的价值随着使用该产品或服务的行动者数量增加而增加的现象。当网络的规模扩大时，网络内每个成员的收益会增加，这种情况称为正网络外部性。最典型的例子是电话网络或社交网络平台，随着更多行动者加入网络，现有行动者能够从网络中获得的好处（如更多的沟通机会或社交互动）也会增加。相对地，负网络外部性指的是在网络的规模扩大的情况下，网络内每个成员的收益反而减少了。这可能是由于资源过度消耗、服务质量下降或过度拥挤等原因造成的。在收购过程中，不仅直接涉及的收购公司和被收购公司会经历变化，与它们相关的其他公司也可能因为网络外部性而受到影响。

根据收购影响的关系数量，收购公司及其网络邻近的结构变化幅度可能相当大，特别是与单个关系的添加或删除相比时。

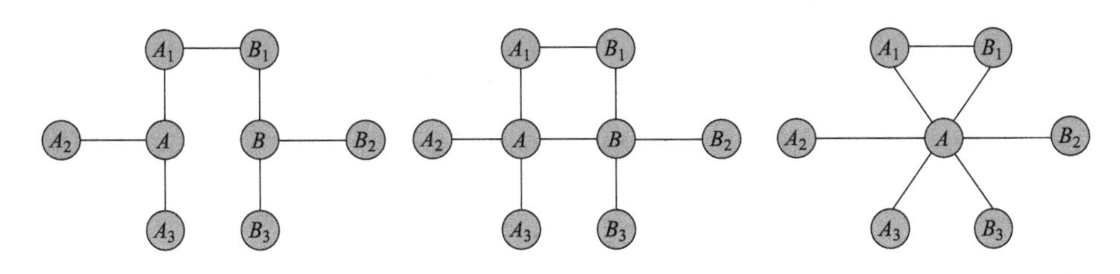

图4-3 节点合并

节点合并的影响是产生加法或减法的效果：它们可以通过继承目标公司的新伙伴关系来扩大收购公司的现有自我中心网络，也可以通过消除收购公司和目标公司之间多余的关系来实现网络优化（Hernandez和Shaver，2018）。当极兔快递公司通过收购行动继承了百世快递公司的网络，包括它的联盟投资组合时，这一并购行动可以被视为一种“节点合并”。在这个过程中，极兔快递公司可能会获得一系列新的业务关系，同时也有机会巩固现有的业务关系。这一过程可以产生两种效果：

① 产生新的关系：通过收购，极兔快递公司可以接入目标公司的网络，包括其与供应商、客户、合作伙伴等之间的关系。极兔快递公司不仅能拓宽自己的业务范围，还能获取到更多的市场信息和资源。另一方面，这些新的关系也可能帮助极兔快递公司进入新的市场领域，开发新的业务机会。

② 巩固现有的关系：收购还可以帮助极兔快递公司巩固与现有合作伙伴的关系。百世快递公司与极兔快递公司的某些现有合作伙伴也有业务往来，收购可能会加强这些关系。同时，通过合并消除与百世快递公司的冗余关系，极兔快递

公司可以更加高效地利用资源，降低运营成本，这也可能有助于极兔快递公司与其合作伙伴之间的长期合作。因此，在研究公司并购时，应关注节点合并可能产生的加法和减法效果。这种影响表现为对收购公司现有自我中心网络的扩展，也可以表现为在合并后网络优化和消除冗余关系。通过深入了解这些效果，可以更好地了解公司并购如何影响公司网络结构和相关发展战略。

4.1.3 节点分割

当一家公司（A）剥离部分业务时，它会创建一个单独的新公司（A'），母公司会将部分资产转移到该新公司，使得该新公司拥有自己的有形和无形资产（如图4-4所示）。从网络的角度来看，剥离是创建一个拥有独立自主权的新节点。母公司通常会剥离部分非核心业务（Feldman，2014；Zuckerman，2000），并将与这些业务相关的外部关系的控制权转移给新公司。因此，与母公司核心业务相关的联系仍然与母公司相关，而与母公司非核心（剥离）业务相关的联系与成立的新公司相关。与节点合并一样，节点分割对直接参与的两个组织所占据的结构位置以及围绕母公司和新公司的网络邻近的节点具有强烈的影响。

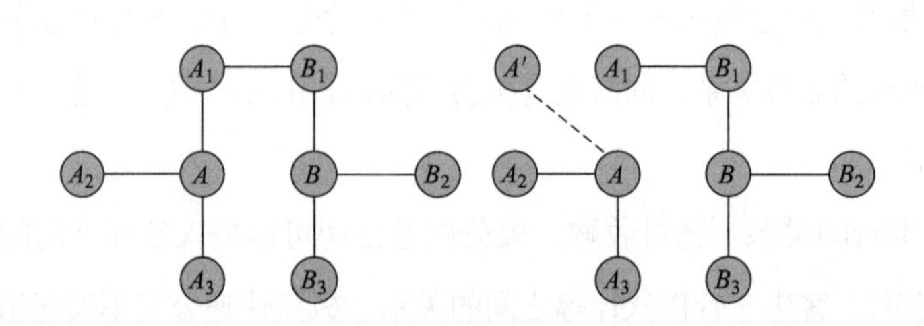

图4-4 节点分割

节点分割的过程可能会带来一些负面影响。母公司在决定是否剥离及转移哪些资产到新公司时，具有单方面的决定权。首先，剥离可能会导致母公司损失一部分重要的业务关系。剥离指的是企业将其某些部门、资产或业务单元出售或分离出去，以简化其业务模型、减少直接拥有的资源或聚焦核心业务等目的。当剥离采用将所有权转变为合同许可的形式时，这个过程实际上涉及在企业网络中重新配置连接点，即从旧的节点（即直接拥有的资产或业务单元）分割并创建新的节点（即通过合同关系维持的业务联系）。然而，与非核心业务相关的联盟关系可能被转移到新公司，进而从母公司的网络中被剥离。其次，即使母公司寻求剥离业务，但由于节点分割，母公司可能不仅仅损失掉剥离前一小部分。这意味着，节点分割可能会导致母公司的网络结构发生变化，而这种变化可能对母公司的运营和发展产生负面影响。

4.1.4 节点进入

从网络的视角来看，在网络中引入了一个新节点（如图4-5所示）。如果这个新节点（资源有限的初创公司）是孤立的，它对整体网络结构的影响将是微乎其微的。然而，新公司的出现可能为现有行动者提供了发展新关系的机会，这些新关系会影响现有行动者加入网络之前的结构。新进入者可能为现有行动者提供新的纵向（如供应商、买方）或横向（如互补者、联盟伙伴）资源交换渠道。从这个方面来讲，节点加入对于与新进入者建立联系的现有行动者来说具有积极的网络效应。

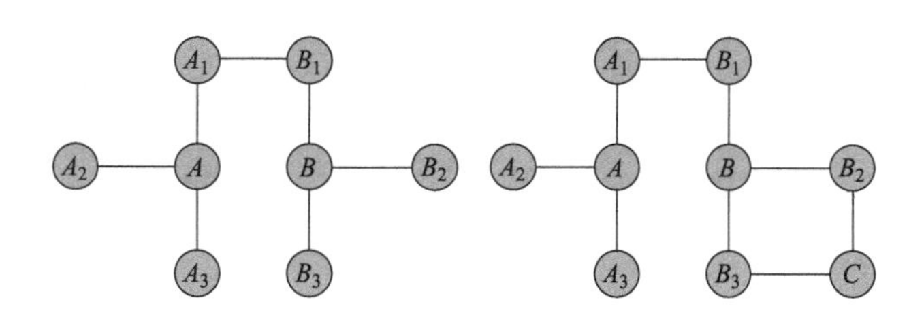

图4-5 节点进入

然而，这种影响可能相对较小，原因有两点。首先，与增加联系一样，一个新节点通常只能让现有行动者建立一个新联系，而不是同时建立多个联系。其次，对整个网络所有行动者的总体影响可能较小，因为新进入者通常缺乏吸引大量现有行动者的资源和地位。新进入者对网络的影响程度可能因其类型（初创公司或跨界进入的现有公司）而有所不同。由于资源和地位的限制，新进入者在加入网络时与现有行动者的联系可能比其他类型的进入者更少。总的来说，预计新进入者的关系强度通常不会像现有行动者的关系强度那样高。

4.1.5 节点退出

当焦点公司不再作为持续经营的实体存在时，其有形和无形资产，包括外部网络关系，都将随之终止，如图4-6中B、B_2和B_3。因此，节点退出是一次性事件，会导致该节点整个自我中心网络的消失。对其他有联系的公司的影响取决于退出的焦点公司所占据的网络位置。例如，如果焦点公司充当了其他公司与网络中有价值资源提供者之间的中间人，那么节点退出对这些公司的影响可能会很大。节点退出对现有行动者来说本质上是减法，但是退出与所有权变更是不同的。例如，企业可能因破产或战略性退出某个行业而消失，但其退出对组织间合作网络的影响取决于其资产的处理方式。如果其资产被清算，上述讨论的网络结构将会发生。然而，如果新进入者收购了整个业务并继续运营，那么节点及其关系将不会消失，整个网络将得以保持。

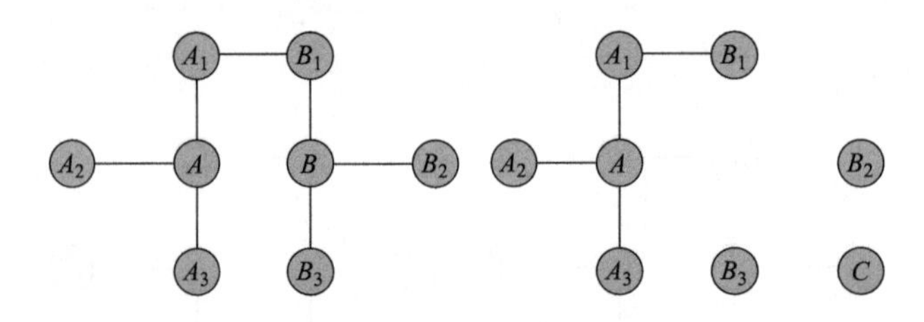

图4-6 节点退出

本书研究了改变节点的动态网络行为，这些行为可以与任何目标公司相联系。在这里，我们详细总结了每项行为如何影响组织间合作网络的基本机制（见表4-1）。

表4-1 公司行为（节点）的网络变化特征

节点变化	节点合并（公司收购行为）	节点分割（成立子母公司）	节点进入（新公司进入）	节点退出（公司破产）
定义	节点（收购公司）与另一个节点（目标公司）合并，并获得其部分关系连接的所有权	节点（母节点）创建一个新的独立节点，并将其部分连接的关系和所有权转移给该节点	网络中有新节点加入	一个节点连同其所有连接的关系都减少
行动者	节点（收购公司）和节点（目标公司）是网络邻居	母节点和新节点两者形成新的网络邻居	公司新进入者以网络邻居为主	形成现有节点的网络邻居
加法或减法?（对网络关系）	都存在	−	+	−
所有权转移?	是	是	否	否
与公司战略相关的假设	保持了收购前的大部分关系 +：保留了收购前的大部分关系（之前的关系是有价值的） −：可能会产生冗余关系（并不是所有关系都是收购后所需要的）	母公司寻求公司内部剥离的业务明确关系，包括外部协议，形成子公司 大多数剥离只是母公司业务的一小部分。因此，节点先前存在的少数关系被转移到新节点	由于资源和地位的限制，新进入者在进入时，比现有行动者的联系要少 新进入者在进入时可能与现有行动者没有联系，不会对网络产生结构性影响	节点退出与所有权变更不同，其直接改变了网络结构

4.2 关系

网络研究中的大多数对象是由关系构成的（Borgatti等，2014）。关系的类型可以分为两种基本类型：状态型关系和事件型关系（如表4-2所示）。状态型关系（State-Type Ties）是持续且稳定的，即一个节点相对于另一个节点的状态。在人际关系中，常见的例子是A是B的朋友。在组织间环境中，常见的例子是一家公司与另一家公司建立合资企业。与此相反，事件型关系（Event-Type Ties）是由关系行为（例如，A向B发送电子邮件）和交易（例如，A从B购买商品）组成的（Quintane和Carnabuci，2016；寿柯炎和魏江，2015）。事件型关系是短暂的，可以被认为是一个节点与另一个节点一起进行的活动（例如，一起去看电影），而不是与另一个节点所处的状态（例如，长久的朋友关系）。

表4-2 关系的类型

<table>
<tr><th>状态型关系</th><th>事件型关系</th></tr>
<tr><td>亲属关系（如：父母）</td><td rowspan="2">互动（如：电子邮件、电话交谈）</td></tr>
<tr><td>基于其他角色（如：同学、朋友、同事、老板）</td></tr>
<tr><td>认知（如：认识、了解）</td><td rowspan="2">交易（如：签合同、销售）</td></tr>
<tr><td>情感（如：喜欢或不喜欢）</td></tr>
</table>

状态型关系会随着时间的推移而发生变化，例如，两个陌生人经过长时间的相互认识和了解，彼此建立友谊关系；而事件型关系研究一段时间内成对节点之间发生事件的特征，例如，电子邮件发送的时间顺序和时间间隔（Schecter和Quintane，2020）。

关系可以是直接的（两位行动者之间存在直接的关系桥梁），也可以是间接的（两位行动者需通过第三方行动者建立沟通的桥梁）。行动者之间可以通过多种不同的关系联系在一起。学生之间通过友谊、信任或敌意的关系联系起来，每种关系都可能影响社会网络的不同方面。

研究网络关系的变化是研究网络动态性的基础。网络关系的变化是构成网络变化的基础要素，最容易被察觉。网络关系的变化主要体现在以下四个方面：网络关系属性的变化、关系的形成、关系的持续和关系的终止。

（1）关系属性的变化

在关系属性变化的维度上，本研究主要是指关系强度的变化，即网络关系如何加强或削弱。关系强度的变化是指网络关系在特定时间内的紧密程度变化。通常，关系强度的变化可以分为两个方面：关系强度的加强和关系强度的削弱。

（2）关系结构的变化

关系结构的变化在动态网络分析中主要涉及三个方面：首先是关系的形成，即在网络中如何形成节点间的关系，这些关系可能基于共同的利益、资源交换或信息流动；其次是关系的维持，即探讨节点如何通过策略和机制来维持已有的关系，包括增强关系的稳定性和紧密程度；最后是关系的终止，即分析网络中的关系何时以及为何会终止，可能是因为资源枯竭、目标偏离或优化网络结构的需要。

① 关系的形成：网络关系的形成能给行动者带来新的资源和价值，对行动者的影响最为重要，它是行动者追求社会资本时首要采取的行为。因此，如何有效地形成网络关系，是行动者最关注的问题。

② 关系的维持：虽然形成新的关系是获取新资源的必要条件，但是大多情况下，维持和加强已有的关系足以带来更多利益。持续的合作能够降低成本，节约资源，促进有效的沟通和交流，加强双方之间的信任和互惠，具有高确定性和低风险性。

③ 关系的终止：网络的动态变化还有一部分原因是关系的终止造成的。网络关系的终止意味着某些关系无法给行动者继续带来所需要的资源和利益，或是网络关系的维持所带来利益不足以抵消所付出的成本。因此，终止关系也是为了降低损耗，促进网络动态演化的表现之一。

4.2.1 关系属性的变化

关系属性的变化主要分析网络关系的加强、削弱，通常可以分为关系强度的加强和关系强度的削弱。

（1）关系强度的增强

关系强度的增强是指两个行动者之间的关系变得更加紧密和牢固。以下是一些影响关系加强的因素：

① 互动频率增加：频繁的互动有助于建立和维持关系，因为它为行动者提供了更多的机会来分享信息、情感和经验。研究表明，互动频率与关系满意度正相关（Ibarra，1992）。通过定期的沟通和见面，行动者之间能够更好地理解彼此的需求和期望，从而增强关系的紧密度。

② 共同经历：共同经历尤其是那些需要行动者之间共同努力和合作的经历，

如完成一个项目或一起旅行，这能够强化行动者之间的关系。共同经历可以创造共同的记忆和话题，这有助于增进行动者之间的相互理解和情感联系。心理学研究表明，共同面对和解决问题的经历能够提高行动者之间关系的稳定性和信任度。

③ 情感支持：情感支持是指在对方需要时，另一方及时提供关怀、理解和帮助。情感支持可以通过言语安慰、肢体接触或实际帮助来体现。高质量的情感支持能够减少对方压力和焦虑，增强对彼此关系的依赖感和信任感。长期提供情感支持的关系通常会更加稳固和持久。

④ 共同兴趣和爱好：共同的兴趣和爱好为互动提供了自然的契机，使双方能够通过共同活动加深彼此的了解。研究表明，共同兴趣不仅增加了行动者之间的互动频率，还能够促进行动者之间积极的情感交流和正面体验，从而强化关系（Lincoln和Miller，1979）。

⑤ 沟通质量：高质量的沟通包括有效的倾听、诚实的表达和建设性的反馈。有效的沟通能够减少彼此的误解，增强彼此的信任和亲密感。开放和坦诚的交流是维护双方健康关系的关键，能够帮助双方更好地应对冲突和挑战。

（2）关系强度的削弱

关系强度的削弱是指两个行动者之间的关系变得疏远和脆弱。以下是一些可能导致关系强度削弱的因素：

① 互动频率降低：行动者之间互动的减少会导致关系的疏远，因为互动频率的降低意味着分享信息和情感的机会减少。长期缺乏交流可能导致双方感情变淡，最终关系变得脆弱和疏离。

② 冲突和争执：行动者之间频繁的冲突和争执会破坏彼此关系的稳定性。未解决的冲突可能会累积负面情绪，增加敌对和不信任感。因此，有效的冲突管理策略，如积极倾听和寻找妥协方案能够帮助减轻彼此冲突对关系的负面影响。

③ 缺乏支持：在对方需要帮助时，另一方没有及时响应，这会让对方觉得被忽视和不被重视，这种感受会削弱关系中的依赖感和信任感。研究表明，感受到社会支持的个体通常拥有更强的心理健康和更满意的关系（Reagans，2021）。

④ 价值观和目标的差异：价值观和目标的显著差异可能导致关系中的矛盾

和不和谐。如果双方无法在关键问题上达成共识，可能会导致双方关系的疏远。因此，解决这一问题需要双方进行有效的沟通，寻找共同点并尊重彼此的差异。

⑤ 沟通障碍：沟通障碍包括误解、信息不对称和表达不清等问题。沟通障碍会导致信息传递不准确，增加彼此的误会和不满。因此，提高沟通技能，如增强倾听能力和清晰表达想法，能够有效减少双方沟通障碍的影响。

通过以上分析关系强度的增强和削弱后，我们分析同质性与邻近性关系强度变化的影响：

（1）同质性

同质性是关系强度变化中非常重要的因素，其对关系强度变化产生显著影响，如促进彼此理解，保持沟通顺畅，增强信任感，降低冲突风险和提高合作效率这几个方面。这些都是在人际关系中建立和维护关系强度的重要影响因素。

① 理解和沟通：同质性可以使行动者更容易理解彼此，加深共同认知，从而减少误解和沟通障碍。这种理解和沟通的便利有助于提高关系强度（Ibarra，1992）。

② 信任感：同质性可以使具有相似属性的人建立关系，彼此更容易产生信任感。同质性能提高行动者在彼此之间建立稳定的信任关系（Lincoln和Miller，1979），是影响关系强度的关键因素。

③ 冲突风险：同质性使个体在观点、价值观、行为习惯等方面更加一致，从而降低了冲突的可能性。较低的冲突风险有助于维持稳定的关系，并提高关系强度，这可以降低潜在的冲突、误解以及建立关系所需的成本，这些好处通常随着关系加深而增加。

④ 合作效率：同质性可以提高彼此合作效率，因为同质性使得行动者之间在目标、方法和资源分配等方面更容易达成共识。高效的合作有助于增强人际关系的紧密度。因此，在亲密的友谊关系、紧密的同事关系中，同质性比其他因素对关系强度的影响更大。

（2）邻近性

邻近性同样在关系强度变化中发挥重要作用，例如，实际物理空间的距离（即地理邻近性）越近，个体之间的联系可能就越紧密，因此邻近性对关系强度有积极的影响，且地理邻近性会放大这种影响（Reagans，2021），表现在以下几个方面：

① 增加互动机会：地理邻近性有助于增加个体之间的互动机会，例如，在地理上靠近的行动者之间更容易相互接触，这种高频率的互动有助于建立和加强人际关系。

② 方便信息传递与资源共享：地理邻近性使得信息传递和资源共享更加方便，从而有利于关系强度的加强，例如，地理上邻近的个体更容易共享信息和资源，从而促进彼此的互助。

③ 加强心理联系：地理邻近的个体，在心理上的距离也会更短，从而对关系强度产生影响，因为心理上邻近的行动者之间更容易产生共鸣和信任，进而加强关系强度。

④ 形成相互支持和帮助的友谊：地理上邻近的行动者之间更容易形成互相支持和帮助的友谊，这可以为行动者提供情感支持、信息支持和物质支持等，进而对关系强度具有显著影响，因为它们有助于建立信任关系，让彼此有安全感和归属感。

除了同质性和邻近性对关系强度的影响，还有社交平台（Social Networking Site）会对节点之间的关系强度产生一定的影响。这些以数字为媒介的信息传播平台，通过让人们选择性地接触与自我相似的他人来影响社交选择。社交平台的人口构成差异可能导致不同社会群体之间的关系差异，如卢群等（2020）调查了科研人员学术期刊推广平台（传统期刊网站、微信等）的使用习惯发现，更为年轻的科研人员已经不仅仅局限于使用传统的期刊网站，微信等能起到一定的辅助作用。科研人员可利用这些社交平台进行碎片式阅读，随时随地浏览科研资讯，同时能与编辑进行在线交流，这表明社交平台通过将人们组织成自我相似的群体来进一步加强关系。

在个人匿名感较强的网络空间中可以形成网络社交关系。Leonardi（2018）在一家大型金融服务公司的实验中发现，内部社交平台有助于使用该平台的员工之间具有更多的共享认知。这种共享认知的发展是通过三个相互关联的过程实现的：网络扩展、内容整合和触发回忆。网络扩展指的是员工通过社交网站结识了更多的同事；内容整合指的是员工在社交网站上分享和学习彼此的知识和经验；触发回忆则是指员工通过浏览社交网站上的信息来提醒和巩固自己对同事的了解。因此，社交平台会通过促进共享认知的发展来影响人际关系。这些平台能够加强相似的群体之间的关系，并可能在个人匿名感较强的网络空间中形成新的网络社交关系。在社交平台上交流互动的行动者之间，在一定程度上规避了由于地理距离引起的沟通限制和障碍。

4.2.2　关系的形成

在关系的动态变化维度分析中，最常见的话题是“什么原因推动了新关系的形成”。因此，我们分析了关于关系形成的驱动因素，如同质性、异质性、传递性、互惠性、邻近性、地位对等性、结构驱动性这几个方面，如图4-7所示。

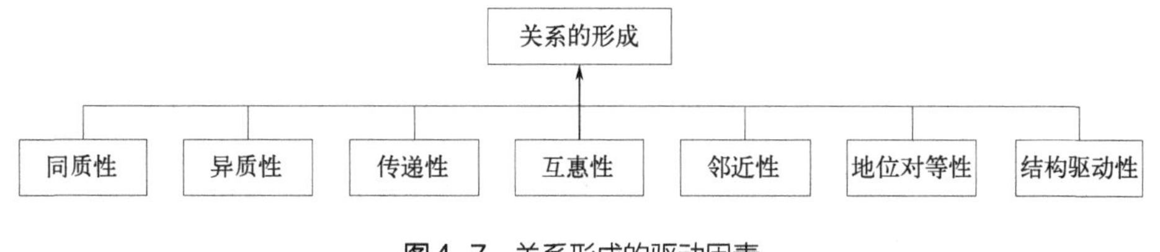

图4-7　关系形成的驱动因素

（1）同质性

Lazarsfeld和Merton（1964）通过分析成年人之间的友谊选择，提出了“同质性（Homophily）”这个概念，指的是“在某些特定方面，如人口学特征等，相似的人之间形成友谊关系的趋势”。在这一概念的基础上，学者们展开了丰富的研究，探讨了同质性在各种社会关系分类倾向中的重要作用，从关系分类视角解释了企业间以及个体间的关系形成（颜志量和姚凯，2022；尚进和吴晓刚，2023）。在关系形成过程中，企业或个体可能会在某些维度的同质性和其他维度的差异性或异质性之间寻求平衡（Weber等，2020）。

同质性作为一种社会机制，其发挥效力的关键在于相似的行动者之间存在明显的普遍性特征。关系形成中一个普遍且强大的驱动因素是同质性，即信仰、性格等相似的人比不相似的人更容易与其他人建立关系（Lazarsfeld和Merton，1954）。在一项具有里程碑意义的研究中，McPherson等（2001）发现，两个人之间的相似性越大，他们建立关系的可能性就越大，并呈现出明显的同质性。人口学特征（如年龄、性别、宗教、种族、价值观、智力和教育）的相似性是网络聊天、最佳友谊和婚姻等各种关系的普遍性特征。我们从两个方面提供了同质性在关系形成中的证据：一是地位同质性（其中相似性是基于非正式的、正式的或归属的地位）；二是价值同质性（基于价值观、态度和信仰）。

本书关注了地位同质性和价值同质性对关系形成的影响。Dahlander和McFarland（2013）在斯坦福大学研究合作关系时发现，性别、种族、教育背景和任职时间的相似性（即地位同质性），以及文献引用的相似性（即价值同质性）在很大程度上解释了科学家论文发表和科研项目申请的合著情况。尽管性别、种族和教育背景的相似性对形成关系有正面影响，但任职时间的相似性却产生了负面效应，而且文献引用相似性与形成关系呈倒U形关系。另外，Schaefer和Kreager（2020）的研究使用了来自监狱治疗社区的网络数据，他们发现种族、年龄或任期相似的居民更有可能与其他居民建立关系（即地位同质性），但这些影响会随时间的推移而逐渐减弱，而宗教和治疗参与方面的相似性（即价值同质性）对居民之间关系建立的影响仅得到了微弱的支持。

虽然许多研究主要关注地位同质性的影响，但我们也发现了一些例外。Weber等（2020）的研究表明，在德国一所大型大学中，性别、学术能力和社会背景的相似性促使大学生之间建立学习伙伴关系。Wimmer和Lewis（2010）发现，美国大学生之间的关系形成受到种族同质性的影响，而这种影响又被互惠和三元闭合效应放大。此外，Harrigan和Yap（2017）发现，积极关系的形成受到年龄、收入和种族等人口统计特征的同质性影响。

相对而言，有些研究并未发现地位同质性与关系形成之间的关联。例如，Ingram和Maurice（2007）在研究商务人士群体的社交行为时发现，在社交聚会上，行动者并未明显地与性别、种族、教育和职业方面与自己相似的人进行更多接触。同样，Kossinets和Watts（2009）的研究表明，在地位、性别、年龄方面和在社会网络中的时间方面，同质性对关系形成没有显著影响。Harrigan

和Yap（2017）在研究负面关系时，也仅发现有限的证据支持地位同质性与关系形成之间的联系。这里的负面关系是指在个体之间存在的、具有负面影响或属性的社交互动和联系，这些关系通常以争执、敌意、不信任、不满或其他消极情感为特征。

总之，尽管地位同质性和价值同质性在许多情况下对关系形成具有显著的影响，但这种影响并非普遍存在。在某些情况下，如社交聚会和负面关系的形成过程中，地位同质性可能并未产生显著的作用。因此，在研究网络关系形成时，我们需要综合考虑各种因素，包括地位同质性、价值同质性以及其他可能的驱动因素，以全面了解这些关系是如何形成的。

（2）异质性

尽管同质性原则在很大程度上解释了人们如何形成关系，但在现实生活中存在着各种各样的网络关系，因此异质性（Heterogeneity）也在关系形成中发挥着重要的作用。异质性是指个体或群体在某些特征、属性或价值观上的差异。这些特征可能包括种族、性别、年龄、文化背景、教育水平、职业等。异质性可以使人们在交流和互动中产生不同的观点和经验，从而促进创新和多样性。当面临复杂挑战时，如疾病治疗、新产品设计或税法修改，通常会组建由具有不同专长的成员组成的团队。在某些场景中，团队的多样性可能是强制性的，如上市公司董事会成员必须具备不同的职能专长或与不同的金融政治资源有联系。然而，多样性关系也可能是自愿形成的。合作网络的一个重要领域是用于研究异质性关系的价值。合作网络广泛存在于不同场合，例如董事会成员、演员、电影编剧等团队的合作。社会关系的多样性可以从不同领域的合作网络中推断出来，如共同撰写论文、共同组成董事会以及共同创作艺术品等。

在较大团队结构中，人们更可能与具有互补品质、技能和知识的人合作，以解决特定问题或实现特定目标。Moody（2004）发现，定量研究领域的研究人员更倾向于与其他没有研究经验的人合作发表论文，因为与学习新知识相比，引入一个新作者更容易。Casciaro和Lobo（2008）在三个不同的组织中研究了任务相关的关系形成，发现人们通常会向具有价值和互补任务相关技能的同事寻求帮助或支持。同时，苏依依等（2022）发现，随着时间的推移，科学领域中的异质性关系趋势逐渐增加。例如，诺贝尔物理学奖的合作模式发生了变化：前十个奖项由14人分享，而后十个奖项由27人分享，合作数量增加了一倍。这种模式也出现在化学、社会学的团队研究中（Moody，2004；Cummings和Kiesler，2005）。总之，在创新和经济领域的合作中，非同质性关系（异质性关系）可能更具有价值和吸引力，因为它们可以将具有不同的或互补的属性、品质和能力的个体连接在一起。

以组织为行动者，如企业更关注组织间正式或非正式合作安排的关系，这为我们提供了一个良好的视角来研究异质性在网络形成中的作用。在这类网络关系中，组成部分往往是不同而非相似的合作者。Powell等（2005）研究了生物技术领域中大学、风险投资公司、公共研究机构和大型制药公司间的联系。他们指出，在这个领域中，由于没有任何一个组织能够在内部掌握和控制开发新药所需的全部能力，因此，组织可能会与在某些专业领域具有差异化优势的公司建立合作关系。Chung等（2000）得出结论，银行更倾向于与那些面向不同类型投资者、位于不同地理区域以及为不同行业公司发行股票的其他银行建立联系。

此外，在组织间关系中，在利基市场（针对企业的优势细分出来的市场）（Gulati，1995；Chung等，2000）、战略集团（Nohria和Eccles，1992）、风险财团（Sorenson和Stuart，2008）和组织规模（Shipilov等，2006）方面也发现了类似的偏好。与人际关系相比，组织间关系可能更偏向于异质性。这是因为组织间的契约在功能上可以取代个体间因同质性而产生的信任，而在人际网络中发现的表达利益的欲望在组织间关系中并不存在（Granovetter，1985）。Casciaro和Lobo（2008）的一项关于任务相关关系的研究发现，组织成员会寻找他们认为具有互补和相关技能的联系人，但前提是他们认为与这些人共事愉快。这些研究表明，在组织间关系中，异质性在关系形成中具有重要作用。

（3）传递性

传递性（Transitivity）描述的是网络中的“朋友的朋友就是我的朋友”这种现象。传递性在社会网络中对关系的形成具有重要影响，这主要体现在以下几个方面：

① 关系强度的增加：如果网络中的行动者A和B有关系，行动者B和C有

关系，那么行动者A和C之间就有可能形成关系。这就增加了行动者A、B、C之间的关系强度，让网络结构更紧密。

② 信息的流动：由于传递性的存在，信息可以在社会网络中快速流动，从一个节点快速传递到另一个节点。传递性也会影响信息的扩散模式和速度。

③ 网络的稳定性：传递性增强了网络的稳定性。当网络中一个节点消失或者关系被断开时，由于存在其他的传递性关系，网络不会立即崩溃，而是可以通过其他的路径维持信息的流通。

（4）互惠性

互惠性（Reciprocity）是一种社会互动原则，指的是在人际关系中，人们倾向于给予他人帮助或支持，并期望在未来某个时刻得到回报。互惠性是社会交换理论（Social Exchange Theory）的核心概念，强调了人们在关系中寻求平衡和公平的倾向。互惠性具体体现在当关系具有方向性时（即一个行为主体选择另一个行为主体，而被选择的行为主体可能选择或不选择回应），互惠倾向成为一种重要的关系形成机制。较高的互惠性意味着大部分行动者参与网络信息创造、转移和扩散。同时，互惠性在一定程度上衡量了网络内行动者的地位平等性，互惠性越高，地位越平等，越有利于行动者开展信息搜索（程露和李莉，2023）。这意味着，从个体i向个体j表示友谊关系建立倾向时，个体i通常会很快得到个体j的回应。因此，个体j是否曾与个体i建立过直接联系，成为预测关系形成的一个关键因素。互惠关系的出现可能有以下原因：在人际关系中，单向关系容易转变为互惠关系，因为人们往往喜欢那些喜欢他们的人（Montoya和Insko，2008）。此外，相对于初次建立友谊关系，互惠关系降低了被拒绝的风险。

关于网络中互惠性随时间发展的早期证据来自小学生的研究数据（Doreian等，1996）。当一个学生和另一个学生互相选择成为朋友时，他们与对方建立友谊的可能性要比只有单方选择的时候高3 ~ 9倍，这表明互惠性在友谊关系的形成中扮演了关键角色。在对大学生之间友谊关系的研究中，互惠性是最快形成关系的因素之一（Doreian等，1996）。在关系网络中，人们倾向于回应他人的友好行为，从而形成互惠的关系。在对MBA学生之间友谊关系的研究中，可以看到在人们相识的初期，互惠的关系就已经远高于随机水平（Mollica等，2003），而且这种趋势在随后的时间里持续存在。总的来说，这些研究都指出，互惠性是一种强大的驱动力，它在形成和维持关系，特别是友谊关系中发挥着关键作用。人们倾向于回应他人的友好行为，并期待这种友好行为被回报，这就形成了一种互惠的关系。这种互惠关系可以帮助人们加强他们之间的联系，增加他们关系的稳定性和满意度。

（5）邻近性

迄今为止，许多关系形成的基本机制，例如追求最受欢迎的个体的倾向（Lazega等，2012；段军丽，2018），都认为焦点行动者具有相当大的主动性，会积极寻求与对他们有吸引力的人建立联系。然而，在某种程度上，与焦点行动者无关的外部因素会限制其关系的选择，这些因素会促进或抑制关系形成。与此逻辑一致，相关研究发现，关系形成受到在社会或物理空间中相互靠近的影响，这被称为邻近性（Propinquity）（Lazega等，2012）。邻近性是用于描述在社会和物理空间中相互接近的个体之间建立关系的倾向。通常情况下，邻近性越大，人们越有可能互相认识并发展关系。当人们在空间上相互靠近时，他们有更多的机会相互接触和互动，从而有助于关系的形成。

“丘比特也许有翅膀，但它们显然不适合长途飞行”。首先，对申请结婚证的研究结果显示，超过六分之一申请结婚的夫妇之前彼此都住在同一个城市街区内（Doreian等，1996）。这意味着邻近性可能促进了这些夫妇关系的形成。其次，这一发现也在公司环境中得到了验证，相同的业务部门、子职能部门和办公地点的员工，通过电子邮件、日常会议和电话会议等进行沟通的次数大约是不属于这些类别的成对员工的1000倍（Sailer和McCulloh，2012）。另一项研究还发现，随着地理距离的增加，及时消息对话的频率和持续时间都在减少（Rubineau等，2019）。此外，在教育环境中，邻近性也有其重要作用。在大学环境中，同一个部门或研究中心的研究者更可能成为出版物的共同作者（Dahlander和McFarland，2013）。对大一新生友谊网络的研究也发现，尽早接触潜在朋友会增加新友谊关系形成的可能性（Giese等，2020）。宿舍生活的邻近性可以显著增加电子邮件的发送量，这也反映了邻近性在社交互动中的作用（Giese等，2020）。行动者具有主观能动性，他们会愿意自行选择加入到某个群体中，这种意愿也会受到邻近性的影响（Manski，1993；Mouw，2006；Hartmann等，2008）。Hasan和Bagde（2015）通过将学生随机分配到一所大学的宿舍中，并对他们三年的社交网络数据进行跟踪，为网络关系形成的原因提供了更为可靠的证据。研究结果支持了网络地位并不仅仅能被归因为个体的属性、偏好和策略。同时，与室友关系良好的学生的社交网络发展更为迅速，这主要是因为室友会将他们的人脉介绍给那些学生。此外，与室友关系良好的学生也更容易成为网络中的"桥梁"，向网络中心靠近。因此，无论是在城市街道、工作场所还是学校，邻近性都在促进关系形成中发挥着关键作用。距离越近越能够增加人们的社交互动，进而增加新关系的形成。

（6）地位对等性

在网络中，行动者的地位（Status）受到机会和惯性的影响（Ridgeway等，2009；Sauder等，2012）。Gould（2002）关于地位等级制度起源的研究中指出：行动者根据集体归因调整自己的地位来复制地位等级制度。在组织内部，地位较高的个体主动与地位较低的同事建立关系较为容易，但反过来地位较低的个体寻求与地位较高的同事建立关系则不那么容易，这说明，行动者之间的地位对等性，有助于他们建立联系。

Rubineau等（2019）的研究表明，社会网络中负面关系的形成与个体间的地位差异密切相关。负面关系主要是指那些充满争执、敌意、不信任、不满或其他消极情感的社会互动，这些互动可能表现为排斥、冲突或者是贬低等行为。研究发现，较低地位的个体更有可能成为负面关系的目标，而且当两个人之间的地位差异更大时，形成这种负面关系的可能性就更高（Rubineau等，2019）。原因是地位较低的个体为了获得资源、支持或认同，倾向于寻求与地位较高的个体建立联系。然而，地位较高的个体在选择如何回应这些联系请求时，可能会表现出更多的选择性，他们倾向于与地位相近或更高的个体建立联系，而对地位较低的个体采取更为消极的态度。Agneessens和Wittek(2012）以及Lazega等（2012）的研究支持了这一观点，他们发现地位较高的个体在面对地位较低的个体时，可能因为感知到较低的利益或匹配度，而展现出较少的互动。行动者之间的地位对等性是他们进行沟通、交流、互动和合作的基础。

（7）结构驱动性

网络的基本结构效应（Elementary Structural Effects）是指在社会网络中，一些基本的拓扑结构或模式对网络中节点（个体或组织）之间网络变化的影响。基本结构效应反映了网络中存在的一些普遍规律和惯性，可以帮助我们理解网络中关系的形成，并会随时间的推移而增加彼此间的关系强度。本研究整理了一些常见的网络基本结构效应：

① 网络经纪策略（Brokerage Strategies）：Quintane和Carnabuci（2016）通过研究知识密集型组织中的电子邮件通信，指出中间人故意不采取行动以维持两侧行动者之间的关系漏洞（渔利策略）或促进他们之间的关系连接（协调促进策略）方面的倾向。

渔利策略（Tertius Gaudens Strategy）：在这种策略下，中间人起到信息经纪的作用，他们将信息从一个行动者传递给另一个行动者，而不是让这两个行动者直接交流（Obstfeld，2005）。这意味着中间人在无直接联系的行动者之间的信息流动中发挥了重要作用。在短期关系中，这种策略可能有助于中间人建立自己的地位和影响力。

协调促进策略（Tertius Iungens Strategy）：与渔利策略相反，协调促进策略鼓励中间人促进两侧行动者之间的直接交流（Obstfeld，2005）。这种策略有助于建立长期关系，因为它鼓励人们直接互动，从而加强了他们之间的联系。在这种情况下，中间人可能会失去对结构洞的控制权，但其可借此建立更紧密的关系网络以快速整合信息等资源。

研究发现，中间人倾向于在短期关系中采用渔利策略，以确保自己在信息流动中发挥关键作用，而在长期关系中采用协调促进策略，以促进行动者之间的直接交流和紧密联系。

② 三元闭合：这是一种网络结构倾向，即如果一个人与两个互相认识的人有关系，那么这两个人也可能彼此有关系。Kossinets和Watts（2009）的研究发现，三元闭合和焦点闭合（共享交互焦点的二元关系）能驱动新关系的形成。

③ 中心性：在大型跨国公司合作关系形成的研究中表明，位于网络较为中

心位置的公司可能更快地形成新的合作关系（Sullivan等，2007）。Dahlander和McFarland（2013）的研究表明，中心性是科学家在发表论文过程中形成合作关系的重要决定因素，但并非在任何网络中，中心性都能够完全正向影响合作关系。Park等（2021）指出，中心性与合作关系形成呈倒U形关系；Candi和Kitagawa（2022）指出，在二元网络中，两个节点间合作中心性的差异对关系形成的可能性产生负向影响；Kane和Borgatti（2011）指出，在开放三元组中，两个未连接的成员之间建立关系的可能性随着他们之间的相互熟悉和信任程度的增加而增加。

④ 网络稀疏度（Network Sparsity）：如果行动者之前的网络关系稀疏且无冗余时，那么他们形成具有较高认知信任（而非关系信任）关系的可能性更大。

4.2.3　关系的持续

关系持续可定义为：确保关系的存在；将关系稳定在某一水平；将关系保证在一个满意的水平；修补关系。关系持续的实质是确保关系的存在，是否继续维持是网络结构稳定与变化的重要变量。我们从同质性、邻近性、地位对等性、心理特性四个方面分析关系的持续，如图4-8所示。

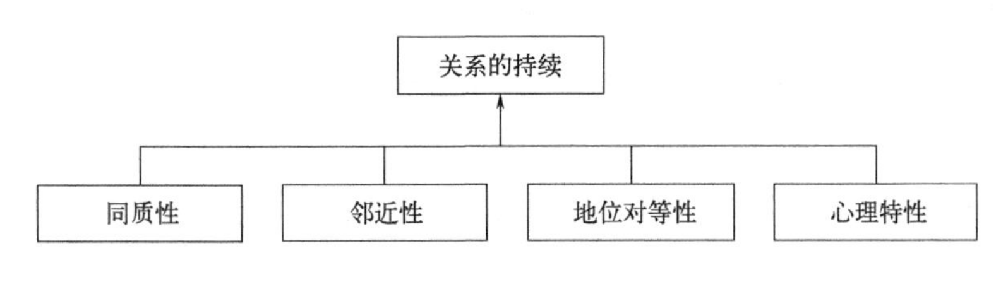

图4-8　关系持续的驱动因素

（1）同质性

同质性可以降低节点之间关系终止的概率，从而有助于关系的持续。一些个体属性组合的相似性，以及在同一部门工作的同事之间工作内容的相似性，都可能增强关系的持久性。Kossinets和Watts（2009）的研究发现，在性别、年龄、地位、研究领域、在校年份和家庭状态等方面的组合相似性降低了关系破裂的概率。这表明当个体在这些属性上具有相似性时，他们的关系更有可能持续。Burt（2000）的研究表明，相比于其他部门的同事，同部门内的关系衰减得更慢。这说明在同一部门工作的同事之间的同质性可能有助于维持他们的关系。然而，Dahlander和McFarland（2013）的研究发现，引用文献相似度与出版物中共同作者关系的维持呈倒U形关系。这意味着在一定程度上的引用相似性有助于维持关系，但当引用相似性过高时，关系可能变得更脆弱。因此，某些个体属性上的相似性、同事之间的工作内容相似性有助于个体之间建立和维持关系，但是过高的相似性可能导致关系变得更脆弱。

（2）邻近性

邻近性同样对网络关系的维持产生重要影响。地理、制度、文化等邻近性可以降低维持关系所需的成本，从而使得关系更容易持续。例如在Martin和Yeung（2006）的研究中，地理邻近性被认为是关系持续的显著预测影响因素。在人们生活流动性较低的阶段（如老年阶段），地理邻近性可能变得更为重要（Rubineau等，2019）。邻近性对持续关系的影响表现在以下几个方面：

① 增加彼此沟通和互动的频率：地理、制度、文化等邻近性有助于增加行动者之间的互动机会，使得行动者之间更容易相互接触和交流，他们之间高频率的互动有助于维系和延续相互之间已建立的人际关系。

② 传递信息与共享资源：组织、技术、地理等邻近性使得行动者之间的信息传递和资源共享更加方便，增强彼此间的联系，从而有利于关系的持续。

③ 缩短彼此心理距离：心理邻近性有助于个体之间进行真诚的沟通和互动，彼此更容易产生心灵上的共鸣和信任。这些心理联系可以促使人们维持关系，延长关系的持续时间。

④ 形成稳定合作或友谊关系：邻近性有助于行动者之间形成稳定的、相互支持的联盟网络，这些网络可以为行动者提供情感、精神、知识、信息、物质等社会支持，进而有助于行动者之间关系的持续。

（3）地位对等性

地位在关系持续中起着关键作用。一般来说，焦点行动者更倾向于维持与地位较高的行动者之间的关系，因为具有高地位的行动者通常掌握更多的资源，与他们保持联系可以为焦点行动者带来更多的利益。例如，Kleinbaum和Stuart（2014）指出，在公司重组的情况下，个体（尤其是具有马基雅维利式性格的人）更有可能与有价值的其他个体保持关系。这意味着，在网络发生较大变化的过程中，焦点行动者保持与地位较高的行动者之间的联系，可以帮助他们获得更多的支持和资源。Jonczyk等（2016）的研究发现，服务行业的人士不会轻易放弃与他们所在公司的合伙人之间的关系，因为公司合伙人通常具有较高的地位和更多的资源，与他们保持联系可能带来更多的利益。Burt（2000）的研究发现，焦点行动者与优秀同事的关系比与周边同事的关系衰退得更慢。同样地，焦点行动者更有可能和表现优异的同事维持关系，因为这些同事未来可能具有更高的地位，能为他们提供更多的机会和支持。这些研究表明，地位在关系持续过程中发挥着关键作用。

（4）心理特性

尽管关于心理特性（Psychological Characteristics）与关系稳定性之间的相关实证研究较少，但一些研究确实表明，心理因素可能对网络关系的稳定性产生重要影响。例如，当焦点行动者的行为受到他们在网络中的其他行动者的看法影响时，人际感知的变化可能会影响二元关系的发展。Fitzhugh等（2020）的研究表明，具有更强态势感知能力的个体更有可能保持与外界的互动关系，以便维持对网络中有价值的知识来源的访问。这些发现强调了心理因素在决定关系稳定性方面的重要作用。此外，Jonczyk等（2016）的研究表明，信任对关系维持至关重要。他们发现，基于情感和认知的信任程度较高的关系更不容易破裂。这进一步强调了心理因素在影响网络关系稳定性方面的重要性。

4.2.4　关系的终止

当焦点行动者花费在关系维持的精力和时间变少时，对关系另一边的行动者的关注就会减少，或者这些关系给他们带来的知识和信息资源不能满足他们发展需求时，关系就可能减弱、休眠甚至终止。我们从地位对等性、同质性、异质性、互惠性、邻近性、重复性六个方面来分析关系的终止，如图4-9所示。

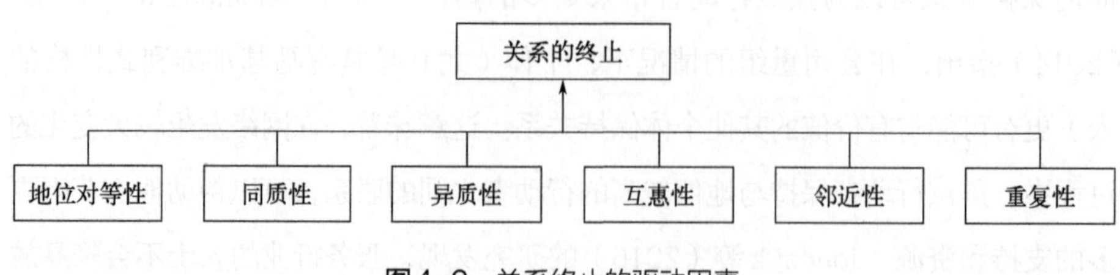

图4-9 关系终止的驱动因素

（1）地位对等性

地位差异促进关系的形成，特别是在层级型的组织环境中，较高地位者和较低地位者之间可能需要建立关系以满足各自的需要。同时，相似的地位也可能促进关系的形成，因为地位相似之人会存在共享的经验和观点。反之，地位差异过大，可能使得关系终止，因为在资源、权力等方面的不均衡可能导致紧张和冲突。通过与社会地位较高的人建立关系，人们可以获得有价值的资源，但是个体在社会中的地位可能会随着时间、职业成就、经济状况等因素发生变化，这种变化可能导致原有的社会关系不再适应当前的情况，进而促使关系终止。

① 经济状况的变化：个体的经济状况可能会影响他们在社会网络中的地位。如果一个人的经济状况发生显著变化（无论是好的还是坏的），他们可能会发现自己与原来的朋友和同事之间的关系发生变化，甚至导致一些关系终止。

② 社会地位的提高或降低：个体的社会地位可能会因为名声、荣誉、信誉等原因而发生变化。这些变化可能导致他们在社会网络中的关系发生改变，因为他们可能不再被视为相同的“等级”，从而导致一些关系终止。

③ 群体的认同：群体认同指的是个体与某个群体（如民族、宗教、政治团体等）之间的认同感。这种认同感通常是基于相似的信仰、价值观、习俗或共同经历。群体认同可以增强凝聚力，但也可能导致排他性和偏见。当群体认同过于强烈时可能导致与属于该群体的人的关系终止，这种情况在政治、宗教或文化分歧方面尤为明显。例如，一个人可能因为政治观点不同而与朋友断绝关系，或者因为宗教信仰不同而与家庭成员疏远。这种关系终止通常是由于群体认同导致的偏见和不宽容所引起的。此外，当个体加入或离开群体时，他们在社会中的地位

可能会发生变化，这可能导致他们与原有的朋友、同事之间的关系发生变化，甚至终止。

关系的终止还可能是由地位变化而引起的利益冲突、价值观差异或其他因素导致的。然而，值得注意的是，关系的终止并不总是负面的。在某些情况下，关系终止可能为个体提供新的机会，拓展新的社会网络，从而促进他们的成长和发展。

（2）同质性

个体之间的同质性通常有助于关系的形成，因为相似的背景、观点或经历可以促进相互理解、彼此信任，从而相互之间进行更有效的沟通，减少不必要的冲突。然而，在某些情况下，过高的同质性可能导致新观点和创新的缺失，进一步可能导致关系的终止。

① 需求和兴趣的变化：随着时间的推移，行动者的需求和兴趣可能发生变化。当这种变化发生时，原本具有相似特征的节点可能逐渐失去共同点，从而导致关系强度减弱甚至终止。

② 竞争的加剧：当网络中的节点具有相似的目标和资源时，他们之间可能出现激烈的竞争关系。在这种情况下，过高的同质性可能导致关系紧张，甚至导致关系终止。

③ 缺乏创新和多样性：同质性较高的网络可能在创新和多样性方面受到限制，因为网络成员之间的思维和观点较为相似，这可能导致网络中的一些成员寻求不同的观点和经验，从而终止原有的关系。

④ 过度依赖：在高度同质的网络中，成员可能过度依赖彼此，导致资源和机会的匮乏，这可能促使网络中的一些成员寻求更广泛的联系和资源，从而导致原有关系的终止。

（3）异质性

异质性关系指的是具有不同属性的个体之间的联系。由于这些个体在知识、技能、资源和经验等方面的差异，他们可能相互补充和支持以实现共同的目标。然而，如Powell等（2005）所指出的，异质性关系通常是短期的，以项目或目标的完成为导向。尽管异质性可能导致理解困难和信任度降低，但适度的异质性可以带来创新所需的新观点和资源，并促进个体或组织的发展，因此，异质性有助于关系的形成。然而，在某些情况下，过高的异质性可能导致沟通困难和冲突，进而导致关系的终止。

① 信任和理解的障碍：当网络中的行动者之间具有不同的背景和观点时，建立相互理解的信任关系可能变得较为困难，这可能导致行动者之间关系变得紧张，彼此之间产生矛盾，从而导致关系的强度减弱，直至终止关系。

② 沟通的障碍：异质性可能导致沟通的障碍，因为网络成员之间可能存在不同的语言、文化和价值观，这些差异可能导致误解和冲突，从而使得关系终止。

③ 兴趣和需求的差异：当网络中的行动者具有不同的兴趣和需求时，他们可能难以找到共同点，这可能导致他们在资源和机会方面存在分歧，从而导致关系终止。

④ 负面群体效应：异质性可能导致负面的群体效应，如偏见和歧视，这可能导致网络中的某些成员感到排斥和孤立，从而促使他们与其他成员断绝关系。

（4）互惠性

互惠关系在社会网络中非常重要，因为它们为行动者提供了稳定性和相互依赖的支持。互惠关系可以带来信任、合作和资源共享等益处。然而，在一些情况下，关系可能不是互惠的，这可能导致关系不稳定，使得最终关系终止。

非互惠关系（如单向友谊）是不稳定的，如果不迅速发展成互惠关系，它们可能会破裂。此外，非互惠关系可能还暗示着地位差异，网络中某个行动者被认为地位较高时，可能会对互惠关系的形成产生负面影响。Rubineau等（2019）指出在某些情况下，地位较高的个体可能会成为许多单向联系的接收者，这可能是因为他们具有更多的资源、权力或影响力，使得其他个体试图与他们建立联系。然而，由于时间和精力的限制，地位较高的个体可能无法与每个人建立互惠关系，导致部分单向联系维持在非互惠的状态，这样的非互惠关系较为脆弱，如果不能发展成互惠关系，这些关系就很容易终止。

（5）邻近性

邻近性通常有助于关系的形成，因为地理或心理的邻近性可以增加接触的机会，促进彼此的了解和信任关系的建立。但是过高的邻近性可能导致依赖和压力，使得关系终止。当人们从学校过渡到工作，或者从原聘企业流动到新聘企业时，他们可能会失去与某些同学、同事之间的联系。但在其他方面，人们可能会保持与过去的同学、同事的联系，这些关系有助于连接人们所属的不同社会群体和社区。地理邻近性还影响着公司董事会成员的选择，其中位于同一城市的公司更有可能共享公司董事会成员。共享工作、学习场所也被认为是影响社会关系终止的重要预测因素。因此，地理邻近性有助于减少维持关系的努力，从而使关系更容易终止。

（6）重复性

重复性（Repetition）主要指的是行动者在社会网络中反复选择相同的交互对象或路径，这在某种程度上可能导致行动者之间关系的终止，原因主要有以下几点：

① 资源限制：焦点研发者的时间和精力是有限的，所拥有的资源是有限的，过度地、重复地选择一部分行动者进行交互，可能会导致焦点行动者没有能力或更多的时间和精力与其他行动者维持关系，以至于关系终止。

② 同质性过高：重复选择可能导致网络中的同质性过高，使得网络缺乏多样性，因为过于同质的网络可能抑制新信息和新观点的引入，产生大量的冗余信息，从而影响行动者的学习和发展，这可能会使得某些关系变得不再有利，从而导致关系的终止。

③ 冲突和厌倦：频繁的交互可能会增加冲突的可能性，或者引起对方对关系的厌倦，这可能会导致关系的终止。

④ 依赖性增强：重复选择可能使焦点行动者过于依赖一部分行动者，当这些行动者出现问题时，焦点行动者可能会遭受较大的打击，影响其社会网络的稳定性，这可能导致某些关系的终止。因此，合理地选择多样性对于维持和发展社会网络关系是非常重要的。重复选择可能在短期内会提高关系的稳定性，但在长期看来，过度的重复选择可能会对行动者的社会网络产生负面影响。

4.3 结构

网络结构的动态变化是动态网络中非常重要的一部分。首先，网络结构的动态变化将会直接影响网络作为一个整体的未来发展。其次，网络结构的动态变化会影响网络中个体的行为，从而影响节点层面和关系层面的未来变化。但是，关注于网络结构变化的研究却很少，这主要是因为网络结构的纵向数据难以掌握。

组织网络结构的变化是直观动态网络研究的一个重要方向（Provan等，2007）。随着时间的推移，组织网络会经历一系列动态变化，结构洞、网络凝聚、核心-外围结构、模块化以及小世界网络等方面都会受到影响，其表现形式如下：第一，结构洞是指在组织网络中，某些节点之间缺少直接联系的现象。结构洞动态演化存在三种情况：首先，随着时间的推移，新的关系可能在原本存在结构洞的节点间建立起来，从而填充结构洞。其次，原有的关系可能会因为各种原因而断裂，导致新的结构洞重新生成。再次，存在中间人为继续保护现有的网络位置优势，而不断维持结构洞。结构洞的动态变化影响着信息传播和资源分配，以及组织内部的创新能力和竞争优势。

第二，网络凝聚是指网络中节点之间联系的紧密程度。随着时间的推移，网络凝聚可能会因为人际关系的加深、合作项目的增多，或者信息传播的加强而提高。然而，在一些情况下，网络凝聚可能会因为网络成员流动、组织重组或者外部竞争压力而降低。网络凝聚的动态变化关系到组织内部的合作效率和团队凝聚力。

第三，核心-外围结构是指组织网络中存在的一种层级性结构，核心节点拥有更多的联系，而外围节点则相对较少。随着时间的推移，核心节点可能会因为其资源和信息优势而进一步巩固地位，同时，外围节点可能通过积累联系逐渐向核心靠拢。然而，在某些情况下，核心节点可能会因为竞争或者资源耗竭而衰落，外围节点有可能崛起成为新的核心节点。核心-外围结构的动态变化涉及组织内部的权力分配和竞争格局。

第四，模块化是指组织网络中具有相似属性或者功能的节点聚集在一起形成的子集。随着时间的推移，新的模块可能会因为组织内部的创新或者外部环境的变化而出现，同时，原有的模块可能会因为资源整合或者功能重组而发生融合或分裂。模块化的动态变化关乎组织的适应性、协同能力和创新能力。

第五，研究试图了解随着时间的推移，行业级网络如何获得“小世界”的结构特征，其中存在通过桥接关系连接在一起的集群（Watts和Strogatz，1998）。在竞争性和信息密集型行业，网络的动态变化遵循倒U形模式，网络的小世界属性最初增加，随后下降。

基于此，本章节以上述方面为视角，介绍动态网络的结构变化。

4.3.1 结构洞

对于组织行动者来说，有利的网络结构可以从过去网络结构和地位所施加的结构约束和提供的网络机会这两种互补力量的组合中产生。对影响组织之间关系形成的驱动因素在前文中已经提及，在本节中，我们不但强调关系的变化，着重关注网络结构的动态变化，特别是结构洞。

结构洞是指网络中焦点行动者与某两个行动者之间有直接联系，但这两个行动者之间没有直接联系，即网络关系间断、网络结构空隙、网络结构中的洞穴，如图4-10所示。如果两个行动者之间缺少直接的联系，必须通过第三方连接起来，那么第三方就在网络中占据结构洞，可见结构洞是针对于第三方的（Burt，1992）。与其他相关概念一样，结构洞捕获了一种关键的网络结构属性，例如，弱关系（Granovetter，1983；Hansen，1999）、网络范围（Reagans和McEvily，2003）和经纪（Xiao和Tsui，2007；Fleming和Waguepack，2007）能够对非冗余的资源和信息进行有效访问（孙笑明等，2018）。

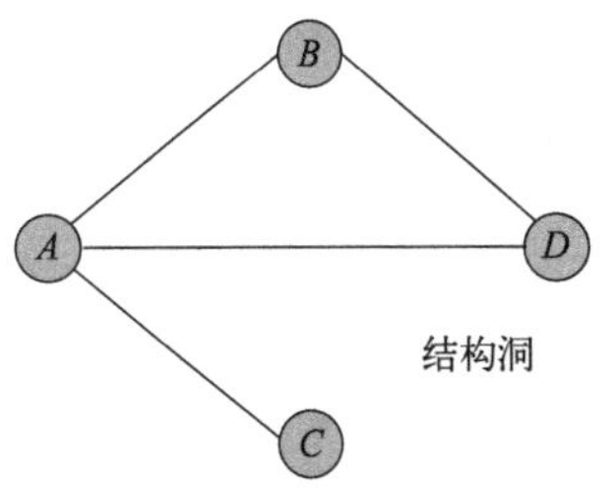

图4-10 网络中的结构洞

（1）结构洞生成

随着时间的推移，添加新关系可以关闭网络

中先前生成的结构洞，删除旧连接可以重新生成先前关闭的结构洞，如图4-11所示。

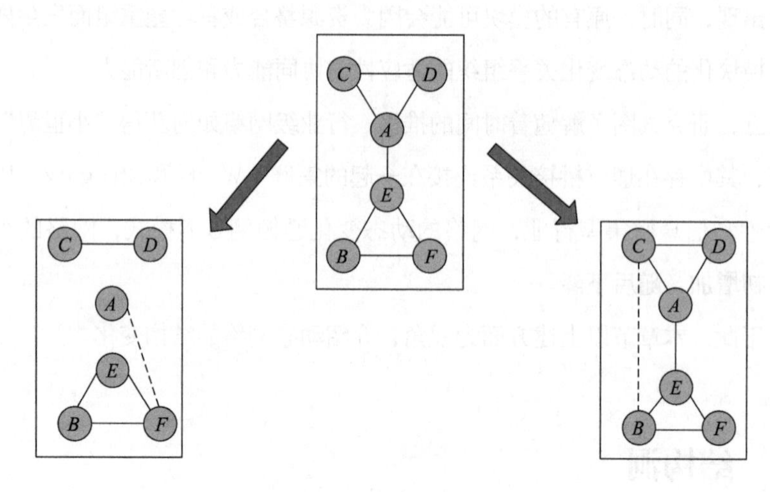

图4-11 结构洞的动态变化

从具体关系的角度来看，中间图中改变网络关系后，如左侧和右侧图中改变的网络关系是不同的。在左侧图中，A删除了现有的关系，并与F建立了联系；在右侧图中，B保留了现有的联系，并与C建立了联系。左侧图和右侧图中的结果在网络联系级别上不同，但两侧图中网络的总体结构相同。

结构洞的相关研究吸引了很多学者的兴趣，因为它被认为是一种有价值的社会资本（Adler和Kwon，2002），并为多种类型的个体、团队和组织提供了创造社会结构所需的资源。在社会结构创造的基础上可以有两种基本解释：

先前网络中固有的机会，它可能使行动者能够创造或重建未来的结构；

先前网络结构本身施加的惯性约束（Sewell和William，1992）。因此，惯性约束和网络机会与Giddens（1984）所研究的关于结构和行为二元性概念是相平行的，即通过结构化过程，相互加强和维持网络结构（Sydow和Windeler，1998）。

① 网络机会。

通过两个独立的机制，网络固有的机会在未来时期被利用：一个来自行动者有目的的行动，另一个来自行动者在网络中的先前位置所提供的机会。首先，行动者通过有目的的行为可能通过形成或终止网络关系来形成新的网络结构，这在某种程度上与Child（1972）的战略选择概念一致。网络行动者有意识地利用从过去的行为模式中产生的机会来增长经验和知识，激励自身重新调整和重新塑造过去的网络位置，使自身占据未来的有益位置。Burt（1992）将结构洞作为社会资本，强调了这种有价值的网络结构形式对焦点行动者产生的重要影响。其次，焦点行动者在网络中当前的地位会受过去地位、能力或意图的影响，并可能为焦点行动者提供塑造未来网络的机会。Powell等（2005）采用了类似的逻辑，认为处于中心地位和地位较高的焦点行动者在未来的关系中更可能获得不成比例的有益份额，这种网络变化过程被称为“累积优势”。随着时间的推移，这种优势通过提高行动者当前的地位，进一步促进网络结构的变化（Fleming和Waguespack，2007）。

② 惯性约束。

假如行动者当前的一系列互动并没有提供可以利用和塑造的机会，而是产生了社会结构（这种结构通过规范、规则和社会压力随着时间的推移而持续存在并自我复制），这个过程就会产生惯性约束。随着时间的推移，惯性会塑造和约束行动者的行为。这一结构暗示了网络动态变化的稳定性和路径依赖性，并强调了网络动力学中惯性和关系持续的作用，表明它受到先前结构和关系的强烈影响（Madhavan等，1998）。

在临时网络中，焦点团队重新生成团队成员过去所占据的结构洞，是对过去网络结构利用的一种表现：网络结构中的企业家通过利用过去的网络机会，重新激活过去有价值的结构模式。焦点行动者通过过去的关系接触到的内容多样性，为焦点行动者提供了一个机会，重新配置过去的模式以寻求更多样化的变化模式。此外，过去的中心地位和源自于先前团队的个人表现为焦点行动者提供了为潜在的团队成员进行选择的机会，以增强他们现有的有利地位。正如Podolny（1994）所指出的，在不确定的条件下，地位顺序和中心性成为特别有价值的信号。

结构洞受制于惯性约束或持久性，惯性约束使结构洞在一定程度上随着时间的推移在许多行动者之间重新生成，这些行动者形成了Giddens（1984）所说的结构属性，或制度化的框架。因此，结构洞重新生成不是由有目的的行为、判断或自主的重新配置驱动的，而是由一个受惯性的过程和受先前关系模式的约束作用的过程驱动的。

（2）结构洞维持

结构洞维持是指行动者不主动填补空隙，保持并利用这种经纪位置，为他们带来更多的网络利益，这是行动者在网络中采取的一种战略性行为。结构洞的维持受到绩效反馈机制的显著影响，具体而言，结构洞维持是通过行动者对于结构洞带来利益的持续评估来实现的。当行动者占据的结构洞位置能够为其带来显著的利益时，他们会采取措施加强并努力维护这种带来优势的网络结构，如优化资源分配，防止结构洞两侧节点相互连接，增强与网络中其他重要节点的关系等策略。然而，当结构洞所提供的收益开始减少，或当维系结构洞的成本变得过高，以至于超过了从这些结构洞中获得的信息价值时，行动者维持结构洞的动机便会随之减弱。

Soda等（2004）进一步阐述了这一观点，他们指出随着时间的推移，当网络中分离的行动者认识到维持以往直接联系的成本过高，且通过这些联系获得的信息价值逐渐降低时，那么他们维持这些以往直接联系的动机会相应减弱。在这种情况下，维持现有的结构洞成为一个更为积极的战略选择，因为这些结构洞可以使得行动者从其网络位置中获得的整体利益最大化。

（3）结构洞填充

社会网络中结构洞两侧原本不存在联系的、相互独立的节点之间建立关系，即连接原本不直接相连的节点，这一过程被称为结构洞填充。结构洞的填充促进了信息流动、资源共享和合作关系的形成，从而增强整个网络的稳定性和效率。

Newman（2002）将生物食品网、万维网等网络与相互关联的公司董事会网络进行了比较，发现社会网络与生物网络和技术网络的区别在于网络集群的不同，网络集群意味着社会网络往往有高密度的网络封闭，或者通俗地说，企业员工倾向于与朋友的朋友成为朋友。在各自的网络中，公司董事会成员（Davis等，2003）、好莱坞电影明星（Watts和Strogatz，1998）、百老汇音乐艺术家（Uzzi和Spiro，2005）、发明家（Fleming等，2007）、科学家（Newman，

2002)、律师(Lazega等,2012)以及通过联盟关系在一起的组织(Kogut和Walker,2001;Baum等,2003;詹坤等,2018),这些焦点行动者都倾向于与自己有关系的其他行动者建立联系(孙笑明等,2018)。

社会网络呈现出结构洞填充这一普遍存在的现象已得到较多研究的论证。Granovetter(1973)的研究指出,行动者倾向于与朋友的朋友(或其商业伙伴的商业伙伴等)建立关系,因为与共同的第三方共度时光的人很可能偶遇,即使他们没有明确介绍身份。通过推荐和分享的方式,焦点行动者的朋友可能将自己的朋友(第三方)介绍给他们,从而为他们提供了潜在关系的相关信息,这些信息减少了新关系的不确定性和风险,简化了建立新关系的过程,同时也提高了对潜在关系人的可信度,从而增加建立新关系的可能性。Granovetter(1985)评论道:"鉴定潜在关系人可信度的方法是需要依赖一个可信的中间人(这位中间人曾与潜在关系人有过接触)"。此外,关于社会资本的研究指出,第三方的嵌入也可以促进集体导向的规范,从而最大限度地减少机会主义(Corman和Scott,1994;Granovetter,1985)和缓解冲突(Portes和Sensenbrenner,1993)。

同质性对结构洞的影响是,开放的三元结构倾向于随着时间的推移而闭合。第一次关于三元结构闭合过程的实证研究中,Hammer(1980)考察了三个环境中人际互动的纵向数据:教堂、咖啡馆和纺织厂。在每个网络中,通过观察一段时间内(从教堂和咖啡馆的一个月到纺织厂的六个月)的互动来衡量个体之间的关系。如果人们被观察到彼此互动(通常是交谈),那么关系就会被视为存在。Hammer(1980)发现,在这三个不同的情境下,如果两对不相识的人有共同的熟人,那么他们开始认识和交往的可能性明显更大,这项早期研究暗示了三元结构闭合倾向的普遍性。

研究进一步证实了行动者倾向于填充结构洞,这些研究通过使用通信数据大大增加了研究的规模和范围。Kossinets(2006)在一个学年内跟踪了一所研究型大学的45553名学生、教职员工的电子邮件,目的是确定影响个体之间交流的因素。通过电子邮件的相互接触极大地增加了两个以前没有关系的学生开始交流的可能性:没有在同一个班级的学生日常学习中不太可能偶遇,但是通过电子邮件使其相互接触的可能性增加了140倍。即使是坐在一起上课的学生,如果他们都给一个共同的第三个人发过电子邮件，那么他们开始通过电子邮件进行交流的可能性也会增加3倍。此外，共享共同的第三方也会影响研究人员之间新合作关系的形成。Newman（2001）研究了1995 ~ 1999年间160多万名生物学、物理学、医学和计算机科学等领域的研究人员的合作网络。如果两位科学家共同撰写了一篇论文，就认为两者是有关系的。如果两位科学家都与一位共同的第三位研究者合作，那么他们合作的可能性会达到30%或更高。

结构洞填充及其随时间变得更加集群化的现象不仅在社会网络分析中得到了证实，而且这种变化显示出较强的时间稳定性。Martin（1999）通过研究60个社区志愿者之间持续超过12年的人际关系发现，相互认识的人倾向于保持长期关系，并展现出更频繁的交互。这表明，随着时间的推移，人们更倾向于与已知和信任的个体建立和维持关系，从而逐渐填充结构洞。Burt（2000）对345名银行家进行了为期4年的研究，观察其业务关系的形成和终止。研究发现，尽管网络中的关系经历了高度的波动性，从上一年到下一年，平均只有不到35%的关系得以保持，这显示出网络中结构洞的存在和动态变化。在这种银行高度变化的环境中，随着时间的推移，一些原本存在的结构洞可能会被新建立的关系所填充，这是因为个体寻求新的机会和资源，或因为他们试图通过建立新的直接联系来减少对中间人的依赖。这种结构洞的填充过程反映了网络中的演化动态，其中行动者不断调整其连接以优化自己的网络位置。

此外，结构洞生成后可能被填充，结构洞填充后也可以重新打开。以Uzzi和Spiro（2005）对百老汇音乐剧创作艺术家的研究为例，他们分析了一个涵盖大约5000名艺术家的数据，这些艺术家参与创作了约百部作品。他们把研究重点放在了网络中三元闭合或集群的形成及其分布上。他们通过计算聚类系数比率（一种衡量实际聚类与在相同大小的随机网络中预期聚类的比率的指标，用于衡量集群的变化）时发现，随着时间的推移，这个网络的聚类系数比率以非连续的方式增长。然而，网络结构受到一些因素的影响会导致集群减少。例如，在大萧条、电影和电视的兴起，以及艾滋病流行等重大冲击之后，网络的聚类系数可能下降高达30%。这一发现指出，在网络遭受大规模动荡的冲击，或网络所处环境或市场条件发生变化时，原有的集群可能会解体，从而降低聚类系数比率。当网络中的个体或群体开始建立新的联系，连接原本隔离的个体或群体时，结构洞会被填充，这种填充可以降低整体网络的结构洞数量，增加网络的连通性，从而提高聚类系数比率。相反，当网络中的集群或紧密连接的群体开始解体，原有的直接联系被削弱或消失时，原本被填充的结构洞可能会重新打开。这种情况下，聚类系数比率会下降，因为网络中的节点之间的直接联系减少了。在动态变化的网络中，结构洞的状态是不断变化的，尤其是社会、经济或技术的大规模变革可能导致网络结构的重大调整，从而影响结构洞的动态变化。

因此，结构洞可以生成、维持，也可以填充，即结构洞是动态变化的。结构洞的存在为位于其两侧的行动者提供了连接不同信息或资源池的机会，因此具有战略价值。通过生成、维持和填充结构洞，个体和组织可以在竞争中获得优势，促进创新，并增强其社会资本。理解这一过程对于掌握社会网络中的机会和挑战至关重要。

4.3.2　网络凝聚

网络凝聚是指网络中节点之间相互连接的强度和紧密程度，反映了网络中节点之间的互动程度和群体的协同程度。随着时间的推移，网络中节点之间的关系会发生变化，网络凝聚也会相应地发生变化。例如，在社会网络中，一些行动者可能会离开社会网络，或者新的行动者可能会加入，这些都会影响网络凝聚。网络凝聚的动态变化与网络结构的动态变化密切相关，既受到节点的加入和退出影响，也受到节点之间连接强度和方向的变化影响。

（1）节点的加入和退出

当新的节点加入网络时，网络凝聚可能会增加，因为新节点可以增加网络中的连接和信息传播的渠道。相反，当旧的节点退出网络时，网络凝聚可能会下降，因为旧节点的离开会导致网络中的连接和信息传播的缺失。

（2）连接强度和方向的变化

当网络中节点之间的连接强度和方向发生变化时，网络凝聚也会随之变化。例如，在社会网络中，两个行动者之间的关系可能从简单的朋友变为亲密的伴侣，这种变化会导致网络中的凝聚力增强。

（3）团队凝聚力

团队层面的网络凝聚被称为团队凝聚力。团队凝聚力指的是团队成员间为保持凝聚力所作出的总体努力（Festinger，1950），在过去的几年里，团队凝聚力已成为较为广泛研究的网络结构特征之一。具体而言，团队凝聚力体现了成员之间的紧密程度或“关系”，成员对彼此及团队目标有着强烈的承诺（Zaccaro等，2001）。团队凝聚力与多种结果显著相关，包括团队绩效、团队生存能力和成员的积极态度。

Marks等（2001）将团队凝聚力视为一种紧急状态，描述为“团队特征的结构，这些结构通常是动态的，随着团队环境、研发投入、过程和结果的变化而变化”。“团队紧急状态和规范化行为模式是重复过程交互的产物……因此，团队凝聚力揭示了团队动态变化的过程。这些团队凝聚力需要经验和时间的积累来发展和巩固”。团队凝聚力既可能是先前绩效水平的结果，也可能对后续团队绩效产生影响。团队凝聚力是否被视为团队变量的前因、相关性或后果，很大程度上取决于研究人员所采用的研究方法（Mathieu等，2008）。

团队凝聚力是惯性约束的一个典型例子，它体现了过去工作关系对团队成员保持原有模式、动机和偏好的影响。过去具有高凝聚力的团队（许多先前的工作关系）在后续阶段可能会发现自己处于紧密关系的网络中，这是因为未来的团队在雇佣先前具有高凝聚力的团队成员时，会倾向于延续原有的关系模式。

（4）网络凝聚和网络嵌入的关系

嵌入紧密关系网络中的行动者通常会收获积极的回报，特别是通过正式或非正式接触促进知识的产生和传播。网络凝聚和网络嵌入往往是相互作用的。一方面，网络凝聚越高的行动者往往会有更多的嵌入机会，因为行动者之间的紧密连接有助于形成共享的社会规范和期望，从而影响行动者的行为和决策。另一方面，高度嵌入的行动者也可能会增加网络的凝聚，因为它们通过与其他行动者的交互，可以增加网络的连通性和稳定性，即网络凝聚增强了行动者之间的信任。

网络嵌入性（Network Embeddedness）是指节点在网络中的嵌入深度，这通常与节点的连通性和其所在关系的强度有关。如图4-12中，两个网络结构A

和B，它们具有相同的节点数量和连接数量，即网络密度相同。然而，网络B相较于网络A显示出更高的网络嵌入性。这是因为在网络B中，焦点行动者不仅与其他行动者有直接联系，而且这些联系是通过强关系实现的。因此，尽管网络A和B的联系人所带来的信息可能在数量上相同，网络B中的焦点行动者因为更强的直接联系和间接联系（通过第三方），而具有更高的网络嵌入性。这增加了焦点行动者的社会资本，为其提供了更多的信息和资源访问机会。

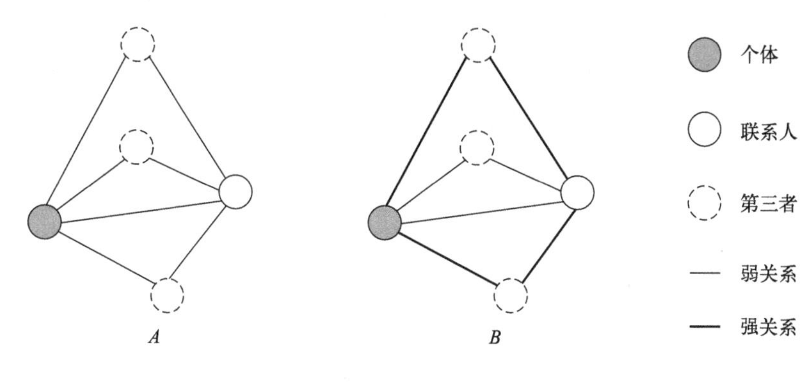

图4-12　网络嵌入

嵌入是一个综合概念，可以在两个主要维度上加以分析和区分：结构嵌入和社会嵌入（Cowan等，2007）。结构嵌入指个体与周围社会结构之间的关系强度和依赖程度，包括他们与他人的联系频率、联系的强度、以及这些联系如何影响个体的行为和资源的获取。结构嵌入隐含着“朋友的朋友成为朋友”的观点，即三元闭合，强调了第三方的重要性。这些第三方能够帮助焦点行动者收集有关潜在合作伙伴可靠的高质量信息，从而降低不确定性和信息不对称；第三方还会产生声誉锁定，从而遏制合作伙伴的机会主义行为。社会嵌入描述了个体或组织在社会关系网络中的位置和作用，以及这些关系是如何影响经济决策和社会行为的，也强调了在分析经济和社会行为时，必须将社会关系和文化因素纳入考虑范围。

① 结构嵌入对网络凝聚的影响。

网络凝聚的动态变化受到结构嵌入的影响。结构嵌入影响着资源的流动、信息的传递、以及社会支持的可获得性，从而对网络凝聚产生重要影响。首先，高度嵌入的个体或组织通过网络中的多个行动者（节点）接触到更广泛的资源和信息，也能更有效地分享资源，从而增加了网络内部的支持和合作机会，这种资源共享和合作有助于加强网络的凝聚力。其次，通过节点之间频繁的互动和长期的关系维持，结构嵌入还促进了信任的建立，信任是社会资本的重要组成部分，在信任度高的网络中，成员之间更愿意相互支持和合作，这进一步加强了网络的凝聚力（王建刚和吴洁，2016）。再次，在结构嵌入度高的网络中，信息可以通过多个渠道迅速传播，确保所有网络成员都能访问到重要的知识和新闻（McEvily等，2003），同时这种信息的共享有助于形成共同的认知、理解和目标，因此，结构嵌入通过促进信息的有效流动而增强网络的凝聚力。总之，结构嵌入对网络凝聚的动态变化是多方面影响的，它能够通过促进资源共享、信任建立、信息流动等方式加强网络凝聚。

② 社会嵌入对网络凝聚的影响。

网络凝聚的动态变化也受到社会嵌入的影响。社会嵌入可以通过共同的社会背景构建，这些重复的人际关系通常被称为强关系（Granovetter，1973），如家庭关系和友谊关系。在社会嵌入的情况下，信任和声誉效应源自共享的经验和过去的合作。在组织中，对特定群体（如商业、宗教、政治）或社区（如友谊、家庭）的归属感和认同感有助于企业家或技术人员利用其社会网络获取各种资源，如金融资本、商业建议或管理支持。这些企业家或技术人员之间的关系构成了认知社区或实践社区。归属感对于传播商业知识也非常重要，尤其是以“知道谁”为形式的知识。对于公司的竞争力而言，归属感和认同感可以像技术信息一样具有战略意义。实际上，关于重要客户或供应商可靠性的信息通常被严密保守，仅在公司稳定的分包商网络中的一部分受信任的企业家或员工之间进行分享。

可见，网络嵌入可以从两个方面理解：结构嵌入和社会嵌入。结构嵌入强调了稳定的网络中第三方的作用，通过降低不确定性、提高信息质量和遏制机会主义行为，促进了知识分享和合作。而社会嵌入则强调了共享经验、过去合作和归属感对信任和声誉的作用。这两种嵌入形式都对网络凝聚的动态变化产生了影响，进一步影响了组织中的知识传播和合作。

4.3.3　核心－外围结构

核心－外围结构是指网络中占据中心位置的、具有高度连通性的核心节点，以及具有相对独立性的、与周围节点的联系相对较弱的外围节点。核心－外围结构在网络中具有重要的作用，既能够保持网络的稳定性，又能够在信息传播和影响力扩散方面发挥重要作用。核心－外围结构的动态变化通常表现为以下几个方面：

（1）成员流动

外围成员可能通过增强自身能力、扩大人脉等方式转变为核心成员；反之，如果核心成员失去了其优势，或者被新的、更强的成员替代，就可能会变为外围成员。

（2）网络扩张

随着网络成员的增加，新的核心成员和外围成员可能会出现。新的成员可能加入到外围成员中，或者通过与核心成员建立联系直接成为核心成员。

（3）网络变动

网络的结构可能会随着外部条件（如市场变化、技术革新等）或内部条件（行动者能力的提升或降低、关系的强弱变化等）而变化，可能导致核心和外围成员的重新配置。

（4）网络整合

多个核心－外围结构的网络可能会因为各种原因合并为一个更大规模的网络，新的网络中的核心和外围成员可能是原来网络中的核心和外围成员的结合，也可能会配置新的成员。

（5）核心－外围结构与董事会连锁网络

社会网络的概念也一直被用来解释企业间关系的变化。企业可以通过多种方式联系起来，包括生产联系（Acemoglu等，2012）、交叉持股（Elliott等，2020）、行业协会和投资财务回报（Diebold和Yılmaz，2015）、战略联盟（杨张博和王钦，2022）、董事会连锁（Mizruchi和Stearns，2006）。关于董事会连锁的多数研究集中在企业层面的网络，即组织之间通过共享董事会成员来建立的关系网络——组织间网络或董事会连锁网络。组织间网络的一个显著特征是：大多数联系仅能追溯到大型企业的少数个体关系，即董事之间的关系，他们的网络影响力高度集中（Vitali等，2011）。组织间网络在企业间传播信息和商业实践方面发挥了作用，这将对企业治理和生产过程产生影响。企业在组织间网络中占据的结构位置能够影响企业获取有价值资源，并最终影响企业的绩效（杨张博和王钦，2022）。因此，在组织间网络中的企业处于核心或是外围位置，对其自身发展极为重要。

本研究以董事会连锁网络为例来分析核心-外围结构的动态变化。一方面，董事会连锁网络通常表现出高度集中的核心结构（Sankar等，2015），这是因为董事会连锁网络是由少数高度互联的企业组成的，核心企业通过共享董事会成员形成强大的、紧密的关系网。高度集中的核心结构反映了市场上的权力和影响力的集中，是分析核心-外围结构时的关键特征。另一方面，与其他类型的网络相比，董事会连锁网络展现出更明显的层次分化：核心成员与外围成员之间存在显著的互动差异。核心成员之间的联系通常更频繁、更直接，而外围成员则通过核心成员间接连接到网络的其他成员。因此，董事会连锁网络具备的这种核心-外围结构，利用其了解这种结构下组织间权力、资源分配和信息流动的优势较为突出。

当两家企业共享一名董事时，会产生董事连锁。企业和董事的战略决策可能形成连锁关系，从而构建起董事会连锁网络。其基础网络是一个二分图，其中节点代表企业和董事成员，企业和董事成员之间的连线代表企业与董事成员之间存在董事关系，有时候会存在一个董事同时在多个企业任职（如图4-13所示）。这种二分网络包含了两个互补的单层网络：

① 如果两个董事由同一家企业招聘，则将他们联系在一起构成董事会连锁网络；

② 如果两家企业招聘同一个董事，则将它们联系在一起构成董事会连锁网络。这个网络的特点是核心的关联企业和外围的非关联企业之间界线明显。

董事会的主要作用是监督公司运营和提供资源，因此，一家企业与另一家企业建立连锁关系的重要原因包括监督和资源寻求（Carpenter和Westphal，2001），即企业选择连锁的原因有：

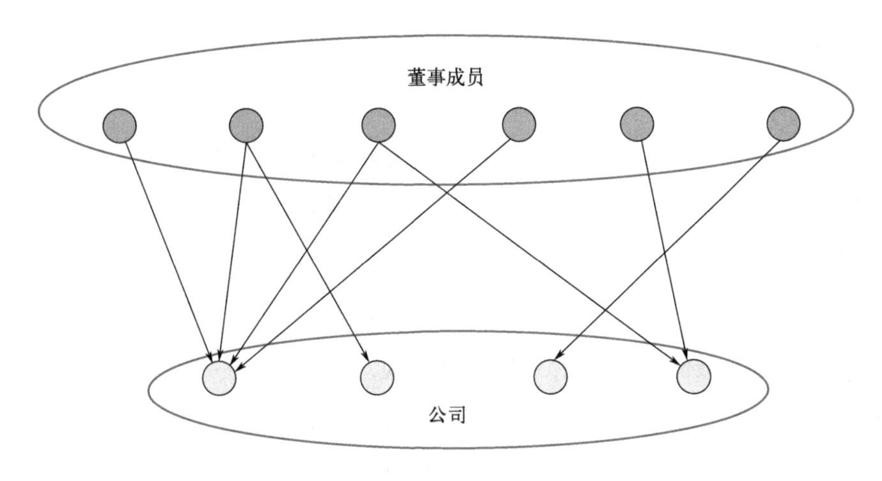

图4-13　董事会连锁网络

① 公司可能希望通过董事会连锁建立合作关系；通过连锁关系，加强相互沟通和协调来减少不确定性。

② 享用与知名公司合作的信号价值以及获取特定董事的社会资本（Certo，2003）。

③ 董事会在选择董事会成员及其做出决策时，连锁也发挥代理作用，因为董事会连锁有助于成员职业发展（Johnson等，2011）。连锁会导致信息传递（Haunschild和Beckman，1998）以及企业战略和实践的传播（Shropshire，2010）。董事连锁是公司通过建立基于信任的社会关系来降低交易成本的关键。

董事会连锁网络对绩效的影响已经有了广泛的研究。Andres等（2013）使用k核分解来识别密集的董事群体，并发现在拥有更高嵌入度的董事会中，即使本人能获得更高的薪酬，也会导致公司的负面绩效，如图4-14所示。

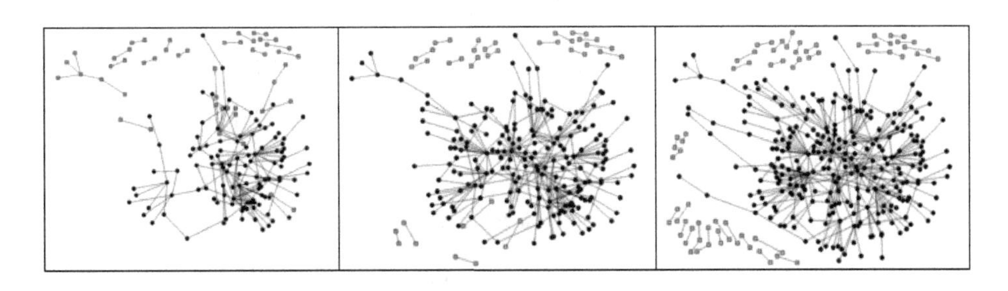

图4-14　董事会连锁网络的动态变化（Andres等，2013）

从图4-14中可以看出之前的核心被两个新的核心所取代。k核分解这一方法可以清楚地识别焦点董事从行业专业化到商业团体的转变。虽然核心结构发生了实质性变化，但处于外围位置（通过k核心分解获得）的公司的身份几乎没有变化。随着外部环境的变化（法律法规的变动），地位分配从不平等分配转变为更加平等的分配。焦点董事减少了他们的关系数量，终止了很多以前与公司良好的关系。在法律法规实施前地位最高（最低）的公司在法律法规实施后仍然最有可能获得最高（最低的）地位。在研究中发现，无论是核心-外围结构的各个层级还是各个四分位数水平（四分位数是统计学中将数据集分为四等份的数值点，每一份包含了25%的数据，这些数值点可以提供关于数据分布的有用信息，特别是关于数据的散布情况和中心趋势），均存在强大的商业集团。此外，尽管整体网络结构随时间发生了变化，但影响决策形成的层级仍然保持稳定。而且网络变得更加平等，但是地位更高的行动者仍继续保持其更高的相对地位。

在外部法律法规环境变动的背景下，董事会连锁网络的动态变化可以分为两类：

① 法律法规限制了拥有多个董事会成员的影响力，对整个董事会连锁网络产生直接和长期影响。由于立法的变化，核心公司群（公司之间有密集的互动，同时也与核心以外的其他外围公司有联系）将变得碎片化。

② 受法律法规影响最大的公司，整体度分布变得更加平衡。尽管网络在法律法规生效后期将发生重大变化，但网络内的等级结构仍然相对稳定。通过估计网络中公司的流动性矩阵，发现网络相当持久，核心部分与四分位数部分之间的流动性较低。

网络通常是较为稳定的，但是在受到政策措施的影响时，其容易发生实质性的拓扑变化。因此，法律法规环境变动会对核心-外围结构产生较大影响。同时，网络中公司的相对等级制度基本上不受影响。网络在应对外部冲击时，其结构会发生不同类型的相对变化。

此外，董事会连锁网络除了具备典型的核心-外围结构的动态变化特征外，董事会连锁网络的小世界网络动态变化特征也很明显，部分研究还采用了图论模型来分析。Kim等（2006）通过应用Erdős-Rényi（ER）型随机图模型，对董事会连锁网络进行了深入的量化研究。Davis等（2003）、Conyon和Muldoon（2006）、Kogut和Belinky（2008）的研究强调了董事会连锁网络小世界特征的动态变化，如聚集系数和平均路径长度随时间的变化。他们的研究表明，董事会连锁网络的平均路径长度较小，聚集系数较大。这些特征更适用于通过ER型随机图模型而非传统小世界网络的拓扑结构来解释。这一发现说明了在分析董事会连锁网络时，也要关注聚集系数和最短路径长度，从而更全面地理解其结构和动态变化特征。

4.3.4 网络模块化

网络模块化描述的是网络中某些节点之间高密度连接，构成了一个个子集团的现象，它表示网络中的节点可以被划分为多个紧密连接的子群体或模块。在这些模块内，节点之间的连接较为紧密，而模块之间的连接相对稀疏。网络模块化反映了网络结构中的聚类和分层特性，有助于揭示网络的组织方式和功能性质。

在本研究中，我们着重于研究动态网络的模块化。动态网络模块化是指网络中某些节点之间呈现出模块结构，且这些模块结构随着时间的推移而不断变化。在现实生活中，许多网络是动态变化的，如引用网络等。这些网络的拓扑结构和属性随着时间的推移而发生变化，从而影响了网络的模块结构。因此，研究动态网络模块化具有重要的理论意义和实践价值。

模块变化是指动态网络中模块结构随时间的推移而发生变化的过程。这种变化可能表现为模块的形成、发展、衰退以及模块间的合并和分裂等。研究模块变化有助于揭示网络结构变化的规律，识别关键事件和驱动因素，以及预测未来模块的变化趋势。

模块变化的影响因素：模块变化受多种因素的影响，如网络结构的变化、关系的强度变化、节点的属性变化、外部环境因素等。研究这些因素对模块变化的影响有助于更好地理解和预测网络模块结构的变化过程。例如，网络结构的变化可能导致模块合并或分裂；关系的强度变化、节点的属性变化可能影响模块的形成和消失；外部环境因素（如政策、经济、技术等）可能对网络的模块结构产生重大影响。

模块生命周期分析：模块生命周期分析关注的是模块从形成到消失的整个过程。通常，一个模块的生命周期可以划分为以下几个阶段：形成、成长、稳定、衰退和消失。在这些阶段中，模块内部的连接紧密程度、模块间的连接稀疏程度、节点的属性和行为等可能会发生显著变化。通过分析模块生命周期的各个阶段，我们可以了解模块的发展规律和变化特征。

节点合并和节点分割是动态网络中常见的两种现象，节点的变化对网络模块化有着重要的影响。节点合并通常会导致网络模块化的降低，因为它减少了网络中独立组件的数量，增加了某些模块的内部连接，而网络的总体规模可能会缩小或保持不变。相反，节点分割可能会增加网络的模块化，因为它增加了网络中独立组件的数量，导致原本属于同一模块的节点可能分散到不同模块中，网络的总体规模增加了，模块的数量也可能随之增加。

（1）节点合并

对于未来致力于形成模块化目标的焦点公司来说，节点合并是最有效的行动，会导致更集中的网络。对焦点公司来说，最明显的副作用是网络闭合，这是一种企业的战略权衡。焦点公司通过寻求节点合并来提升其网络地位：当焦点公司在其自我中心网络中引入新的合作伙伴时，这些新合作伙伴若与网络中的其他节点建立联系，那么焦点公司的总体联系数量将得以增加。以焦点公司收购目标公司为例，具体分析如下：

首先，节点合并后，收购公司因自身网络的扩大而提升了其在行业中的地位。这种地位的提高不仅增强了其市场影响力，还可能提高其吸引高质量合作伙伴和关键资源的能力（Hernandez和Menon，2018）。此外，收购促成了原本独立的合作伙伴之间的网络整合，使得这些合作伙伴能够通过新的直接或间接联系获益，即产生积极的地位溢出效应。同时，这种网络整合提高了网络内的协同效应，促进了新的合作机会的产生。

其次，节点合并可能导致原有的结构洞消失。结构洞的消失可能会减少焦点公司利用网络中的信息和资源差异获得优势的机会。A和B的合并会导致桥接位置的丢失。这可能是积极的，也可能是消极的，这取决于A_1和B_1的公司目标

（如图4-1节点合并）。例如，在公司收购过程中，焦点公司可能需要调整企业战略来管理内部矛盾和收购引发的问题。如果这些问题不能得到有效解决，可能会损害各方对合并的信心，甚至导致收购失败。

最后，如果多个公司为寻求自身长远生存发展的目标而参与收购，那么这个过程中会产生大量节点的合并。当收购速度超过节点进入速度时，整个网络将随着时间的推移而收缩，使得网络变得模块化。此外，焦点公司为了达到自身快速发展的目标，需要寻求跨越不同集群的桥接关系。建立新的桥接关系可以使得焦点公司生成新的结构洞，从而利用自身占据的结构洞为其谋取更多收益。然而，这个过程也可能会产生负面作用：焦点公司占据的结构洞总数增加降低了过度的网络模块化，这可能导致潜在合作伙伴的供应量低、关系冗余度高，从而影响焦点公司实现其收购目标。

然而，存在一些例外情况：焦点公司收购了目标公司，而目标公司与焦点公司的现有节点有关联，而与网络中的其他行动者无连接。在这种情况下，尽管焦点公司的中心性有所增强，其与更广泛网络的联系数量却可能保持不变。

（2）节点分割

焦点公司的自我中心网络在通过附加节点分割以实现剥离目标的过程中，其网络变得更加开放，可能会出现以下后果：焦点公司的自我中心网络封闭性会降低，其网络地位也会降低。同时，网络的模块化程度可能会降低，因为节点分割可能会减少网络模块中的桥接关系。

追求公司分立的目标时，节点分割是最有效的。通过节点分割减少了网络中的冗余联系，提高了资源利用效率和战略灵活性。即为了剥离与特定节点的直接联系，母公司通过创建新的子公司或加强现有结构，以便更有效地实现其战略目标。节点分割分离了与母公司的关系，在分割后被重新分配为新创建的合伙人公司产生了消极的网络外部性。新成立的公司通常在网络中的中心地位低于母公司，而转移到新公司的合伙人将因不再与母公司相关联而失去之前的地位。但如果母公司与新产生的子公司结盟的节点保持联系，情况就会发生变化：子公司可继续从母公司获取信息资源，尽可能维持原有的网络位置，并提高灵活性。然而，分割的最终结果是积极还是消极，主要取决于受到网络外部性影响的企业战略目标。

如果多个网络行动者追求发展目标并进行剥离，在范围内会发生一些其他的后果。根据节点退出率不超过节点创建率的预测，随着新节点从现有节点中剥离出来，网络仍将随着时间的推移而增长。因为每一家公司都会在一个独立的集群中找到更多的价值。当企业的自我网络在通过节点分割的过程中变得更加开放时，可能会出现以下现象：企业的自我中心网络变得更开放，减少了封闭的三元组，导致网络地位下降；或者通过终止多个关系，企业可能失去中心性，这也可能导致公司整体地位的降低。

4.3.5 小世界网络

组织和社会学领域的研究长期以来一直关注社会结构对社会行动者行为和结果的重要作用。目前，已经确立了行动者所处的社会互动模式在不同背景下会对其行为和结果产生影响（Gulati，1995；Fernandez和Mateo，2006；Galaskiewicz等，2006）。因此，行动者在社会结构中的嵌入性及其特征已成为组织和社会学研究的持续关注点。近年来，越来越多的研究者开始关注一种特定的社会结构：小世界网络。

（1）小世界网络的定义

小世界网络是一种网络拓扑结构，其特征是节点之间的平均路径长度较短，而聚集系数较高。换言之，在小世界网络中，节点之间可以通过相对较少的中间节点相互联系，并且具有较高的局部连通性。这一概念起源于著名的“六度分隔理论”，该理论指出在现实生活中，任意两人之间最多仅需六个中间人就能建立联系。这一理论最早由哈佛大学心理学教授Stanley Milgram于1967年提出，而后在20世纪90年代，美国社会学家Duncan Watts和Steven Strogatz（1998）通过对现实网络的研究，发现了具有“小世界”特性的网络结构。

（2）关注小世界网络的原因

小世界网络是社会网络中的重要部分，因为它即使在成员相对稀疏的情况下，也能提供独特的连通性。小世界网络的特点是网络成员之间存在高度直接的联系，以及这些紧密连接的网络成员之间通过少数桥接关系相互连接。因此，小世界网络使得社会行动者能够通过较少的中间环节与其他成员建立联系。这种高效的信息流通和资源共享能力，是关注小世界网络的重要原因。关注小世界网络的原因有很多，如下所述：

① 人们在各种社会环境中意识到小世界网络的存在，从科学合作的模式（Newman，2001）到公司董事会之间的关联（Davis等，2003），这些网络对人们影响巨大；

② 小世界网络不仅被认为是无处不在的社会结构，而且与现有研究结果一致，它们也越来越被认为是对个体和集体行动具有强大影响力的因素（Uzzi和Spiro，2005）。

（3）小世界网络动态变化的形式

尽管小世界网络无处不在，关于其对社会行动和结果的重要性研究也越来越多，但对小世界网络动态变化的研究相对较少。小世界网络的动态变化是一个复杂的过程，受到多种因素的影响，包括节点的行为、连接的变化、外部环境的变化等。我们可以从以下几个方面来考虑小世界网络的动态变化：

① 节点的加入和离开：新节点的加入或旧节点的离开都会导致网络结构的变化。例如，新节点的加入可能会带来新的连接，进而改变小世界网络的平均路径长度和聚集性。

② 节点之间关系的建立、维持和终止：节点之间的关系可能会随着时间的推移而发生变化，例如，随着行动者之间的友谊关系、合作关系等建立、增加、减少、终止，而使得小世界网络动态演化。

③ 网络的增长和收缩：小世界网络的节点数量和连接数量可能随着时间的推移而增加或减少，使得网络整体规模发生变化，进而使得小世界网络的结构和性质发生变化。

（4）小世界网络动态变化的驱动因素

我们对于小世界网络发展和变化背后的驱动因素仍然知之甚少。因此，本研究重点分析小世界网络的动态变化及影响其动态变化的原因。小世界网络动态变化的驱动因素可以从两个方面来解释：地域性联系的形成、桥接关系的形成。

① 地域性联系的形成。

地域性联系的形成是可以驱动小世界网络动态变化的一个关键过程。将同一地域中社会网络内的行动者联系在一起，从而产生紧密相连的凝聚网络，这些凝聚网络互相连接形成一个小世界网络。组织间的地域性联系逐渐形成紧密关系的群体，其原因包含以下三个方面。

首先，市场条件，如合作伙伴的可用性、可靠性和资源的不均匀分布，会促使许多组织偏好于选择之前合作过的、更为熟悉的伙伴，以减少寻找新合作伙伴的时间和资源消耗（Gulati和Gargillo，1999；Zaheer等，2010）。通过地域性合作，不仅加强了组织之间的网络利用效率，还便于提供潜在合作伙伴的背景信息。

其次，紧密连接的群体可能会导致声誉锁定，即组织的声誉成为决定其社会和经济互动的关键因素。声誉锁定发生时，由于群体内部紧密的信息流通和社会规范的强制力，组织的行为会受到严格的监控。在这种环境下，非合作行为或违反群体规范的行为可能会导致严重的声誉损失，从而带来实质性的社会和经济代价。

最后，在寻求扩大相似资源或追求渐进式创新的情况下（Wang和Zajac，2007），组织间的技术相似性也可能导致地域性关系的形成，从而增强了小世界网络的凝聚力和稳定性。

② 桥接关系的形成。

桥接关系的形成是影响小世界网络动态变化的另一个关键过程。桥接关系是连接不同群体的关键链接，它通过连接不同的凝聚网络群体，促进了小世界网络内信息和知识的传播、资源的共享、网络结构的调整等。

首先，桥接关系的形成可以加快信息和知识传播的速度。尽管紧密连接的群体能够高效地分享和传播知识和信息，但是其所传递的多是冗余信息和知识，从而限制了新颖和异质性信息的流通。然而，桥接关系为行动者提供了访问非冗余信息和独特资源的便捷通道，使得这些信息和知识在群体中更快速地传播，这些信息和知识通常在地域性联系中是不可获得的（Granovetter，1983）。

其次，桥接关系的形成促进了网络中资源的共享。通过桥接关系，一个群体中的节点可以访问到其他群体的资源，从而提高整个网络的资源利用效率。通过建立桥接关系，组织能够跨越不同社会群体，利用更广泛的信息源和知识库，包括通过人才流动、知识产权交换等方式加强组织间的联系（McEvily和Zaheer，1999；Zaheer和Bell，2005）。这种跨群体的桥接使得组织能够获取新的、非冗余的资源，在竞争激烈和信息密集的环境中生存和发展尤为重要（Rowley等，2000）。

最后，桥接关系的形成使得网络结构得以重新调整或者重构。当桥接关系形成时，整个网络的连接方式可能发生变化。桥接关系连接了不同的群体，加强了群体之间的相互影响和作用，从而影响网络的集聚性，因此，组织间建立桥接关系的动机和宏观层面网络结构的特点共同促进了小世界网络的动态演化，增强了网络的创新能力和适应性。

③ 地域性联系与桥接关系对组织间网络的影响。

地域性联系与桥接关系的形成可以通过两种相应的方式影响组织间网络的小世界结构。首先，与现有合作伙伴的合作伙伴建立地域性联系能够推动密集的本地关系网络的形成，从而形成高度凝聚的网络。然而，由于组织间网络通常较为稀疏，每个组织与行业内的其他组织的联系数量相对较少（Davis等，2003；Powell等，2005），因此，网络不太可能汇聚成一个大型集群，而是可能仍然被划分为多个较小的群体；其次，新兴群体之间桥接关系的形成可能在小世界网络中形成快速通道，从而使得网络具有高度互联性。在连接紧密的网络中，行动者通过相对较短的路径相互联系。

由于地域性联系和桥接关系的同时出现，使得群体之间高度关联，较大地缩短了他们之间的社交距离，进而推动小世界网络朝着更加复杂多样化的方向发展。尽管地域性联系和桥接关系有助于形成强大的小世界网络，但是仅依赖于地域性联系并不能充分实现桥接关系的潜在好处，因为这些地域性联系往往导致了大量的信息和知识冗余。而在网络内每个行动者都能够接触到资源和信息的情况下，桥接关系能够提供访问资源在速度和及时性上的优势。因此，与地域性联系不一致，桥接关系对资源、信息和知识的快速访问优势也会促使一些群体积极去建立桥接关系。简言之，虽然网络中的信息和知识可能因地域性联系而变得冗余，但是建立桥接关系仍旧能够为资源访问的速度和时效性带来明显优势。

（5）小世界网络动态变化的分析方法

在宏观社会层面上分析小世界网络时，主要关注这些网络的宏观特征，如聚集系数和平均路径长度（Davis等，2003；Uzzi和Spiro，2005；Rosenkopf和Schilling，2007），然而，现有研究缺乏对小世界网络微观层面的探究。本研究采用了多层次动态方法，与其在社会和经济科学中的先前应用一致（Doreian和Stokman，1997；Gulati和Gargillo，1999；Jackson和Rogers，2007），多层次动态方法能够在两个不同层面上考虑小世界网络的动态变化：

① 宏观层面或网络层面的小世界属性；

② 小世界特征背后的微观层面或行动者层面的行为趋势。

宏观层面或网络层面的视角能够更好地理解微观行为是如何受到不断变化的小世界网络影响的。反过来，微观层面或行动者层面的行为趋势关注的是社会行动者的行为，这些行为导致关系的形成，并汇集到宏观层面的小世界结构中。这种多层次的方法可以阐明小世界网络的变化，并探究它们尚未被充分考虑的特性，即高度动态性。具体而言，在竞争性和信息密集型社会结构中，小世界网络可能遵循倒U形的动态变化模式，即开始阶段小世界的属性增强，但最终进入到小世界网络快速解体的阶段。

认识小世界网络对于探究遵循复杂变化轨迹的社会结构极具重要性，我们可以从以下几个方面加以理解：

首先，处于小世界网络中的行动者能够获得显著的实际利益（Uzzi和Spiro，2005）。深入理解这些网络结构在行动者发展过程中各阶段提供的不同机遇与限制，对于小世界网络动态演化的研究具有关键意义。但是，不同的社会环境，如社会文化差异、制度和政策变化、经济发展水平等，对行动者的行为和成果的影响各不相同，这取决于这些社会环境中小世界网络特性的存在与程度。小世界网络具有高度集聚性和短平均路径长度的特点，而这些社会环境可以影响这两个网络特性的变化。因此，研究小世界网络在各种社会环境中的动态变化，对于理解这些网络结构复杂性和动态变化至关重要（Doreian和Stokman，1997）。

其次，深入探讨宏观层面的小世界网络结构与微观层面行动者的行为之间的相互作用，可以揭示小世界网络变化的动力学。这种相互作用能促进小世界网络的动态演化。在宏观层面上，小世界网络的整体结构特征，如高度聚集的社会群体和短平均路径长度，使得信息在网络中快速传播和局部联系较为紧密。微观层面上，行动者之间的行为模式和关系，如合作、竞争、信息交流等微动态直接影响网络结构的稳定性，而当这些结构发生变化时，又会引发一个循环过程，且在这个过程中，网络结构和行动者行为相互促进、相互强化。从宏观和微观的双重视角来看，小世界网络的形成——高度聚集的社会群体和短平均路径长度以及行动者之间关系的微动态，有助于理解小世界网络是如何从行动者行为中发展起来的，以及这些网络结构如何反过来塑造行动者的行为模式。在这个由宏观层面的组织间联系构建的小世界网络中，微观层面的动力学对于社会结构的形成起到了决定性的作用。组织为了获取有价值的资源并在社会结构的约束下生存而进行的策略性互动，促进了复杂的组织间网络的形成（Baum等，2003）。这种宏观网络结构不仅促进了微观上行动者之间信息和资源的流动，还显著影响了他们之间建立联系的过程（Gulati和Gargillo，1999）。

（6）小世界网络动态变化的示例

图4-15中说明了小世界网络的动态变化过程。图（a）显示了三个最初不相交的网络群体。在图（b）中，由于这些网络群体形成局部联系，这些联系使整个网络变得更密集。它们还通过桥接关系相互连接，从而形成一个成熟的小世界网络。在图（c）中，一个群体与整个网络断开连接，而没有新的行动者从外部进入网络。这是因为桥接关系的增加形成了同质的信息空间，导致新桥接连接关系的减少，行动者分离和网络碎片化。

① 图（a）至图（b）的变化。

随着新桥接关系的形成，原本分散的群体之间变得越来越饱和，使得这些群体的相互连接变得更加密切。桥接关系充当了群体间信息和知识交流及共享的桥梁，使得网络中的行动者能够逐渐熟悉并吸收其他群体的信息和知识。这一过程使得网络中的信息和知识资源对所有行动者变得更加容易访问，同时也可能导致由于群体间共享越来越多相似的先验知识，新产生的知识趋向于同质化。群体之间的知识交流活动往往受到现有知识基础的影响（Baum等，2003）。小世界网络动态演化表明，网络中路径长度的缩短——通过促进更加紧密的知识交流和共享——有助于形成共享的知识库，但同时也可能减少网络内知识的多样性。虽然桥接关系的建立促进了网络内的信息和知识流动，增加了资源共享和合作机会，

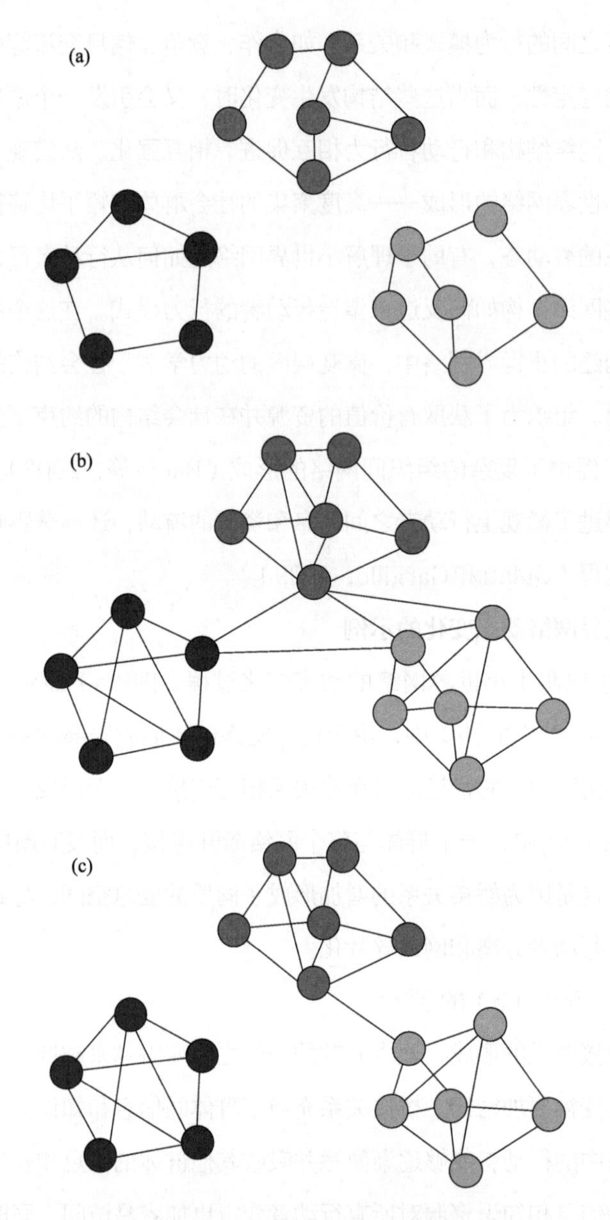

图4-15 小世界网络的动态变化

有助于知识的积累和传播，但是桥接关系也可能引起知识的同质化，影响网络的多样性（Lazer和Friedman，2007）。

② 图（b）至图（c）的变化。

过多的桥接关系还导致了网络内部的结构差异减少，减弱了建立新桥接关系的可能性，因为这些新联系所带来的信息收益减少，而风险和成本增加。在结构差异较小的情况下，桥接关系的形成受到限制，导致网络在范围内变得更加分散，小世界特性弱化（Gulati和Gargiulo，1999）。长期来看，这种动态变化可能导致小世界网络与其他网络之间的桥接关系减少，使小世界网络趋于孤立。此外，随着小世界网络的逐渐封闭和同质化（Porac等，1995），网络中的行动者越来越遵循相似的行为规范和心理模式，减少了对外部组织的开放性（Zaheer和Soda，2009）。这种趋势不仅减少了网络对新加入者的吸引力，也限制了网络内部的创新潜力，进一步降低了小世界网络的竞争力和适应性。最终，随着小世界网络的衰退，行动者主动寻找小世界之外的新的桥接关系，以连接更多样化的网络。这种转变可能导致一些群体从核心部分中脱离，进一步损害小世界的发展。虽然桥接关系对于促进小世界网络内的信息和资源共享至关重要，但过度的桥接和同质化可能导致网络内的创新潜力下降，减少对新成员的开放性，从而影响网络的整体竞争力和适应性。因此，平衡网络内部的密集连接和保持开放性对于维持小世界网络的未来发展至关重要。

综上所述，小世界网络的动态变化可以被描述为一个倒U形的过程：小世界特性最初随着地域性联系和桥接关系的建立而增强，从而促进了知识交流和创新，但随着时间的推移，关系会过度密集，这些特性会逐渐减弱，进而导致网络分离和创新能力下降。这一动态揭示了小世界网络在促进创新与维持多样性之间寻求平衡，强调了在网络发展策略中考虑长期连通性和创新潜力的重要性。

4.4　本章小结

本章我们深入研究了动态网络的三个分析维度：节点、关系和结构。首先，从节点自身属性和节点结构这两个角度考察了节点的动态变化，理解节点的内在属性和其在网络中的变化对于揭示网络动态性至关重要。其次，探讨了关系的几个关键方面，包括关系的形成、关系的持续和关系的终止，理解和分析关系动态变化对于把握网络发展趋势的重要性，并且详细阐述了如何在实际应用中运用这些理论。最后，我们关注了网络的结构层面，主要讨论了结构洞、网络凝聚、核心-外围结构、网络模块化和小世界网络等重要概念。这些概念和理论为我们分析和理解网络的整体结构提供了强大的工具。总之，本章的目的是让读者能够从多个角度深入理解和分析动态网络，从而能够在实际应用中更有效地揭示网络的本质特征和动态变化规律。

参考文献

[1] Acemoglu D, Gancia G, Zilibotti F. Competing engines of growth: Innovation and standardization[J]. Journal of Economic Theory, 2012, 147(2): 57-601.

[2] Adler P S, Kwon S-W. Social capital: Prospects for a new concept[J]. Academy of Management Review, 2002, 27(1): 17-40.

[3] Agneessens F, Wittek R. Where do intra-organizational advice relations come from? The role of informal status and social capital in social exchange[J]. Social Networks, 2012, 34(3): 333-345.

[4] Ahuja G, Polidoro F, Mitchell W. Structural homophily or social asymmetry? The formation of alliances by poorly embedded firms[J]. Strategic Management Journal, 2009, 30(9): 941-958.

[5] Andres C, Inga V D B, Lehmann M. Is busy really busy? Board governance revisited[J].Journal of Business Finance & Accounting, 2013, 40(9-10): 1221-1246.

[6] Baum J A C, Andrew V S, Tim J R. Where do small worlds come from?[J]. Industrial and Corporate Change, 2003, 12(4): 697-725.

[7] Borgatti S P, Brass D J, Halgin D S. Social network research: Confusions, criticisms, and controversies[J]. Contemporary Perspectives on Organizational Social Networks, 2014, 40: 1-29.

[8] Brass D J. Being in the Right Place: A structural analysis of individual influence in an organization[J]. Administrative Science Quarterly, 1984, 29(4): 518-539.

[9] Burt R S. Decay functions[J]. Social Networks, 2000, 22(1): 1-28.

[10] Burt R S. Structural holes: The social structure of competition[M]. Cambridge, MA: Harvard University Press, 1992.

[11] Candi M, Kitagawa F. Performance implications of business model centrality

over technology-based firms' life courses[J]. Technovation, 2022, 118: 102626.

[12] Carnabuci G, Emery C, Brinberg D. Emergent leadership structures in informal groups: A dynamic, cognitively informed network model[J]. Organization Science, 2018, 29(1): 118-133.

[13] Carpenter M A, Westphal J D. The strategic context of external network ties: Examining the impact of director appointments on board involvement in strategic decision making[J]. Academy of Management Journal, 2001, 44(4): 639-660.

[14] Casciaro T, Lobo M S. When competence is irrelevant: The role of interpersonal affect in task-related ties[J]. Administrative Science Quarterly, 2008, 53(4): 655-684.

[15] Certo S T. Influencing initial public offering investors with prestige: Signaling with board structures[J]. The Academy of Management Review, 2003, 28(3): 432-466.

[16] Chen H, Mehra A, Tasselli S. Network dynamics and organizations: A review and research agenda[J]. Journal of Management, 2022, 48(6): 1602-1660.

[17] Child J. Organizational structure, environment and performance: The role of strategic choice[J]. Sociology, 1972, 6(1): 1-22.

[18] Chung S (Andy), Singh H, Lee K. Complementarity, status similarity and social capital as drivers of alliance formation[J]. Strategic Management Journal, 2000, 21(1): 1-22.

[19] Cohen A M, Rosner P E, Foerst J R. Leadership continuity in problem-solving groups: An interactional study[J]. Human Relations, 1973, 26(6): 753-774.

[20] Conyon M J, Muldoon M R. The small world of corporate boards[J]. Journal of Business Finance & Accounting, 2006, 33(9-10): 1321-1343.

[21] Corman S R, Scott C R. Perceived networks, activity foci, and observable communication in social collectives[J]. Communication Theory, 1994, 4(3): 171-190.

[22] Cowan R, Jonard N, Zimmermann J B. Bilateral collaboration and the emergence of innovation networks[J]. Management Science, 2007, 53(7): 1051-1067.

[23] Cummings J N, Kiesler S. Collaborative research across disciplinary and organizational boundaries[J]. Social Studies of Science, 2005, 35(5): 703-722.

[24] Dahlander L, McFarland D A. Ties that last[J]. Administrative Science Quarterly, 2013, 58(1): 69-110.

[25] Davis G F, Yoo M, Baker W E. The Small world of the american corporate elite[J]. Strategic Organization, 2003, 1(3): 301-326.

[26] DeRue D S, Nahrgang J D, Ashford S J. Interpersonal perceptions and the emergence of leadership structures in groups: A network perspective[J]. Organization Science, 2015, 26(4): 1192-1209.

[27] Diebold F X, Kamil Yılmaz. Financial and macroeconomic connectedness[M]. Oxford University Press, USA, 2015.

[28] Doreian P, Kapuscinski R, Krackhardt D. A brief history of balance through time[J]. The Journal of Mathematical Sociology, 1996, 21(1-2): 113-131.

[29] Doreian P, Stokman F N. Evolution of social networks[M]. New York: Routledge, 1997.

[30] Elliott A, Chiu A, Bazzi M. Core-periphery structure in directed networks[J]. Proceedings of the Royal Society A, 2020, 476(2241): 89-105.

[31] Emery C. Uncovering the role of emotional abilities in leadership emergence: A Longitudinal Analysis of Leadership Networks[J]. Social Networks, 2012, 34(4): 429-437.

[32] Fang R, Landis B, Zhang Z. Integrating personality and social networks: A meta-analysis of personality, network position, and work outcomes in organizations[J]. Organization Science, 2015, 26(4): 1243-1260.

[33] Feldman E R. Legacy divestitures: Motives and implications[J]. Organization Science, 2014, 25(3): 815-832.

[34] Fernandez R M, Fernandez Mateo I. Networks, race, and hiring[J]. American Sociological Review, 2006, 71(1): 42-71.

[35] Festinger L. Informal social communication[J]. Psychological Review, 1950, 57(5): 271-282.

[36] Fitzhugh S M, Decostanza A H, Buchler N, et al. Cognition and communication: situational awareness and tie preservation in disrupted task environments[J]. Network Science, 2020, 8(4): 508-542.

[37] Fleming L, Mingo S, Chen D. Collaborative brokerage, generative creativity, and creative success[J]. Administrative Science Quarterly, 2007, 52(3): 443-475.

[38] Fleming L, Waguespack D M. Brokerage, boundary spanning, and leadership in open innovation communities[J]. Organization Science, 2007, 18(2): 165-180.

[39] Galaskiewicz J, Bielefeld W, Dowell M. Networks and organizational growth: A study of community based nonprofits[J]. Administrative Science Quarterly, 2006, 51(3): 337-380.

[40] Giddens A. The constitution of society: Outline of the theory of

structuration[M]. Berkeley: University of California Press, 1984.

[41] Giese H, Stok F M, Renner B. Early social exposure and later affiliation processes within an evolving social network[J]. Social Networks, 2020, 62: 80-84.

[42] Gould R V. The origins of status hierarchies: A formal theory and empirical test[J]. American Journal of Sociology, 2002, 107(5): 1143-1178.

[43] Granovetter M S. Economic action, social structure, and embeddedness[J]. Administrative Science Quarterly, 1985, 19: 481-510.

[44] Granovetter M S. The strength of weak ties[J]. American Journal of Sociology, 1973, 78(6): 1360-1380.

[45] Granovetter M. The strength of weak ties: A network theory revisited[J]. Sociological Theory, 1983, 78(6): 201-233.

[46] Gulati R. Social structure and alliance formation patterns: A longitudinal analysis[J]. Administrative Science Quarterly, 1995, 40(4): 619-652.

[47] Gulati R, Gargiulo M. Where do interorganizational networks come from?[J]. American Journal of Sociology, 1999, 104(5): 1439-1493.

[48] Hammer M. Social access and the clustering of personal connections[J]. Social Networks, 1980, 2(4): 305-325.

[49] Hansen M T. The search-transfer problem: The role of weak ties in sharing knowledge across organization subunits[J]. Administrative Science Quarterly, 1999, 44(1): 82-111.

[50] Harrigan N, Yap J. Avoidance in negative ties: Inhibiting closure, reciprocity, and homophily[J]. Social Networks, 2017, 48: 126-141.

[51] Hartmann W R, Manchanda P, Nair H. Modeling social interactions: Identification, empirical methods and policy implications[J]. Marketing Letters, 2008, 19(3-4): 287-304.

[52] Hasan S, Bagde S. Peers and network growth: Evidence from a natural experiment[J]. Management Science, 2015, 61(10): 2536-2547.

[53] Haspeslagh P, Jemison D. Managing acquisitions: Creating value through corporate renewal[M]. New York: Free Press, 1991.

[54] Haunschild P R, Beckman C M. When do interlocks matter? Alter nate Sources of Information and Interlock Influence[J]. Administrative Science Quarterly, 1998, 43(4): 815-832.

[55] Hernandez E, Menon A. Acquisitions, node collapse, and network revolution[J]. Management Science, 2018, 64(4): 1652-1671.

[56] Hernandez E, Sanders Wm G, Tuschke A. Network defense: Pruning, grafting, and closing to prevent leakage of strategic knowledge to rivals[J]. Academy of Management Journal, 2015, 58(4): 1233-1260.

[57] Hernandez E, Shaver J M. Network synergy[J]. Administrative Science Quarterly, 2018, 64(1): 171-202.

[58] Ibarra H. Homophily and differential returns: Sex differences in network structure and access in an advertising firm[J]. Administrative Science Quarterly, 1992, 37(3): 422-447.

[59] Ingram P, Morris M W. Do people mix at mixers? Structure, homophily, and the life of the party[J]. Administrative Science Quarterly, 2007, 52(4): 558-585.

[60] Jackson M O, Rogers B W. Meeting strangers and friends of friends: How random are social networks? [J]. American Economic Review, 2007, 97(3): 890-915.

[61] Johnson S, Schnatterly K, Bolton J F. Antecedents of new director social capital[J]. Journal of Management Studies, 2011, 48(8): 1782-1803.

[62] Jonczyk C D, Lee Y, Galunic C. Relational changes during role transitions: The interplay of efficiency and cohesion[J]. Academy of Management Journal, 2016, 59(3): 956-982.

[63] Kaiser R B, Hogan R, Craig S B. Leadership and the fate of organizations[J]. American Psychologist, 2008, 63(2): 96-110.

[64] Kalish Y, Luria G. Leadership emergence over time in short-lived groups: Integrating expectations states theory with temporal person-perception and self-serving bias[J]. Journal of Applied Psychology, 2016, 101(10): 1474-1486.

[65] Kane A, Borgatti. Centrality is proficiency alignment and workgroup performance[J]. MIS Quarterly, 2011, 35(4): 1063.

[66] Kim T Y, Oh H, Swaminathan A. Framing interorganizational network change: A network inertia perspective[J]. Academy of Management Review, 2006, 31(3): 704-720.

[67] Klein K J, Lim B C, Saltz J L. How do they get there? An examination of the antecedents of centrality in team networks[J]. Academy of Management Journal, 2004, 47(6): 952-963.

[68] Kleinbaum A M, Stuart T E. Network responsiveness: The social structural microfoundations of dynamic capabilities[J]. Academy of Management Perspectives, 2014, 28(4): 353-367.

[69] Kleinbaum A M. Organizational misfits and the origins of brokerage in

intrafirm networks[J]. Administrative Science Quarterly, 2012, 57(3): 407-452.

[70] Kogut B, Belinky M. Comparing small world statistics over time and across countries: An introduction to the special issue comparative and transnational corporate networks[J]. European Management Review, 2008, 5(1): 1-10.

[71] Kogut B, Walker G. The small world of germany and the durability of national networks[J]. American Sociological Review, 2001, 66(3): 317-335.

[72] Kossinets G, Watts D J. Origins of homophily in an evolving social network[J]. American Journal of Sociology, 2009, 115(2): 405-450.

[73] Kossinets G. Effects of missing data in social networks[J]. Social Networks, 2006, 28(3): 247-268.

[74] Krackhardt D, Porter L W. When Friends Leave: A structural analysis of the relationship between turnover and stayers' attitudes[J]. Administrative Science Quarterly, 1985, 30(2): 242-261.

[75] Kumar P, Zaheer A. Ego-network stability and innovation in alliances[J]. Academy of Management Journal, 2019, 62(3): 691-716.

[76] Lazarsfeld P F, Merton R K. Freedom and control in modern society[M]. New York: Van Nostrand Reinhold, 1954.

[77] Lazega E, Mounier L, Snijders T. Norms, status and the dynamics of advice networks: A case study[J]. Social Networks, 2012, 34(3): 323-332.

[78] Lazer D, Friedman A. The network structure of exploration and exploitation[J]. Administrative Science Quarterly, 2007, 52(4): 667-694.

[79] Lee J J. Heterogeneity, brokerage, and innovative performance: Endogenous formation of collaborative inventor networks[J]. Organization Science, 2010, 21(4): 804-822.

[80] Leonardi P M. Social media and the development of shared cognition: The roles of network expansion, content integration, and triggered recalling[J]. Organization Science, 2018, 29(4): 547-568.

[81] Lincoln J R, Miller J. Work and friendship ties in organizations: A comparative analysis of relation networks[J]. Administrative Science Quarterly, 1979, 24(2): 181-199.

[82] Madhavan R, Koka B R, Prescott J E. Networks in transition: How industry events (re)shape interfirm relationships[J]. Strategic Management Journal, 1998, 19(5): 439-459.

[83] Manski C F. Identification of endogenous social effects: The reflection problem[J]. The Review of Economic Studies, 1993, 60(3): 531-542.

[84] Marks M A, Mathieu J E, Zaccaro S J. A temporally based framework and taxonomy of team processes[J]. The Academy of Management Review, 2001, 26(3): 356-376.

[85] Martin J L, Yeung K T. Persistence of close personal ties over a 12-year period[J].Social Networks, 2006, 28(4): 331-362.

[86] Martin J. A general permutation-based QAP analysis approach for dyadic data from multiple[J]. Connections, 1999, 22(2): 301-326.

[87] Mathieu J, Maynard M T, Rapp T. Team effectiveness 1997-2007: A review of recent advancements and a glimpse into the future[J]. Journal of Management, 2008, 34(3): 410-476.

[88] McEvily B, Zaheer A. Bridging ties: A source of firm heterogeneity in competitive capabilities[J]. Strategic Management Journal, 1999, 20(12): 1133-1156.

[89] McPherson M, Smith-Lovin L, Cook J M. Birds of a feather: Homophily in social networks[J]. Annual Review of Sociology, 2001, 27(1): 415-444.

[90] Mizruchi M S, Stearns L B. The conditional nature of embeddedness: A study of borrowing by large U.S. firms, 1973-1994[J]. American Sociological Review, 2006, 71(2): 310-333.

[91] Mollica K A, Gray B, Treviño L K. Racial homophily and its persistence in newcomers' social networks[J]. Organization Science, 2003, 14(2): 123-136.

[92] Montoya R M, Insko C A. Toward a more complete understanding of the reciprocity of liking effect[J]. European Journal of Social Psychology, 2008, 38(3): 477-498.

[93] Moody J. The structure of a social science collaboration network: Disciplinary cohesion from 1963 to 1999[J]. American Sociological Review, 2004, 69(2): 213-238.

[94] Mouw T. Estimating the causal effect of social capital: A review of recent research[J]. Annual Review of Sociology, 2006, 32(1): 79-102.

[95] Newman M E J. Clustering and preferential attachment in growing networks[J]. Physical Review E, 2001, 64(2): 025102.

[96] Newman M E J. Assortative mixing in networks[J]. Physical Review Letters, 2002, 89(20): 317-335.

[97] Nohria N, Eccles R G. Networks and Organizations[M]. US: Harvard Business Review Press, 1992.

[98] Obstfeld D. Social networks, the tertius iungens orientation, and involvement in innovation[J]. Administrative Science Quarterly, 2005, 50(1): 100-130.

[99] Park G, Chen F, Cheng L. A study on the millennials usage behavior of social network services: Effects of motivation, density, and centrality on continuous intention to use[J]. Sustainability, 2021, 13(5): 2680.

[100] Perry-Smith J E, Shally C E. The social side of creativity: A static and dynamic social network perspective[J]. Academy of Management Review, 2003, 28(1): 89-106.

[101] Podolny J M. Market uncertainty and the social character of economic exchange[J]. Administrative Science Quarterly, 1994, 39(3): 458-483.

[102] Polidoro J F, Ahuja G, Mitchell W. When the social structure overshadows competitive incentives: The effects of network embeddedness on joint venture dissolution[J]. Academy of Management Journal, 2011, 54(1): 203-223.

[103] Porac J F, Thomas H, Wilson F. Rivalry and the industry model of scottish knitwear producers[J]. Administrative Science Quarterly, 1995, 40(2): 203-227.

[104] Portes A, Sensenbrenner J. Embeddedness and immigration: Notes on the social determinants of economic action[J]. American Journal of Sociology, 1993, 98(6): 1320-1350.

[105] Powell W W, White D R, Koput K W, et al. Network dynamics and field evolution: The growth of interorganizational collaboration in the life sciences[J]. American Journal of Sociology, 2005, 110(4): 1132-1205.

[106] Provan K G, Fish A, Sydow J. Interorganizational networks at the network level: A review of the empirical literature on whole networks[J]. Journal of Management, 2007, 33(3): 479-516.

[107] Quintane E, Carnabuci G. How do brokers broker? Tertius gaudens, tertius iungens, and the temporality of structural holes[J]. Organization Science, 2016, 27(6): 1343-1360.

[108] Reagans R, McEvily B. Network structure and knowledge transfer: The effects of cohesion and range[J]. Administrative Science Quarterly, 2003, 48(2): 240-256.

[109] Reagans R. Close encounters: Analyzing how social similarity and propinquity contribute to strong network connections[J]. Organization Science, 2021, 22(4): 835-849.

[110] Ridgeway C L, Backor K, Li Y E. How easily does a social difference become a status distinction? Gender Matters[J]. American Sociological Review, 2009, 74(1): 44-62.

[111] Rosenkopf L, Schilling M A. Comparing alliance network structure across industries: Observations and explanations[J]. Strategic Entrepreneurship

Journal, 2007, 1(3-4): 191-209.

[112] Rowley T, Behrens D, Krackhardt D. Redundant governance structures: An analysis of structural and relational embeddedness in the steel and semiconductor industries[J]. Strategic Management Journal, 2000, 21(3): 369-386.

[113] Rubineau B, Lim Y, Neblo M. Low status rejection: How status hierarchies influence negative tie formation[J]. Social Networks, 2019, 56: 33-44.

[114] Sailer K, McCulloh I. Social networks and spatial configuration——How office layouts drive social interaction[J]. Social Networks, 2012, 34(1): 47-58.

[115] Sankar C P, Asokan K, Kumar K S. Exploratory social network analysis of affiliation networks of Indian listed companies[J]. Social Networks, 2015, 43: 113-120.

[116] Sauder M, Lynn F, Podolny J M. Status: Insights from organizational sociology[J]. Annual Review of Sociology, 2012, 38(1): 267-283.

[117] Schaefer D R, Kreager D A. New on the block: Analyzing network selection trajectories in a prison treatment program[J]. American Sociological Review, 2020, 85(4): 709-737.

[118] Schecter A, Quintane E. The Power, accuracy, and precision of the relational event model[J]. Organizational Research Methods, 2020, 24(4): 802-829.

[119] Sewell, William H. A theory of structure: Duality, agency, and transformation[J]. American Journal of Sociology, 1992, 98(1): 1-29.

[120] Shipilov A V, Rowley T, Aharonson B S. When do networks matter? A study of tie formation and decay[J]. Advances in Strategic Management, 2006, 23: 481-519.

[121] Shropshire C. The role of the interlocking director and board receptivity in the diffusion of practices[J]. Academy of Management Review, 2010, 35(2): 246-264.

[122] Skvoretz J, Fararo T J. Status and participation in task groups: A dynamic network model[J]. American Journal of Sociology, 1996, 101(5): 1366-1414.

[123] Soda G, Usai A, Zaheer A. Network memory: The influence of past and current networks on performance[J]. Academy of Management Journal, 2004, 47(6): 893-906.

[124] Sorenson O, Stuart T E. Bringing the context back in: Settings and the search for syndicate partners in venture capital investment networks[J]. Administrative Science Quarterly, 2008, 53(2): 266-294.

[125] Sullivan B N, Haunschild P, Page K. Organizations non gratae? The impact

of unethical corporate acts on interorganizational networks[J]. Organization Science, 2007, 18(1): 55-70.

[126] Sydow J, Windeler A. Organizing and evaluating interfirm networks: A structurationist perspective on network processes and effectiveness[J]. Organization Science, 1998, 9(3): 265-284.

[127] Sytch M, Tatarynowicz A. Exploring the locus of invention: The dynamics of network communities and firms' invention productivity[J]. Academy of Management Journal, 2014, 57(1): 249-279.

[128] Uzzi B, Spiro J. Collaboration and creativity: The small world problem[J]. American Journal of Sociology, 2005, 111(2): 447-504.

[129] Vissa B, Bhagavatula S. The causes and consequences of churn in entrepreneurs' personal networks[J]. Strategic Entrepreneurship Journal, 2012, 6(3): 273-289.

[130] Vitali S, Glattfelder J B, Battiston S. The network of global corporate control[J]. Plos One, 2011, 6(10): 90-102.

[131] Wang L, Zajac E J. Alliance or acquisition? A dyadic perspective on interfirm resource combinations[J]. Strategic Management Journal, 2007, 28(13): 1291-1317.

[132] Watts D J, Strogatz S H. Collective dynamics of small-world networks[J]. Nature, 1998, 393(6684): 440-442.

[133] Weber H, Schwenzer M, Hillmert S. Homophily in the formation and development of learning networks among university students[J]. Network Science, 2020, 8(4): 1-23.

[134] Wimmer A, Lewis K. Beyond and below racial homophily: ERG models of a friendship network documented on facebook[J]. American Journal of Sociology, 2010, 116(2): 583-642.

[135] Xiao Z, Tsui A S. When brokers may not work: The cultural contingency of social capital in Chinese high-tech firms[J]. Administrative Science Quarterly, 2007, 52(1): 1-31.

[136] Zaccaro S J, Rittman A L, Marks M A. Team leadership[J]. The Leadership Quarterly, 2001, 12(4): 451-483.

[137] Zaheer A, Bell G G. Benefiting from network position: Firm capabilities, structural holes, and performance[J]. Strategic Management Journal, 2005, 26(9): 809-825.

[138] Zaheer A, Hernandez E, Banerjee S. Prior alliances with targets and acquisition performance in knowledge-intensive industries[J]. Organization

Science, 2010, 21(5): 1072-1091.

[139] Zaheer A, Soda G. Network evolution: The origins of structural holes[J]. Administrative Science Quarterly, 2009, 54(1): 1-31.

[140] Zuckerman E W. Focusing the corporate product: Securities analysts and de-diversification[J]. Administrative Science Quarterly, 2000, 45(3): 591-619.

[141] 程露，李莉．负联系对创新网络结构演化的影响[J]. 科技进步与对策，2023, 40(06): 36-47.

[142] 段军丽．基于多维邻近性的图书馆联盟创新绩效提升策略探讨[J]. 图书馆工作与研究，2018, (08): 35-39.

[143] 李传佳，李垣．动态视角下的个人社会网络研究综述与展望[J]. 软科学，2017, 31(04): 66-69.

[144] 刘娜，武宪云，毛荐其．发明者自我网络动态对知识搜索的影响[J]. 科学学研究，2019, 37(04): 689-700.

[145] 卢群，张鹏，李烨．科技期刊学术传播与用户使用习惯调查与分析[J]. 中国科技期刊研究，2020, 31(05): 556-562.

[146] 尚进，吴晓刚．“差序格局”的形成及其变迁机制——一项基于行动者建模的研究[J]. 社会学评论，2023, 11 (03): 30-58.

[147] 寿柯炎，魏江．网络资源观：组织间关系网络研究的新视角[J]. 情报杂志，2015, 34(09): 163-169+178.

[148] 苏依依，张铮煌，苏涛永，等．科学基金资助、合作网络与科研产出：学者异质性的调节效应[J]. 科学学与科学技术管理，2022, 43 (10): 164-178.

[149] 孙笑明，崔文田，王巍，等．中间人及其联系人特征对结构洞填充的影响研究[J]. 管理工程学报，2018, 32(02): 59-66.

[150] 孙笑明，王静雪，王成军，等．研发者专利合作网络中结构洞变化对企业创新能力的影响[J]. 科技进步与对策，2018, 35(02): 115-122.

[151] 王建刚，吴洁．网络结构与企业竞争优势——基于知识转移能力的调节效应[J]. 科学学与科学技术管理，2016, 37(05): 55-66.

[152] 王乐，崔文田，孙笑明，等．动态组织网络研究综述[J]. 软科学，2016, 30(08): 119-122.

[153] 颜志量，姚凯．新兴经济体天生国际化企业的机会识别研究[J]. 中国科技论坛，2022, (04): 89-98.

[154] 杨张博，王钦．结构的力量：联盟网络对企业技术创新影响研究[J]. 科研管理，2022, 43(07): 154-162.

[155] 詹坤，邵云飞，唐小我．联盟组合的网络结构对企业创新能力影响的研究[J]. 研究与发展管理，2018, 30(06): 47-58.

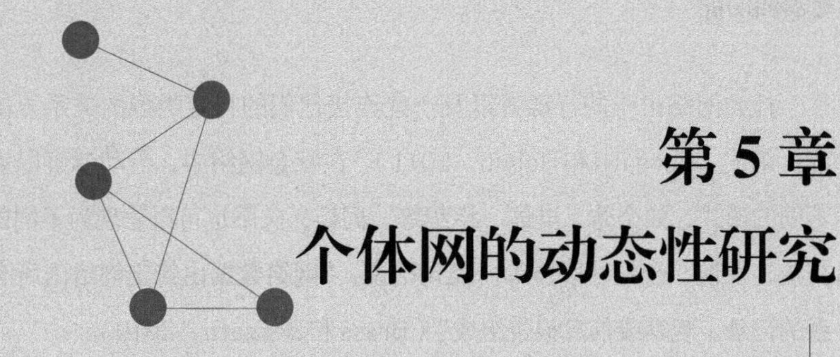

第 5 章 个体网的动态性研究

社会网络由一些行动者以及一些连接他们的特定类型的关系（如友谊、同事）组成（Borgatti和Halgin，2011）。在社会网络中，行动者可以表现为许多不同的形式，如个体、群体、组织等。同样，关系也可以表现为不同的形式，如交流、友谊、合作、联盟等。换句话说，“网络数据由特定网络内所有节点和关系的记录、观察或信息报告组成”（Brass和Borgatti，2019）。

社会网络研究将由节点的直接连接组成的个体网络［“个体网”或自我中心网（Ego Network）］，与由网络中所有节点之间的相互作用所产生的整体网络［“整体网”（Whole Network）］区分开来。个体网是指以焦点个体为中心，研究该焦点个体与其他个体之间的直接联系和互动。在社会网络分析中，每个个体都可以被视为网络中的一个节点，而它们之间的关系则是网络中的边。个体网将关注点放在了焦点个体身上，分析其与直接相连的其他个体之间的关系，从而更深入地理解这个焦点个体在网络中的位置、地位、影响力等。尤其是这个焦点个体是关键研发者时，分析其个体网的动态变化尤为重要。

个体网变化包括焦点个体（焦点行动者）的变化、焦点个体直接连接的其他个体的变化、关系的变化以及结构的变化（例如，谁与谁连接）。因此，我们对个体网动态研究包括了节点、关系和结构三个基本的网络层次，它们描述了行动者个体网变化的整个过程，并在研究动态网络的文献中被强调为关键的分析维度（Ahuja等，2012）。

首先，从节点维度，论述个体认知对关系形成到终止这个过程的影响；其次，从关系维度，论述经纪关系的形成与变化；最后，从结构维度，用三个具有代表性的结构性特征变量——中心性、网络规模和网络密度（Jacobsen等，2022），来具体论述网络结构如何发生变化的，如表5-1所示。

表5-1 个体网动态研究

分析维度	研究内容	变化的影响因素	变化结果
节点	个体认知	个体社会地位、个体目标追求、个体社会资源	创新性表现
关系	经纪关系	个体人格特征、个体认知、个体社会地位	获取和控制资源
结构	中心性	自我网络意识、内部信任与合作、外部不确定性	对自我和组织认同感

续表

分析维度	研究内容	变化的影响因素	变化结果
结构	网络规模	个体经历、个体情感、内部信任与合作、外部环境因素	通信频率、知识吸收度
	网络密度	个体认知、个体行为意图、个体情感	创造力的产生

从社会网络的一系列的学术研究指出，网络节点、关系及结构的变化主要受以下三方面的影响：一是网络中的行动者或参与者自身的因素（Kilduff和Krackhardt，2008）；二是流经网络的信息和知识类型、数量和质量（Aral和Alstyne，2011）；三是网络周围环境的特性（Kijkuit和Ende，2010）。因此，我们在分析个体网的动态变化时，会从这三个方面展开。

5.1　个体网的个体认知变化

我们所研究的个体网节点层面的变化，即个体网中焦点行动者的认知变化或网络成员的认知变化引起的网络变化（Dhand等，2021）。以往研究一直认为网络变化是先前网络的结构性结果，但最近的研究用“代理”观点补充了这个观点（Ahuja等，2012），并强调了个体在网络变化中为“保证自身利益”的“有目的行动”的作用（Ibarra等，2005）。实证研究表明，行动者可以通过个体认知来建立或终止与他人的网络关系，从而利用他人的专业知识来实现个人的目标（Vissa，2012）。

5.1.1　个体认知的内涵

个体认知指的是个体的思维、知觉、记忆、推理、决策行动、问题解决等过程。它涉及个体如何理解、获得、处理和运用信息、知识和经验的能力。个体认知的相关研究关注的是人类社会活动的各个方面，包括感知、记忆、语言、注意力、推理和解决问题等。心理学领域中把个体在心智中启动相关认知的过程称为认知激活，这个过程包括对信息的处理、理解、储存和运用。一个常见的例子是在学习中，当一个特定的概念被提及时，如果对感知者来说是可触及的、可用的，那么认知激活就发生了（Kruglanski和Higgins，2004）。例如，用通俗易懂的概念（例如，“老”这个词）会启动人们随后的认知行为（例如，走得更慢）。根据已有研究，社会网络不仅是现实的、客观的社会结构，也是一种认知结构（Krackhardt，1987）。如果将认知激活这个特定概念迁移应用到社会学中，它的含义就变为基于特定情境下关于社会网络知识的认知激活。因此，人们如何在意识上认知到其社会网络的重要性，激活社会网络这种重要的认知结构，是社会网络研究中一个重要的问题。

正如人们拥有对自身所处文化环境（如：价值观、信念等）的认知表征（Morris等，2001），这些文化的认知表征在头脑中移动，随着文化环境的变化动态地前进到意识的最前沿或后退甚至被遗忘，人们对网络的认知表征也是如此（Smith等，2012）。例如，人们会根据“心理地图”判断哪些人与他们未来的发展变化相关联或无关联，进而选择性地与自身发展相关联的人建立关系，同时忘记那些对自己没有价值的人。因此，从长远来看，个体网不仅在时间上是动态的，即网络结构随着时间的推移而逐渐变化（Bearman和Everett，1993；Roy，1983），而且在激活的网络中以不断新建和重建的方式持续动态变化。

5.1.2　个体认知变化的影响因素

关于个体认知变化的因素主要可以分为这些方面：个体在社会中的地位，个体自身的目标，以及个体所拥有的社会资源，如图5-1所示。社会地位较高或拥有资源较多的个体往往能够接触到更多的信息和机会，促进个体的认知发展和

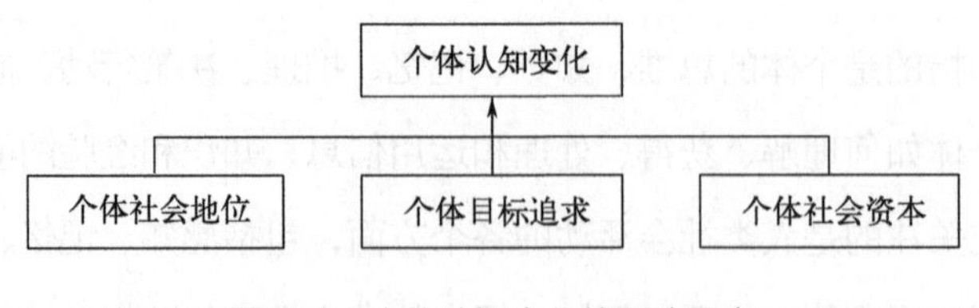

图5-1　个体认知变化的影响因素

变化。而具有明确目标的个体更有可能采取积极的认知策略，不断学习和适应变化。

（1）个体社会地位

为了理解社会网络对个体认知的影响，我们考虑了个体在社会中的地位差异。在主观层面，个体地位是指个体在社会等级中的地位，即个体认为自身在社会宏观结构中所处的位置（Smith等，2012）。

研究表明，个体地位会影响人们在面对威胁和挑战时的认知激活。例如，在应对风险时，地位高的人表现得特别乐观，这是因为他们对自己的态度和行为表现出更大的自信和信心（Keltner等，2003）。同时，在处理风险的过程中，地位高的人更有可能去验证他们先前存在的自我认知，这是因为他们通常倾向于相信自己的经验和知识，并且更倾向于寻找与他们先前观点相符的信息，即他们倾向于更多地相信与自己观点相符的信息，而不太愿意接受不同的观点或新的信息（Briñol等，2007）。换句话说，地位高的人有能力抵抗外部威胁，并捍卫自己的形象。为了实现这一目标，他们会激活由不同关系构成的更大范围的网络，从而通过更广泛的社会网络获得更多的资源、信息和支持。这种社会网络的扩大可以帮助地位高的人对自己的认知进行验证和确认，同时也为他们提供新的机会和挑战。例如，他们可能会根据自己的主观认知判断他人的有用性或效用，进而自愿选择是否接近这些人。然而，这个过程可能会为他们带来一定的决策风险。

相比之下，Briñol等（2007）认为，由于地位低的人无法通过广泛的关系网络获得他人的帮助，在处理风险的过程中他们可能会更加愿意接受新信息，因为他们认为自身需要尽可能多地获取信息来做出准确的决策，并且他们也更愿意接受外部的建议或指导。因此，地位低的人可能更容易受到新信息的影响，而不太倾向于只确认他们已有的想法。更进一步地讲，Smith等（2012）认为地位低的人可能会因为担心而不敢建立新的网络，他们担心会被拒绝、被忽视，或在新的社交环境中感到不舒服。因此，为了避免这种恐慌和不确定性，地位低的人更倾向于固守已知和呆在安全的社交圈子内，不愿意冒险尝试与新的人建立关系。

从以上分析可知，个体地位高低引起的差异可能与社会心理学中的社会认知理论相关，该理论认为个体的社会地位会影响他们对各种信息（如风险信息）的处理方式，地位差异在决策过程中可能会产生较大程度的影响。此外，这些心理反应与经验发现一致，即高地位的人较少受到其所在群体的约束，他们会更自由地选择与新的个体建立关系。相反，地位低的人会更多地受到其所在群体的约束，因此他们自由度较小，行事作风更为谨慎。例如，在同一组织中，与地位低的行动者相比，地位高的行动者往往会从更广泛、更多样化的其他行动者那里获得支持，进而更全面地激活自我认知网络。即存在这样一种认知机制：在保持恒定的资源差异情况下，高地位和低地位的人会随着情况的变化而改变他们激活的网络结构。

（2）个体目标追求

目标是人们对于期望状态的认知表征（Austin和Vancouver，1996），其中状态被广义地解释为结果、事件或过程，比如"今年被提升为经理"或者"在办公室交一些朋友"。因此，人们在追求目标的过程中也会相应地改变个体认知。

在有关目标追求的理论中，目标一旦设定（Locke和Latham，1990），就会驱动行动者作出反应以减少个体当前状态和期望状态之间的距离（Kruglanski等，2002）。目标可以通过增加注意力、努力和毅力来直接塑造结果，也可以通过调动新的策略来间接塑造结果，特别是当任务复杂且跨越较长时间时。基于Katz（1964）的研究，George和Brief（1992）将目标追求确定为个体行为的一个关键维度。目标追求包括个体为提高自我认知水平而参与各项活动的自愿行为，包括参加的各种培训课程，以及学习一套新的技能，以更好地确立并实现目标。

在组织环境中，行动者必须采取一定的策略追求他们复杂的长期目标，这一过程使行动者的目标策略从个体想法的实现延伸到社会关系的建立。目标导致个体形成对他人看法的认知，将组织中对其有用的人视为彼此相似并积极与其建立关系的对象，而将那些对目标无用的人视为彼此不相似并拒绝与其建立关系的对象。关于网络行为和社会资本的研究发现，求职者与那些希望在组织中晋升的人积极寻求并建立更广泛的关系（例如，职场导师），因为拥有更广泛的关系可以提供更多有用的资源（Forret和Dougherty，2004）。采用这种和相似之人建立关系的人际策略，往往可以取得更好的目标结果。

（3）个体社会资本

个体所拥有的社会资本包括其在社会网络中拥有的关系、占据的结构洞、所处的网络位置、接触到的知识和信息等，这些社会资本在很大程度上塑造了个体的认知能力，并对其工作和生活产生重要影响。在社会网络理论中，个体的网络位置决定了其可以接触到的信息类型和数量（Brass等，2004）。例如，占据结构洞较多的个体具有更好的自我认知水平，他们可能在组织中晋升更为频繁，职业流动性更大，能在更广泛的社会关系中认识到自己的优势和不足，而且在网络中拥有某些有利位置的个体，如那些位于中心位置的个体，也能较好地认知自己。

另外，社会网络理论还强调了关系网络（即个体之间的关系配置）对于个体能够获取什么样的信息、知识、资源以及支持发挥着关键作用。个体通过关系网络接触到的不同观点和思想，能增加其认知多样性，而这种多样性促使个体从多角度思考问题，有助于创造性思维的进一步完善和创新产出的进一步提升。例如，具有高度异质性的关系网络往往能够提供更加广泛和独特的资本，这使得个体在决策和行动过程中有更广的视角和更多的机会，更好地从自我认知角度作出有利的抉择。资本积累丰富的个体能设定更高的目标并找到实现这些目标的途径，而资本积累较少的个体可能因信息不足、支持缺乏和视野狭窄而错失机会。因此，社会资本通过社会网络中的位置及其所能动员的资本，在很大程度上塑造了个体的认知水平，影响了其对机会的把握和目标的达成，进而影响成就的高低及其职业和生活的质量。

5.1.3 个体认知变化的结果

认知风格是指“人们在对信息的处理方式和偏好上的个体差异”（Martinsen和Kaufmann，2011），是人们在做出决策和问题解决过程中所表现出来的个体思维特征。Carnabuci和Diószegi（2015）的研究指出，认知风格是影响社会网络效应的一个关键变量。他们认为，个体不同的认知风格，也就是他们处理信息的方式，会影响他们在网络中的行为模式和互动方式，从而对网络效应产生明显的影响。这种认知风格的差异导致网络效应的差异，进一步影响网络的运行和社会的发展。具体来说，个体认知风格影响其如何构思和处理生活与工作中遇到的各种问题，如：首先，不同的认知风格会影响个体对信息的接受、处理和理解方式。一些个体在接收到信息时可能更倾向于深入思考和分析，而另一些个体在面对新的信息时可能更倾向于快速决策和行动，因此他们在网络中选择和获取信息的方式不同，在网络中参与信息传播的程度也就不同。其次，认知风格也会影响个体在交往和互动中所表现出的行为和态度。个体可能更倾向于寻求他人支持和建立亲密关系，或者更倾向于独立思考和独自行动，他们这些差异会影响其网络关系的构建和维护方式，进而影响网络结构和稳定性。最后，认知风格还会影响个体在网络中信息的传播效果和效率。一些个体可能更擅长通过面对面交流、熟人相传等方式传播信息，而其他个体可能更擅长利用如微信等社交媒体和在线平台传播信息，这种差异会影响信息在网络中的传播速度和范围、流动效果和效率。

认知风格理论在组织研究中的应用日益广泛，已有研究表明认知风格是组织研究的重要组成部分，是“决定个体和组织行为的基本因素”（Kozhevnikov，2007）。其中，Kirton的适应-创新理论（Kirton，1989）作为概念和测量认知风格的方法受到了广泛的关注（Shalley等，2004），并影响了包括企业家精神、领导力、群体动力学在内的广泛领域的研究。适应-创新理论认为，个体在决策、解决问题和解释变化方面存在明显差异（Tullett和Davies，1997）。这种认知风格的差异在生命早期就形成了，并决定了个体如何处理问题及解决问题的各个阶段，包括对问题性质的看法、解决方案的范围以及所选解决方案的实施（Kirton，1989）。

适应和创新是认知风格的两种类型，对两种类型的个体的描述截然不同。适应者利用现有信息寻找适合既定框架的解决方案。因此，他们倾向于“把事情做得更好”而不是“以不同的方式做事”。尽管他们在解决问题的方法上一丝不苟，但他们对既定框架的关注抑制了发散思维，从而降低了他们产生真正新颖性和创造性想法的可能性；而创新者以非常不同的方式处理信息，他们的认知重点是寻找新的方法来概念化和框定问题，而不是立即解决问题。创新者不太倾向于根据他人的期望调整自己的想法，他们通常从不寻常的角度来处理问题，为他们的解决方案“打破习惯的起点”（Kirton和DeCiantis，1986）。此外，他们通过不断地转换所积累的信息进行认知重构来解决问题，这种方法有助于他们提出创造性的想法和倡议，促进创新绩效的产生。

总之，创新者能够将看似不相关的观点和信息重组来产生新想法，但他们很难将创造性想法转化为实际的创新。相反，适应者虽然提出的新想法较少，但他们专注于寻找完全符合组织既定方式的解决方案，这有助于他们在想法实施过程中获取较高绩效。但现有研究表明，创新者可能在创意大于实施的任务中取得更高的绩效，而适应者则相反（Pounds和Bailey，2001），即行动者的认知风格越具有创新性，其创新绩效就越高（Carnabuci和Diószegi，2015）。

5.2　个体网的经纪关系变化

人们在职业生涯中取得成功的部分原因是他们在工作场所中从事经纪工作（Burt和Celotto，1992；Fang等，2015）。经纪行为包括控制和协调目前不相关的人之间的想法和信息流动的行为（Lingo和O’Mahony，2010）。从事经纪工作的人往往在工作表现（Mehra等，2001）、创意（Burt，2004）和创新（Baer等，2015）方面表现出色。但人们对经纪关系如何变化以及变化的结果知之甚少。为了解决这个问题，本节先从结构和行为两个方面厘清经纪的含义，然后详细阐明影响经纪关系变化的因素，最后总结出经纪关系变化的结果。

5.2.1　个体网经纪的内涵

社会网络研究中最有影响力的观点之一是网络经纪。网络经纪（简称“经纪”）描述了网络行动者（中间人）占据两个或多个不相关行动者（他人）之间的结构位置（桥、结构洞）的活动。经纪这种结构位置使中间人跨越了两个或更多互不相关行动者之间的“结构洞”，从而获得了调动信息或资源的机会，控制了信息和知识流动方向，可以看见其他行动者无法察觉的信息（Burt，2005）。例如，在组织中占据这种经纪位置的个体往往会提出更好的想法（Burt，2004），获得更高的绩效评级（Mehra等，2001），并更快获得晋升（Brass，1984；Kwon等，2020）。

在这里，我们借鉴Kwon等（2020）提出的关于经纪的研究框架来对个体网的经纪变化进行分析（图5-2）。

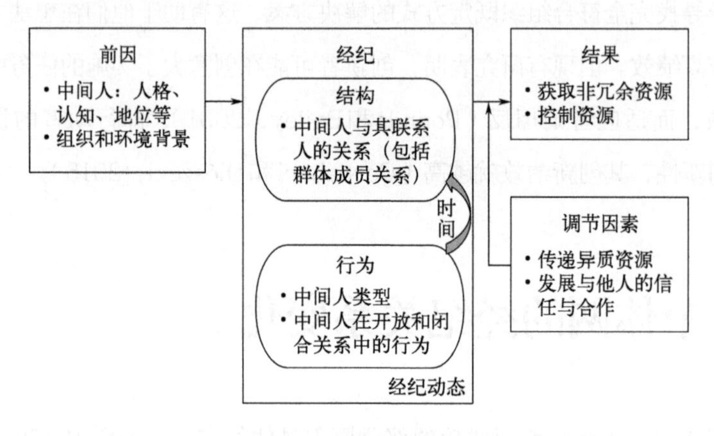

图5-2 经纪研究框架

（1）经纪类型

回顾以往大多数研究侧重于中间人与其联系人的直接关系（直接经纪），而忽略了这些联系人之外更广泛的网络（Burt，2000）。最近，学术界开始着眼于焦点中间人的联系人在多大程度上也在填充结构洞（间接经纪）（孙笑明等，2018），也就是说，联系人个体网络的开放程度。结构洞的潜在优势在于，连接其他紧密关联的联系人可以获得额外的、新颖性的信息，这些信息可以潜在地传递给焦点中间人。因此，解释间接经纪的理论机制反映了直接经纪的潜在优势。

但是并非所有的潜在信息都会被传送给焦点中间人，即潜在优势不仅取决于联系人的非冗余资源，也取决于联系人对焦点中间人的分享意愿。正如合作和信任可以增强直接经纪的优势（Levin等，2016），它们也可能增强间接经纪的优势：在合作的情况下，行动者双方都有可能受益；在竞争的环境中，由于行动者双方都试图利用对方，有保留性地传递信息，使得双方都可能遭受损失。其他研究也发现，如果焦点中间人的联系人能够提供所需的新想法，能够作为合作利益的代理人（一种中间人角色），则存在间接的优势（Clement等，2018；Galunic等，2012）。也就是说，间接经纪只有在信息多样性与信任和合作相结合的情况下才有帮助。

另有学者也探讨了文化经纪。Pachucki和Breiger（2010）强调了背景的作用，认为中间人不仅跨越社交圈之间的界限（即跨越网络中的结构洞），还跨越不同的文化群（文化洞）。跨越结构洞的行动者可以获得不同的信息，但他们获得的信息可能很难解释和吸收（Aral和Alstyne，2011）。一个具有解释信息和向他人翻译能力的文化中间人可以桥接这些认知差距（Carlile，2004）。Van Wijk等（2013）发现，网络中间人在网络的不同部分建立关系，而文化中间人在话语中连接思想，以便更容易被他人接受。文化中间人要么将不同的文化知识转化并组合成新的解决方案（Hargadon和Sutton，1997），要么翻译并使更复杂的知识变得有意义（Boari和Riboldazzi，2014）。

（2）中间人角色类型和优势

第二个经纪相关的新兴研究正式扩展了结构分析，考虑了中间人具体所处的网络位置，并结合网络位置的不同特点对中间人进行详细划分。例如，Fernandez和Gould（1994）确定了五种不同的中间人角色类型（如图5-3所示）。

① 协调人（Coordinator）：加强中间人所属群体成员之间的互动；

② 守门人（Gatekeeper）：从其他群体中吸收知识并将其传递给中间人所在群体的其他成员；

③ 代理人（Representative）：中间人将自己群体的知识传播给另一个群体；

④ 顾问（Itinerant Broker）：中间人在其他群体内部进行调解；

⑤ 联络人（Liaison）：中间人在不同群体的成员之间进行调解（Boari和Riboldazzi，2014）。

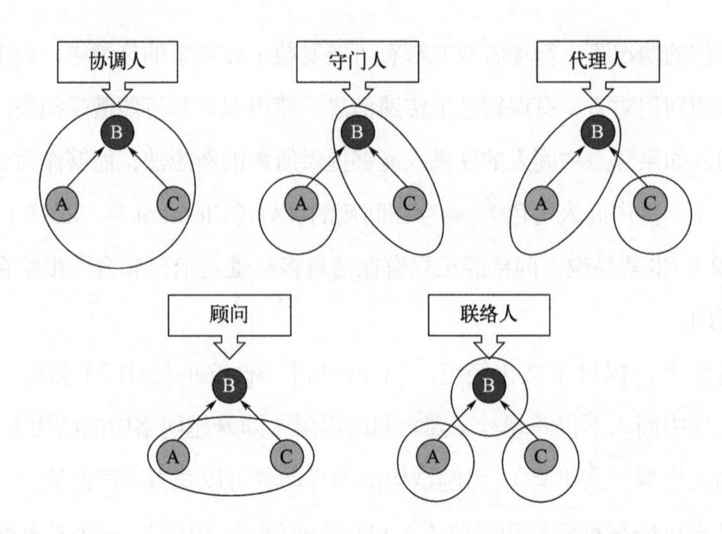

图5-3 五种不同的中间人类型

不同于Fernandez和Gould（1994）认为中间人只是一个群体的成员，Krackhardt（1999）指出中间人可能有多个群体成员的身份。他提出，当中间人是两个紧密联系的派系（包括中间人在内的每个人都与派系中的其他人相互联系）的成员，同时也是派系之间的唯一联系时，就会发生“齐美尔式经纪”（Simmelian Brokerage）（如图5-4所示）。中间人作为一个紧密联系的封闭群体的成员可能会受到约束，同时，中间人作为两个这样的群体之间的唯一联系可能会产生“束缚的关系”，进而使得中间人可能会面临双重约束。与Fernandez和Gould（1994）中享有自主权和自由裁量权的中间人不同，齐美尔式中间人会感受到高度监控和约束。

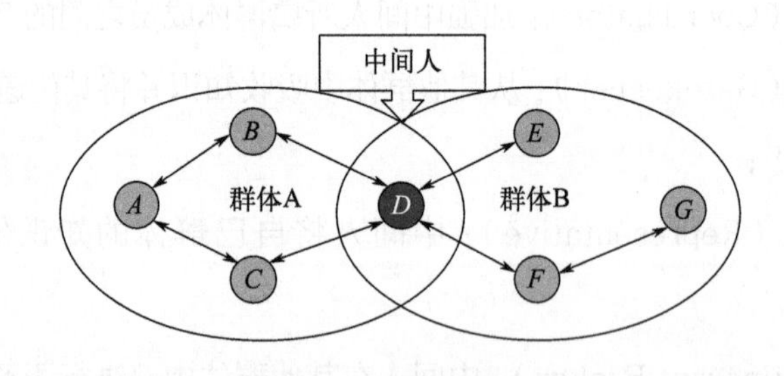

图5-4 齐美尔式经纪

中间人在网络中扮演着桥梁和连接者的角色，他们具有信息优势、控制优势和视野优势，这些优势使得他们在网络中具有较高的地位和影响力，可以促进信息的传播和资源的共享，进而推动网络的动态演化。

在信息优势方面，中间人通常可以访问和掌握不同行动者中流动的信息，并且能在这些行动者之间传递信息。他们可以从不同行动者中获取新颖性信息，整合并内化成自己的信息。此外，中间人占据的这种信息优势使得他们成为信息传播和流动的关键节点，比一般行动者更能抢占“信息先机”。

在控制优势方面，中间人通过连接不同的行动者来控制信息和资源的流动方向及路径。他们通过在不同行动者之间传递和共享信息及资源，从而增加他们在网络中的地位和影响力。因此，这种控制优势使得中间人占据网络中的关键经纪位置，对信息和资源具有较大的控制权。

在视野优势方面，中间人连接不同网络行动者，是各种信息流动和资源分享的枢纽，从而拥有更为广阔的视野。他们可以观察和了解不同网络成员的情况及动态，从而更好地掌握整个网络的发展趋势和演化规律。同时，中间人的这种视野优势使得他们成为网络中的智慧节点，能为其他行动者提供指导和建议。

此外，也有一些研究发现，封闭的网络对中间人具有积极的影响（Martin，1999）。封闭的网络通常指具有高度聚集性的网络，即节点之间的联系较为密切，从而形成了较为紧密的网络结构。在封闭的网络中，个体之间往往更容易建立信任和合作关系，因此，这种网络中信息传播和资源共享更为顺畅，团队的凝聚力和稳定性更强，团队内部互利共赢的合作意识更强。

中间人作为连接不同网络成员的桥梁，其联系人的多样性也为其带来了新思想的启示和资源的获取。中间人在封闭网络中，虽然可能不如在开放网络中那样拥有大量的连接，但其联系人往往具有更高的质量和深度。这些联系人不仅可以提供新的信息和资源，还可能为中间人带来合作方面的激励，从而推动网络的动态演化。

因此，封闭的网络和中间人的联系人之间并不是完全矛盾的关系。封闭的网络为中间人提供了稳定合作的平台，而中间人的联系人不仅能为他带来新思想的启示，也能在合作方面产生激励，为其带来机遇和资源。个体能从网络中获得的益处，依赖于网络的结构配置，以及个体在网络中的地位和角色。

（3）经纪行为类型

虽然网络结构所提供的机会对于发生经纪活动是必要的，但这些结构性机会本身并不一定会触发经纪行为（Smith，2005），如“网络不起作用，而是背景起作用”（Burt，2004）。焦点行动者利用这些经纪机会采取行动时，需要“在编码和解码信息的过程中培养智力和情感技能，以便在不同的行动者之间进行交流”（Burt等，2013）。因此，相关研究越来越关注经纪行为（Boari和Riboldazzi，2014；Quintane和Carnabuci，2016），即与经纪相关的行动和网络环境。

Obstfeld（2005）确定了两大类经纪行为，分别是在开放的三元关系中保持行动者之间的分离，或者将开放三元关系转变为闭合三元关系。前一类称为渔利中间人（Tertius gaudens），指的是分离二者关系的第三人；与之相对，后一类称为协调促进中间人（Tertius iungens），指的是建立二者关系的第三人。虽然以往文献通常认为协调促进和渔利经纪是行动者的内在特征，但一些研究认为这两种经纪行为可以由同一个行动者根据任务情景分别使用（Lingo和O’Mahony，2010）。例如，Baker和Obstfeld（1999）认为，渔利策略（将行动者分开）在稀疏网络的竞争市场中效果更好。在稀疏网络中，渔利中间人可以获取新的异质性信息，协调促进中间人有助于整合不同的想法和实现新的想法。而协调促进策略（将行动者聚集在一起）则在稠密网络的合作环境中更有效。在稠密网络中，个体之间往往更容易建立信任和合作关系，信息传播和资源共享更为顺畅，团队的凝聚力和稳定性也更强。

5.2.2 个体网经纪变化的影响因素

关于影响经纪变化的因素主要可以分为这些方面：个体的人格特征，个体之间的认知差异，以及在社会当中的地位，如图5-5所示。不同的人格特征会导致不同的经纪风格和方法，而不同的认知差异会导致个体在经纪过程中对信息的理解和应用方式不同，从而影响其经纪决策和行为。此外，较高的社会地位可能会带来更多的机会和资源，从而为个体在经纪领域中的发展提供有利条件。

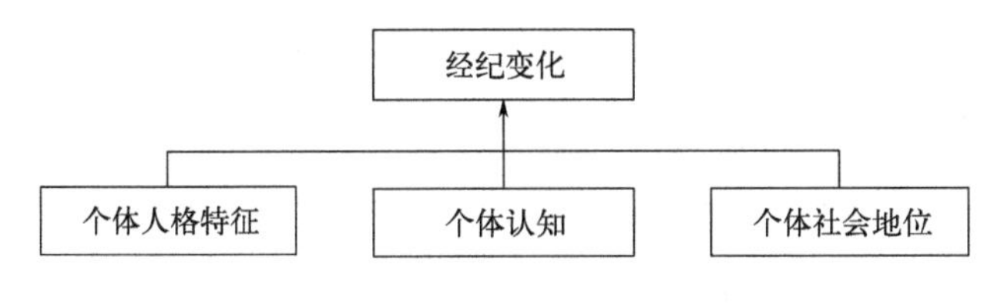

图5-5　经纪变化的影响因素

（1）个体人格特征

在大多数组织中，个体被嵌入到群体中，随着时间的推移，众多的人格特征可能与经纪的变化有关（Burt等，1998）。根据Burt（2012）的观点，不同角色类型的中间人通常会占据相同的网络位置，这可以解释为高度自我监控的个体更倾向于在网络结构中占据中间人的位置。高度自我监控的个体具有“积极构建公共自我以实现社会目标”的特点（Gangestad和Snyder，2000），他们会像变色龙一样，在不同情境下展现出不同的行为和反应，以便与各种不同的人群建立和维持关系（Sasovova等，2010）。通过在不同社交场合中灵活调整自己的行为和形象，高度自我监控的个体能够更好地构建和管理人际关系，并在网络结构中占据中间人的位置。然而，与之前的许多研究一样，这些研究忽视了结构洞随时间的变化。Sasovova等（2010）在分析友谊网络的过程中发现，随着时间的推移，高自我监控者比低自我监控者获得更多的经纪优势，更有可能保持他们的经纪位置。Kleinbaum等（2015）表明，自我监控者对经纪的影响取决于个体的同事是否认为其有同理心；那些被认为同理心较高的个体比那些被认为同理心较低的个体拥有更多的经纪机会，且在组织中的任职时间更长（Mehra等，2001）。

（2）个体认知

不同个体在处理信息、理解问题、解决问题以及做出决策等过程的行为认知也不同。这种差异性可以来源于许多因素，如个体的智力能力、知识水平、性格特征、价值观念、文化背景等。行动者对网络关系的认知差异是经纪变化的另一个前因。人们似乎不善于看到结构洞，因为大多数人倾向于在存在结构洞的网络中看到联系（Freeman，1992）。在某种程度上，人们可以被训练识别结构洞（Janicik和Larrick，2005），并被教导更具战略性地建立关系网（Burt和

Ronchi，2007），这种认知能力可能是经纪的一个强有力的预测因素。与该观点一致，Smith等（2012）在认知激活的研究中，发现认为自己地位较高的个体能更好地保护自己的身份，会变得更加外向，激活更多样化的网络，进而稳固他们拥有广泛人脉和能力的地位。根据这一推断结果表明，当个体工作遇到威胁时，认为自己地位较低的个体会激活其网络中更封闭、冗余（即更受约束）的子部分，而认为自己地位较高的个体会激活其网络中更开放、分散（即约束较少）的子部分。

此外，个体权力感会增加他们的经纪意愿，但会减少经纪机会的认知度（Landis等，2018）。Anderson等（2012）研究表明，个体权力感是影响人们是否愿意从事经纪的关键因素（无论是否有经纪的机会）。因为是否掌握权力是主观感觉，即"对一个人影响其他人的能力的感知"（Anderson等，2012）会影响个体在社会网络中识别经纪机会的程度，并增强对社会信息的处理能力（Smith和Trope，2006），从而填补社会网络中的结构洞。因此，那些权力感敏锐的个体很可能察觉到人与人之间缺失的关系（Freeman，1992），而那些权力感较低的个体很可能不愿意追求经纪机会。

（3）个体社会地位

Burt和Soda（2021）在调查了数千名经理和高管的数据后，发现经纪得分高的案例不成比例地出现在社会地位高的个体身上（如图5-6所示）。中间

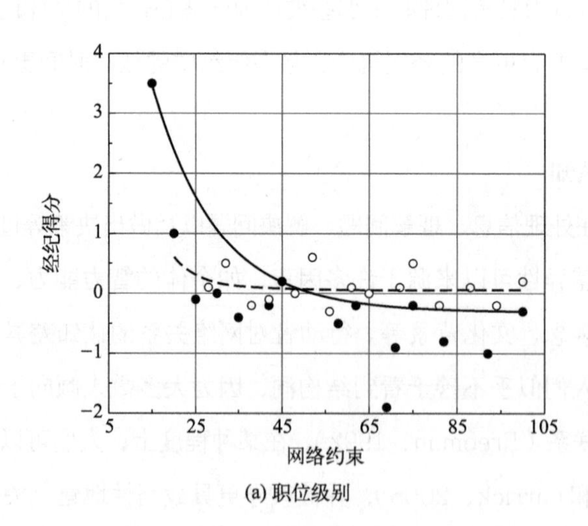

(a) 职位级别

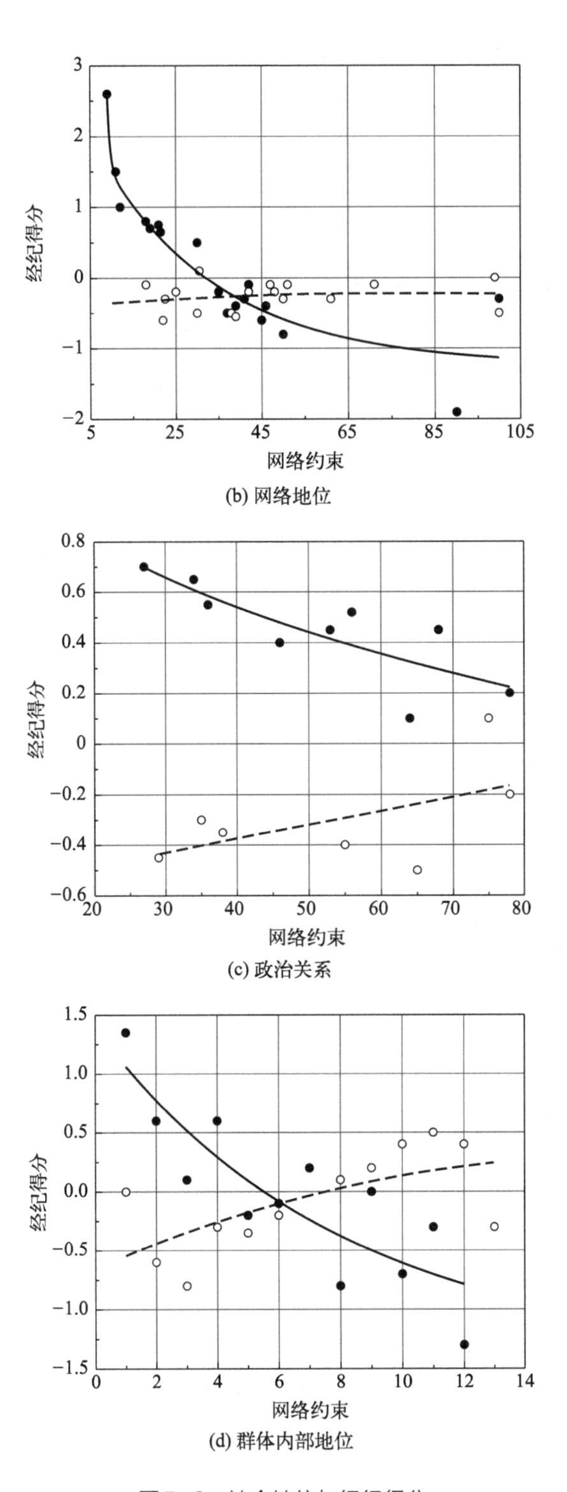

图5-6　社会地位与经纪得分

人的高地位或正面声誉可以减轻受众的不确定性，因此地位更高或正面声誉更高的个体能享受更多的经纪优势。正如Rider（2009）总结的那样："如果良好的声誉降低了潜在合作伙伴担忧的成本，那么中间人的得分与中间人的声誉正相关"。

如图5-6中，（a）表示职位级别，（b）表示网络地位，（c）表示政治关系，（d）表示群体内部地位。实心点之间的实线回归表示社会地位高的个体获得的经纪得分，空心点之间的虚线回归表示社会地位低的个体获得的经纪得分（几乎没有）。由图（a）~（c）可知，在网络约束较低的情况下，社会地位高的个体获得的经纪得分也较高，而社会地位低的个体获得的经纪得分也较低且几乎不受网络约束的影响。但（d）中的情况除外，该图展示了社会地位低的个体经纪得分的极端情况。例如，女性和新入职的男性可能因为性别或新人的身份被认为社会地位较低，当他们尝试充当中间人——连接不同的社会网络时，他们的晋升过程可能因此而被推迟，作为对他们跨越既定社会界限尝试的一种惩罚。这种情况揭示了组织内部权力结构和社会地位如何影响个体的职业发展和行为表现的复杂性。

5.2.3 个体网经纪变化的结果

以往的研究中会将结构属性归于不可改变的具体性和稳固性。利用结构属性可以解释社会生活是如何形成某些模式的，以及这些模式产生的结果，但不太适合解释这些模式是如何变化的。正如Pfeffer和Salancik（1978）对组织网络研究的尖锐批评中指出，当结构被视为固定不变时，可能会导致人们对机会和设计错误的误解，因为人们可能会忽视结构中存在的动态机会，导致不会改变现状并创造新机会；而当遇到效率低下、资源分配不当等问题时，人们可能会错误地将这些问题归咎于理论上的缺陷，而不是结构设计上的问题，导致人们解决问题时不会寻求在结构上进行调整或优化。因此，只有当人们认识到结构是可变的、动态的，并且能够因外部环境和内部决策而改变现有关系时，人们才能理解个体行动是如何影响整个组织的，以及组织会产生什么结果。

（1）经纪关系生成

经纪关系作为一种重要的社会资本，需要我们了解其生成的条件。首先，过去经纪关系的存在较好地预测了当前经纪关系的形成，正如过去的网络闭合预测了当前的网络闭合（Soda等，2004）。进而，中间人可以继续向其网络添加不重叠的关系（Sasovova等，2010）和/或削减冗余关系（Jonczyk等，2016），或者在网络闭合的情况下，在封闭的网络中向其当前关系引入任何新的关系，正如Sasovova等（2010）发现，早期的7.5%的结构洞在后期会被填充，早期的13%的结构洞在后期仍然开放，而后期会有大量新的结构洞（即经纪关系）出现。

其次，经纪关系中持久性的一个来源是经纪行为（Obstfeld，2005）。例如，利用渔利策略通过保持两个行动者分离来生成或维持结构洞；或是采取协调促进策略整合行动者之间的关系，与此同时产生了新的关系，从而产生了新的结构洞。

最后，另一个引发经纪关系的来源是所谓的“延时经纪”过程。在此过程中，通过某一关系获得的知识，在经过一段时间后，可转化为有价值的资源。随后，这些资源可以通过另外一个关系进行经纪活动。这种时间延迟可能会导致关系休眠（Levin等，2011），即过去的关系在一段时间内不活跃，除非有提示，否则可能不会被轻易想起。休眠关系可以提供新的见解，因为在休眠期间，行动者有不同于自我的经历，并可以与网络之外的其他行动者建立关系。特别是当最有价值的这些休眠关系重新连接时（Walter等，2015），或者关于这些休眠关系的记忆很强时（Levin和Walter，2018），经纪关系将被重新激活。

（2）经纪关系维持

有研究表明，人们为了维护自身利益，会花费大量时间和精力去不断维持关系。那么什么情况下经纪关系值得维持？这种维持作用的有效性是否会随着时间的推移而改变？

对于第一个问题，许多研究认为关系的维持服从一个“绩效-反馈”机制或以往绩效的异质性规律（Kleinbaum，2012）。简单地说，就是当中间人发现这种结构洞会持续地为自身带来利益时，他们就会强化这种网络结构，努力维持结构洞带来的位置优势。一旦这种利益减弱时，中间人维持这种网络结构的意愿就会下降。针对第二个问题，Soda等（2004）的研究认为，随着时间的推移，由于维系桥连接的成本升高以及信息价值的下降，以往结构洞的作用会减弱，而当前的结构洞才有更积极的作用。在这种情况下，中间人维持以往结构洞的意愿降低，他们会花费大量的时间、精力、资源等去构建新的结构洞，从而获得更多占据结构洞所带来的信息、控制、视野优势等。

（3）经纪关系终止

对经纪关系终止的关注始于Burt（2002）对银行家网络持续4年的研究，该研究表明经纪关系很快就会终止，这与Krackhardt和Carley（1999）的发现一致。Stovel等（2011）列出了三种可以解释经纪关系终止的原因：第一，由于许多桥接关系是弱关系，它们很容易断开；第二，中间人可能是一个冲突的行动者，他们正在经历来自至少两个不同的、不相关的行动者的角色冲突；第三，中间人从信息不对称中获取超额收益的机会降低了其他联系人对中间人的信任。

此外，由于中间人和联系人往往来自不同的社交圈，并且没有共同的熟人，如果他们的二元关系恶化，他们会受到干扰，进而导致经纪关系终止（Feld，1997）。然而，也存在经纪关系终止较慢的情况，例如，齐美尔式经纪关系，即便有第三方的介入，该类关系的性质不会随着关系的强弱与群体规模的大小而改变。因此，在没有外部影响下，经纪活动本身可以导致网络内部某些连接的加强或弱化。随着时间的推移，这种由经纪行为引起的内部结构调整，可能会促使原本隔离的个体或群体之间建立联系，亦或是，原有的联系被新的模式所取代。Gulati等（2012）发现，随着行业的成熟，经纪关系最终会使得行动者之间的空间达到饱和，使得各行动者之间越来越相互关联，并使得经纪机会越来越少。与平衡理论一致（Heider，1958），如果联系人与中间人有正向关系（Sytch和Tatarynowicz，2014），并且不与中间人争夺资源，则这种三元关系最有可能发生闭合（Zhelyazkov，2018），从而使得经纪关系终止。

总而言之，经纪关系的生成、维持和终止都十分重要，会影响行动者获取知识、信息等社会资本的效率。不仅如此，经纪的绩效收益可能会随着组成网络的关系的年龄增加而变化。例如，中间人关系的绩效收益会随着网络关系的年龄的增加而减少，因为经纪关系通常是短暂的，并且容易因机会主义而发生冲突

（Stovel等，2011）。如果在经纪网络中发展长期关系，中间人的收益会随着联系人对中间人的依赖的减少而减少（Bidwell和Fernandez-Mateo，2010）。相比之下，闭合（非经纪）关系的绩效收益会随着网络关系持续时间的增长而增加，因为建立信任的闭合关系需要时间。因此，Baum等（2012）提出一种混合网络位置，包括两种类型关系的混合，即结合旧的闭合关系的信任收益和新的经纪关系的经纪收益，从而获取最大收益。与这一观点相同，在研究个体经纪行为的顺序时，Burt和Merluzzi（2016）发现，随着时间的推移，在群体内采取闭合策略、群体间采取经纪策略的行动者比只坚持一种网络策略的行动者获得更高的收益。他们认为闭合关系提供了内部知识和信任，随后允许中间人与新的群体建立经纪关系。

无论关注经纪的结构还是行为，最重要的还是经纪的结果。在对已有文献的回顾中，我们注意到了支撑经纪优势的两个概念性论点：获取非冗余资源（主要是信息）和控制资源（Kleinbaum，2012）。虽然两者通常都是解释经纪结果的理论机制，但它们在分析上是不同的。一方面，基于Granovetter（1973）的弱关系概念，在经纪位置上的行动者会接触更多的新颖性知识和信息，也就是说，通过与不认识的他人建立关系，中间人会获得不重叠的知识流和非冗余信息。因此，中间人会敏锐察觉到经纪机会，创造性地综合不同的知识和信息，并获得更好、更及时的未来愿景（Burt，2005）。另一方面，基于齐美尔式中间人概念，中间人也可以控制信息（或其他资源）在不相关的他人之间流动。因此，中间人既可以为他人提供价值，也可以获取他人创造的价值，或者他们可以互相竞争，以实现自己的最佳收益。

5.3　个体网的中心性变化

由于个体网主要探究焦点行动者与之相连的其他行动者所组成的网络，因此，作为个体网核心节点，研究焦点行动者自身特征尤为重要。焦点行动者相对于网络中其他行动者的关键结构属性是中心性（Scott和Lane，2000）。中心性反映了焦点行动者在网络中的位置对其资源获取、信息流动和影响力扩散等方面的影响。因此，关于个体网动态性研究中，中心性变化是一个重要的关注点。

5.3.1 个体网中心性的内涵

越来越多的研究将行动者在社会网络中的嵌入性作为其中心前提（Brass，1984；Granovetter，1985；Burt和Celotto，1992）。这一系列研究的显著特征在于如何利用社会网络的结构属性来解释结果。从这个角度来看，行动者在社会网络中的位置会使其获得一系列优势，如组织同化（Sparrowe和Liden，1997）、晋升（Burt和Celotto，1992）等，或导致其处于劣势，如组织退出（Krackhardt和Porter，1986）。中心性是指焦点行动者与网络中其他行动者的连接程度，表示焦点行动者所占的网络结构位置的重要程度（Borgatti等，2014），是最常与工具性结果联系在一起的结构属性（Brass，1984）。而个体网的中心性指焦点行动者的个体网的重要性程度。

组织网络分析表明，处于中心位置的行动者或那些具有高度中心价值的行动者更有能力了解和接触到那些控制资源流动和商业机会的少数有权势的个体（Kilduff和Krackhardt，2008）。例如，与群体中的许多行动者直接联系在一起的焦点行动者被认为是社会网络的中心。当焦点行动者与拥有高度相关的专业知识的其他行动者是亲密好友时，焦点行动者就可以从社会网络中获得更多和更全面的信息或社会支持。如果焦点行动者也是群体的正式领导者，这种中心性可以促进整个群体建立更好的任务执行机制。然而，大量的直接关系（也称为“内”关系）也会耗尽行动者的资源，因为更多的关系会产生更大的角色需求，使焦点行动者分身乏术（Mayhew和Levinger，1976）。此外，与其他行动者有许多直接关系也往往会将焦点行动者的行为限制在这些关系所定义的角色范围内，不利于焦点行动者获取外部资源。因此，关注焦点行动者在其个体网中的中心性，对其自身发展尤为重要。

焦点行动者在其个体网的中心性重要性有如下几个方面：首先，在个体网中具有较高的中心性的焦点行动者与其他节点之间的连接也较多，这使得焦点行动者成为信息传播和影响力扩散的重要枢纽，能迅速传播信息和影响力，从而影响到个体网的所有节点。其次，在个体网中具有较高的中心性的焦点行动者可以更容易获取资源和与其他节点进行合作，且他们的重要地位使得其他节点愿意与之合作，并为其提供支持和资源。再次，焦点行动者在个体网中的中心性越高，对于其他节点来说就越重要，他们会依赖焦点行动者提供社会支持，通过与其保持联系来促进自身发展。最后，焦点行动者在个体网中的中心性越高，其的影响力和领导力也较高，进而影响其他节点的决策和行为。

5.3.2　个体网中心性变化的影响因素

关于影响中心性变化的因素主要可以分为这些方面：自我网络意识，内部的信任与合作，以及外部环境的不确定性，如图5-7所示。具有较高的自我网络意识的个体更能够主动调整自己在网络中的位置，通过积极的社交行为提升自己的中心性。内部信任和合作可以促进信息的流动和共享，增加个体在网络中的影响力和地位。而外部环境变化会导致网络中的中心性位置重新分配。

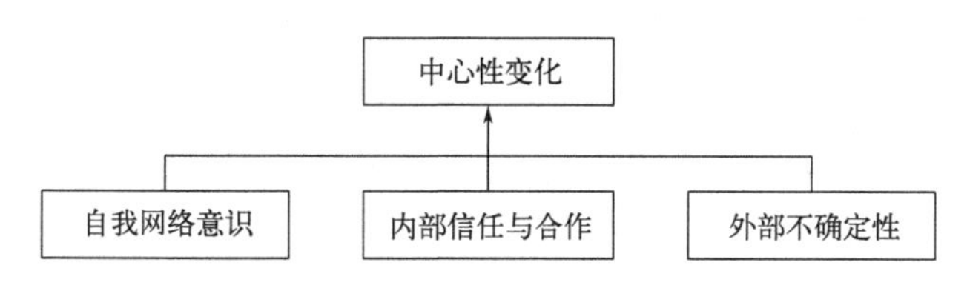

图5-7　中心性变化的影响因素

（1）自我网络意识

考虑到中心性在社会网络研究中的重要性，Soares等（2020）基于自我意识的概念（Avolio和Gardner，2005），即焦点行动者对自己的认知和意识，提出了自我网络意识的概念，即焦点行动者对其网络（网络特征意识）和其在该网络中的位置（网络位置意识）的认知。大多数关于自我意识的研究采用了比较方法，焦点个体通过对自己行为、态度等进行自我评价，再与其他人（包括同一群体中的其他成员）对焦点个体的评价进行对比，即自我评价与他人评价的对比，从而评估自我感知的准确性（Moshavi等，2003）。因此，可以将网络意识的含义概括为：焦点行动者自我感知的位置与其在网络中的真实位置之间的差异。

焦点行动者的自我网络意识影响他们的认知，这些认知将为他们管理自己的网络和与网络中的其他人建立关系提供基础（Kilduff和Krackhardt，2008），而且这些认知也将影响到焦点行动者促进组织成员之间关系建立的能力。在焦点行动者管理其个体网的过程中，网络特征意识将发挥至关重要的作用，因为这将是焦点行动者采取正确的网络行为来影响其网络特征的基础。例如，如果焦点行动者意识到群体缺乏凝聚力，那么他们可以选择促进网络成员之间关系更紧密的网络行为。同样，就焦点行动者在网络中的位置而言，如果他们高估了自己在网络中的位置，那么就不会主动寻求建立新的关系。如果一个焦点行动者认为其在网络中处于边缘位置，那么将更容易从事以建立关系为导向的行为。因此，焦点行动者的自我网络意识会导致其个体网的中心性变化。

（2）内部信任与合作

焦点行动者要想稳固自己的中心位置，就必须不断地获得社会资本。而获得社会资本的前提是行动者之间的频繁交流互动。通过交流互动，人们不仅能够建立起彼此间的联系，还能增强相互间的信任、认同和归属感，进而形成坚定的承诺并构建起社会网络。当行动者被嵌入到一个密集的、受到他人监督和奖励的社会关系网络中时，或者当行动者之间的感情促进利他主义和对未来互惠的期望时，行动者会获得更多好处（Rodríguez-Sedano等，2012）。因为这些长期的关系为合作行为提供了激励，也提供了形成情感信任、实现行动者目标所需的时间。

信任与合作是相互需要的，因为每个人都需要与他人联系在一起，寻找信任感、认同感、归属感。对于处于组织中心位置的行动者而言，与他人维持情感上的联系远不止于认识他人或维持社交关系那么简单，这关乎更深层次的相互信任与依赖。因此，若焦点行动者想要在组织中提升其核心地位，他们必须赢得他人的信任，在建立和维持与他人的关系时，行动者需要超越表面的社交活动，深入发展那些能够彼此支持和信赖的关联，这是提升在组织中地位的关键。因此，信任与合作是影响焦点行动者个体网中心性的重要因素。

（3）外部不确定性

外部不确定性是指个体面临来自外部环境的不确定性和风险，如组织变革、社会动荡、市场变化等。Barley（1986）、Tushman和Anderson（1986）提出外部不确定性会改变个体现有的结构和权力基础。Ahuja等（2012）从网络的角度指出组织的变化改变了焦点行动者的社会网络。因此，外部不确定性被认为是中心性变化的驱动力之一，具体分析如下：

首先，焦点行动者在网络中的中心性往往与资源的获取和分配密切相关，而外部不确定性会导致其在网络中重新分配和再配置资源。当外部环境发生变化时，焦点行动者需要重新评估自己在网络中的影响力和资源获取策略。

其次，外部不确定性会为焦点行动者带来机会和挑战，因此他们会寻求与其他具有潜在机会的行动者建立连接，以获取新的资源和信息。同时，他们也需要面对来自外部环境的挑战，调整自己的社交策略和行为方式。

再次，在面对外部环境的变化时，焦点行动者可能会极力竞争资源，争夺社会网络中的中心地位。同时，他们也可能会寻求与其他行动者合作来共同应对外部环境的挑战。因此，外部不确定性会改变焦点行动者与其他行动者之间的竞争或合作关系。

从具体案例的角度，Shah（2000）通过研究企业裁员的实例指出，裁员是一种巨大的组织变革，会导致企业现有员工对个体前景不确定性的增加。此外，解雇员工会永久性地扰乱和改变企业的社会网络。随着未被裁员的员工逐步适应失去了一些同事的关系，他们开始重新构建新的关系并寻求社会线索以适应裁员后企业环境的变化，这些因素都会影响到社会网络结构的变化。焦点行动者权力和中心地位的变化可能是社会结构变化的表现。由于他们与他人接触的机会减少，未被解雇的员工在其组织内获得信息的机会也将减少，因此他们不再是有吸引力的互动伙伴。与此同时，未被解雇的员工的中心地位和权力可能会降低。总的来说，一些员工被解雇的同时，也会降低未被解雇的员工的中心性。因此，网络外部的不确定性使得网络内部的行动者数量减少，这导致焦点行动者个体网的中心性降低。

5.3.3 个体网中心性变化的结果

焦点行动者个体网的中心性越高，其对他人资源获取的控制能力越强（Sparrowe等，2001）。而获取资源类型的不同又会引起中心性变化过程和结果的不同。这就需要对关系进行分类，最常见的两种关系类型是工具性关系和表达性关系（Lincoln和Miller，1979）。

工具性关系对有效的任务执行至关重要，是获取与工作相关的建议的重要途径（Ibarra，1993），这类关系可能来自正式的关系（如领导-下属关系）。行动者通过工具性关系交换的主要内容是与完成工作相关的信息或知识资源，这类关系构成的网络称为工具性网络或建议网络。

相比之下，富有表现力的表达性关系最具代表的是友谊关系，该类关系是获取社会支持和价值观的重要渠道（Ibarra，1993；Lincoln和Miller，1979），由该类关系构成的网络称为表达性网络或友谊网络。

工具性网络和表达性网络是组织中最普遍存在的、最典型的两种网络，通过这两种网络可以很好地理解组织内部社会网络的关系特征（刘楼，2008）。因此，我们将网络分为工具性网络和表达性网络，以下分别研究这两种网络的中心性变化情况。

（1）工具性网络

工具性网络是由多种类型的人际关系构成的社会网络，个体借助这些关系来共享与完成工作任务和目标紧密相关的资源。这种网络不是局限于表面交流的网络，而是为了实现共同的职业发展、项目完成目标或组织设定目标而形成的具有实际操作价值的合作与支持网络。在该类网络中，个体之间的相互作用超越了日常交往，涉及专业知识、经验分享，以及在完成任务过程中的相互帮助和指导。当个体完成的工作质量和效果能够因他人所提供的关键任务信息而得到显著提升时，工具性网络便成为了获取这些宝贵资源的重要途径。这种网络通过促进信息、援助和指导资源的流动，大大有助于提升个体的工作表现。

工具性网络的中心性反映了个体与同事之间互相帮助和共同解决问题的程度。随着时间的推移，处于工具性网络中心位置的焦点行动者能够积累与任务相关的问题和解决方案的知识（Baldwin等，1997）。这种专业知识不仅使焦点行动者能够很容易地解决问题，而且也是未来与同事交流的宝贵资源。当其他人更加依赖焦点行动者提出的重要建议时，他们就获得了中心性优势，这种优势也可以用于未来交换宝贵的资源（Cook和Emerson，1978）。相反，那些在工具性网络中处于边缘位置的外围行动者会发现，获取与任务相关的问题和解决方案的专业知识要困难得多，因此，他们不太容易获得高水平绩效所需的能力和专业知识。

Podsakoff等（2000）研究认为，在工具性网络中，中心性越高的行动者对自身工作和角色的认知程度越高，自我发展的积极性和主动性也越高，对组织的认同感也更强。他们更加珍惜和维护组织的发展，也更有可能积极主动地投入到工作的技术创新和管理改革当中，从而推动组织绩效的提高。同时，在工具性网络中，拥有较高中心性的行动者对组织的认同感（以积极的方式代表组织）较高，他们的存在可以增强组织吸引优秀人才的能力，而且他们的自我发展行为可以减少组织培训费用和/或提高组织产出效率，进而促进组织的快速发展。此外，工具性网络中心性较高的行动者主动提出关于如何改进生产过程的建设性建议，可以尽量减少组织生产过程中的失误，降低组织的经营成本，进而提高组织的产出效率。

（2）表达性网络

Torlò和Lomi（2017）的研究表明，中心性的高低显著依赖于特定网络的范畴。例如，在充满竞争的教育场景下，以表达性关系为基础的友谊网络中，中心性高低显得尤为重要，因为位于中心位置的学生在其友谊网络中通常表现得更为活跃。从某种角度来看，表达性网络扮演着传递影响力、信息和资源的社会基础结构角色，它内部结构的差异与网络中不同节点上的个体差异紧密相关。深入探究可知，网络不仅仅是资源与信息流动的路径，更是一种塑造个人认知的“棱镜”（Podolny，2001），而中心性反映了社会基于位置分配给个体的优势，进而引发了明显的社会差异。

然而，提高中心性是表达性网络中固有的表达性活动，而不是固有的工具性活动。在社会中形成的网络结构，比如友好关系，体现的是个体吸引力、形象和性格等主观感性的表达，这是一种表达性活动，即焦点行动者选择与谁建立朋友关系，主要基于焦点行动者对他们的感性认知和吸引力。这些因素决定了一个人在表达性网络中的“中心性”，即他们对表达性网络的影响力或重要性。相反，建议网络更多地涉及工具性活动，比如基于专业知识、技能等客观因素建立的关系。

在表达性网络中，提高中心性更多地依赖于专业技能和知识，而非个人魅力或者吸引力。例如，具有较高中心性的学生不仅能感受到他们在建议网络中的地位得到同龄人的认可，而且他们还能更加积极地去构建友谊关系，进而通过增强友谊关系的方式来提高自己的中心性。随着时间的推移，学生们往往开始将自己在友谊网络中的中心性和他们的朋友圈子的中心性看作是一致的。因此，如果他们的朋友被认为是在网络中的中心性较低的，那么在一个时间段内被视为中心性较高的学生在下一个时间段可能会面临中心性的下降（Torlò和Lomi，2017）。

5.4 个体网的网络规模变化

个体网动态变化分析考察焦点行动者与其网络成员的关系数量，但对个体网中网络规模的研究关注点更多地放在与焦点行动者有密切关系的网络“内层”（Fischer，1982；Wellman和Wortley，1990）。然而，这些最密切的关系只是个体网组成的一小部分（Milardo，1992），与之相对的是网络“外层”的那些关系。社会网络的“外层”指的是那些焦点行动者感知到的可能存在的关系，并且有意识地努力去维持与网络成员之间的这些关系（Hill和Dunbar，2003）。简单来说，这些网络成员是那些虽不是最亲密或频繁互动的联系人，但焦点行动者仍视其为重要且值得投入时间和资源去保持联系的人们。这层关系代表了焦点行动者社交圈中的另一级别，这个小圈子既不是最核心亲密的人组成，也不是完全不相关的人组成，而是处于中间地带的人组织，他们是对焦点行动者在社会网络中的位置和行为仍有一定影响的人群。但迄今为止，对社会网络“外层”的研究主要集中在估计网络规模的方法上（Hill和Dunbar，2003；McCarty等，2001）。在本节中，我们通过观察网络的内层和外层，扩展了个体网中关于网络规模的研究范围。

5.4.1 个体网网络规模的内涵

个体网的网络规模指的是个体网中节点的数量（Paruchuri，2010）。人们在维持社会关系的能力上存在着自然的限制，这主要受到两大因素的影响：认知能力限制和时间资源限制（Dunbar，2008；Stiller和Dunbar，2007）。认知能力限制涉及个体处理信息、记忆各种细节以及社交动态的能力。每个人的大脑只能有效地处理和维持一定数量的社会关系，超出这个范围，维持每个关系的质量和深度可能就会受到影响。时间资源限制则是指个体在日常生活中可用来与他人互动和交流的实际时间是有限的。由于每天的时间是固定的，个体需要在不同活动（如工作、休息和兴趣）之间做出选择，这自然限制了他们可以投入到社会活动中的时间。

由于这些认知和时间的限制，个体在给定的情感强度水平下能够维持的关系数量便有了一个上限。换句话说，即使个体想要与更多的人建立并维持深入的情感联系，但由于这些限制，他们的社会网络规模和关系深度实际上是受限的。这解释了为什么即使在社交媒体等数字平台能够轻易增加联系人数量的环境下，人们仍然只能与有限数量的人保持紧密的联系。

拥有较大（较小）网络规模的个体可能在情感上与网络中的其他成员都不太（更为）亲近（Roberts等，2009），即网络中的成员数量和网络中每个关系的情感强度之间可能存在此消彼长的关系。较小的网络规模往往包含较少的行动者，但比较大的网络规模具有更高的情感亲密度。同样，拥有较大网络规模的焦点行动者将需要用更长的时间和更多的精力与他们网络中的成员维持关系。此外，Smith等（2012）调查了地位差异如何影响工作危机下网络规模的认知激活，并发现不同地位的个体在面临工作危机时会激活其网络的不同子部分。当自我认为地位较低的行动者遇到工作危机时，他们会激活较小的网络规模，而自我认为地位较高的行动者会激活较大的网络规模。因此，个体会根据自身需求在一定程度上改变自我中心网的规模。

亲属网络的规模在很大程度上是由个体出生时所属的大家庭的规模决定的，因此相对固定，不会受到个体意愿的直接影响。简而言之，我们无法选择我们的亲属，也无法控制家族成员的数量。相比之下，友谊网络的形成本质上是基于个体的选择和偏好的，这使得个体在构建和扩展他们的友谊网络方面拥有更多的自由和控制力。友谊的建立通常基于共同的兴趣、价值观或经历，人们可以根据自己的意愿选择投入时间和资源来发展和维持这些关系。因此，与亲属网络相比，友谊网络的规模更加受到个体意识的支配。不过，即使在友谊网络中，个体的控制力也并非没有限制。正如前面提到的，认知能力和时间资源的限制同样适用于友情，这意味着尽管人们可以自由地选择朋友，但能够形成和维持的深厚友谊数量是有限的。此外，社会地位、地理位置、以及人们所处的生活阶段等因素也可能影响和限制个体在建立友谊网络时的选择和机会，进而影响到网络规模。

5.4.2 个体网网络规模变化的影响因素

关于影响网络规模变化的因素主要可以分为这些方面：个体职业经历、个体情感反馈、内部激励计划、内部信任与合作和外部环境因素等，如图5-8所示。个体经历会影响网络规模的变化，因为个体的经验和背景决定了他们接触和加入网络的可能性。而情感上的亲近感能促进个体之间的联系，增加网络的规模。另外，内部信任和合作不仅能增强现有联系的稳固性，还能吸引更多外部个体加入网络。而外部环境因素，例如地理距离、技术引进以及技术培训等，都会影响网络规模的变化。

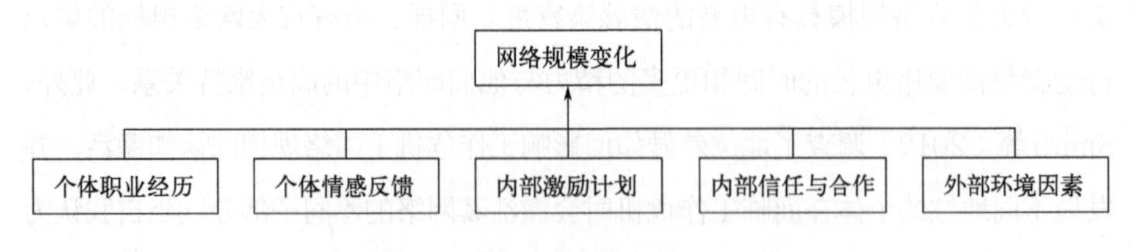

图5-8 网络规模变化的影响因素

（1）个体职业经历

个体的职业经历可以为行动者当前的发展提供机会，或者限制行动者的进一步发展，从而影响未来的网络结构（Zaheer和Soda，2009）。Sterling（2015）研究了个体在加入一个组织之前的职业经历如何影响他们加入组织之后的网络规模。从他们的研究中发现，当具有初始职业经历优势的个体进入组织时，技能或能力方面的初始差异会导致个体职业结果的较大差异（Briscoe和Kellogg，2011；Denrell和Liu，2012）。由于个体的技能或能力在职业生涯初期可能有所不同，如果他们早期具有技能或能力优势，那么他们会得到不成比例的资源份额、认可和支持，吸引更多人与他们建立关系。反之，如果他们早期不具备这些优势，那么他们可能难以吸引他人与其建立关系。因此，个体最初的职业生涯优势会影响其同事关系网络范围和职业发展。

个体职业经历的影响会在一定程度上延续到当前的自我中心网中心性。例如，如果焦点行动者在过去职业经历中已经有了一定的地位和影响力，并且这些会在当前的网络中继续存在，那么这些积累会影响其在当前环境中建立新联系的机会。同时，过去与地位高的个体建立的关系会为焦点行动者带来更多的机会。此外，职业经历反映了焦点行动者的社会参与度和活跃程度，他们在过去积极参与社交活动，当前也会习惯于与他人互动并建立联系。因此，过去建立的社会关系可为个体提供进入网络核心位置的途径。例如，对企业家的研究强调，企业家过去的社会关系是他们与金融家、客户和供应商建立当前的社会关系的跳板，这也是企业家创业成功所必需的（Vissa，2012；Milanov和Shepherd，2013）。

相比那些没有职业经历优势的个体，具备这些优势的个体在进入新的网络后能更容易形成更广泛的网络关系，进而改变自身个体网的网络规模。随着时间的推移，早期的优势会变得更加明显，使得那些具有早期优势的个体获得越来越多的认可和奖励，从而更容易扩大自身网络规模而获得更多资源。

（2）个体情感反馈

组织经常使用反馈流程来考察员工的工作行为，并激发他们进步（Murphy和Cleveland，1995）。反馈在加强学习动机方面的重要性是被广泛接受的（Ashford和Cummings，1983），同时它会影响到个体网的网络规模的变化。接收到的反馈不仅是信息交流的一部分，还涉及情感交流，这些情感反馈也会对网络规模产生一定的影响。更积极、更正式的上级或同级成员的指导和反馈可以在一定程度上扩大个体的网络规模。这是因为正面的情感体验（如被赞扬、认可）会增强个体的社会吸引力，使他们更容易与他人建立和维持联系。相反，消极的情感体验（如被批评、忽视）可能导致个体与他人的关系变得疏远，进而影响其个体网的网络规模。

此外，情感反馈对个体的社交意愿和能力也有直接影响。当员工感到满足和快乐时，他们更倾向于与周围的同事进行交流和合作，这有助于扩展和加强其个体网。积极的情感反馈会鼓励焦点行动者与更广泛的人群建立联系，促使焦点行动者愿意分享更多信息，并在网络中传播知识。反之，如果员工经常感到焦虑或沮丧，他们可能会回避社交，导致他们与社会的联系较弱，进而使得他们的网络规模较小。负面的情感反馈会导致焦点行动者与其他成员减少互动，甚至可能导致个体在网络中的孤立，他们也会因负面的情绪而选择保留和封闭信息。例如，Parker等（2016）在对世界上最大的工程咨询公司雅各布工程集团（Jacobs Engineering Group）的全球IT部门研究中发现，个体从上级那里接收到越积极的情感反馈，他们就会形成更多获取信息的关系。

当焦点行动者感到被支持和认可时，他们更有可能与其他成员建立联系，并愿意与他们合作，从而扩大了焦点行动者的自我中心网规模。因此，良好的反馈机制有助于建立信任和合作关系。通过正面的反馈和情感支持，组织可以有意识地培养一个支持性的工作环境，进而帮助员工扩展其职业网络，提升工作效率和职场幸福感。反之，忽视员工的情感需求和反馈可能限制网络的发展，影响组织的整体表现。

（3）内部激励计划

当企业引入基于绩效的激励计划时，员工的行为会以两种方式发生变化。第一，更新的激励计划促使他们付出更多努力来实现高绩效，从而提高生产率（Lazear，2000）。第二，更新的激励计划也改变了个体追求的目标。根据目标设定理论可知（Locke，2000），目标具有指导功能，个体将更多的注意力和努力引向与目标相关的活动，并从与目标无关的活动中转移出来。

基于绩效的激励计划的组织管理方式具有悖论性特点。一方面，组织明确地将员工的个人努力和成就联系起来，确立了薪酬结构与个体表现之间的直接关系。这意味着员工的工作表现与他们的奖励（如薪酬、奖金、晋升机会等）直接相关，这样做可以强化个体的责任感和公平感。员工的使命感使他们更有意愿与同事合作，提高团队整体绩效，进而扩大自我中心网的规模。另一方面，绩效激励计划降低了组织对失败的容忍度，并要求个体接受减少薪酬的风险（Ederer和Manso，2013），这会降低员工在面对不确定情况时参与存在风险的研发的概率。因此，绩效激励计划的引入，一定程度上激发了员工独自奋进的积极性，让他们为了达成个体目标而极具个人主义（Collins和Smith，2006）。在研发过程中的独狼特性，使得他们的自我中心网规模较小。

Mitsuhashi 和 Nakamura（2022）发现，在企业引入基于绩效的激励计划后，员工更有可能发展更小规模的网络。当引入基于绩效的激励计划后，企业加强了个性化薪酬和管理者信用分配之间的联系，即管理者分配的信用可以换取报酬。为了让员工获得信用，管理者需要清楚地认识到员工的贡献，并公平地分配信用。然而，在多方协作的环境中，管理者的公平信用分配会因为因果模糊性而变得复杂：某个员工的想法可能会提供更大的动力，但尚不清楚哪些想法在交付最终结果方面最重要（Graham和Cooper，2013）。如果员工决定与较少的同事合作，从而建立更紧密的网络。这样既减少了管理者在信用分配过程中遇到的模糊性，也确保了分配的公正与透明（Karau和Williams，1993）。相反，如果员工愿意和较多同事合作，从而建立较为广泛的网络，这样增加了管理者信用分配的模糊性，同时难以确保分配公平公正。此外，管理者可能会将公平作为基本原则来应对复杂性，即在参与联合工作的员工之间平均分配信用。在这种情况下，焦点行动者可以避免与那些做出边缘贡献的员工一起工作，这种选择性取向会减少焦点行动者的网络规模。同时，较小的网络规模可以避免信息过载，也有利于降低协调和管理相互依存的成本（Paruchuri，2010）。因此，在企业引入基于绩效的激励计划后，个体更有可能减小网络规模。

（4）内部信任与合作

基于绩效的激励计划可以鼓励员工提高生产力并实现更高绩效，但同时也可能对组织内部的信任和合作文化产生影响。这种激励制度可能降低员工之间的信任度，使得相互之间缺乏合作共赢的动力，从而可能减少团队合作的机会。

在这种环境中，内部信任和合作对于扩展网络规模尤其重要。信任可以缓和绩效激励可能带来的过度竞争和个人主义倾向，从而促进员工之间的信息共享和资源交换。当员工感受到他们被信任，并且他们的努力会被公正地评估时，他们更有可能与同事建立长期的合作关系，共同追求组织和团队的目标。此外，内部合作强调的是团队成员之间的互助与支持，这不仅能提高团队的整体绩效，也有助于构建更广泛的网络。在合作的环境中，员工更倾向于分享成功和失败的经验，这种开放和共享的合作氛围能有效增加网络中的互信和互助，进而扩大网络规模。

（5）外部环境因素

一些文献研究了地理距离、技术引进以及技术培训等外部环境因素是如何与网络规模的变化相关联的。

促使关系形成的最基本因素是地理距离。我们更愿意与那些地理位置上离我们更近的人接触，而不是那些离我们更远的人。我们可以认为导致出现这种情况的原因是沟通需要成本，将这一原则描述为一个成本的问题，即因为与距离远的人联系比与距离近的人联系需要更多的时间和精力。Conti和Doreian（2010）的研究表明，在网络中，通过工作组的形式或固定座位的安排来实现的邻近性，与网络规模的扩大紧密相关。这种邻近性对网络规模的影响在单个组织内部比跨组织时更为显著。因此，地理邻近性影响网络规模的变化。在另一项研究中，Burkhardt和Brass（1990）探究了新技术在组织内引进和传播如何影响网络规模。他们发现，新技术的早期采用者在技术引入后会扩大他们的网络规模，而较晚采用这项技术的个体则经历了网络规模的缩减。Srivastava（2015）在进行干预研究时发现，受过正式指导的个体比那些不参加正式指导的个体会激活更大的网络规模。Srivastava还发现，这种影响取决于性别，女性在有针对性的正式指导中获得的经验多于男性。同样，Feeney和Bozeman（2008）也指出，长期的指导关系会增加学员的网络规模。

5.4.3　个体网网络规模变化的结果

网络规模变化的结果多样。首先，与拥有较小网络规模的焦点行动者相比，拥有较大网络规模的焦点行动者与每个网络行动者保持关系的时间更长。因此，网络规模会对焦点行动者与其他网络行动者建立关系的数量产生正向影响。这表明，在研究社会网络的构成和发展时，网络规模是一个重要因素，它通过分配个体的社会资源和时间来影响个体与其他网络行动者的关系构建。

其次，联系需要时间，焦点行动者维持关系的时间成本会根据焦点行动者的网络规模而变化。拥有较大网络规模的焦点行动者与网络行动者联系的频率并不比拥有较小网络规模的焦点行动者低。因此，拥有较大网络规模的焦点行动者在同样频繁地联系大量朋友方面会产生更高的成本。拥有较大亲属网络的个体，可能会拥有更多的弱关系。根据Granovetter（1973，1983）的研究，这些弱关系与网络内部的强关系相比，能够提供更多样化的信息，如在求职过程中所需的各种信息。因此，尽管建立和维护这些弱关系的成本较高，但它们带来的“回报”是访问到更广泛信息的机会。由于时间是一种非弹性资源，个体必须在他们的社会网络行动者之间做出有限的时间分配（Nie，2001）。这意味着，随着网络规模的扩大，个体可能需要重新分配时间以维持这些关系，这可能会限制他们与更广泛社会网络行动者建立关系并扩大网络规模的能力。这种现象凸显了在社会网络中资源分配的权衡性质，以及个体如何合理规划网络规模来应对这些限制。

最后，网络规模也会影响个体的知识吸收程度。由于认知资源是有限的，当时间、精力和努力分散在较大的网络规模中时，掌握知识可能会更加困难。虽然较大的网络规模可以带来多样化的知识，但多样化知识的整合需要行动者广泛搜索并与具有不同专业知识的其他人互动和协作。Carnabuci和Bruggeman（2009）指出，“专注于一套越来越同质的输入想法比异质知识更有效，风险更小”。因此，网络规模较大的个体更难跨领域吸收和整合知识，因为这些知识搜索行为往往需要冒险并付出大量的时间精力，而且个体的努力不会在短期内产生明显的回报（Kaplan和Vakili，2015）。

5.5 个体网的网络密度变化

5.5.1 个体网网络密度的内涵

网络密度在社会网络研究中常用来表示结构性的网络特征，它表示焦点行动者与其联系人之间关系的紧密程度。网络密度的测度方法是网络中实际关系数量与所有可能关系数量的比值。网络密度高意味着个体之间存在着较多的直接联系，表明网络内的信息流动、社会支持和资源共享可能更加顺畅和高效。相反，网络密度低则表明个体之间的直接联系相对较少，这可能影响到网络内的凝聚力以及成员间的互动频率。因此，网络密度对于理解个体在其个体网中的位置以及个体网的整体功能和影响都具有重要意义。

在较为稀疏的网络中，焦点行动者与一组原本不相连的其他行动者有关系，并跨越他们之间的结构洞；而在较为稠密的网络中，焦点行动者和其他行动者有许多共同的第三方关系。稀疏网络中的知识是非冗余的和多样化的（Sutton和Hargadon，1996），当焦点行动者在稀疏网络中接触到多样化的想法时，他们有更多的机会找到新颖的知识组合来产生创新的想法。更进一步讲，稀疏网络增加了焦点行动者与其他个体协同创新的意愿，因为当焦点行动者将两个以上来自不同知识领域的已有想法结合起来时，就会产生新颖而有价值的想法（Leahey等，2017）。由此可见，网络密度影响获得多样化的专业知识的数量，这对创新尤为重要。

然而，稀疏网络中非冗余信息等优势是以牺牲稠密网络中的一些重要好处为代价的。首先，在稠密网络中，由于个体之间的联系更加频繁和紧密，个体倾向于传播共同的想法和观点，并可以更迅速有效地交换复杂的知识，而不会产生大量的知识转移成本（Hansen，1999）。其次，稠密网络促进了信任的建立和维护，从而简化了合作过程，降低了交易成本，而且稠密网络中的紧密联系也有利于个体之间的相互支持和快速响应。再次，在稠密网络中，虽然行动者对不同信息的解释能力有限，但行动者之间的迭代交互可以促进对详细信息的及时访问，并缓解这种限制问题（Ter Wal等，2016）。最后，稠密网络中的凝聚性和互惠性减少了行动者之间的竞争，增加了他们为彼此提供帮助的意愿，从而减轻了对信息来源的感知负担（Reagans和McEvily，2003）。

因此，选择稀疏网络还是稠密网络，需要根据特定目标和情境来权衡。稀疏网络更适合于寻求新信息、新观点和新机会，而稠密网络则更适合于加强协作、建立信任和高效的信息传递。这表明，在不同的社会和专业环境中，个体需根据其策略目标来精心构建和管理自己的自我中心网。

综上所述，稀疏网络和稠密网络各有优势（表5-2），行动者需要根据个体目标和情境来权衡（Kaplan和Vakili，2015；Ter Wal等，2016）。稀疏网络更适合于寻求新信息、新观点和新机会，而稠密网络则更适合于加强协作、建立信任和高效的信息传递。随着时间的推移，焦点行动者也可以通过在两者之间来回切换以平衡两者（Burt和Merluzzi，2016）。

表5-2　稀疏和稠密网络

网络密度	特点	优势	缺点
稀疏	个体与原本不相关的他人有关系，并跨越他们之间的结构洞	知识非冗余、多样化	知识感知负担大、沟通困难
稠密	个体和他人有许多共同的第三方关系	知识转移成本低、信息访问及时	知识冗余

5.5.2　个体网网络密度变化的影响因素

关于影响网络密度变化的因素主要可以分为以下方面：个体认知网络的激活程度、个体的行为意图、以及个体之间的情感强度等，如图5-9所示。当个体积极参与网络交互、与其他成员频繁互动时，网络中的连接数量和密度可能会增加。如果个体有意愿与其他成员合作、分享信息或进行互助，那么网络中的连接数量和密度可能会增加。当个体之间的情感联系较强、彼此之间存在信任和亲近感时，他们更有可能在网络中建立密切的连接，从而增加网络的密度。

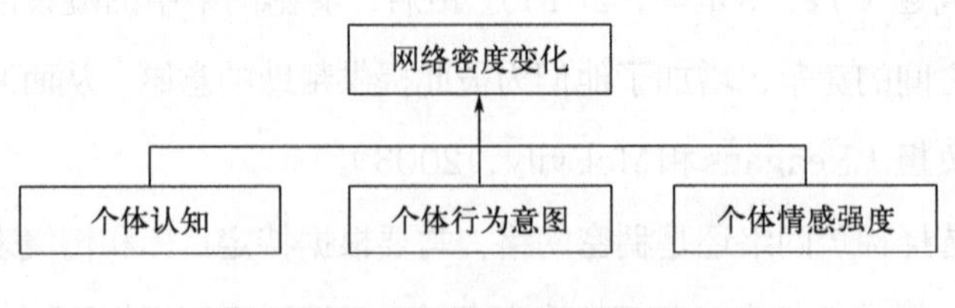

图5-9 网络密度变化的影响因素

（1）个体认知

研究发现，个体的自我中心网会随着个体认知的变化而时时刻刻发生变化（Smith等，2012；Shea等，2015）。当个体尝试识别和描述其网络中的关键参与者时，他们实际上是在进行一种选择性的认知活动。这意味着，他们并不是在试图回忆起网络中的每一个成员，而是将注意力集中在那些在心理上被立即激活的特定个体上。这个过程涉及个体的认知激活，即他们的大脑如何组织、存储和回忆与网络相关的信息。通过这种方式，个体在有需求时能迅速地回忆起他们感知中的局部网络成员。除了想到一些关键网络节点外，个体还可以从认知上激活整个网络结构，即稠密与稀疏的网络结构，以帮助其采取行为决策。

随着个体在认知激活后更多地与网络成员互动，这种频繁的互动可以加强现有的社会联系，使网络成员之间的关系更加紧密。特别是在需要共同解决问题或共同行动的情况下，这些互动有助于强化信任和相互支持（Shea等，2015）。长期而言，个体认知激活所增加的互动频次可能导致网络结构的变化。随着成员之间的联系变得更加紧密，网络密度可能会增加，形成更紧密、关联性更强的网络。Shea等（2015）的研究探讨了个体在面临决策时如何策略性地激活其认知网络，这里的"策略性认知网络激活"指的是个体回忆起对当前决策有利的知识、信息或网络关系的过程。研究表明，在为不确定行为做准备的过程中，个体倾向于从他们的网络中策略性地寻求不同的支持和资源。这表明，当面对风险挑战时，个体不仅会在内部进行价值衡量，同时也会考虑外部社会网络中的资源，来加强自己的决策基础。

总之，个体认知激活通过促进网络成员之间更频繁和紧密的互动来增加网络密度。这种网络密度的增加不仅反映了网络结构的变化，也是社会资本积累的一种表现。通过这种方式，个体的认知激活行为对网络密度的影响可能也会增强个体应对风险和挑战的能力。

（2）个体行为意图

在行为决策过程中，战略性地使用网络密度的先决条件是，不同的网络结构与整个决策过程中所需的关键资源能可靠地联系在一起。因此，在评估来自网络结构的战略资源时可以将决策过程分为前因和结果（Sheldon和Fishbach，2015）。

个体网的网络结构在行为决策过程中表现出两个截然不同的重要特征。首先，稠密网络相对于稀疏网络具有更强的规范，因为几乎每个行动者都相互联系。社会规范可以对单个行动者进行更多的监督、控制和约束，并遏制他们不道德的行为意图。因此，许多研究将稠密的网络与道德行为联系起来，将稀疏的网络与不道德的行为联系起来。其次，稠密网络可以促进网络成员之间的相互信任、加强他们之间的合作关系，并在需要时提供广泛的支持。在这种网络中，成员之间彼此熟悉，了解对方的性格、行为习惯和历史，所以更容易建立起信任与互惠关系。信任是提供支持的基础，因为在焦点行动者遇到困难或需要帮忙时，他们会首先想到那些与其关系密切的其他个体。再次，随着焦点行动者与某些个体的关系变得更加密切和牢固，他们为焦点行动者提供的支持范围也会变得更广。这包括情感支持（如倾听和安慰）、实际帮助（如财务援助或日常事务的帮助）、信息支持（提供建议或信息）等。最后，稠密网络能够提供多维度的支持，帮助个体应对生活中的挑战。这种支持在面对生活压力和挑战时尤为重要，因为它能够提供必要的资源和情感支撑，帮助焦点行动者更好地应对和适应压力和挑战。

因此，稀疏网络中的关系较少，意味着个体之间的直接连接较为有限，这样的结构为个体提供了自主决策的空间；相较之下，稠密网络中成员之间的相互作用频繁，在一定程度上影响了个体的决策方向。总结来说，这种观点揭示了个体如何根据具体情境和目标选择利用社会网络密度的不同特性。长期来看，行为决策会促进网络内部结构的演化。连续的决策，特别是焦点行动者与其他个体达成共识的决策，可以导致网络从松散结构转变为更加紧密的结构，或者相反。例如，一个专注于增强网络“内层”关系的个体可能会将自身置于高密度的网络结构中，促进信息的快速流通和资源的快速共享。相反，如果个体决策倾向于独立行动而不是集体行动，网络密度可能随之减小。

（3）个体情感强度

个体和网络成员之间的情感强度与接触频率有关（Hill和Dunbar，2003；Mok和Wellman，2007），即个体从网络成员那里获得支持的概率（Kana’Iaupuni等，2005），以及个体情感强度随着时间的推移而衰退的可能性（Oswald和Clark，2003）。社会关系不是固定的、静态的，而是动态变化的，如果要生存，个体就需要积极地维护这些关系（Dindia和Canary，1993）。如果两个联系人都不努力维持关系，关系往往会随着时间的推移而衰退（Burt，2002）。而防止这种衰退的一个关键因素是两个联系人之间的频繁沟通（Oswald和Clark，2003）。因此，通信频率（或通信频率随时间的变化）经常被用作两个联系人之间关系强度的指标（Terhell等，2007）。

此外，情感的深度和稳固性可以增强行动者与网络成员之间资源共享和互动的意愿。在一个情感联系紧密的社会网络中，行动者更可能愿意投入时间和精力来维护这些关系，因为他们从中获得的情感满足和支持是显著的。行动者和网络成员之间最后一次接触的时间被用作在特定情感强度水平上维持关系的成本指标。最后一次接触的时间反映了在特定关系中投入的时间（Pollet等，2006）。这里的特定关系可以分为亲属关系和友谊关系，其中亲属关系比友谊关系更稳定，更不容易随着时间的推移而衰退（Burt，2002）。此外，与亲属关系相比，友谊的情感强度更容易受到持续接触时间的影响（Kenny，1987；Oswald和Clark，2003）。因此，为了维持一定程度的情感亲密度，行动者不得不为朋友付出比亲属更高的代价，即使是情感亲密度较低的朋友也需要更频繁的接触来维持。这种频繁接触对网络密度产生了直接影响。当个体在情感上投资更多时，特别是在友谊关系中，他们倾向于维持更频繁的交流和接触，从而增强了个体网的网络密度。

（4）其他因素

一些文献在相对独立的条件下研究了个体目标和网络成员之间的距离如何与网络密度的变化相关联。Sparrowe等（2001）认为个体目标不同也会导致网络密度发生相应变化，追求个体发展目标（如职业发展）的焦点研发者的个体网结构更稀疏，而追求人际关系目标（如拥有牢固的工作场所友谊）的焦点研发者的个体网结构更稠密。这些目标影响了其他行动者看待焦点研发者的方式，因此，个体发展目标导致其他行动者更多地通过工具性的视角来看待与焦点研发者的关系，而焦点研发者会根据其他行动者对目标的外在效用而不是关系的内在价值来评估他们。反过来，这种工具性的评估思维模式预测了激活稀疏网络的发展趋势。

另外，就距离而言，情感亲密度和距离之间存在相互作用，因为距离对强关系的持续接触时间的影响大于弱关系（Roberts等，2009），因为无论距离远近，与弱关系的联系都很少；相反，如果网络成员住在附近，与强关系的联系可能是频繁的，但是从机会成本角度来看，如果网络成员住得更远，交流就不会那么频繁（Roberts等，2009）。

5.5.3 个体网网络密度变化的结果

网络密度会潜在地影响创造力。创造性想法的产生通常是人们通过组合社会互动接触到的不同观点和方法的结果，学者们也越来越关注在工作中塑造创造力的社会网络参数（Uzzi和Spiro，2005）。网络密度对个体创造力的影响可以是正面的，也可能是负面的，具体取决于创造性任务的性质、网络内的动态以及其他相关因素。

高密度网络促进了成员之间的信息交流和资源共享。当网络中的个体能够轻松访问其他成员的知识和技能时，这种互联互通可以激发新的创意和解决方案，从而促进创造力的发展；然而，在高密度网络中，由于成员之间的联系紧密，信息可能在一个相对封闭的圈子里循环，导致信息同质化，即网络成员倾向于拥有相似的思想和视角。虽然这有利于形成共识和加强凝聚性，但同质性可能限制新颖想法的产生，从而抑制创新。

与高密度网络相对，低密度网络中的弱关系常常是连接不同社会圈子或群体的桥梁，能够带来新的信息和资源，促进信息的多样性和创新。弱关系使个体能够跨越自身紧密网络的界限，接触更广泛的社会网络，从而增加新机会和观点的流入。对于低密度网络中的弱关系优势具体分析如下：

Granovetter（1973）的弱关系理论阐明了社会网络关系对创造力的潜在影响。根据这一理论，充满"弱"关系的网络，其典型特征是不频繁的互动、短暂的历史进程和有限的（情感）亲密度，这些特征对创造性想法的产生特别有价值，因为这些特征允许焦点行动者更好地访问和接触社会距离较远的新颖性信息，从而刺激他们产生创造性想法（Perry-Smith和Shaiiey，2003）。事实上，以弱关系为主的网络中会产生较大的创造力收益。例如，Perry-Smith（2006）发现科学家网络中弱关系联系人的数量与科学家的创造力之间存在正相关。同样，Zhou等（2009）指出在技术员工网络中，弱关系数量与创造力的水平呈正相关。

此外，Granovetter（1973）在阐述弱关系理论时还表明，弱关系更有可能将行动者与不同的社会关系联系起来。弱关系因其网络更加广泛和多样化，能够提供不同于常规社交圈的信息和资源。焦点行动者通过弱关系能够接触来自不同经济或文化背景的新机会、见解和知识。通过弱关系的桥接作用，焦点行动者可以连接彼此原本不太可能直接联系的社会群体，从而为焦点行动者提供跨越不同社会界限的通道，这对于促进新思想的传播、新合作的建立及跨界创新非常重要。

弱关系能够增加个体的社会资本，即个体通过社会关系网络获得的资源和支持。虽然弱关系提供的支持可能不如强关系那样深入和稳定，但它们在数量和多样性上的优势使个体能够访问到更广泛的网络，获得更多的支持和机会。对于寻找工作、改变职业路径或进入新社会领域的个体来说，弱关系提供了宝贵的渠道。研究显示在求职过程中，通过弱关系获得的机会往往比通过强关系更加有价值，因为弱关系能够带来更多的"新消息"（Coleman，1988）。

因此，弱关系的这些特点使其成为连接不同网络、促进信息流通和社会融合的重要媒介。理解并有效利用弱关系，对于个体拓宽视野、增进社会和职业机会具有重要意义。总之，焦点行动者可以借助弱关系获得新颖性的视角和方法，其可以访问的新颖的、潜在多样化的信息越多，创造的可能性就越大。维持弱关系的发展可提高创造力水平（Smith，2005）。

本章小结

本章从节点、关系和结构三个维度论述了个体网的动态变化。

首先，在节点维度上，论述了焦点行动者如何通过个体认知来建立或终止与其他个体的网络关系，从而获得创新性表现的过程。其次，在关系维度上，论述了焦点行动者如何通过经纪关系控制和协调不相关的行动者之间的想法和信息流动，从而获取非冗余资源的过程。最后，在结构维度上，用三个具有代表性的结构性特征变量——中心性、网络规模和网络密度，具体论述了结构如何发生变化。其中，中心性用以表明焦点行动者所占的结构位置的重要程度，网络规模用以表示个体网中其他行动者的数量，网络密度捕捉了焦点行动者的联系人相互关联的程度。

参考文献

[1] Ahuja G, Soda G, Zaheer A. The genesis and dynamics of organizational networks[J]. Organization Science, 2012, 23(2): 434-448.

[2] Anderson C, John O P, Keltner D. The personal sense of power[J]. Journal of Personality, 2012, 80(2): 313-344.

[3] Aral S, Alstyne M V. The diversity-bandwidth trade-off[J]. American Journal of Sociology, 2011, 117(1): 90-171.

[4] Ashford S J, Cummings L L. Feedback as an individual resource: Personal strategies of creating information[J]. Organizational Behavior and Human Performance, 1983, 32(3): 370-398.

[5] Austin J T, Vancouver J B. Goal constructs in psychology: Structure, process, and content[J]. Psychological Bulletin, 1996, 120(3): 338-360.

[6] Avolio B J, Gardner W L. Authentic leadership development: Getting to the root of positive forms of leadership[J]. The Leadership Quarterly, 2005, 16(3): 315-338.

[7] Baer M, Evans K, Oldham G R. The social network side of individual innovation: A meta-analysis and path-analytic integration[J]. Organizational Psychology Review, 2015, 5(3): 191-223.

[8] Baker W E, Obstfeld D. Social capital by design: Structures, strategies, and institutional context[M] CorporateSocial Capital and Liability. Boston, MA: Springer US, 1999: 88-105.

[9] Baldwin T T, Bedell M D, Johnson J L. The social fabric of a team-based MBA program: Network effects on student satisfaction and performance[J]. Academy of Management Journal, 1997, 40(6): 1369-1397.

[10] Barley S R. Technology as an occasion for structuring: Evidence from observations of CT scanners and the social order of radiology departments[J]. Administrative Science Quarterly, 1986, 31(1): 78-108.

[11] Baum J A C, McEvily B, Rowley T J. Better with age? Tie longevity and the performance implications of bridging and closure[J]. Organization Science, 2012, 23(2): 529-546.

[12] Bearman P S, Everett K D. The structure of social protest, 1961-1983[J]. Social Networks, 1993, 15(2): 171-200.

[13] Bidwell M, Fernandez-Mateo I. Relationship duration and returns to brokerage in the staffing sector[J]. Organization Science, 2010, 21(6): 1141-1158.

[14] Boari C, Riboldazzi F. How knowledge brokers emerge and evolve: The role of actors' behaviour[J]. Research Policy, 2014, 43(4): 683-695.

[15] Borgatti S P, Brass D J, Halgin D S. Social network research: Confusions, criticisms, and controversies[J]. Contemporary Perspectives on Organizational Social Networks, 2014, 40: 1-29.

[16] Borgatti S P, Halgin D S. On network theory[J]. Organization Science, 2011, 22(5): 1168-1181.

[17] Brass D J. Being in the right place: A structural analysis of individual influence in an organization[J]. Administrative Science Quarterly, 1984, 12(2): 518-539.

[18] Brass D J, Borgatti S P. Social Networks at Work[M]. UK: Routledge, 2019.

[19] Brass D J, Galaskiewicz J, Greve H R. Taking stock of networks and organizations: A multilevel perspective[J]. Academy of Management Journal, 2004, 47(6): 795-817.

[20] Briñol P, Petty R E, Valle C, et al. The effects of message recipients' power before and after persuasion: A self-validation analysis[J]. Journal of Personality and Social Psychology, 2007, 93(6): 1040-1053.

[21] Briscoe F, Kellogg K C. The Initial assignment effect: Local employer

practices and positive career outcomes for work-family program users[J]. American Sociological Review, 2011, 76(2): 291-319.

[22] Burkhardt M E, Brass D J. Changing patterns or patterns of change: The effects of a change in technology on social network structure and power[J]. Administrative Science Quarterly, 1990, 35(1): 104-127.

[23] Burt R S. Bridge decay[J]. Social Networks, 2002, 24(4): 333-363.

[24] Burt R S. Brokerage and closure: An introduction to social capital[M]. New York: Oxford University Press, 2005.

[25] Burt R S. Network-related personality and the agency question: Multirole evidence from a virtual world[J]. American Journal of Sociology, 2012, 118(3): 543-591.

[26] Burt R S. Secondhand brokerage: Evidence on the importance of local structure for managers, bankers, and analysts[J]. The Academy of Management Journal, 2002, 50(1): 119-148.

[27] Burt R S. Structural holes and good ideas[J]. American Journal of Sociology, 2004, 110(2): 349-399.

[28] Burt R S. The contingent value of social capital - science direct[J]. Knowledge and Social Capital, 2000, 26(3): 255-286.

[29] Burt R S, Celotto N. The network structure of management roles in a large matrix firm[J]. Evaluation and Program Planning, 1992, 15(3): 303-326.

[30] Burt R S, Jannotta J E, Mahoney J T. Personality correlates of structural holes[J]. Social Networks, 1998, 20(1): 63-87.

[31] Burt R S, Kilduff M, Tasselli S. Social network analysis: Foundations and frontiers on advantage[J]. Annual Review of Psychology, 2013, 64(1): 527-547.

[32] Burt R S, Merluzzi J. Network oscillation[J]. Academy of Management Discoveries, 2016, 2(4): 368-391.

[33] Burt R S, Ronchi D. Teaching executives to see social capital: Results from a field experiment[J]. Social Science Research, 2007, 36(3): 1156-1183.

[34] Burt R S, Soda G. Network capabilities: Brokerage as a bridge between network theory and the resource-based view of the firm[J]. Journal of Management, 2021, 47(7): 1698-1719.

[35] Carlile P R.Transferring, translating, and transforming: An integrative framework for managing knowledge across boundaries[J]. Organization Science, 2004, 15(5): 555-568.

[36] Carnabuci G, Bruggeman J. Knowledge specialization, knowledge brokerage

and the uneven growth of technology domains[J]. Social Forces, 2009, 88(2): 607-641.

[37] Carnabuci G, Diószegi B. Social networks, cognitive style, and innovative performance: A contingency perspective[J]. Academy of Management Journal, 2015, 58(3): 881-905.

[38] Clement J, Shipilov A, Galunic C. Brokerage as a public good: The externalities of network hubs for different formal roles in creative organizations[J]. Administrative Science Quarterly, 2018, 63(2): 251-286.

[39] Coleman S. Why there is nothing rather than something: A theory of the cosmological constant[J]. Nuclear Physics B, 1988, 310(3-4): 643-668.

[40] Collins C J, Smith K G. Knowledge exchange and combination: The role of human resource practices in the performance of high-technology firms[J]. Academy of Management Journal, 2006, 49(3): 544-560.

[41] Conti N, Doreian P. Social network engineering and race in a police academy: A longitudinal analysis[J]. Social Networks, 2010, 32(1): 30-43.

[42] Cook K S, Emerson R M. Power, equity and commitment in exchange networks[J]. American Sociological Review, 1978, 43(5): 721-739.

[43] Denrell J, Liu C. Top performers are not the most impressive when extreme performance indicates unreliability[J]. Proceedings of the National Academy of Sciences of the United States of America, 2012, 109(24): 9331-9336.

[44] Dhand A, McCafferty L, Grashow R. Social network structure and composition in former NFL football players[J]. Scientific Reports, 2021, 11(1): 16-30.

[45] Dindia K, Canary D J. Definitions and theoretical perspectives on maintaining relationships[J]. Journal of Social and Personal Relationships, 1993, 10(2): 163-173.

[46] Dunbar R I M. Cognitive constraints on the structure and dynamics of social networks[J]. Group Dynamics: Theory, Research, and Practice, 2008, 12(1): 7-16.

[47] Ederer F, Manso G. Is pay for performance detrimental to innovation?[J]. Management Science, 2013, 59(7): 1496-1513.

[48] Fang R, Landis B, Zhang Z. Integrating personality and social networks: A meta-analysis of personality, network position, and work outcomes in organizations[J]. Organization Science, 2015, 26(4): 1243-1260.

[49] Feeney M K, Bozeman B. Mentoring and network ties[J]. Human Relations, 2008, 61(12): 1651-1676.

[50] Feld S L. Structural embeddedness and stability of interpersonal relations[J].

Social Networks, 1997, 19(1): 91-95.

[51] Fernandez R M, Gould R V. A dilemma of state power: Brokerage and influence in the national health policy domain[J]. American Journal of Sociology, 1994, 99(6): 1455-1491.

[52] Fischer C S. What do we mean by 'friend' ? an inductive study[J]. Social Networks, 1982, 3(4): 287-306.

[53] Forret M L, Dougherty T W. Networking behaviors and career outcomes: Differences for men and women? [J]. Journal of Organizational Behavior: The International Journal of Industrial, 2004, 25(3): 419-437.

[54] Freeman L C. Filling in the blanks: A theory of cognitive categories and the structure of social affiliation[J]. Social Psychology Quarterly, 1992, 55(2): 118-127.

[55] Galunic C, Ertug G, Gargiulo M. The positive externalities of social capital: Benefiting from senior brokers[J]. Academy of Management Journal, 2012, 55(5): 1213-1231.

[56] Gangestad S W, Snyder M. Self-monitoring: Appraisal and reappraisal[J]. Psychological Bulletin, 2000, 126(4): 530-555.

[57] George J M, Brief A P. Feeling good-doing good: A conceptual analysis of the mood at work-organizational spontaneity relationship[J]. Psychological Bulletin, 1992, 112(2): 310-329.

[58] Graham W J, Cooper W H. Taking credit[J]. Journal of Business Ethics, 2013, 115: 403-425.

[59] Granovetter M S. Economic action and social structure: The problem of embeddedness[J]. American Journal of Sociology, 1985, 91(3): 481-510.

[60] Granovetter M S. The strength of weak ties: A network theory revisited[J]. Sociological Theory, 1983, 1(6): 201-233.

[61] Granovetter M S. The strength of weak ties[J]. American Journal of Sociology, 1973, 78(6): 1360-1380.

[62] Gulati R, Sytch M, Tatarynowicz A. The rise and fall of small worlds: Exploring the dynamics of social structure[J]. Organization Science, 2012, 23(2): 449-471.

[63] Hansen M T. The search-transfer problem: The role of weak ties in sharing knowledge across organization subunits[J]. Administrative Science Quarterly, 1999, 44(1): 82-111.

[64] Hargadon A, Sutton R I. Technology brokering and innovation in a product development firm[J]. Administrative Science Quarterly, 1997, 42(4): 716-749.

[65] Hargadon S A. Brainstorming groups in context: Effectiveness in a product design firm[J]. Administrative Science Quarterly, 1996, 41(4): 685-718.

[66] Heider F. The psychology of interpersonal relations[M]. US: Psychology Press, 1958.

[67] Hill R A, Dunbar R I M. Social network size in humans[J]. Human Nature, 2003, 14(1): 53-72.

[68] Ibarra H. Personal networks of women and minorities in management: A conceptual framework[J]. Academy of Management Review, 1993, 18(1): 56-87.

[69] Ibarra H, Kilduff M, Tsai W. Zooming in and out: Connecting individuals and collectivities at the frontiers of organizational network research[J]. Organization Science, 2005, 16(4): 359-371.

[70] Jacobsen D H, Stea D, Soda G. Intraorganizational network dynamics: Past progress, current challenges, and new frontiers[J]. Academy of Management Annals, 2022, 16(2): 853-897.

[71] Janicik G A, Larrick R P. Social network schemas and the learning of incomplete networks[J]. Journal of Qersonality and Social Qsychology, 2005, 88(2): 348-364.

[72] Jonczyk C D, Lee Y, Galunic C. Relational changes during role transitions: The interplay of efficiency and cohesion[J]. Academy of Management Journal, 2016, 59(3): 956-982.

[73] Kana' laupuni S M, Donato K M, Thompson-colon T. Counting on kin: Social networks, social support, and child health status[J]. Social Forces, 2005, 83(3): 1137-1164.

[74] Kaplan S, Vakili K. The double edged sword of recombination in breakthrough innovation[J]. Strategic Management Journal, 2015, 36(10): 1435-1457.

[75] Karau S J, Williams K D. Social loafing: A meta-analytic review and theoretical integration[J]. Journal of Personality and Social Psychology, 1993, 65(4): 681-706.

[76] Katz D. The motivational basis of organizational behavior[J]. Behavioral Science, 1964, 9(2): 131-146.

[77] Keltner D, Gruenfeld D H, Anderson C. Power, approach, and inhibition[J]. Psychological Review, 2003, 110(2): 265-281.

[78] Kenny M E. The extent and function of parental attachment among first-year college students[J]. Journal of Youth and Adolescence, 1987, 16(1): 17-29.

[79] Kijkuit B, Ende J V D. The organizational life of an idea: Integrating social network, creativity and decision-making perspectives[J]. Journal of Management Studies, 2010, 44(6): 863-882.

[80] Kilduff M, Krackhardt D. Interpersonal networks in organizations: Cognition,

personality, dynamics, and culture[M]. Cambridge University Press, 2008.

[81] Kirton M J, De Ciantis S M. Cognitive style and personality: The Kirton adaption-innovation and Cattell' s sixteen personality factor inventories[J]. Personality & Individual Differences, 1986, 7(2): 141-146.

[82] Kirton M. Noise in solid-state microstructures: A new perspective on individuasolid state microstructures: A new perspective on individual[J]. Advances Physics, 1989, 38(5): 367-377.

[83] Kleinbaum A M, Jordan A H, Audia P G. An altercentric perspective on the origins of brokerage in social networks: How perceived empathy moderates the self-monitoring effect[J]. Organization Science, 2015, 26(4): 1226-1242.

[84] Kleinbaum A M. Organizational misfits and the origins of brokerage in intrafirm networks[J]. Administrative Science Quarterly, 2012, 57(3): 407-452.

[85] Kozhevnikov M. Cognitive styles in the context of modern psychology: Toward an integrated framework of cognitive style[J]. Psychological Bulletin, 2007, 133(3): 433-464.

[86] Krackhardt D, Carley K M. PCANS model of structure in organizations[M]. Pittsburgh, Pa, USA: Carnegie Mellon University, Institute for Complex Engineered Systems, 1998.

[87] Krackhardt D, Porter L W. The snowball effect: Turnover embedded in communication networks[J]. Journal of Applied Psychology, 1986, 71(1): 50-55.

[88] Krackhardt D. The ties that torture: Simmelian tie analysis in organizations[J]. Research in the Sociology of Organizations, 1999, 16(1): 183-210.

[89] Kruglanski A W, Higgins E T. Theory construction in social personality psychology: Personal experiences and lessons learned[J]. Personality and Social Psychology Review, 2004, 8(2): 96-97.

[90] Kruglanski A W, Shah J Y, Pierro A, et al. When similarity breeds content: Need for closure and the allure of homogeneous and self-resembling groups[J]. Journal of personality and social psychology, 2002, 83(3): 648-662.

[91] Kwon S W, Rondi E, Levin D Z. Network brokerage: An integrative review and future research agenda[J]. Journal of Management, 2020, 46(6): 1092-1120.

[92] Landis B, Kilduff M, Menges J I, et al. The paradox of agency: Feeling powerful reduces brokerage opportunity recognition yet increases willingness to broker[J]. Journal of Applied Psychology, 2018, 103(8): 929-938.

[93] Lazear E P. The power of incentives[J]. American Economic Review, 2000, 90(2): 410-414.

[94] Leahey E, Beckman C M, Stanko T L. Prominent but less productive: The impact of interdisciplinarity on scientists' research[J]. Administrative Science Quarterly, 2017, 62(1): 105-139.

[95] Levin D Z, Walter J, Appleyard M M. Relational enhancement: How the relational dimension of social capital unlocks the value of network-bridging ties[J]. Group & Organization Management, 2016, 41(4): 415-457.

[96] Levin D Z, Walter J, Murnighan J K. Dormant ties: The value of reconnecting[J]. Organization Science, 2011, 22(4): 923-939.

[97] Levin D Z, Walter J. Is tie maintenance necessary?[J]. Academy of Management Discoveries, 2018, 4(4): 497-500.

[98] Lincoln J R, Miller J. Work and friendship ties in organizations: A comparative analysis of relation networks[J]. Administrative Science Quarterly, 1979, 24(2): 181-199.

[99] Lingo E L, O' Mahony S. Nexus work: Brokerage on creative projects[J]. Administrative Science Quarterly, 2010, 55(1): 47-81.

[100] Locke E A, Latham G P. A Theory of goal setting & task performance[M]. Upper Saddle River: Prentice-Hall, Inc, 1990.

[101] Locke E. Motivation, cognition, and action: An analysis of studies of task goals and knowledge[J]. Applied Psychology, 2000, 49(3): 408-429.

[102] Martin J. A general permutation-based QAP analysis approach for dyadic data from multiple[J]. Connections, 1999, 22(2): 301-326.

[103] Martinsen O L, Kaufmann G. Cognitive style and creativity[J]. Encyclopedia of Creativity, 2011, 94(4): 214-221.

[104] Mayhew B H, Levinger R L. Size and the density of interaction in human aggregates[J]. American Journal of Sociology, 1976, 82(1): 86-110.

[105] McCarty C, Killworth P D, Bernard H R, et al. Comparing two methods for estimating network size[J]. Human Organization, 2001, 60(1): 28-39.

[106] Mehra A, Kilduff M, Brass D J. The social networks of high and low self-monitors: Implications for workplace performance[J]. Administrative Science Quarterly, 2001, 46(1): 121-146.

[107] Milanov H, Shepherd D A. The importance of the first relationship: The ongoing influence of initial network on future status[J]. Strategic Management Journal, 2013, 34(6): 727-750.

[108] Milardo R M. Comparative methods for delineating social networks[J]. Journal of Social and Personal Relationships, 1992, 9(3): 447-461.

[109] Mitsuhashi H, Nakamura A. Pay and networks in organizations: Incentive

redesign as a driver of network change[J]. Strategic Management Journal, 2022, 43(2): 295-322.

[110] Mok D, Wellman B. Did distance matter before the Internet? Interpersonal contact and support in the 1970s[J]. Social Networks, 2007, 29(3): 430-461.

[111] Morris M W, Podolny J M, Ariel S. Lay theories and their role in the perception of social groups [M]. US: Lawrence Erlbaum Associates Publishers, 2001.

[112] Moshavi D, Brown F W, Dodd N G. Leader self - awareness and its relationship to subordinate attitudes and performance[J]. Leadership & Organization Development Journal, 2003, 24(7): 407-418.

[113] Murphy K R, Cleveland J N. Understanding performance appraisal: Social, organizational, and goal-based perspectives[M]. US: Sage, 1995.

[114] Nie N H. Sociability, interpersonal relations, and the Internet: Reconciling conflicting findings[J]. American Behavioral Scientist, 2001, 45(3): 420-435.

[115] Obstfeld D. Social networks, the tertius iungens and orientation involvement in innovation[J]. Administrative Science Quarterly, 2005, 50(1): 100-130.

[116] Oswald D L, Clark E M. Best friends forever? High school best friendships and the transition to college[J]. Personal Relationships, 2003, 10(2): 187-196.

[117] Pachucki M A, Breiger R L. Cultural holes: Beyond relationality in social networks and culture[J]. Annual Review of Sociology, 2010, 36(1): 205-224.

[118] Parker A, Halgin D S, Borgatti S P. Dynamics of social capital: Effects of performance feedback on network change[J]. Organization Studies, 2016, 37(3): 375-397.

[119] Paruchuri S. Intraorganizational networks, interorganizational networks, and the impact of central inventors: A longitudinal study of pharmaceutical firms[J]. Organization Science, 2010, 21(1): 63-80.

[120] Perry-Smith J E. Social yet creative: The role of social relationships in facilitating individual creativity[J]. Academy of Management Journal, 2006, 49(1): 85-101.

[121] Perry-Smith J E, Shally C E. The Social Side of Creativity: A Static and Dynamic Social Network Perspective[J].Academy of Management Review, 2003, 28(1): 89-106.

[122] Pfeffer J, Salancik G R. The external control of organizations: A resource dependence perspective[M]. Stanford, Calif.: Stanford Business Books, 1978.

[123] Podolny J M. Networks as the Pipes and Prisms of the Market[J]. American Journal of Sociology, 2001, 107(1): 33-60.

[124] Podsakoff P M, Mackenzie S B, Paine J B, et al. Organizational citizenship behaviors: A critical review of the theoretical and empirical literature and suggestions for future research[J]. Journal of Management, 2000, 26(3): 513-563.

[125] Pollet T V, Kuppens T, Dunbar R I M. When nieces and nephews become important: Differences between childless women and mothers in relationships with nieces and nephews[J]. Journal of Cultural and Evolutionary Psychology, 2006, 4(2): 83-93.

[126] Pounds J, Bailey L L. Cognitive style and learning: Performance of adaptors and innovators in a novel dynamic task[J]. Applied Cognitive Psychology: The official Journal of the Society for Applied Research in Memory and Cognition, 2001, 15(5): 547-563.

[127] Quintane E, Carnabuci G. How do brokers broker? Tertius gaudens, tertius iungens, and the temporality of structural holes[J]. Organization Science, 2016, 27(6): 1343-1360.

[128] Reagans R, McEvily B. Network structure and knowledge transfer: The effects of cohesion and range[J]. Administrative Science Quarterly, 2003, 48(2): 240-256.

[129] Rider C I. Constraint on the control benefits of brokerage: Evidence from US venture capital fundraising[J]. SSRN Electronic Journal, 2009, 54(4): 575-601.

[130] Roberts S G B, Dunbar R I M, Pollet T V. Exploring variation in active network size: Constraints and ego characteristics[J]. Social Networks, 2009, 31(2): 138-146.

[131] Rodr í guez-Sedano A, Costa-Paris A, Aguilera J C. Social capital: Foundations and some social policies in the EU[J]. Sociology Mind, 2012, 2(04): 342-346.

[132] Roy W G. The unfolding of the interlocking directorate structure of the united states[J]. American Sociological Review, 1983, 48(2), 248-257.

[133] Sasovova Z, Mehra A, Borgatti S P. Network churn: The effects of self-monitoring personality on brokerage dynamics[J]. Administrative Science Quarterly, 2010, 55(4): 639-670.

[134] Scott S G, Lane V R. A stakeholder approach to organizational identity[J]. Academy of Management Review, 2000, 25(1): 43-62.

[135] Shah P P. Network destruction: The structural implications of downsizing[J]. Academy of Management Journal, 2000, 43(1): 101-112.

[136] Shalley C E, Zhou J, Oldham G R. The effects of personal and contextual characteristics on creativity: Where should we go from here?[J]. Journal of

Management, 2004, 30(6): 933-958.

[137] Shea C T, Menon T, Smith E B, et al. The affective antecedents of cognitive social network activation[J]. Social Networks, 2015, 43: 91-99.

[138] Sheldon O J, Fishbach A. Anticipating and resisting the temptation to behave unethically[J]. Personality & Social Psychology Bulletin, 2015, 41(7): 962-975.

[139] Smith E B, Menon T, Thompson L. Status differences in the cognitive activation of social networks[J]. Organization Science, 2012, 23(1): 67-82.

[140] Smith P K, Trope Y.You focus on the forest when you' re in charge of the trees: Power priming and abstract information processing[J]. Journal of Personality and Social Psychology, 2006, 90(4): 578-596.

[141] Smith S S. Don' t put my name on it: Social capital activation and job-finding assistance among the black urban poor[J]. American Journal of Sociology, 2005, 111(1): 1-57.

[142] Soares A E, Lopes M, Glinksa-Newes A, et al. A leader-network exchange theory[J]. Journal of Organizational Change Management, 2020, 33(6): 995-1010.

[143] Soda G, Usai A, Zaheer A. Network memory: The influence of past and current networks on performance[J]. Academy of Management Journal, 2004, 47(6): 893-906.

[144] Sparrowe R T, Liden R C, Wayne S J. Social networks and the performance of individuals and groups[J]. Academy of Management Journal, 2001, 44(2): 316-325.

[145] Sparrowe R T, Liden R C. Process and structure in leader-member exchange[J]. Academy of Management Review, 1997, 22(2): 522-552.

[146] Srivastava S B. Intraorganizational network dynamics in times of ambiguity[J]. Organization Science, 2015, 26(5): 1365-1380.

[147] Sterling A D. Preentry contacts and the generation of nascent networks in organizations[J]. Organization Science, 2015, 25(3): 650-667.

[148] Stiller J, Dunbar R I M. Perspective-taking and memory capacity predict social network size[J]. Social Networks, 2007, 29(1): 93-104.

[149] Stovel K, Golub B, Milgrom E M M. Stabilizing brokerage[J]. Proceedings of the National Academy of Sciences, 2011, 18(5): 21326-21332.

[150] Sutton R I, Hargadon A. Brainstorming groups in context: Effectiveness in a product design firm[J]. Administrative Science Quarterly, 1996, 41(4): 685-718.

[151] Sytch M, Tatarynowicz A. Friends and foes: The dynamics of dual social structures[J]. Academy of Management Journal, 2014, 57(2): 585-613.

[152] Ter Wal A L, Alexy O, Block J, et al. The best of both worlds: The benefits of open-specialized and closed-diverse syndication networks for new ventures' success[J]. Administrative Science Quarterly, 2016, 61(3): 393-432.

[153] Terhell E L, Van Groenou M I B, Van Tilburg T. Network contact changes in early and later postseparation years[J]. Social Networks, 2007, 29(1): 11-24.

[154] Torlò V J, Lomi A. The network dynamics of status: Assimilation and selection[J]. Social Forces, 2017, 96(1): 389-422.

[155] Tullett A D, Davies G B. Cognitive style and affect: A comparison of the Kirton adaption innovation and Schutz' s fundamental interpersonal relations orientation-behaviour inventories (KAI and FIRO-B)[J]. Personality & Individual Differences, 1997, 23(3): 479-485.

[156] Tushman M L, Anderson P. Technological discontinuities and organizational environments[J]. Administrative Science Quarterly, 1986, 28: 439-465.

[157] Uzzi B, Spiro J. Collaboration and Creativity: The Small World Problem[J]. American Journal of Sociology, 2005, 111(2): 447-504.

[158] Van Wijk J, Stam W, Elfring T, et al. Activists and incumbents tying for change: The interplay between agency, culture and networks in field evolution[J]. Academy of Management Journal, 2013, 56(2): 358-386.

[159] Vissa B. Agency in action: Entrepreneurs' networking style and initiation of economic exchange[J]. Organization Science, 2012, 23(2): 492-510.

[160] Walter J, Levin D Z, Murnighan J K. Reconnection choices: Selecting the most valuable (vs. most preferred) dormant ties[J]. Organization Science, 2015, 26(5): 1447-1465.

[161] Wellman B, Wortley S. Different strokes from different folks: Community ties and social support[J]. American Journal of Sociology, 1990, 96(3): 558-588.

[162] Zaheer A, Soda G. Network evolution: The origins of structural holes[J]. Administrative Science Quarterly, 2009, 54(1): 1-31.

[163] Zhelyazkov P I. Interactions and interests: Collaboration outcomes, competitive concerns, and the limits to triadic closure[J]. Administrative Science Quarterly, 2018, 63(1): 210-247.

[164] Zhou J, Shin S J, Brass D J, et al. Social networks, personal values, and creativity: Evidence for curvilinear and interaction effects[J]. Journal of Applied Psychology, 2009, 94(6): 1544- 1552.

[165] 刘楼. 组织内社会网络、中心性与工作绩效[M]. 广州：中山大学出版社，2008.

[166] 孙笑明，崔文田，王巍，等. 中间人及其联系人特征对结构洞填充的影响研究[J]. 管理工程学报，2018, 32(02): 59-66.

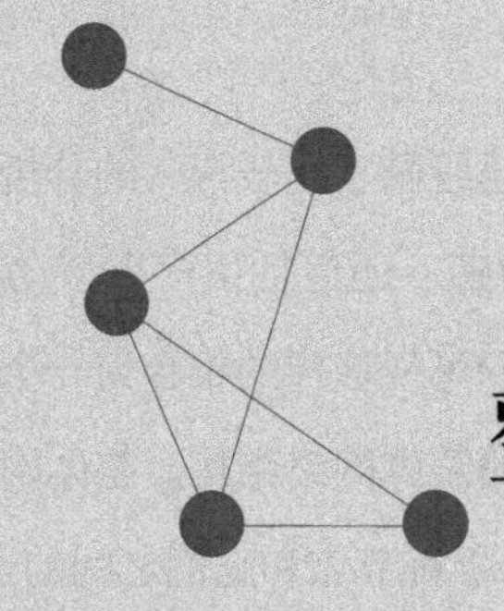

第6章 整体网的动态性研究

在上一章中，我们对个体网的动态变化已经做了比较深入的分析，但在现实研究中，动态网络分析的不仅仅是单个行动者，还包括由多个行动者组成的集合，比如一个非正式组织、正式组织等，我们可视这样的集合为一个整体。整体网是指由大量个体和他们之间的联系所构成的整体网络结构。整体网不以任何特定个体为中心（个体网），其包括了网络中的所有节点和它们之间的全部连接。

那么相较于个体网，该如何刻画一个整体网的动态变化呢？有哪些因素会对整体网的节点、关系和结构动态演化产生影响，以及演化结果会发挥何种作用？我们将在本章解答上述问题。

由于多数网络研究者都坚持如下社会结构观，即整体网络结构是在社会行动者之间实际存在或潜在的关系模式（刘军，2019）。因此，结构分析者的一个重要关注点是分析出网络中存在的“子结构”（Sub-structure）（刘军，2019）。本书采用刘军（2019）的分析方法，用群体结构组成来分析网络的整体结构。刘军（2019）认为，采用“横向”分析方式对构成整体网的每一种群体进行研究，会对整体网有更深层次的认识。因此本章首先从群体结构入手，引入“凝聚性”的概念，然后再延续上一章的分析框架，从关系和结构两个维度论述整体网的动态变化（如表6-1所示）。

表6-1 整体网动态研究

分析维度	研究内容	变化前因	变化结果
节点	群体成员①	稳定性、同质性、嵌入性	长期关系、合作意愿
关系	经纪关系	行动者约束、领导者行为、组织背景	群体间（内）关系形成与终止
结构	中心性	行动者认知、行动者情感、领导者行为	工作效率
	网络规模	行动者社会地位、行动者策略选择、内部技术引入	任务表现、创新能力
	网络密度	行动者熟悉度、行动者共享词汇、行动者社会地位	群体成员忠诚度、创造力

①这里将社会群体看作节点，是因为量化研究中的变量是基于“调查总体”而不是被调查的单个个体。因此，严格地说，分析单位并不是“单个个体”，而是各个被调查者的某个属性的集合（刘军，2019）。

6.1　整体网的社会群体变化

整体网研究中的群体是面向任务的，他们是为实现总的生产或服务目标的整体当中的一部分（Ilgen和Daniel，1999），即整体网是由一个群体内部所有成员及他们之间的关系构成的网络，如图6-1所示。因此，群体内外的互动和关系动态对于理解整体网的结构和功能至关重要。通过理解社会群体的内部结构和特性，研究者可以更加深入地理解整体网的本质。

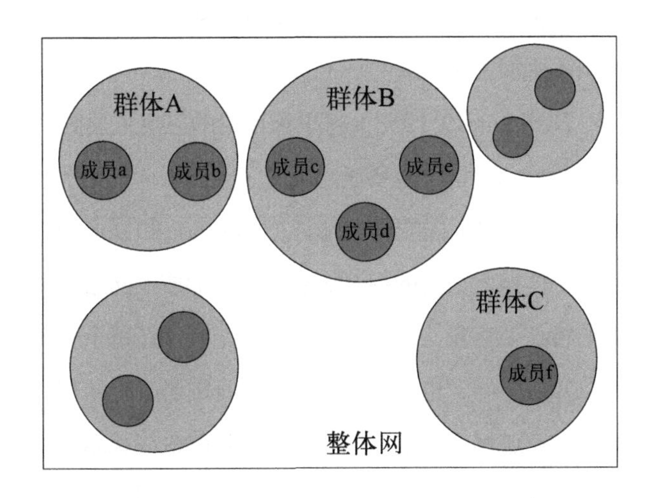

图6-1　整体网构成

6.1.1　群体的内涵

“物以类聚，人以群分”，群体也称为社群，与个体相对，是个体的聚合。不同个体之间为了相互交往、共同活动而聚集在一起就形成了群体。个体作为群体成员，通过群体活动满足自我生存和发展的需求，在群体中获得归属感、认同感、安全感、责任感等。

群体的概念是多种多样的，在社会网络分析中，我们关注的群体指在共同的目标和规范下，彼此互动、相互合作的社会行动者所构成的社群。群体中的个体、社会行动者可以是个人、团队、组织、家庭、城市、国家等（刘军，2019）。

有关群体的概念应用较为广泛。一般情况下，我们所研究的群体是小群体（small group），小群体人数不多，相对稳定，有共同目的，相互接触较多（刘军，2019）。而在小群体内部又可以分化出一些子群体（subgroup）（刘军，2019）。在后续论述中，我们不严格地限定群体、小群体、子群体的规模。

群体成员之间的关系模式是基于任务背景的（Brass，1985）。我们在这里使用平衡理论来研究群体形成的基本社会学问题。平衡理论被视为二元关系变化的一套生成机制，并作为研究社会行动者之间情感关系的结构生成框架。如果该结构由于"压力""冲突"等问题产生造成了不平衡，那么社会行动者就会改变其社会结构以减少不平衡关系。

在此基础上，Newcomb（1953）将平衡理论的应用扩展到了整体网中的群体，提出结构平衡的概念。这一重要概念改变了结构平衡作为个体内部过程机制的想法，并将注意力转移到了群体结构上。Hummon和Doreian（2003年）指出，群体结构是由个体彼此之间的相互信息整合而形成的网络结构，这种网络结构具有两个显著的特点：首先，由个体聚集形成；其次，每个个体的行为既受他们对群体结构的认知所引导，也受到群体结构本身的影响。结构平衡既是群体水平上发生的一系列动态过程，也是这些过程所导致的最终状态。

Hummon和Doreian（2003）进一步认为，将微观和宏观平衡过程纳入到个体和群体层面运作的耦合过程中更为合适。在这样一个概念中，当"内部"个体动态的运作方式以某种形式传达给其他个体时，就会产生群体层面的社会结构，该社会结构在群体成员做出情感选择时又会对他们施加约束。简而言之，将"内部"成员的动态变化纳入到群体层面的过程，创造了一个适当的结构平衡模型，该模型成为研究群体动态变化的基础。

上述关于群体的概念揭示了群体形成的关键因素，群体内部的各成员之间都存在互动，即各个成员围绕共同目标分工明确，他们有一定的凝聚性。凝聚性是社会资本的一种形式，这类社会资本指的是可能孕育出稳固信任和支持的人际关系（Putnam等，1992）。如图6-2所示，凝聚性的水平是动态变化的，可以从高度紧密互动逐步过渡至较弱的联系。这个过程体现了群体在达成工具性目标或满足成员需求过程中团结一致的发展趋势（Wise等，2014）。

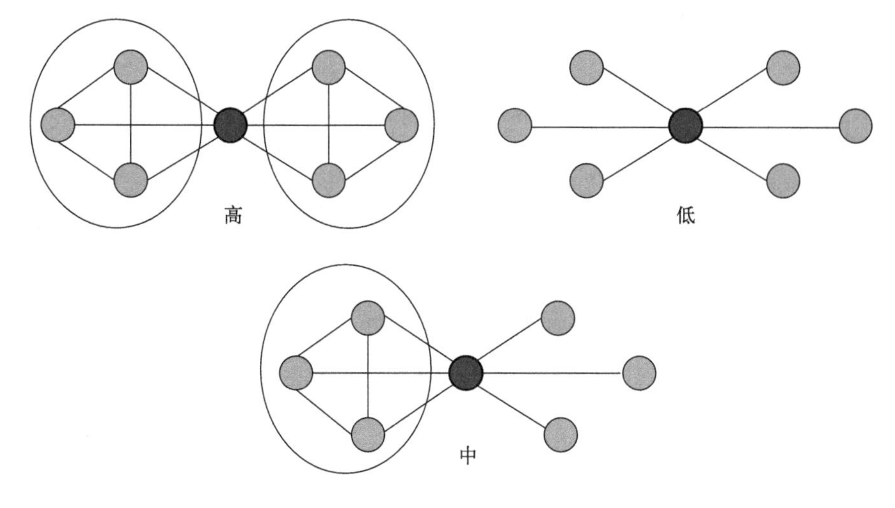

图6-2　不同凝聚性水平

在社会学研究中，特别是在对有关社会现象（如群体合作）的解释中，凝聚性扮演着重要的角色（Friedkin，1984）。例如，Friedkin（1984）认为，社会学研究中可以用网络凝聚性作为解释变量，用于解释群体成员如何达成共识。可见，凝聚性在社会网络分析中的重要性，并且当群体成员之间的关系越紧密，他们就越受到群体中的各种标准的影响。

当群体的网络凝聚性较高时，就会为该群体带来许多好处，例如，知识转移更容易，内部支持更多，个人满意度更高，群体内部冲突更低，群体成员流动率更低等。随着时间的推移，一个具有较高网络凝聚性的群体，其成员逐渐会呈现出共同的价值观，他们对群体的忠诚度普遍较高（Tekleab等，2009），这将使得群体内部的沟通更顺畅、更有效。

由群体和凝聚性的概念，我们引出凝聚子群的概念。在社会网络分析中，我们对群体研究的主要目的是分析凝聚子群，找到在一个整体网中存在各种凝聚子群。我们从子群在整个社会网络中占据的位置出发，分析环境对子群的影响、子群之间关系的变化、子群内部成员之间关系的变化（刘军，2019）。为了分析更为方便，后续研究中我们都基于群体角度来分析整体网动态变化。

6.1.2 群体形成的影响因素

根据Wasserman等（1994）对群体的定义，群体是由拥有强烈、直接、密切以及积极、频繁交互的个体所组成的集合。该定义强调了网络凝聚性的重要性。换言之，网络凝聚性是群体形成的一个关键因素。群体形成和维持的过程中，凝聚性扮演着至关重要的角色。它不仅影响群体内部互动的频繁程度和互动的深度，也影响着群体能否有效地实现共同目标。因此，群体变化可以从影响群体凝聚的稳定性、同质性、嵌入性、目标性四个方面来分析，如图6-3所示。

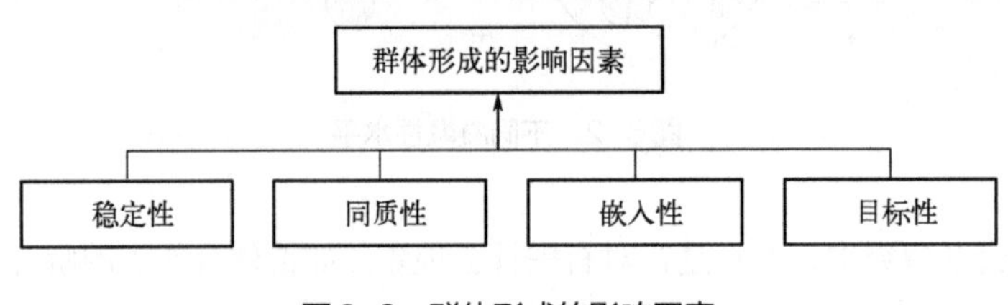

图6-3 群体形成的影响因素

（1）稳定性

稳定性是指群体中关系的连续性和可预测性，对于凝聚性群体的发展至关重要。当群体成员之间的关系具有高度的稳定性时，成员们更容易发展出相互信任、相互依赖以及共同的目标和价值观。这种稳定性能够加强群体的内部结合力，促使成员们更多地投入群体活动、共享资源并支持彼此的发展。

稳定性在情感维度上与情感信任有类似的效应（Chua等，2008）。在一个稳定的群体环境中，成员们因为长期互动而形成了深厚的人际关系和强烈的情感联系，这种情感上的绑定使得每个人都感受到了被群体支持和理解（Kahn等，2006），从而增强了群体的整体凝聚力（Lewis和Weigert，1985）。情感稳定性使得群体成员更愿意展开广泛的知识交流和创新活动（Smith等，2005），因为他们相信群体能提供必要的支持和鼓励。

稳定性在认知维度上更多地体现在对群体成员能力和行为的可预测性（Levin

和Cross，2004）。当群体成员相信彼此具有可靠的专业能力和责任感时，他们更有可能在需要完成共同任务或目标时相互依赖（Morrison，1993）。稳定性为群体成员提供了信心，使其在选择合作伙伴和建立工作关系时更加信任有能力和可靠的同事。

总体而言，无论是情感上的稳定性还是认知上的稳定性，都是凝聚性群体形成和维持的关键因素。稳定的群体环境促进了信任的建立，增强了群体成员之间的相互作用，从而有效促进了群体的长远发展和目标的实现（Casciaro和Lobo，2008）。在面对外部的挑战和内部的变动时，一个具有高度稳定性的群体更能显示出弹性和适应性，保持其结构的完整和功能的持续性。

群体保持稳定的一个非常重要的因素，是群体成员间彼此的信任。信任反映了焦点行动者对脆弱性的接受程度，也能体现网络凝聚性。由于信任是一个多方面的概念，所以我们有必要对信任的类型进行区分。研究主要集中在两种形式的信任上——基于情感的信任和基于认知的信任（Chua等，2008；Levin和Cross，2004；McAlliste，1995），这两种形式的信任契合了网络凝聚性的概念（Chua等，2008），下面我们对这两种形式的信任进行具体的描述：

① 情感信任。

情感充斥着社会网络，基于情感建立信任关系与个人偏好密切相关。它是两种信任形式中测度较为简单的一种，主要基于人际经验、喜爱或生理反应，所以一些学者称它为更持久的信任形式（Lewis和Weigert，1985）。

基于高度情感信任的关系是有价值的关系，因为它们可以促进更广泛的知识转移和知识创造（Smith等，2005），并保护焦点行动者免于精疲力竭（Kahn等，2006）。人们会根据对他人是否能产生情感信任来决定是否加入群体（Casciaro和Lobo，2008；Cross等，2003）。当人们在与他人的互动中感受到积极情感并产生情感信任时，就会形成关系较为紧密的群体，并期望在未来与群体成员互动时也感受到类似的情感（Casciaro和Lobo，2008）。因为这种群体满足了个体的归属感、认同感需求，在这样的群体中，积极的情感是会传染的，个体积极寻求与自身能产生情感信任的其他个体进行互动，进而形成具有网络凝聚性的群体。

② 认知信任。

基于认知的信任是指对同事能力、可靠性和责任感等方面的判断，这些特征有助于焦点行动者实现其目标。在工作场所，行动者往往根据同事的专业能力、过往表现和信誉来建立基于认知的信任。因此，这种信任为行动者在选择合作者和建立工作关系时提供了重要参考，使得行动者更倾向于与那些被认为是可信和有能力的同事合作，进而更有可能与他们形成群体。

相较于情感信任，有时工作关系更多基于工具性考虑，这是为了达成工作任务和目标而建立的关系。在这种工具性关系中，合作的动机通常是为了实现某种具体的或者特定的效益，比如知识共享、技能互补或资源访问。这种工具性关系下的合作通常是建立在相互利益的基础上，而不是群体成员之间深层次情感的联系。因此，虽然情感信任对于群体凝聚性和成员间协作非常重要，但在实际工作中，群体成员之间也常常需要建立基于工具性考虑的关系。这种关系的建立和维护要求群体成员能够识别和利用那些能够帮助他们达成目标的资源和合作伙伴，这对于群体的效率和项目的成功十分关键。因此，在面向效益的工作关系中，群体成员需要进行有目的的资源搜索（Morrison，1993），这包括寻找合适的合作伙伴、获取所需信息、利用现有的工具和技术资源。这些资源可以从非人际关系（文件、数据库、互联网搜索等）中获得，也可以从人际资源——社会网络中获得（Nohria和Eccles，1992；Kilduff和Tsai，2003）。通过社会网络获取资源取决于认知因素，如那些需要资源的群体成员是否知道或能够发现谁拥有资源并愿意分享给他们（Labianca和Brass，2006），进而与他们形成群体。

（2）同质性

根据同质性的原理，相似的个体之间形成群体的概率比不相似的个体之间的高。同质性描述了个体倾向于与社会特征相似的其他个体进行互动的现象，其中社会特征包括如年龄、性别、教育水平、职业、文化背景等。这种倾向通常会将社会特征上的相似性转化为网络结构中的接近性，即在网络中，信息往往更容易在具有相似社会特征的行动者之间传递，而这种传递所经过的中间关系数量较少。这就意味着，群体结构如何形成和演化，往往受到这些个体在社会空间中相互之间的关系和相似度的影响。同质性倾向和基于该原则形成的网络结构影响信息的流动、社会资本的积累以及群体的凝聚性。例如，倾向于获取多样化知识价值的个体可能更喜欢由具有相似专业知识的其他个体组成的群体，因为该群体有以下三个优势：

第一个是认知优势。认知优势体现为群体成员在思维方式、知识和信息方面的相似性。当群体成员具有相似的背景和观点时，他们更容易理解和沟通，共享相似的知识和经验。这种认知优势可以促进群体内部的合作和协同工作，提高问题解决和决策制定的效率和质量（Reagans等，2015）。

第二个是激励优势。当群体成员具有相似的价值观、目标和动机时，他们更容易互相理解和支持。相似的期望和目标可以增强成员之间的凝聚力和群体精神，促使他们共同努力追求共同的目标。此外，同质性还可以提供一种身份认同和归属感，使成员更加投入和满意于群体中的工作和活动（Black等，2004）。

第三个是关系优势。当群体成员具有相似的背景和特征时，他们更容易建立起互相理解和信任的关系。这种互相理解和信任可以促进有效的沟通和协作，减少冲突和误解的发生。同时，在面对外部挑战和竞争时，群体同质性可以加强成员之间的团结和支持，增强群体的抗压能力和竞争力（Wang等，2014）。因此，正是以上优势促使具有同质性的个体之间更有可能形成群体。

（3）嵌入性

Granovetter（1985）提出的嵌入性概念中指出，行动者的经济活动深受其所处社会关系网络的影响。这种影响不仅体现在行动者嵌入于广泛的社会结构之中，还表现为其深植于意义深远的社会联系之中。Krackhardt（1999）进一步指出，个体间频繁的互动促成了一系列共享规范的形成，这些共享规范为紧密联系的群体内部成员之间提供了行为准则。在这样的群体中，成员们能够更准确地理解对方的期望和共同遵守的习惯，正如Li与Rowley（2002）所述，这种理解促进了更高层次的协调。此外，Gulati和Gargiulo（1999）强调，在这些紧密连接的社会群体中，成员间能够进行更为精细的信息交换，从而增强了集体的行动效率和创新能力。

对群体形成的研究突出了嵌入性作为伙伴关系形成的一个重要机制（Podolny，1994）。潜在的新成员与群体中现有成员可能具有嵌入性。我们根据已有文献（Zhang和Guler，2020），将嵌入性分为两个维度：一种是嵌入性的广度，指现有群体成员中与潜在的新成员有着熟悉关系的成员所占的比例。这个指标反映了潜在新成员对群体中现有成员的熟悉程度，熟悉程度越高，群体内部知识共享程度越高，群体的网络凝聚性也越强。换句话说，如果潜在新成员与现有成员之间的关系比较紧密，那么新成员更容易融入群体中，并且更容易进行知识交流和共享。这种嵌入性的广度可以促进群体的协作和合作，提高整个群体的绩效和创新能力。另一种是嵌入性的深度，即潜在的新成员与群体中现有成员的过去关系的强度，强调了成员之间深层次的联系和互动，这种联系通常基于长期的互动和共同的经历。嵌入性的深度对于潜在新成员是否加入该群体具有重要影响。如果潜在新成员与现有成员之间的过去关系较为密切，包括共同的经历、互动和合作，那么他们之间的联系和互信程度更高，有利于信息的深入交流和知识的有效传递。因此，嵌入性的深度可以决定潜在新成员是否能够成功地加入该群体，并对群体的协作和创新能力产生积极影响。

（4）目标性

在群体层面，成员的个体目标对群体形成有重要影响。例如，如果由若干个体组成了一个工作群体，且所有群体成员都有很强的自我发展目标，那么这个群体可能不会团结一致，因为成员自身有目标驱动的倾向，要与群体之外的不同网络部分相关联。更重要的是，群体的任务要求决定了哪种类型的目标追求者是群体的理想成员。

如果一个以创新为主要任务的群体，其成员却主要关注于维持从属关系类型的目标，那么这个群体可能会变得孤立。这样的孤立状态会导致群体无法有效利用成员在群体外部的弱关系。正如Smith等（2005）所指出的，这些弱关系对于信息交流至关重要，因为它们能够跨越不同的社会圈子，带来新的信息和观点，从而促进创新和知识的流动。然而，在那些需要长期紧密合作和高度群体凝聚力的任务中，如果群体中存在着强烈自我发展目标的成员，这可能会对群体的凝聚性产生负面影响。成员过于关注个体目标而非群体目标时，可能会导致群体合作精神的弱化，从而影响到整个群体完成任务的能力。在这种情况下，个体利益与集体利益之间的矛盾可能会减少成员间的信任，降低共同工作的效率和质量，最终影响到群体实现其长期目标的能力。因此，为了维护群体的凝聚力和高效运作，确保成员间目标的一致性和相互支持变得尤为重要。

6.1.3 群体变化的结果

尽管整体网不同于二元网络，但群体结构依赖于二元关系。因为所有的群体都是从长期的二元关系开始的，正如先前的文献所指出的（Baum等，2003；Khanna和Rivkin，2006），这是分析复杂的群体变化过程的必要条件。群体结构的研究为理解群体中长期二元关系增加了一些独特的含义。如果我们将相互联系的个体视为不同群体的成员，由于这些群体具有自己独特的运作方式，导致其在多方互动时会遇到许多问题，如群体内部合作过程中的不信任和冲突削弱了成员之间的合作与协调，进而引发群体解散（Gulati等，2012）。相比之下，一些合作伙伴选择群体合并，从而更好地实现了共同目标，这表明有效的群体合并可以维持甚至加强潜在的群体间关系。

然而，牢固的关系需要维护，尤其是依赖其他行动者的焦点行动者更需要花费时间和精力来留住他们（Roberts等，2009）。这就出现了机会成本的问题——维护成本很高，关系收益并不总是有保证的，焦点行动者可能会选择退出该子群去投身其他活动。例如，McFadyen和Cannella（2004）表明，过多的直接关系对科学家的表现有抑制作用。

群体关系的机会成本随着可比较的替代关系的可用性而增加（Greve和Kim，2013），即现存的关系。评价这些现存关系质量的一个重要指标是认知信任水平。因为认知信任是基于对能力的期望，这种期望来自于直接可观察到的互动（McAllister，1995），这种类型的信任可以在网络中的不同行动者之间进行比较。也就是说，与群体解散问题相关的不仅仅是对群体成员本身的信任，而是对现有群体的相对信任水平。具体来说，随着认知信任在群体外其他关系中的增加，维持与现有群体的机会成本也会增加。因此，时间和精力有限的焦点行动者更有可能选择与群体外成员建立关系来替代这样的关系，他们的群体也会随之解散。

Lazzarini等（2008）也认为，在一个充满新机会和可选伙伴的环境中，维持现有的关系可能会面临挑战。这样的环境为个体提供了广泛的选择，使得他们能够寻求更有利的合作伙伴关系或更符合其当前需求和目标的联络。当行动者面对丰富的选择时，他们可能倾向于重新评估现有关系的价值，尤其是当这些关系可能妨碍新机会的探索时。例如，在一个动态的行业或研究领域中，技术进步和市场变化可能迅速发生，新的合作伙伴可能带来新的资源、技术或市场进入渠道。在这种背景下，如果现有的关系束缚了行动者的创新和成长，那么即便是建立在信任基础上的合作关系也有可能被新的、看似更具吸引力的关系所取代。

尽管如此，仍有研究表明，高水平的信任关系是防止群体解散的一个关键因素。Malhotra和Lumineau（2011）的研究表明，基于善意的信任，即与情感信任相似的信任形式，能够增强群体成员间的合作意愿。这种信任是通过正面的人际互动建立起来的，通常涉及共享行动者经历和展现真诚关怀等行为。当群体成员感受到这种善意的信任时，他们更有可能持续在群体中发挥积极作用。Dirks和Ferrin（2001）进一步总结了信任对群体凝聚性的影响，他们的研究强调了凝聚性较强的群体所表现出来的行为特点，特别是在信息交换的质量和数量上。信任能够减少交流中的犹豫和信息隐藏的倾向，促使成员们更开放地分享知识和想法，这对于解决复杂问题和创新非常关键。

6.2 整体网的经纪关系变化

在整体网层面的经纪研究与上一章的个体网层面的经纪研究有所不同，因为构成整体网的群体有其独特的群体身份，群体成员之间的相互依赖程度高于与外部人员的相互依赖程度，因此，群体内外的经纪关系会有所不同（Dahlander和McFarland，2013）。此外，整体网分析是围绕群体展开的，这些群体会塑造成员的个体网，例如，群体赋予焦点行动者以中间人的身份，并培养其与其他群体成员之间的相互依赖关系（Alderfer，1971）。这样就放大了群体成员间经纪关系的价值，并给群体中间人带来了更多的关注。

6.2.1　整体网经纪的内涵

在群体环境中，当网络变化的两种基本类型（形成新关系和终止旧关系）同时发生在群体内外部时，将会产生不同结果。例如，中间人可以通过从其他群体成员中寻找信息，在其所在群体中添加关系（群体内关系形成）；或者中间人可以通过从群体之外的行动者中寻找信息来添加关系（群体间关系形成）。类似地，中间人还可以停止从其群体内成员（群体内关系终止）或者群体外成员（群体间关系终止）处获取信息。因此，群体环境中的经纪关系变化表现为这四种类型（Gould和Fernandez，1989），如图6-4所示。

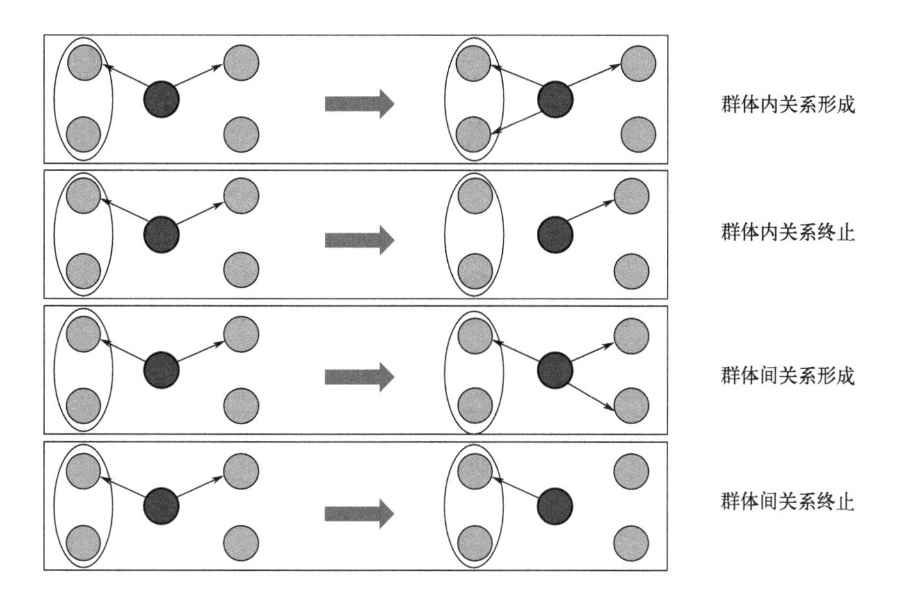

图6-4　群体内部（间）经纪变化

研究者们根据群体界限确定了不同类型的中间人。假设行动者可以同时在两个不同群体担任中间人：群体内部（群体内部中间人）和群体外部（群体间中间人）。群体内部中间人连接他们自己的群体成员，这些成员彼此之间没有关系。他们通过与其他群体成员协调来创造价值（Gould和Fernandez，1989）。然而，中间人也可以在群体之外有联系，并且在群体之外的两个不相关的他人之间架起桥梁（群体间中间人）。群体间中间人连接他们所属群体之外的其他群体，这两个群体之间没有关系。Balkundi等（2019）认为群体间经纪的总体优势是，这些中间人可以从不同的来源获得不同的信息。下面章节将详细探讨群体内部经纪和群体间经纪之间的主要区别，同时探讨这两种类型的经纪关系如何变化以及变化后的结果。

6.2.2 整体网经纪变化的影响因素

关于影响整体网经纪变化的因素主要有行动者的约束、领导者行为类型以及组织背景，如图6-5所示。行动者的态度、价值观、行为习惯等因素会影响焦点行动者对于新的经纪模式的接受程度。在群体成员当中，领导者的行为方式和态度会对群体成员产生示范和影响作用，一个能够有效沟通、协调和激励群体的领导者可能更能够推动整体网经纪的变革。与此同时，组织的文化、结构和制度等方面会对变革的实施产生影响。

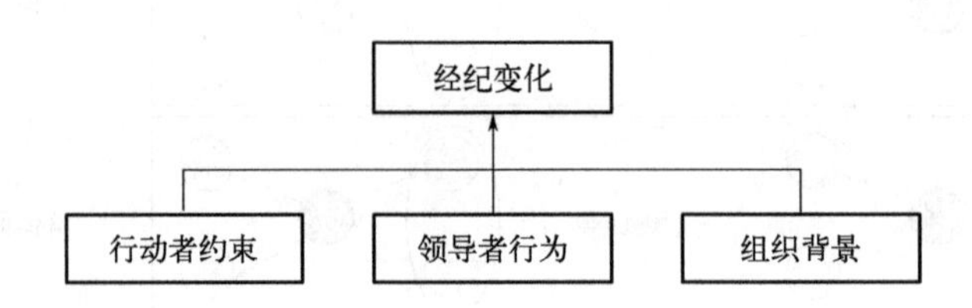

图6-5 经纪变化的影响因素

（1）行动者约束

① 群体内部经纪。

对于群体内部经纪，Balkundi等（2019）提出，在一个群体中，当中间人与互不关联的群体成员建立联系时，可能会受到其他群体成员更多的约束。这种约束可能是群体内部成员为了确保群体利益而对个体行为进行的自然约束。这样的行为约束会在一定程度上抵消作为网络中的“中间人”所拥有的位置优势，包括拥有更广阔的视野、获取更多样化的信息以及扩散更大的影响力、控制信息和资源的流动等。尤其是在密切协作的小群体、凝聚子群环境中，成员彼此之间依赖性更高。这可能导致群体过于关注内部的一致性和稳定性，特别是当群体的成就依赖于共同的身份和协调一致的任务执行时。此外，群体成员还会对中间人产生偏见（Stovel和Shaw，2012；Xiao和Tsui，2007），认为中间人极易行为不端和以自我为中心，并指责他们不是群体成员。这种标签可能会加剧对中间人的约束。因此，群体内中间人可能在改变其网络时受到约束。

② 群体间经纪。

与上述群体内部经纪不同，群体间经纪更接近于中间人作为自主代理的最初概念，拥有更多的自主性优势（Balkundi等，2019）。群体间中间人在他们的群体之外有联系人，因此，中间人可以在群体外部联系人之间架起桥梁，或者成为群体外部联系人和群体内部成员的中间人。群体间经纪的联系人可能都属于单个群体，或来自不同群体，而不是中间人自己的群体。与群体内部中间人相反，群体间中间人较少受到他们联系人的约束，特别是当联系人分布在不同的群体中时。其中，一部分原因是群体间中间人和其联系人之间缺乏相互依赖；另一部分原因是群体间中间人与外部联系人的互动较少。总体而言，群体间中间人的外部联系人观察和约束中间人的机会较少。

（2）领导者行为

领导者行为在影响群体成员经纪关系方面发挥着关键作用。这些行为可分为变革型领导者行为、交易型领导者行为、支持型领导者行为（Podsakoff等，2000），如表6-2所示。

表6-2 领导者行为类型

领导者行为	举例	影响
变革型	阐明愿景 培养对群体成员对设定目标的接受度 高绩效期望和智力激励	让员工表现超出预期的能力，这种额外努力以经纪的形式出现
交易型	奖励、惩罚行为	在社会交换过程中，互惠共赢在经纪行为中发挥着重要作用
支持型	倾听和沟通、正向反馈	支持和促进员工的经纪行为，甚至可能是影响群体成员经纪行为的基础

① 变革型领导者行为的领导者更多通过自身魅力去激励员工追求更高目标，使得群体成员提高对自我的要求，追求超越常规标准的任务目标。这种领导风格可能促使群体成员去寻找新的机会，实现自我超越。因此，作为网络中的中间人，群体成员可能会更主动地连接不同的群体，以获取新知识和资源来推动创新（Brass，1985）。

② 交易型领导者行为的领导者通过明确的目标和奖惩机制与成员进行互惠共赢的社会交换。如Graen和Scandura（1987）所述，这一领导风格强调的相互利益保证、互惠共赢可以增强群体成员的经纪行为，促进群体成员去寻找和构建那些能够为他们带来直接回报的社会联系和资源。

③ 支持型领导者行为的领导者为群体成员提供情感支持、鼓励和资源协助，进而使得群体成员在群体中感到更为自在，愿意建立和维护跨界的社会联系，并且更加愿意与群体外的个体或其他群体交流并分享信息或资源，因此，这类型的领导行为可以促进群体成员建立群体间经纪关系。

如前所述，几乎所有领导者行为都与群体成员经纪行为有一定的关系，但这些领导者行为影响中间人行为的机制并不相同。例如，在变革型领导者行为中，如果领导对绩效的定义扩宽到包括群体成员经纪关系，并根据该定义管理奖励行为，那么成员会期望增加经纪关系的数量。交易型领导者行为可能通过互惠行为对群体经纪行为产生影响，从领导那里获得支持的中间人可能希望付出额外的努力来帮助领导者。对于支持型领导者行为，领导者的支持促进了群体成员积极融入到群体中，更具备包容性与开放性，增强了其跨界交流和资源共享的倾向。领导还可能会提供一个适当的模型以模拟各种类型的经纪关系，可通过社会学习过程直接影响群体成员中间人行为。

最后，领导者行为也有可能以其他方式影响群体成员的经纪关系。例如，领导者仅关注群体内绩效，群体成员也可能会因为领导者的奖励行为而感受到公平对待，并会提高他们的工作满意度。公平和工作满意度都被发现与群体成员经纪关系正相关（Organ和Ryan，1995）。

（3）组织背景

除了成员约束和领导者行为，组织背景对经纪行为也很重要。例如，学校、工作和志愿等组织的作用提供了非亲属关系的最大优势（Louch，2000），这支持了Feld（1981）的论点，即集中的活动使人们彼此接触，以促进经纪的形成。因此，当行动者接触到异质事件或群体外关系时（Stam，2010），或者任职于鼓励员工在群体之间流动的企业时（Hargadon和Sutton，1997），他们更有可能成为中间人。像这样的组织环境为这些员工提供了与互不关联的群体建立关系的机会。

然而，Balkundi等（2019）的研究表明，在整体网中，身处网络中心位置的中间人可能因已有的丰富联系而对发展新关系表现出犹豫，而那些处于不太有利位置且机会较少的边缘成员则在整体网络中展现出更大的活跃度，在建立新的联系时没有太多的限制和约束。这表明组织的内部结构和成员的网络位置决定了他们作为中间人的潜力，即组织环境对成员建立和利用社交联系的动机和能力设定了限制或增加了可能性。

Kirkels和Duysters的研究（2010）提到，由于技术和认知的限制、专业知识或其他资源的缺乏，群体内成员往往依赖于中间人来访问并整合外部知识。中间人可以是内部成员，也可以是外部专家或顾问，他们通过其社交网络和相关知识来促进这个过程。更广泛地说，随着外部环境变得更加复杂，群体不得不更多地依赖中间人来获取外部知识，以克服内部技术和认知方面的限制（Kirkels和Duysters，2010）。Batjargal等（2013）的研究进一步指出，在市场或官僚体系不太成熟、新兴产业或正规机构不健全和效率低下的国家中，经纪机会出现的可能性会增加（Batjargal等，2013）。这个观点也适用于组织背景中。总而言之，组织的内外部环境定义了信息、资源和知识的需求和可利用性，从而塑造了中间人的职能和他们如何在组织内外部发挥作用。组织需不断评估内外部环境的变化，并相应地调整其经纪策略以保持竞争力和效率。

6.2.3 整体网经纪变化的结果

（1）群体内部经纪关系变化

① 关系形成。

群体内部中间人连接彼此没有关系的群体成员，并可以通过两种不同的方式在群体内建立新的关系。一种是当中间人想要在群体内引入一个先前与该群体内成员没有关系的新行动者时，中间人所扮演的角色不仅是连接者，还包括解码者和翻译者。这一过程要求中间人必须首先理解新行动者提供的信息，然后再将其翻译成群体其他成员可以理解的形式（Cross和Parker，2004）。鉴于这个过程在认知上要求很高，并且往往在密集的群体互动和紧密监督的环境中进行，群体内部的中间人可能不太愿意引入与现有成员没有直接联系的新行动者。

但由于第一种方式会给中间人带来额外的压力，尤其是在信息需要频繁传递和精确解读的情况下，他们可能会更倾向于加强与现有成员之间的联系，即采用第二种方式——引入先前与群体内成员有关系的以往行动者。这样可以避免建立和维护新连接所需的额外努力和资源消耗。但是这种方式也有一定缺陷，与群体内成员有关系的以往行动者不太可能为群体带来附加的信息价值或者价值较小，因为相应的知识或信息可能已经通过当前的行动者获得。加之，这种情况下的中间人将会处在群体内所有彼此相连成员的密切监视之下。在这样的群体动态中，所有的交流和关系均处于网络行动者的视线范围内，导致中间人在添加新的联系方面得不到激励，并且可能需要中间人承担额外的协调和维护工作。

② 关系维持。

群体内中间人由于在群体内部占据了较多的经纪位置，他们往往需要处理和协调大量的信息和关系，这无疑增加了他们的认知负担。而群体内部稠密的网络连接也意味着新信息的获取可能变得更加困难，因为他们已经与大部分能提供相关信息的群体成员建立了联系。此外，群体内部的监控机制——无论是正式还是非正式的——也可能对中间人创建新的关系构成制约。群体成员可能会密切关注中间人的行为和他们的社会关系网络，以确保符合群体的利益和期望。

相比之下，那些在群体内拥有较少经纪关系的成员，由于受到的监控较少，有更大的自由度去拓展新的社会关系。这类成员可以利用自己在网络边缘的位置，更容易地接触到群体外的信息和资源，同时也不受群体内部现有社会结构的严格限制。他们的这一优势使得他们可以作为信息和资源的新来源，为群体带来新的视角和机会。在某种程度上，群体内部中间人的行为倾向也反映了社会资本的优化策略。维持现有关系而非不断扩展新关系可以帮助这些中间人减少管理复杂社交网络的成本，同时保持群体内部的信息流和资源交换的效率和稳定性。他们可能更倾向于深化现有关系的质量而非数量，以在已有的社会结构中最大化他们的影响力和资源获取。

③ 关系终止。

如上所述，群体内部经纪可以增加群体内部的关系数量，从而影响群体内部中间人选择削弱群体内部关系的倾向。当中间人尝试重新激活与以往联系人的关系时，往往会触发群体内部现有关系的减弱或终止（从这个观点来看，关系建立的同时也可能伴随关系的终止）。一般来说，解除关系会有压力，这种情形往往暗示着焦点行动者可能低估了中间人与当前联系人之间的关系强度（Leary和Springer，2001；MacDonald和Leary，2005）。因此，处于群体内部中间人面临着尤为复杂的局面：一方面，他们的行为受到周围群体成员的监控和约束；另一方面，他们需要在整体网络中管理不同类型的关系。这些中间人的联系人中有一部分彼此没有联系，一部分彼此联系紧密，形成"闭合三元组"结构（Granovetter，1973）。在这样的网络结构中，激活一个旧联系可能会对现有的闭合结构或弱联系产生干扰，最终导致某些联系的弱化甚至断裂。由于中间人既要考虑网络的整体稳定性，又要权衡重新连接给现有社会结构带来的冲击，他们倾向于慎重决策，以避免不必要的关系终止。

为了减轻压力，群体内部中间人有两个选择：一是让群体中原本无关系的双方建立直接联系，从而导致网络闭合；二是主动终止关系，从而减轻压力（Balkundi等，2019）。这两种选择都意味着中间人失去了结构性优势。对于第一种选择，中间人较难控制，因为中间人为了自身信息、控制、视野优势很难做到让原本不相关的行动者之间建立关系，但是某些情况下，中间人不得不让两侧联系人建立关系，或者当两侧联系人建立关系后为中间人带来更大的利益；相比之下，中间人可以更好控制第二种选择，他们可以终止与少数价值较低的行动者之间的关系，从而减少自己维护这些关系的压力、时间成本。因此，群体内部中间人很可能会通过削减关系数量，减少因群体内部的额外监控而产生的额外经纪负担。

对于那些群体内部拥有较少经纪关系的中间人不会经历认知负担或将此作为经纪的压力。然而事实上，对于这部分中间人来说，保持现有关系的压力会更大。因为群体内部经纪带来的约束限制了群体内部中间人在群体外的网络行为，他们需要投入大量的时间和精力来协调和促进与不相关的群体成员的直接关系，这些群体内的协调动作和被监视的压力极大地消耗了中间人的认知资源，使得群体内部经纪选择终止关系这一阻力最小的路径来管理外部网络（Balkundi等，2019）。

（2）群体间经纪变化

① 关系形成。

群体间经纪是Burt（1992）在讨论中间人机会主义行为的更大自主权时提出的原型。这种经纪不同于群体内部经纪，因为其不会受到群体成员的监控。当中间人与不经常见面或一起工作的行动者联系时，行动者几乎没有信息来评估中间人。此外，由于群体间中间人的联系人分散在不同的群体中时，他们甚至不太可能监控中间人。因此，与群体内部中间人相比，群体间中间人可以自由地以社会期望和工具性的方式行事，而不会受到关系连通性的限制，因为他们可以访问外部网络（群体外部）并与大量潜在的联系人建立新的关系。

如果群体间中间人有较少的群体外关系或群体外行动者相互关联时，则该中间人在群体间占据较低经纪位置，因此会受到个人机会主义行为的监控。与低经纪位置的群体间中间人相比，高经纪位置的群体间中间人可以充当信息守门人（Gould和Fernandez，1989），他们从外部网络关系中获取多种多样的信息，然后将其传达给他们的群体。然而，如果要为焦点行动者和群体服务，这些信息必须被翻译和定制，为此，中间人需要他们自己的群体成员的帮助（Balkundi等，2019）。也就是说，对于群体间中间人来说，整合不同信息的认知负担仍然是一个重要影响因素。然而，因为群体间中间人不受他们群体成员的监控，他们有更大的自主权允许他们在群体内形成新的亲密关系。

② 关系维持。

群体间中间人通常不会在自己群体内部显得突出，因为他们在社会网络中的经纪位置以及相应的经纪活动往往超越了自己群体的范畴。因此，他们在自己群体内部可能并不受到过多关注，但这不意味着他们会有意削弱内部的联系。事实上，由于群体间中间人在连结不同群体时起到桥接作用，他们通常有更多的机会和动机去强化内部关系以确保信息和资源的顺畅流动。

此外，如果群体间中间人的某些行为损害了两个群体间的信任关系，这不但会引起其他群体的成员对他们的警觉和疏远，而且其也可能因此而受到本群体成员的质疑。因为他们的行为可能不只影响他们个人与其他群体的联系，甚至可能影响到其所在群体的外部声誉和关系。因而，在大多数情况下，群体间中间人不太可能选择削弱他们在群体内部的紧密联系（Balkundi等，2019）；相反，保持并加强这些内部联系更符合他们在两个群体之间经纪的角色需求。

与尝试新建群体外部关系相比，维护和增进现有群体内部关系是一种更为节省资源且效率较高的做法。通过内部关系的维护，中间人可以利用已有的信任基础和共享的社会资本，更好地进行信息的整合，无论是来源于群体内还是外部。即便有时候从群体内部获得一些信息可能存在冗余，但相较于构建新关系所需投入的时间和精力，维护现有关系的代价通常较低，这也使得群体间中间人倾向于保持和强化他们的内群体联系。

③ 关系终止。

群体间中间人作为连接不同社会群体的关键人物，他们的作用在于促进跨群体的信息和资源交流。然而，正因为他们的位置不在任何一个群体的核心，他们拥有相对更大的自由度来添加或终止关系（Herman，1982；Sewell，1998）。维持一个社会关系需要花费宝贵的时间和资源，如果某一关系无法提供独特的价值，或者其中传递的信息与其他渠道获得的信息存在较高的重叠和冗余性时，那么群体间中间人会主动终止这些关系。通过终止多余的关系，群体间中间人可以更充分地利用剩余关系，也可以释放他们的资源来寻找新的和更有用的关系。

此外，他们独特信息的来源主要来自于群内外部的连接而不是仅限于内部环境。与位于群体间经纪地位较高的人相比，那些在群体间处于经纪地位较低的中间人可能会因社会期望和信息整合需求而终止关系。这表明，群体间经纪地位低的行动者在促进信息流通和资源交换方面承受更大的压力，也因此更有可能在外部压力和内部群体规范的双重作用下放弃其中间人角色。这种行动可能导致他们失去获得和传播关键信息的机会，从而减少对群体的贡献。因此，尽管他们可能在两个群体间建立了关系，但如果社会期望和信息处理的需求超出了他们的能力或愿意承担的责任，他们仍可能选择终止该经纪关系。

6.3 整体网的中心性变化

在社会网络分析中，学者们常常使用中心性作为识别网络中关键个体的基本工具。多数研究在应用中心性指标的过程，主要用于分析焦点个体在网络中的重要性程度（Everett和Borgatti，1999）。在整体网中，群体成员的中心性高低代表着他们在群体中的地位和影响力高低。例如，群体中的技术领导者（关键研发者）就处于整体网中较为中心的位置，他们的地位较高，对其他成员的影响力较大。现实生活中也存在很多适用于分析以群体作为焦点节点的中心性度量方法。例如，在一个特定社会网络背景下，领导者群体处于权力的核心地位，而员工群体则往往处于权力的外围；特定群体或阶层（妇女、老年人等）在一定程度上有可能被边缘化。中心性在整体网分析中可以反映出个体或者群体的重要性程度和影响力大小。

6.3.1 整体网中心性的内涵

中心性是用来度量“权力”（Power）的指标。权力的概念在不同的学术领域有着广泛而多样的定义和理解。在整体网中，权力存在于网络之中的每一个节点以及节点之间的关系，在动态的社会交互过程中无处不在。权力是由各个节点集体构成的整体网中的流动性特征，而不仅是单个个体所掌握的固有属性（米歇尔·福柯，2016）。因此，权力不是由某些精英所独占的资源或商品，而更像是Hoy（1986）所描述的“没有主体的意向性”。这种理解意味着整体网中每一个节点，无论其在网络中的位置如何，都在一定程度上参与塑造这个不断变化的整体网，并且每个节点的操作和决策都有可能导致整个网络的动态变化。

关于权力的来源也有很多方式，包括正式的权威职位（Guinote，2017）。然而，权力的来源并非仅来自于正式的权威或职位，它也可以植根于行动者的主观感受，即人们认为自己在多大程度上能够掌控权力和资源（Moskowitz，1994）。行动者对自身能动性和控制力的感知对于权力的构成至关重要。当行动者感觉自己缺乏对重要资源的正式控制权时，他们可能会依赖于更多的正式权力或资源的控制来补偿这种感知上的不足，并利用这种正式权力或资源控制来激励自己采取行动，在自己的代理范围内产生影响力。换言之，正式权力或资源控制可以成为行动者动力的来源，并增强他们在群体中的影响力。

当行动者感觉自己具备较高的权力时，即使在面对如关键信息资源的短缺等情况时，他们也可能不会停止采取行动，尝试各种对群体产生影响的方式。他们通过强调自身的能力和动力来克服资源不足的挑战，从而在没有资源支撑的情况下也能影响群体动向和决策。这说明，在社会网络中，行动者自我感知的权力与他们的行为模式紧密相连。在这种情况下，即使资源有限，强烈的自我感知也可能驱动行动者寻找其他方式来执行权力，如通过说服、建立联盟等。因此，深入理解行动者权力感知如何影响他们的行动和在群体中的互动模式，对于有效地构建和管理群体至关重要。

然而，这种主观权力感很难通过调查研究测算出来。于是，社会网络学者从“关系”角度出发对权力进行了定量研究。行动者在整个社会网络中具有怎样的权力，或者说居于怎样的中心地位，这是社会网络分析者最早探讨的内容之一。多年来，随着社会网络研究人员对行动者之间的关系模式如何影响各种结果的研究，基于权力的概念引出“中心性”这一量化指标。中心性概念是网络分析中的关键理论，用于衡量整个网络中有重要影响作用的节点。其中，三种最常用的指标是度中心性、中介中心性和接近中心性。

（1）度中心性

在整体网中，焦点行动者的度中心性（Degree Centrality）指的是与焦点行动者有直接关联的其他行动者的数量（刘军，2019）。度中心性高的行动者在网络中具有更多的直接连接，因此，他们在信息传播、资源流动过程中具有更大的影响力。

（2）接近中心性

在整体网中，焦点行动者的接近中心性（Closeness Centrality）指焦点行动者与其他行动者之间的距离总和。焦点行动者的接近中心性取决于他们与其他行动者之间的平均最短路径长度，即焦点行动者到达其他行动者所需的平均步数。计算焦点行动者的接近中心性时，首先确定他们到达其他行动者的最短路径长度，然后将这些路径长度求和并取其倒数，得到他们的接近中心性分数。这意味着，接近中心性高的行动者通常距离网络中其他行动者更近，他们在信息传播和资源流动中效率更高。

（3）中介中心性

在整体网中，中介中心性（Betweenness Centrality）指焦点行动者在网络中占据资源流动路径的关键位置的能力，即焦点行动者位于网络中其他任意两个行动者之间最短路径上的频率（刘军，2019），焦点行动者作为连接其他行动者最短路径的中介的次数。这一指标反映了其他行动者对焦点行动者的依赖程度。焦点行动者的中介中心性越高，其在网络中作为连接其他行动者的中介角色越关键。这是因为具有较高中介中心性的行动者通常掌握着较强的控制网络中信息和资源流动的能力，从而有能力促成或限制其他行动者之间的互动。然而，担任网络中的局部汇结点或枢纽也可能会导致信息超载的问题。由于需要处理和传递大量信息，焦点行动者可能会面临资源吸收能力的局限，无法有效管理来自网络各方的信息流。这样的信息超载不仅可能影响焦点行动者本身的决策质量，还可能减缓整个网络的信息流动效率，限制网络的整体功能。

总的来说，在整体网层面上，中心性表现为整体的集中化（Centralization）程度。整体集中化类似于构成群体的每个个体网络关系数量的差异（Sparrowe等，2001）。从个体层面，当个体之间的网络关系数量的差异较小时，没有一个个体比任何其他个体享有更多的关系，因此没有一个个体比任何其他个体更重要。相反，当个体之间的网络关系数量的差异很大时，焦点个体拥有更多的关系，因此比其他个体更重要，我们把焦点个体称为核心个体。同样地，我们将这个观点运用于群体中，那么这个焦点群体则为核心群体（Sparrowe等，2001）。

6.3.2 整体网中心性变化的影响因素

关于影响整体网中心性变化的因素主要有行动者的认知与情感、领导者行为、行动者关系以及行动者信息处理，如图6-6所示。网络行动者对网络结构和中心性概念的理解程度会影响他们的行为和决策，而群体中领导者的行为不仅直接影响其自身的网络位置，还会通过示范效应影响其他成员的行为。具有积极情感的成员和领导者构成的群体更容易形成紧密的连接和中心化的网络结构。

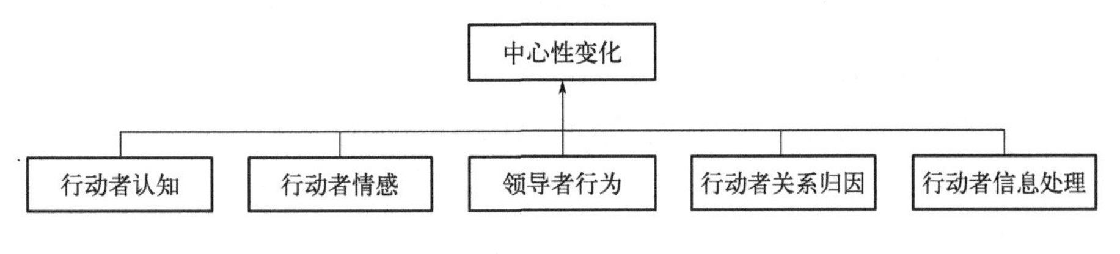

图6-6 中心性变化的影响因素

（1）行动者认知

行动者认知是指整体网中各个行动者对其他行动者行为、能力和意图的理解和判断。焦点行动者的行为和表现如何被其他成员感知和解读，直接影响其在网络中的中心性和地位。当群体成员对焦点行动者持有积极的认知评价时，他们更倾向于与其建立联系和互动，从而提高焦点行动者的网络中心性（Casciaro和Lobo，2005）。

行动者认知通过以下几个方面影响整体网中心性：

① 能力认知：当群体成员认为焦点行动者具有较高的专业能力和解决问题的技能时，他们更愿意向其寻求帮助和合作（Casciaro和Lobo，2008）。

② 行为认知：成员们根据焦点行动者的行为表现来形成对其可靠性和责任感的认知，如果焦点行动者被认为是可靠且负责任的，其他成员更愿意与其合作和互动（Cross等，2003）。

③ 意图认知：成员们会评估焦点行动者的动机和意图，如果焦点行动者被视为具有积极的意图，并致力于群体的共同目标，其他成员会更倾向于支持和依

赖他们。

以上三个方面的行动者认知对整体网中心性的影响机制可以这样理解：首先，群体成员会根据他们对焦点行动者的认知来选择互动对象（Scherer和Cho，2003）。积极的成员认知促使更多成员选择与焦点行动者建立联系，从而增加其网络连接度。其次，成员认知影响信息流动的方向和速度，积极的认知评价促进信息向焦点行动者集中的趋势，其成为信息的关键节点，进一步巩固其中心地位。再次，成员认知通过社会传染的方式来影响整体网。当某些成员对焦点行动者形成积极认知时，这种认知会通过社交互动扩散到其他成员，形成整体网中普遍的认知趋势，提升焦点行动者的中心性（Monge和Contractor，2001）。

（2）行动者情感

行动者情感是指群体成员共有的情感状态以及这些情感状态如何在群体中传递和影响群体的社会结构（Hinsz等，1997）。情感状态可以包括快乐、满意、士气高昂等积极情绪，也可以包括焦虑、不满、消极等负面情绪。这些情绪在群体中的传播不仅影响成员个体的行为和决策，还能显著影响整体网的中心性。

当群体成员在情感上达成共鸣时，他们更有可能形成较强的社会联系和频繁的交流。积极的情感共鸣，如愉快和满意度，可以加强成员间的合作和沟通，这将直接提升群体的整体连结度和焦点行动者的中心性。情感在群体中的同步化能够促进群体内部的协调和一致性，使得群体能向着共同的方向和目标努力（Morgeson和Hofmann，1999）。例如，如果焦点行动者能有效管理和引导群体情感，如提升士气或缓解压力，那么他们的领导地位和中心性将会得到加强。情感的传播过程中，“社会传染”现象会影响群体成员的情绪状态，进而影响他们的行为模式。焦点行动者的情感状态，如乐观和积极，可以通过社会互动被其他成员所吸收，这种影响力可以固化或提高他们在网络中的中心性。另外，在许多群体中，情绪反应可以形成一种自我增强的循环，即正面情绪促使更多的社会互动和共情响应，进而再次增强正面情绪。这种循环增强群体的连结性，提升焦点行动者在网络中的位置（Lord和Dinh，2014）。

（3）领导者行为

指定的或正式的领导者（包括主管、经理等）可以依靠许多权力来源来影响中心性（Raven，1993；Raven等，1998）。执行力较高的领导者更依赖非正式权力，如人际关系和网络中的位置等，而不是正式权力来源，如等级地位或权威等（Rahim，1989）。通过领导者的有效指导，不仅为员工指明方向和目标，还为员工提供促进目标实现的资源（House，1971，1996）。此外，正式网络中的领导者也可以从非正式网络中的领导者受益。在非正式网络中占据中心节点的领导者倾向于访问不同的数据，这些数据可能有助于他们巩固权力，或为他们提供完成任务所需的信息资源（Krackhardt，1996）。例如，处于关键位置的领导者（下属倾向于向他们寻求建议或建立友谊关系）往往对其自身的社会结构有相对全面的看法，这种洞察力可能有助于领导者做出更好的决策（Greer等，1954）。

领导者作为网络中资源流动的"守门人"，能够决定何时、如何以及向谁分配资源，包括物质支持或信息资源（Krackhardt，1996）。通过资源分配和信息传播的控制，领导者可以促进某些态度积极的员工之间建立联系，或者阻碍其他态度消极的员工之间建立联系，从而在整体网中形成更紧密、更有利的连接模式。这不仅影响了员工之间的直接关系数量，即网络中的度中心性；同时，也影响了员工通过网络与其他员工建立新关系的能力，即网络中的中介中心性。通过促进或限制某些互动，领导者可以改变网络中一些节点的分布，即有意或无意地推动某些能力突出的员工成为更为中心的节点，而使其他能力一般的员工处于网络较为外围的位置。随着时间的推移，这些中心位置的重新分配可能导致团队或组织整体效率和效果的改变，这种结果又可能反过来影响领导者的决策和策略，形成一个动态的反馈循环。因此，领导者结构和领导者行为在非正式社会网络中的作用是至关重要的，其影响不仅限于团队或组织中直接的下属，而且扩展到了团队或组织的整体网络，最终影响了整体网网络中心性的动态变化。

（4）行动者关系归因

行动者关系归因是指焦点行动者与其他行动者互动时会产生积极感受的信念（Casciaro和Lobo，2005），是关于焦点行动者认为在特定的行动者周围可能会有什么感受，而不是感觉本身。处于关系中的行动者会对彼此做出归因，根据这种观点，核心行动者是整体网研究关注的焦点，因此，群体中各行动者倾向于将最终结果归因于核心行动者，无论是积极的还是消极的（Meindl等，1985）。通过这种因果归因，整体网中各行动者将根据最终结果树立对核心行动者的看法，从而导致核心行动者在整体网中的中心性变化。

关系归因影响网络中心性变化的原理在于社会互动和认知动力：当整体网中的某些行动者观察到核心行动者行为热情、积极时，他们更倾向于与之建立联系和互动。这种互动频率的增加直接提升了核心行动者在社会网络中的连接度，进而提高了其网络中心性，即核心行动者在整体网中的重要性和影响范围变得更为显著（Casciaro和Lobo，2008；Cross等，2003）。

关系归因与社会传染理论之间有很紧密的关系，该理论强调了行为模仿和态度传播的作用，解释了如何通过行动者的相互作用和对彼此行为的反应来影响对方。一个行动者的社会影响力可以扩散并反过来影响其在网络中的位置。通过社会传染理论，我们可以更容易理解核心行动者的网络中心性是如何通过整体网中其他行动者的态度和/或行为而发生变化的（Scherer和Cho，2003）。社会传染理论中行动者之间的互动不仅仅是私下的知识和态度的交流，而是在整个网络中以可观察的互动模式，使得行动者在网络中的位置和连接方式发生变化（Monge和Contractor，2001）。因此，社会传染理论在社会网络分析中发挥着关键作用，因为行动者之间是相互影响的，又由于核心行动者与整体网中其他行动者距离较短（Freeman等，1979），这使得核心行动者处于影响社会传染的焦点位置。

（5）行动者信息处理

行动者信息处理可以被认为是信息、想法或认知过程在群体成员之间共享的程度，以及这些共享的信息如何影响群体成员的决断（Hinsz等，1997）。由于群体内其他行动者通常会受到核心行动者的影响，表现出行为、态度等方面的同质性，因此，信息的共享和传递不仅增强了群体成员的互动和一致性，还可能导致群体成员决策和行动的同步化。信息处理被认为是一个二阶因素，包括两个组成部分：信息交换和信息使用（Deeter-Schmelz和Ramsey，2003）。

从信息交换方面来看，当一个群体的成员分享、讨论和评估其从环境中获得的信息时，信息交换就发生了。信息交换的重点是群体成员之间的互动，这将产生共同的看法和意见。例如，其他行动者倾向于将核心行动者视为焦点，并相互之间分享、讨论和评估关于核心行动者的信息，从而产生对核心行动者的共同看法和意见。从信息使用方面来看，信息使用涉及信息处理过程中被行动者更改的信息，对于这些信息的利用将影响行动者的态度和行为。例如，如果大家都认为核心行动者和蔼可亲，其他行动者会更愿意去找核心行动者讨论新想法、寻求支持或讨论问题。

此外，信息处理有助于解释中心性的来源，并通过解释行动者之间的共享结构是如何构建的来说明中心性的变化（Lord和Dinh，2014）。一旦这样的共享结构形成并在行动者之间普及，这些观念通过讨论和社会互动在行动者之间传播，从而成为网络共享的信念和预期，行动者的行为便会因此做出调整（Morgeson和Hofmann，1999）。例如，如果下属认为领导的沟通技巧优秀，他们可能更愿意与领导进行更多的沟通和互动，而且随着互动频率增加，领导的网络中心性随之增强。可见，其他行动者更频繁地参与到与核心行动者的互动中，加强了核心行动者在网络中的连接度和可见性。这种过程不仅增加了核心行动者的度中心性（直接联系的数量），还可能影响到接近中心性（访问网络中其他节点的速度）和中介中心性（控制信息流通的位置）。因此，信息处理不仅是对核心行动者的简单感知，还是一种动态的和交互式的过程，其中个体观察、解释、推理和社会化行为共同构建了共享结构，这些结构又通过行动者行为的变化和网络互动模式的调整来影响核心行动者在社会网络中的核心地位。

（6）行动者同质性

网络为行动者获得经验、想法、信息和知识提供了渠道（Gulati等，2000；Ahuja，2000）。行动者之间通过网络共享相似或一致的思想、信念、价值观或知识、信息而形成网络内容的同质性。这种同质性在一定程度上有利于形成统一的认知，从而提高群体内部团结。然而，当网络内容过于同质化时，就会导致行动者创新和解决问题的潜力受限。这意味着整体网的行动者可能会重新配置其网络结构，积极寻求跨越网络中的结构洞的路径，并期望获得多样性的知识和信息等网络内容，以避免行动者之间高度同质性问题的产生。

根据以上所述，网络结构和网络内容是彼此的镜像。因此，行动者可以通过创建结构洞来占据中心位置，以达到获取多样化和新颖性网络内容的目的。Burt

（2004）明确提出了这一论点："行动者的资源（网络内容）反映了他们的社会结构"。与此同时，Coleman（1988）也将网络结构和网络内容联系起来，他认为结构洞的填充与行动者之间日益增加的同质性有关。例如，创新是企业成功的关键，而行动者所在项目的知识和信息同质性可能会阻碍他们研发新技术、新产品的能力。因此，同质性网络内容会对行动者产生不利的影响，诱导网络重配，从而影响其在网络中的中心位置。

不同学者对行动者的网络内容同质性影响其创新、工作效率的论点可能会有不同的结论，其中一些研究指出同质性对行动者具有一定的效益。例如，根据Cyert和March（1963）的研究，如果行动者的网络内容是同质的，理性程序和标准操作流程可能更容易在行动者中形成，从而提高他们的工作效率。同质性还可以通过其他方式提高工作效率。例如，同质性使得项目负责人对项目成员所拥有的技能和能力有更为精准的理解，从而有助于解决生产过程中的任务低效重复的问题。

此外，当核心行动者被一些具有相似内容的行动者所认同时，这种同质性可能会促使核心行动者在未来寻找与内容相似的行动者建立关系，而非那些通过跨越结构洞而与之相连接的行动者。由于同质性的存在，相似的行动者因具有共同的特征或背景而更容易建立密切联系，从而形成更加稠密的网络，减少了网络中的结构洞，使得那些能够连接不同网络成员的核心行动者变得更为重要，他们成为少数几个能够访问并利用异质性知识和信息的行动者，因此，他们在整个网络中的中心地位得到了加强，能够有效地控制信息和资源，增强自己的权力和影响力。因而，虽然内容同质性可能会有其局限性，它在某些情况下确实有助于提升效率并影响整体网络中的互动模式和关系发展。

6.3.3 整体网中心性变化的结果

如上文所述，整体网中心性一方面取决于焦点行动者与其他行动者直接交往的关系数，另一方面取决于结构洞位置。在整体网中，度中心性越高的焦点行动者的直接关系数量越多，他们越容易获得周围其他行动者的支持和资源，也就越关注目前整体的发展趋势。对于中介中心性，Burt 和 Ronchi（1994）认为，占据结构洞位置的焦点行动者的中介中心性较高，他们更容易成为信息桥，从而控制三方关系中的两方以获得更多的社会资本。而接近中心性较高的焦点行动者通常会位于中心位置，与不同的行动者都保持联系，从而拥有更广泛的网络连接而拥有更多的弱关系，因此，他们会比其他行动者更容易获取更多差异性信息（Granoveter，1995）。

此外，较高的中心性也有助于提高行动者的工作绩效。虽然行动者之间可能存在其他协调机制来促进资源流动，但中心性本身就是各种关键知识和信息资源的来源（Kilduff和Tsai，2003）。在整体网中，位于中心位置的行动者因为与多个网络行动者有直接的联系，他们通常可以更有效地获取和扩散关键资源。这种中心位置使他们能够控制信息流，从而加强了他们在网络中的影响力和重要性，在决策和创新中发挥决定性作用。相比于在整体网中处于外围位置的行动者，占据网络核心位置的行动者往往能够获得独特的知识和信息资源。这不仅包括了解这些知识的内外部分布，而且还包括如何获取和利用这些知识（Tsai，2001）。行动者在网络中的中心位置使其具有战略优势，对他们自身执行任务的能力产生重要影响（Ancona和Caldwell，1992），例如，他们在这个中心位置上可以获取一些关键信息，这些信息可能包括市场趋势、环境中的敌对力量以及关于潜在新产品和供应商的信息（Tsai和Ghoshal，1998）。因此，通过充分利用这些信息，行动者可以做出更好的战略和运营决策，从而提高其工作绩效。此外，行动者在整体网中的中心位置可以限制知识流向竞争对手（Burt，1992），从而获得资源优势，提高自身工作绩效。

6.4 整体网的网络规模变化

对整体网的网络规模的研究通常集中在两个主要问题上：一个是确定整体网的典型规模或规模极限，另一个是阐明导致整体网的网络规模变化的影响因素。在第一个主题上已经开展了大量的研究工作，其中大量文献提出了关于如何定义整体网及其性质，如何更好地对整体网进行分析解读的基本问题（Bernard等，1990；Killworth等，1990，2003），而第二个问题涉及整体网的动态变化，目前还未得到学者们的广泛关注。因此，本书将重点放在第二个问题的研究上。

6.4.1 整体网网络规模的内涵

Bernard等（1990）指出不同层面产生的网络，其大小在个体和群体中并不相同。在上一章中，我们已经提到个体网的网络规模是指与某个核心个体直接相关的其他个体的数量；而整体网的网络规模却完全不同，它指的是网络中包含的全部行动者的数目。例如，如果研究一个企业内部各个员工之间的“建议关系网”，那么该企业内部的全体员工总数就是该整体网的规模；如果要研究100家高新技术企业之间的合作关系，该网络的规模就是100。

整体网的网络规模越大，网络中涉及的节点就越多，网络关系和结构也会更加复杂。因此，在整体网研究中，一般情况下网络规模不会超过1000。因为研究者往往对具有较大社会学意义的相对封闭的整体进行研究，这种整体网的规模一般不会太大（刘军，2019）。在特殊情况下，研究者有时候也会研究如超过1000大量行动者的整体网，例如，研究一个具有几千人规模的城市社区的关系网络。

6.4.2 整体网网络规模变化的影响因素

关于影响整体网网络规模变化的因素主要有行动者的社会地位和建立网络时所采取的策略，以及组织内部新技术的引入，如图6-7所示。行动者的社会地位

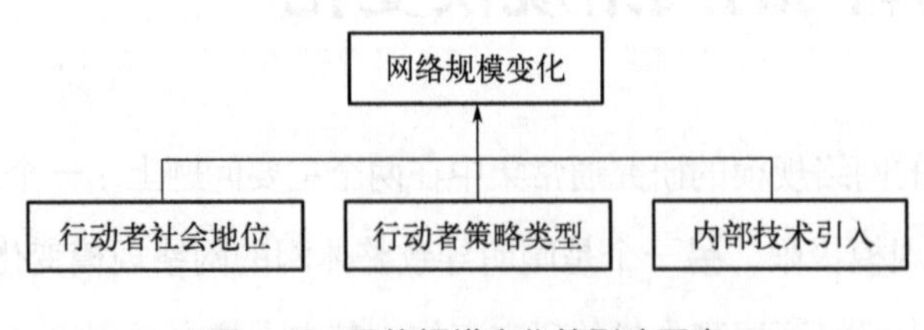

图6-7 网络规模变化的影响因素

和在建立网络时所采取的策略可以影响其在社交网络中的影响力和连接程度。另外，新技术的引入可以极大地改变网络的规模。

（1）行动者社会地位

焦点行动者最初可能是凭借出色的业绩或广泛的社会关系而占据较高的社会地位（Podolny，1993）。其社会地位的高低会影响其他行动者对他们的看法以及是否与其建立合作关系（Podolny，2001）。

目前部分研究更多关注的是网络作为内容传播的“管道”的功能，而面向状态的研究则更多关注网络作为“棱镜”的功能，并从中可以推断行动者权威（Podolny，2001）。从网络的角度来看，社会地位被认为是权威的一个强有力的信号（Podolny，1993），它有助于行动者进入新的市场（Jensen，2003），寻找探索和开发新领域的合作伙伴，进而扩大网络规模。此外，社会地位高的行动者通常在获取资源方面会产生较低的交易成本，并被认为是更理想的交换伙伴（Podolny，1993）。因为地位较高的行动者在选择合作伙伴时通常比地位较低的行动者更具排他性，他们通常具有更强的评估能力，这使他们能够更好地区分潜在的行动者（Stuart等，1999），从而确定适当的网络规模。

（2）行动者策略类型

策略是行动者态度、行动（探索、利用）和关系选择（向上、向外、向下等）的综合。策略既不是单一的，也不是无限的——行动者既没有相同的方法，也没有完全不同的方法来建立网络。Bensaou等（2014）根据经验区分了三种策略：忠诚策略、单一策略和选择性策略。这些方法既考虑了行动者的态度、行为和网络位置，同时也将这些因素聚合成一致的、经验上可区分的策略类型。下面我们逐一分析三种策略类型对网络规模的影响。

① 忠诚策略。

采取忠诚策略的行动者是三种类型中最活跃的网络行动者。首先，采用忠诚策略的行动者会花费大量的精力（时间和思想）在各种社会关系上，这种策略可以被描述为“关系越多越好”。这些行动者会在与自身利益密切相关的其他行动者（即合作伙伴、客户和同事）中花费较多时间，为加强其客户关系奠定基础。而且，他们也热衷于扩大他们的网络规模，尽管他们并不总是知道确切的结果，但他们有目的地寻求结识许多不同的其他行动者，因此该类行动者的网络规模也较大（Bensaou等，2014）。

② 单一策略。

采取单一策略的行动者对建立网络关系的热情最低，在许多方面，他们与采取忠诚策略的行动者是对立的。采取单一策略的行动者主要关注他们自身所在的群体，因为他们认为群体内部是关系产生的地方。此外，他们对关系形成过程中遇到的问题很敏感，会花很多时间研究和解决这些问题。但是他们这种以问题为中心的管理和维护联系的方法主要集中在当前的需求上，并没有建立关系的长期策略。此外，采取单一策略的行动者不愿把他们的关系发挥到与忠诚的行动者几乎相同的水平，他们可能会遗忘一些不经常互动的行动者，因此该类行动者在这三类中网络规模也最小（Bensaou等，2014）。

③ 选择性策略。

采取选择性策略的行动者认为，这是他们实现职业目标所必须选择的一种策略，他们必须拓展和扩大他们的内部和外部关系网络。然而，他们远不像忠诚的行动者那样热情和专注于网络。他们认为人脉很重要，但不是成功事业的必要条件，因此必须做出权衡，人脉不是首要任务。与采取单一策略的行动者相似，他们在关系管理上投入了大量的时间，积极地寻求效率和能力的提升。此外，采取选择性策略的行动者认为，获得核心行动者的支持和帮助对他们在关系管理中的成功非常重要，他们更加倾向于与核心行动者建立关系。但他们也明白，他们所能获得的资源是有限的，这再次显示了他们在扩大网络规模方面的节制（Bensaou等，2014）。

（3）内部技术引入

当行动者试图掌握新的工具、设备或技术时，技术的变化会增加网络的不确定性。不确定性通常被定义为无法预测未来的结果。更确切地说，不确定性被定义为“完成一项任务所需的信息量和已拥有的信息量之间的差异”。技术引入会造成技术上的不确定性，因为行动者很难使网络中各成员都理解新的过程或产品。技术引入对网络规模影响的具体分析可以从多个方面进行梳理。

首先，技术的引入往往带来工作流程、网络结构和通信方式的变革，这些变革促使行动者之间的互动模式发生重组，而这种重组通常意味着内部结构和外部连接的重新配置，进一步加强了那些能够适应新系统并利用新通信方式的行动者在网络中的中心地位。正如James和Jones（1976）所定义的，结构是行动者之间相互关系的体现。我们沿用了这一定义，认为结构体现为行动者之间模式化的、重复的相互作用。随着技术引入增加了行动者之间的不确定性，固有的网络结构与互动模式可能会发生变化。

其次，技术引入带来的不确定性还可能会促使行动者之间交流更频繁。Galbraith（1974）提出，复杂性和不确定性的增加导致了交流的增加。这一观点得到了Katz和Tushman（1979）的支持，他们进一步强调不确定性导致的信息处理需求增加，相互之间的沟通交流自然会增加。网络行动者在面对不确定性时会感到不适，因此更加愿意付出努力去理解和适应其经历的技术变化。这种主观动力促使行动者通过增加内部交流的方式来减少技术变化带来的不确定性。这些交流活动，无论是频率还是多样性，都会导致整体网的网络规模扩大。

从更宏观的视角来看，技术引入促使行动者采用更为开放和灵活的沟通渠道，使得跨部门、跨层级的交流变得更加频繁。这样，行动者之间的信息流转更为顺畅、联系更加紧密，进而导致了整个网络规模的扩大。同时，新技术的采纳和应用也可能催生新的协作形式和群体结构，进一步促进网络规模的扩展。

6.4.3　整体网网络规模变化的结果

在整体网中，行动者之间的关系是通过交流互动与合作（如项目合作和战略联盟）产生的，这些网络关系的变化又与连接模式和知识转移、信息传递等过程密切相关。从网络关系建立和变化的角度，由于网络关系的建立和变化是由行动者主观能动性和行为属性变化引起的，行动者对知识和信息的需求和分享对于网络的建立和维护至关重要。从知识和信息控制和分配的角度，知识和信息的共享、传递、扩散等极大地依赖于网络关系的建立和变化。根据Xi和Tang（2004）的研究，行动者之间知识转移的增加或减少表明这一过程依赖于特定的路径并且是具有选择性的，这意味着，一方面，知识流动并非随机发生的，而是基于已建立的联系和以往的互动模式，即行动者倾向于跟那些与其有稳定和信任关系的其他行动者保持联系。另一方面，行动者为了获取所需新颖性、多样性知识和信息，他们需要与更多新的行动者建立新的互动关系，这个过程中，他们可以有目的地选择与他们需要的知识和信息持有者建立新的连接关系。因此，整体网的网络规模是随着行动者之间关系的变化而动态变化的（Tang等，2008）。

随着网络规模的扩大，网络中的变化多样且影响深远。网络规模的扩大意味着焦点行动者周围的节点增多，与更多节点建立直接联系提高了焦点行动者获取和分享新知识和信息的机会。这种增加的互动机会可以显著地改变行动者的知识和信息现状，因为更多的节点介入了知识和信息的传递和创造过程中。因此，行动者不仅能从网络中收集知识和信息，也能贡献自己的知识和信息处理经验，这种双向的知识和信息流动对网络的动态变化和创新具有积极的推动作用。正如Ahuja(2000）所强调的，网络行为是增强创新和提高企业竞争优势的重要因素，企业必须相互联系才能发展。企业可以通过利用网络汇集思想、收集和筛选相关知识和信息来利用和调动其网络资源，从而提高其在动态竞争环境中的创新能力。　随着企业之间的关联性增加，行动者的关系网络会变得更加复杂且多样化，这种复杂性和多样性本身就是一种资源，可以促进更高水平的创新。当然，这在一定程度上要求企业具有高度的网络管理能力，包括如何有效地维护和利用这些关系，以及如何在众多的节点中筛选有价值的信息和资源。

综上所述，网络规模的扩大对于行动者而言是一把双刃剑，既为行动者带来了更多通过合作促进创新的机会，也对行动者提出了更高的网络管理和信息处理的挑战。然而，随着适当的网络管理和策略布局，行动者可以有效地利用其扩大的网络规模，以此提高在激烈的市场竞争中的生存和发展能力。

6.5　整体网的网络密度变化

网络密度是衡量社会网络结构特征的一个重要指标，它描述了网络中实际存在的连接与可能存在的连接之间的比例。具体来说，网络密度反映了网络中节点（行动者）相互间连接的紧密程度。在Krackhardt（1999）描述的整体网中，每个人都与其他人有联系，形成了一个高密度的网络。在这样的网络结构中，行动者之间容易共享信息，建立相互信任的关系，以及形成态度和行为的一致性。

相反，在由互不关联的个体组成的整体网中，节点之间的联系稀疏，这种低密度网络中的个体很难交换资源。在这种情况下，即使网络内有丰富的资源，节点间缺乏有效的连接也会导致资源无法得到充分利用。因此，理解和评估社会网络的密度对于掌握其功能和潜能具有重要意义。

6.5.1　整体网网络密度的内涵

网络密度代表了网络中节点的连通性，即行动者之间现有关系数量与相对于这种关系的最大可能数量的比率。例如，如图6-8所示，如果群体A和群体B都有六名成员，那么每个群体中可能有15种友谊关系。如果群体A有10对友谊关系，群体B有4对友谊关系，那么群体A的网络比群体B更密集。网络密度是衡量网络整体结构最常见的方式之一，它反映了所有可能的社会关系之间的相互关联或网状程度（Scott和lane，2000）。

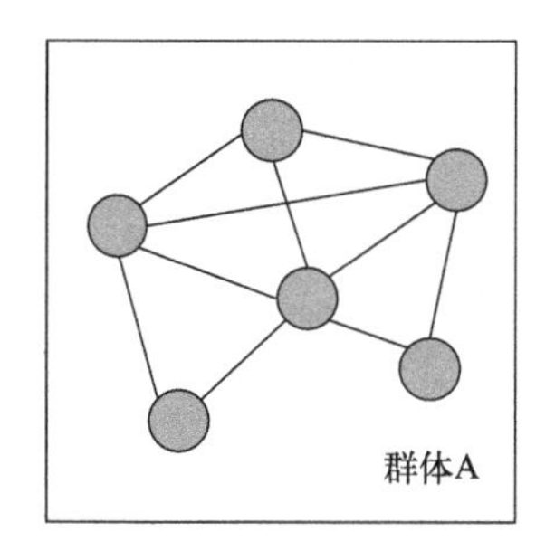

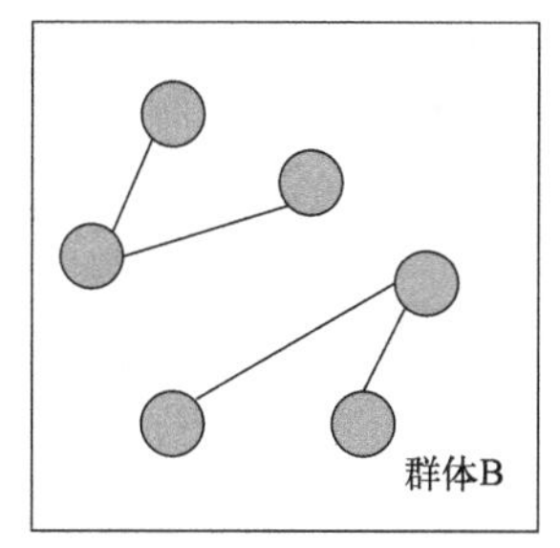

图6-8　群体A和群体B的网络密度

焦点行动者与其他行动者的关系数量越多，网络的密度就越大。网络密度相当于网络中行动者的平均数，它反映了网络内部发生的冗余程度，也就是说，网络中冗余联系（行动者之间的路径）的数量代表网络密度（Burt，1992）。整体网的网络密度有可能影响行动者之间的知识传递过程（Fritsch和Kauffeld-Monz，2010）。如果行动者的网络密度较高，那么其知识传递路径较为密集，网络内冗余信息较多，在这种环境下，信息和知识在网络成员之间的传递和共享更为频繁和迅速。因此，即使某个成员离开了这个网络（即跳槽行为），其他成员仍然保持了大量相同的知识与信息，这帮助网络保留了其内部的非冗余信息。换句话说，当具有关键知识的成员跳槽时，群体不会因此失去大量的专有知识，因为这些知识已经在网络中得到广泛的共享和复制。这样的网络结构提供了一种知识传递的韧性，确保了即便面临人员流动，群体的知识基础也不会受到严重的影响。

整体网网络密度在概念上不同于另一个关键的结构指标，即群体凝聚性。已有学者利用群体凝聚性来描述群体层面的认知、动机和情感状态，而不是群体成员之间互动的性质（Marks等，2001）。与群体凝聚性不同，网络密度主要描述的是互动的模式和频度，它可以被看作是一个干预变量或是影响行动者过程的因素。这表明网络密度与网络成员之间的实际联系密切相关，强调了关系模式对于理解社会动态的重要性（Cohen和Bailey，1997）。表6-3具体概述了两者之间的区别。

表6-3　网络密度与凝聚性

概念辨析	描述对象	含义
网络密度	所有可能的社会关系之间的相互关联或网状程度	代表了网络中节点的连通性，即行动者之间的关系
群体凝聚性	描述群体的认知、动机和情感状态，而不是互动的性质	来自一种不同形式的社会资本，指可能产生牢固信任和支持的关系

由上可知，网络密度的概念让我们有机会探索和理解网络成员如何通过相互间的联系和互动，影响整个网络的结构模式。因此，社会网络分析对关系模式的强调，为分析复杂的社会现象提供了一种独特而有力的工具，使其在社会科学领域中占据了独特的地位（Mayhew，1980）。

6.5.2　整体网网络密度变化的影响因素

关于影响整体网网络密度变化的因素主要有网络行动者间的熟悉度，行动者间的共享词汇，以及行动者的社会地位，如图6-9所示。网络行动者之间的熟悉度和共享的词汇及语言可以影响他们之间的沟通和合作频率，从而影响整体网络的密度。另外，行动者的社会地位可以影响他们与其他成员之间的联系密切程度。

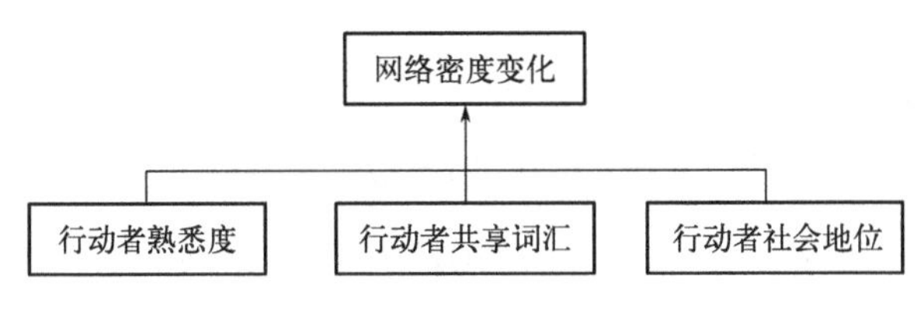

图6-9　网络密度变化的影响因素

（1）行动者熟悉度

网络行动者之间的熟悉度对网络密度有着直接的影响。随着时间的推移，行动者在完成任务的过程中不仅能够获得与工作相关的知识和经验，还能在人际交往中增进对彼此的了解，从而提升成员之间的熟悉度（Harrison等，2003）。随着成员之间熟悉度的提高，网络密度也随之增加。这是因为熟悉的成员更容易相互沟通和交流信息，进而促进了更紧密和频繁的互动。具体地，Gruenfeld等（1996）的研究揭示了当信息不被共享时，彼此熟悉的行动者表现出更好的结果；Kim（1997）进一步发现，具有共同经历的行动者更倾向于讨论他们共有的信息，而这种交流和分享的过程自然会加强群体内部的联系，进而提高网络密度。

随着网络行动者对彼此了解的越来越多，网络内会形成一套较为完整的认知结构，该结构包含了关于成员角色、特征和发展的信息（Okhuysen和Waller，2002）。此外，一些学者认为彼此熟悉的行动者对努力有更大的初始信任和相互期望（Jones和George，1998）。这种信任和期望对于群体合作至关重要，因为它们减少了潜在的冲突和成员之间因怀疑或不确定性而产生的摩擦，这也促进了网络密度的增加。用Steiner（1972）的话来说，在彼此熟悉的网络中会有更少的过程损失，因为在获取其人际信息时，投入的时间和精力更少，因此，行动者就有更多的精力专注于任务的完成和协作，而非人际关系的调整和建立。这意味着行动者可以更高效地运作，相互之间的网络联系更加紧密，从而提高了网络密度。

（2）行动者共享词汇

共享词汇被定义为“常用的词汇系统及其含义”（Loewenstein等，2012），这一概念在解释行动者如何在整体网中发展和共享观点想法的过程中发挥着重要作用（Cramton，2001）。

首先，共享词汇提供了一种共同的语言或词汇基础，从而促进了整体网内各行动者之间的连通性建立（Lomi等，2017）。这种共同的语言或词汇基础为行动者之间的沟通提供了便利，使得信息的传递和理解变得更加高效和准确。随着沟通的顺畅增强，整体网内部的相互作用和协作也随之加强，这自然会增加网络的密度。Shi等（2019）的研究表明，语言匹配有助于解释行动者之间互动的程度。当网络成员在语言使用上趋于一致时，通常表明他们能够更好地理解彼此的想法和信息，这种理解的提高反过来有助于加强彼此之间的联系和互动，进而有助于行动者之间形成更加紧密和凝聚的整体网络。Carley（1986）进一步指出，共享词汇不仅有助于行动者之间建立联系，而且还能够为他们所在的环境赋予共同的意义。这种共同的意义赋予有助于形成一个共享的文化和认同，从而增强行动者之间的凝聚力和网络的紧密程度。网络行动者通过词汇表可以跨越网络距离建立连通性。特别是在跨子网络关系的背景下，通过不同子网络行动者之间同质性词汇的存在，不仅使遥远的距离变得有意义，而且还促成了新的关系的形成和既有关系的加强，进一步增加了网络的密度。

其次，相似的语言或词汇促进了行动者之间的互动，使得整体网中的不同网络行动者之间建立连通性并增强关系（Sherif，1958）。这种语言或词汇上的相似性，甚至包括赋予情感价值的共同语言或词汇，而这说明了网络行动者在多大程度上形成了一种超越传统的社会结构（Casciaro和Lobo，2015）。通过共享一套有着情感共鸣的语言或词汇，行动者不仅在完成日常任务时进行协调，而且在文化和身份认同方面形成了深层次的连接（Loewenstein等，2012），这反过来又增加了网络密度。另外，共享语言或词汇会降低在整体网中与相对未知的其他人互动的感知成本（Duncan等，1968）。通过使用相似的语言或词汇，行动者发展并分享有助于定义和理解整个网络的共同含义。行动者用来描述整体网的语言或词汇反过来影响他们的思考能力，以及在这些思考之后与共享相同语言或词汇的同事互动的能力（Gartner，1993）。

因此，共享相似的语言或词汇激活了不同网络行动者之间的关系形成过程，这种共享的语言或词汇基础使信息交流更加流畅，进而密切了联络，提高了整体网络的密度。共有的语言或词汇不仅反映了正式的群体边界，在群体中引起共鸣，使行动者能够在一个共有的社会空间内开展活动（Maitlis和Christianson，2014）。随着行动者之间共享相似语言或词汇的频率增加，他们之间的协作和交流也趋于频繁和紧密。这种紧密的交流随着时间的累积可能会逐步演变成稳定的工作关系，尤其是在任务相关的交流中，共享语言或词汇使得协同工作更为高效，也就更有可能发展出长效的高密度网络。

（3）行动者社会地位

焦点行动者为了在网络中树立自己的地位，为了向其他行动者展示他们的地位，他们往往会努力与其他表现优秀的、高绩效的行动者建立联系。这种行为反映了一个广泛认可的普遍现象：行动者的地位常常与他们所在群体的整体表现相关联（Podolny，1993；Zuckerman，1999，2000）。这意味着，如果行动者是高绩效群体的一部分，他们自身的地位也可能被整个群体带动而提高。更确切地说，群体成员的地位是根据该群体的整体绩效来判断的（Benjamin和Podolny，1999），即与优秀的群体相关联，可以提升行动者在外界中的地位和形象。当市场环境不确定性很高时，展示高地位的信号变得尤为重要，因为市场缺少足够的信息来评估网络的内部信息资源质量，地位的显著性便成为市场参与者依赖的关键线索（Podolny，1993）。Zaheer 和Soda（2009）指出，网络行动者的行为可以解释地位和网络密度之间的关系。

首先，高地位的行动者更喜欢拥有更少的连接者，他们不愿意将自己嵌入在紧密连接的网络（稠密网络）中，他们更喜欢关系稀疏的网络结构（稀疏网络）。一方面，在稠密网络中，行动者之间知识溢出的风险比在稀疏网络中要更高，因为紧密耦合的网络为其成员们创造了对知识溢出的普遍访问的机会。另一方面，在稀疏网络中，行动者可以通过经纪关系保持对知识和信息资源更有效的控制。此外，高地位的行动者也会担心那些关系密切的行动者可能“联合起来”反对他们，因此，高地位的行动者倾向于构建稀疏网络，这类网络的网络密度会相对较低。

其次，在社会网络中，一方面，高地位的行动者在接近潜在的、新的行动者时往往表现出一定的排他性。这种排他性不仅增加了网络中结构性的脱节，还降低了知识和信息的溢出风险。这意味着，尽管网络内部的信息流可能较为封闭和受限，但这种结构可以使得高地位行动者保持其独特的资源和信息优势。另一方面，对于地位较低的行动者来说，加入高地位行动者的网络往往需要付出更大的努力和成本，包括时间、精力甚至资金。虽然高地位行动者给予的社会资源可能会使这些努力和成本值得花费，但这可能会降低低地位行动者与高地位行动者建立连接的主动性和能动性。因此，高地位行动者的排他性增加了低地位行动者与其建立联系的难度。同时，高地位行动者的这种排他性和对外部联系的严格控制，使得他们的网络密度相对较低，即网络中的紧密连接较少。由此可见，这种低密度的网络结构有助于高地位行动者保持其独有的社会地位和资源控制权，同时也反映了地位引起的整体网动态变化。

最后，高地位行动者往往是由知名专家组成的，他们的声誉、资源和影响力都较为突出。从这个角度来看，高地位行动者的网络密度较低的原因之一是他们本身就是由少数来自不同领域的专家组成其群体的结果。同时，因为高地位行动者群体的这些特征，低地位行动者倾向于在高地位行动者的群体中工作，因此，地位较低的网络行动者通常不太可能彼此联系紧密，这导致他们形成的网络密度相对较低。此外，那些由过去表现出色的个体组成的网络，也可能会因需要满足行业内不同领域的需求，因此，他们在网络中分布较为分散，导致网络密度较低。

6.5.3 整体网网络密度变化的结果

网络密度较高的行动者将产生许多积极的好处，包括知识转移更容易、内部支持率更高、个人满意度更高、群体冲突更低、群体成员流动率更低等。随着时间的推移，网络密度较高的行动者会发展出共同的价值观和忠诚度（Tekleab等，2009），彼此的熟悉和信任创造了更顺畅的、更有效的沟通，当他们朝着一个共同的目标努力时，他们就会将自己拥有的技能和想法带到他们共同的工作中。

简单地说，网络中的社会关系是行动者之间的非正式关系。因此，网络成员之间经常互动的网络中（即高密度网络），信息共享更频繁、互相协作的机会更多、任务完成率更高。相比之下，成员之间不经常互动的网络中（即低密度网络），可能无法或不愿意相互交流重要的、与工作相关的想法和隐性知识（Hansen，1999）。此外，在稀疏网络中，某些行动者充当着连接网络断点的桥梁角色。这些行动者可能有意或无意地在信息传递过程中过滤、扭曲和囤积信息，从而阻碍其他行动者有效地完成任务（Baker和Iyer，1992；Burt，1992）。相对地，在稠密网络中，信息可能会更加顺畅地传播，但行动者必须投入更多时间和精力来维持大量的关系（Burt，1997）。特别是表达性网络中的行动者更倾向于参与可以让他们从日常工作中抽离解脱出来的社交活动，这种行为可能会导致从众行为，使得行动者之间更可能分享那些被普遍认可并且支持现有观点的信息（Krackhardt，1999）。

如上所述，并不是所有的行动者行为都是任务驱动的。长久以来，行动者的生存能力也被描述为行动者行为结果的一个一般维度（Sundstrom等，1990），它是指网络行动者对该网络的依恋程度，以及他们组成一个网络的意愿，既包括焦点行动者对其他成员资格的满意度，也包括他们留在网络中的行为意图。

网络密度对于行动者在市场环境中的生存能力起着至关重要的作用，特别是对于那些高密度网络中的行动者。这种生存能力得到了群体内部非正式关系的支持，包括工具性关系和表达性关系。在拥有稠密工具性网络中，行动者之间频繁的相互沟通有助于快速识别并解决潜在的冲突，从而避免了那些可能有害的人际关系或社会情感冲突（Wall和Callister，1995）。类似地，在拥有更密集的表达性网络中，行动者更能有效地向那些需要情感支持的网络成员提供所需的情感资源，同时也更有可能知道网络成员何时需要这些资源（Vaux和Harrison，1985）。因此，无论是从任务完成的角度，还是从提供情感支持的角度，网络密度都是行动者展示高效能力的关键因素。这种网络结构不仅有助于行动者之间的协调和合作，还创造出一种相互支持的氛围，让行动者能更好地应对外部挑战，从而在市场环境中保持竞争力。

6.6 个体网和整体网动态性研究的比较

探究个体网和整体网的动态性，其根本皆是说明网络的动态性以及动态网络演化的规律和本质，因此，本书也遵循动态网络分析的基本元素，从网络节点、关系和结构三个维度展开对个体网和整体网动态性研究。既然个体网和整体网是社会网络结构不同层次划分的结果，那么二者是否存在关联？是否又有着截然不同之处？既然都包含动态网络变化的特质，二者能否统一研究？下面将根据前文对个体网和整体网的介绍，详细回答这些问题。

6.6.1 个体网和整体网动态性研究的相同之处

既然个体网和整体网都属于社会网络，那么二者的动态变化势必会存在共性，通过前文的介绍，我们可以总结出几点相同之处，如下所示：

第一，由于个体网和整体网的动态演化规律实质上是动态网络的演化过程，所以二者的演化规律是一致的，可以总结为：网络驱动因素（代理、机会、惯性、随机和外生因素）促使网络基元（节点、关系、结构）在网络微动力（同质性、异质性等）的作用下，在网络结构（个体网和整体网）和网络内容发生变化，而网络变化的结果，又会产生新的诱因进一步推动微动力发挥作用，这也体现动态网络演化逻辑的不断循环。从演化规律可以看出，个体网和整体网演化的驱动因素、分析维度（节点、关系和结构）以及变化作用力都是相同的。

第二，整体网中的群体也是由部分同质的个体所组成，所以群体涵盖了个体的共同之处，比如，群体目标有时也是个体的目标，群体的特点也包含个体特征。因此，在个体和整体网络动态性研究中，我们发现网络中部分节点变化的推动因素是相同的，例如，个体的目标等，当群体目标和个体目标一致时，便会促使个体与整体网络向同样的方向演化。同时，整体网和个体网中节点的最终动态演化结果是类似的，都是包含节点的生成、维持和终止。

第三，与网络节点相同，关系变化也包含关系生成、维持和终止三种形态。行动者作为推动关系变化的行动者主体，无论是个体网还是整体网，都会根据当下的网络环境，采取某种行为方式促使关系动态演化，例如“渔利策略”或“协调促进策略”。

第四，焦点行动者的认知、行为等变化会同时影响个体网格和整体网络的动态变化。例如，行业中的龙头企业。作为核心节点，在网络中的一举一动会同时反映于个体和整体网络中，体现了核心节点维护自身利益和整体网络中的权力与位置。此时，当两个关键节点建立联系，不但是二者个体层次的合作网络扩大规模，同时也改变了整体网络的连通性和网络结构。

6.6.2　个体网和整体网动态性研究的不同之处

个体网是以某个行动者为中心节点，和其直接联系的其他节点的关系构成，重点关注中心节点在个体网络中的变动，整体网是在一定边界内所有社会行动者的关系组成，聚焦于网络整体的发展态势。因为二者划分方式不同，关注的焦点不同，纵使二者动态的分析维度相似，但是二者分析维度变化的原因和结果有着较大差别。

（1）节点

个体网的动态性研究将关注点集中在焦点行动者，焦点行动者的认知是变化的主要内容，而其个体特征、社会地位和网络结构变化结果等是节点变化的主要动因，演化的最终结果是焦点行动者的认知更具创新性。由于放大观察个体行动者的属性和行为特征变化，更为聚焦，以小见大，更容易从微观角度，详细了解网络的变化情况。

整体网的动态性研究旨在探索整个网络动态变化特征，所以不再只聚焦于一个节点，而是关注更多的节点群体的变化。节点群体模式是指网络由紧密互连的群体形成的程度，互连的子组或网络分区或集团的出现表明，网络正在分化为各种不同的子网络或社区，需关注整体网络中的群体的派系变化，网络中核心和外围行动者的不断互动、角色互换等情况。例如，对一个特定群体的整体网动态性研究时，找到群体中的小群体，小群体中的子群，分析子群成员（高校、企业、政府或非政府组织）相互之间关系建立、维持、休眠、终止等。在组织间层次上，集群的变化表现为重新配置处于联盟网络的企业群体，即集群分解（Gomes-Casseres和Benjamin，1994）。例如，如果网络是组织间技术网络，则群体或集群的不稳定性可能是重大技术中断的先兆，或者可能预示着组织内员工网络中组织权力结构的迫在眉睫的变化。

整体网中群体、小群体、子群体等的网络成员较多，每个个体的性格、性别、受教育程度、语言、文化素养、个体偏好等不同，有限理性差异较大，如果把他们当成一个整体来看，难以发现因为每个个体的属性和行为差异导致的网络结构的变化，如个体主动或被动地加入或退出，个体之间关系建立和断开等。因此，在整体网中，无法观察个体的各种特征对网络动态变化的影响，只能观察群体特征，特征同质会让网络分类度（相似的节点相互连接的程度）越高，特征互补会降低分类度，分类度的多样性变化可能预示着整体网络中代表性节点所需资源的转变，例如，当高地位制药公司开始与低地位生物技术公司结盟时（Powell等，2012）。观察整体网络中节点如何凝聚成群体模式，就可知网络的演化方向。

（2）关系

焦点行动者作为个体网的中心，其与其他行动者的联系，可以被视为“经纪关系”，是焦点行动者充当中间人为获取和控制资源而不断操纵改变关系的结果。人格变量、社会地位和认知差异是关系变化的前因，中间人采取某些行为模式推动关系的生成、维持和消亡。正因个体网聚焦个体本身，个体本身的变化导致直接关系的变化，只能看到对直接行动者的影响，难以反映对间接行动者的影响。

整体网络的关系演化并非只关心焦点行动者的直接联系情况，而是需要查看网络中所有联系发生的相对频率或网络中联系分布的变化（Jackson，2008），即关系分布。观察整体网络的关系分布情况，则会发现两种情况：一是整体网络有部分节点处于高地位，这些节点与网络中其他节点的关系连接很多，而许多低地位节点与其他节点的联系则相对较少。二是网络中的联系在节点之间均匀地分布。在整体网络中，关系分布程度可用于表示组织中节点的地位、权力或声望的分布（Gulati和Gargiulo，1999；Ahuja等，2009）。关系分布的变化可以反映节点状态等级的变化。如果关系分布变得更加尖锐（部分节点的关系数量较多），则表明该整体网络中关系数量较多的节点变得越来越重要。因此，了解关系分布的演变对于整体网络中权力的研究非常重要。

整体网包含了诸多群体，群体内部和外部关系的发展都影响网络。群体内部会因为成员的相似性程度不同，导致彼此之间的连接强度也大不相同。而不同群体因为在网络中地位、权力等因素而存在层次性、等级性和阶层性等，并且群体间关系的紧密性与群体成员的行为相关，即群体成员是否有意识与群体外成员建立频繁联系，可借此查看整体网中关系联络和分解的模式。

（3）结构

个体网络结构的动态主要体现于中心性的增加或减少、结构洞（或封闭性）的增加或减少、网络规模和密度的增减。从结果的角度来看，中心性已与多种潜在利益相关联，例如获得各种信息或获得更高地位或声誉，其他节点对焦点行动者的认同；结构洞的存在通常与信息经纪有关（Burt，1992；Zaheer和Soda，2009）；网络规模的变化与个体的知识吸收能力和资源分配有关；密度则会影响个体的创造力。总体而言，个体网络结构的变化是为焦点行动者的个人利益而服务的。

整体网络的中心性变化除了体现节点的地位和控制资源，还包括工作绩效等。网络密度是指网络中维持联系的比例，在组织机构中，较高的网络密度可能反映了网络的封闭性，而这种情况又可能与制定的规则有关；或者，密度的增加可能反映出网络中观点和选择的多样性减少，因为各个节点之间的高比例联系提供了紧密的交换渠道，导致信息的日趋同质化，进而组织整体的创新性降低。网络规模与网络密度变化结果较为类同，不仅反映创新性，还折射出节点对于网络和信息管理的挑战。

除此之外，整体网络的连通性的变化也与个体网截然不同。网络连通性是通过网络的直径来测量的，而网络的直径又反映了网络中任何两个节点之间的最大路径距离（Jackson，2008）。更一般而言，连接网络中任意两个节点的平均路径长度是网络连通性或“小世界”的指标。因此，连通性反映网络的分散程度，例如信息或疾病的扩散。在组织网络的背景下，随着网络的任何两个节点之间的平均路径长度减小，连通性越来越高，信息交流可能变得更加频繁，从而导致任何单个参与者的信息优势降低，网络变得越来越“小世界”，信息可以更快地传播，从而促进创新（Schilling，2005；Schilling和Phelps，2007）。

网络连通性会导致信息级联和网络结构的变化，只不过在整体网和个体网的表现形式有所不同。其中，信息级联又被称为信息瀑布，是指行动者的从众心理所引发的群体行为（郭馨元和祁凯，2024）。借助信息级联这一概念，可以发现行动者在做出决策时，是受到自身对信息的了解程度和他人的决定两方面的影响（刘启华和张李义，2016），这一概念现常用来解释营销中线上用户的消费问题。在整体网络中，可利用连通性说明网络中由公共信息扩散和共享网络结构变化所产生的影响（邱泽奇等，2015）。当网络中公共信息积累到一定程度，就会促使大量的行动者跟随某种行为，这是因为行动者认为先做出决策的其他行动者比自己更了解信息，更为理性，他就会放弃自身原有的决策，而跟随其他人的行为。这种从众行为会改变原有网络结构的平衡，使得大量节点同时改变自身行为，引发整体网络结构的动态演化。

在个体网络中，网络连通性也会影响私人信息的传递和由博弈导致的网络结构的改变（邱泽奇等，2015）。与整体网络中流通的公共信息类似，个体网络中也会传播私人信息，焦点行动者由于只与自身关联的行动者互动，也会受到影响，例如，个体在购买某种商品时，会参考周围人的意见。然而个体做出最终决策是否真正会接受他人的意见，是要根据焦点行动者的行动门槛值和周围人的影响力来判断。从中，我们便可发现这是个体和朋友相互博弈的过程，即个体信息接受程度和朋友网络位置的较量，例如，朋友A与焦点行动者之间是强关系，二者往来频繁、相互信任，而朋友B与焦点行动者之间是弱关系，二者来往稀疏，焦点行动者更容易接受朋友A的意见。由此可见，在个体网络中，连通性影响网络权力的发挥，进而改变个体网络的结构。

个体网与整体网的不同之处颇多，我们无法一一详尽介绍，只能从节点、关系和结构主要方面进行阐述。从网络角度探究组织管理时，要明确研究主体的层次，不能混淆个体和整体，方能使研究结论更为精准。

6.6.3 个体网和整体网的动态统一性

虽然整体网关注的是“整体”，但并非只研究“整体”本身，而忽视个体。整体网中包含多个个体，每个个体都有其属性、意义、价值、权力、观念、行动、资源等个体特征和个体之间复杂的关系，以及联系中不同的规范、习俗、性质等。理解网络结构如何随着时间进程发展而变化，要从各个行动者的属性及其在现实社会情境（如组织）中所表现的动机、认知和行为方面入手进行分析。即微观动力学在网络中的关系和节点层面的复杂组合影响着个体网络。反过来，个体网络变化的结果决定了整体网络的结构演化轨迹。同时，整体网络的结构转换会产生新的诱因，进而影响网络的微观动力学，以及后续阶段的个体网络的联系和节点。因此，整体网络的结构变化与个体网络的联系和节点通过微观动力学以相互依存的方式共同发展。

因此，我们认为个体网研究和整体网研究应该结合在一起，规范研究和形式研究结合在一起，这样才能更好地描述和解释社会行为。例如，在个体网络中发生的变化，例如信息传播、观点扩散或者行为改变，可能会通过社交联系逐渐影响到整体网。同样地，整体网络的动态变化也会对个体网产生影响。整体网中的事件、趋势或者信息流动可能会直接或间接地影响到个体网中的个体，从而改变其行为、态度或者社交关系。总之，个体网动态变化和整体网动态变化之间存在着密切的相互影响、相互作用关系，共同塑造网络的演化和发展，辩证看待个体网和整体网之间的关系，才能帮助我们更全面地了解动态网络的演化机制。

本章小结

本章同样从节点、关系和结构三个维度论述了整体网的动态变化。首先，在节点维度上，借助“子结构”的观点，用群体组成来分析整体网的结构。其次，在关系维度上，整体网层面的经纪研究与上一章的个体网经纪研究不同，因为群体赋予中间人以群体成员的身份，所以整体网的经纪关系变化会受到成员监控、领导者行为和组织背景的影响。最后，在结构维度上，用三个具有代表性的结构性特征变量——中心性、网络规模和网络密度，具体论述了结构如何发生变化：中心性表现为行动者占据网络中心位置的程度，网络规模用以表示整体网中包含的全部行动者的数量，网络密度表示为行动者之间现有关系数量与相对于这种关系的最大可能数量的比率。

本书在详细介绍个体网和整体网的动态性研究之后，我们总结二者动态演化的异同点，并且还说明二者应当进行统一性研究，以加深对动态网络的全面理解。

参考文献

[1] Ahuja G. Collaboration networks, structural holes, and innovation: A longitudinal study[J]. Administrative Science Quarterly, 2000, 45(3): 425-455.

[2] Ahuja G, Francisco P J, Will M. Structural homophily or social asymmetry? The formation of alliances by poorly embedded firms[J]. Strategic Management Journal, 2009, 30(9): 941-958.

[3] Alderfer C P. Change Processes in Organizations[J]. Change Processes in Organizations, 1971, 12(1): 11-15.

[4] Ancona D G, Caldwell D F. Bridging the boundary: External activity and performance in organizational teams[J]. Administrative Science Quarterly, 1992, 37(4): 634-665.

[5] Baker W E, Iyer A V. Information networks and market behavior[J]. Journal of Mathematical sociology, 1992, 16(4), 305-332.

[6] Balkundi P, Wang L, Kishore R. Teams as boundaries: How intra-team and inter-team brokerage influence network changes in knowledge-seeking networks[J]. Journal of Organizational Behavior, 2019, 40(3): 325-341.

[7] Batjargal B, Hitt M A, Tsui A S, et al. Institutional polycentrism, entrepreneurs' social networks, and new venture growth[J]. Ssrn Electronic Journal, 2013, 19(1): 11-12.

[8] Baum J A C, Shipilov A V, Rowley T J. Where do small worlds come from?[J]. Industrial and Corporate Change, 2003, 12(4): 697-725.

[9] Benjamin B A, Podolny J M. Status, quality, and social order in the California wine industry[J]. Administrative Science Quarterly, 1999, 44(3): 563-589.

[10] Bensaou B M, Galunic C, Jonczyk-Sédès C. Players and purists: Networking strategies and agency of service professionals[J]. Organization Science, 2014, 25(1): 29-56.

[11] Bernard H R, Johnsen E C, Killworth P D. Comparing four different methods for measuring personal social networks[J]. Social Networks, 1990, 12(3): 179-215.

[12] Black L J, Carlile P R, Repenning N P. A dynamic theory of expertise and occupational boundaries in new technology implementation: Building on Barley's study of CT scanning[J]. Administrative Science Quarterly, 2004, 49(4): 572-607.

[13] Brass D J. Technology and the structuring of jobs: Employee satisfaction, performance, and influence[J]. Organizational Behavior & Human Decision Processes, 1985, 35(2): 216-240.

[14] Burt R S, Ronchi D. Measuring a large network quickly[J]. Social Networks, 1994, 16(2): 91-135.

[15] Burt R S. Structural holes: The social structure of competition[M]. Harvard University Press, 1992.

[16] Burt R S. Structural holes and good ideas[J]. American Journal of Sociology, 2004, 110(2): 349-399.

[17] Burt R S. The contingent value of social capital[J]. Administrative Science Quarterly, 1997, 42(2): 339-365.

[18] Carley K. An approach for relating social structure to cognitive structure[J]. Journal of Mathematical Sociology, 1986, 12(2): 137-189.

[19] Casciaro T, Lobo M S. Affective primacy in intraorganizational task networks[J]. Organization Science, 2015, 26(2): 373-389.

[20] Casciaro T, Lobo M S. Competent jerks, lovable fools, and the formation of

social networks[J]. Harvard Business Review, 2005, 83(6): 92-99.

[21] Casciaro T, Lobo M S. When competence is irrelevant: The role of interpersonal affect in task-related ties[J]. Administrative Science Quarterly, 2008, 53(4): 655-684.

[22] Chua R Y J, Ingram P, Morris M W. From the head and the heart: Locating cognition-and affect-based trust in managers' professional networks[J]. Academy of Management Journal, 2008, 51(3): 436-452.

[23] Cohen S G, Bailey D E. What makes teams work: Group effectiveness research from the shop floor to the executive suite[J]. Journal of Management, 1997, 23(3): 239-290.

[24] Coleman J S. Social capital in the creation of human capital[J]. American Journal of Sociology, 1988, 94(5): 95-120.

[25] Cramton C D. The mutual knowledge problem and its consequences for dispersed collaboration[J]. Organization Science, 2001, 12(3): 346-371.

[26] Cross R, Baker W, Parker A. What creates energy in organizations?[J]. MIT Sloan Management Review, 2003, 44(4): 51-56.

[27] Cross R L, Parker A. The hidden power of social networks: Understanding how work really gets done in organizations[M]. US: Harvard Business Press, 2004.

[28] Cyert R M, March J G. A behaviour theory of the firm[J]. Journal of Finance, 1963, 57(1), 461-483.

[29] Dahlander L, Mcfarland D A. Ties that last tie formation and persistence in research collaborations over time[J]. Administrative Science Quarterly, 2013, 58(1): 69-110.

[30] Deeter-Schmelz D R, Ramsey R P. An investigation of team information processing in service teams: Exploring the link between teams and customers[J]. Journal of the Academy of Marketing Science, 2003, 31(4): 409-424.

[31] Dirks K T, Ferrin D L. The role of trust in organizational settings[J]. Organization Science, 2001, 12(4): 450-467.

[32] Duncan O D, Haller A O, Portes A. Peer influences on aspirations: A reinterpretation[J]. American Journal of Sociology, 1968, 74(2): 119-137.

[33] Everett M G, Borgatti S P. The centrality of groups and classes[J]. The Journal of Mathematical Sociology, 1999, 23(3): 181-201.

[34] Feld R. Combined modality treatment of small cell carcinoma of the lung[J]. Archives of Internal Medicine, 1981, 141(4): 469.

[35] Freeman L C, Roeder D, Mulholland R R. Centrality in social networks: Experimental results[J]. Social Networks, 1979, 2(2): 119-141.

[36] Friedkin N E. Structural cohesion and equivalence explanations of social homogeneity[J]. Sociological Methods & Research, 1984, 12(3): 235-261.

[37] Fritsch M, Kauffeld-Monz M. The impact of network structure on knowledge transfer: An application of social network analysis in the context of regional innovation networks[J]. The Annals of Regional Science, 2010, 44(1): 21-38.

[38] Galbraith J R. Organization design: An information processing view[J]. Interfaces, 1974, 4(3): 28-36.

[39] Gartner W B. Words lead to deeds: Towards an organizational emergence vocabulary[J]. Journal of Business Venturing, 1993, 8(3): 231-239.

[40] Gomes-Casseres, Benjamin. Group versus group: How alliance networks compete[J]. Harvard Business Review, 1994, 72(4): 62-66.

[41] Gould R V, Fernandez R M. Structures of mediation: A formal approach to brokerage in transaction networks[J]. Sociological Methodology, 1989, 19(1): 89-126.

[42] Graen G B, Scandura T A. Toward a psychology of dyadic organizing[J]. Research in Organizational Behavior, 1987, 9(1): 175-208.

[43] Granovetter M S. Economic action and social structure: The problem of embeddedness[J]. American Journal of Sociology, 1985, 91(3): 481-510.

[44] Granovetter M S. The strength of weak ties[J]. American Journal of Sociology, 1973, 78(6): 1360-1380.

[45] Granovetter M S. Getting a job: A study in contacts and careers[M]. Chicago: University of Chicago Press, 1995.

[46] Greer F L, Galanter E H, Nordlie P G. Interpersonal knowledge and individual and group effectiveness[J]. Journal of Abnormal Psychology, 1954, 49(3): 411-414.

[47] Greve H R, Kim J Y J. Running for the exit: Community cohesion and bank panics[J]. Organization Science, 2013, 25(1): 204-221.

[48] Gruenfeld D H, Mannix E A, Williams K Y. Group composition and decision making: How member familiarity and information distribution affect process and performance[J]. Organizational Behavior and Human Decision Processes, 1996, 67(1): 1-15.

[49] Guinote A. How power affects people: Activating, wanting, and goal seeking[J]. Annual Review of Psychology, 2017, 68(1): 353-381.

[50] Gulati R, Nohria N, Zaheer A. Strategic networks[J]. Strategic Management

Journal, 2000, 21(3): 203-215.

[51] Gulati R, Wohlgezogen F, Zhelyazkov P. The two facets of collaboration: Cooperation and coordination in strategic alliances[J]. Academy of Management Annals, 2012, 6(1): 531-583.

[52] Gulati R, Gargiulo M. Where do interorganizational networks come from?[J]. American Journal Of Sociology, 1999, 104(5): 1439-1493.

[53] Hansen M T. The search-transfer problem: The role of weak ties in sharing knowledge across organization subunits[J]. Administrative Science Quarterly, 1999, 44(1): 82-111.

[54] Harrison D A, Mohammed S, Mcgrath J E, et al. Time matters in team performance: Effects of member familiarity, entrainment, and task discontinuity on speed and quality[J]. Personnel Psychology, 2003, 56(3): 633-669.

[55] Hargadon A, Sutton R I. Technology brokering and innovation in a product development firm[J]. Administrative Science Quarterly, 1997: 716-749.

[56] Herman A. Conceptualizing control: Domination and hegemony in the capitalist labor process[J]. Insurgent Sociologist, 1982, 11(3): 7-22.

[57] Hinsz V B, Tindale R S, Vollrath D A. The emerging conceptualization of groups as information processors[J]. Psychological Bulletin, 1997, 121(1): 43-64.

[58] House R J. A path goal theory of leader effectiveness[J]. Administrative Science Quarterly, 1971, 16(3): 321-339.

[59] House R J. Path-goal theory of leadership: Lessons, legacy, and a reformulated theory[J]. The Leadership Quarterly, 1996, 7(3): 323-352.

[60] Hoy D C. Power, repression, progress: Foucault, Lukes, and the Frankfurt school[J]. Triquarterly, 1986, 52: 43-63.

[61] Hummon N P, Doreian P. Some dynamics of social balance processes: Bringing Heider back into balance theory[J]. Social Networks, 2003, 25(1): 17-49.

[62] Ilgen, Daniel R. Teams embedded in organizations: Some implications[J]. American Psychologist, 1999, 54(2): 129-139.

[63] Jackson M O. Social and Economic Networks[M]. Princeton: Princeton University Press, 2008.

[64] James L R, Jones A P. Organizational structure: A review of structural dimensions and their conceptual relationships with individual attitudes and behavior[J]. Organizational Behavior and Human Performance, 1976, 16(1):

74-113.

[65] Jensen M. The role of network resources in market entry: Commercial banks' entry into investment banking, 1991-1997[J]. Administrative Science Quarterly, 2003, 48(3): 466-497.

[66] Jones G R, George J M. The experience and evolution of trust: Implications for cooperation and teamwork[J]. Academy of Management Review, 1998, 23(3): 531-546.

[67] Kahn J H, Schneider K T, Jenkins - Henkelman T M. Emotional social support and job burnout among high - school teachers: Is it all due to dispositional affectivity?[J]. Journal of Organizational Behavior, 2006, 27(6): 793-807.

[68] Katz R, Tushman M. Communication patterns, project performance, and task characteristics: An empirical evaluation and integration in an R&D setting[J]. Organizational Behavior and Human Performance, 1979, 23(2): 139-162.

[69] Khanna T, Rivkin J W. Interorganizational ties and business group boundaries: Evidence from an emerging economy[J].Organization Science, 2006, 17(3): 333-352.

[70] Kilduff M, Tsai W. Social networks and organizations[M].California: Sage, 2003.

[71] Killworth P D, Johnsen E C, Bernard H R. Estimating the size of personal networks[J]. Social Networks, 1990, 12(4): 289-312.

[72] Killworth P D, McCarty C, Bernard H R. Two interpretations of reports of knowledge of subpopulation sizes[J]. Social Networks, 2003, 25(2): 141-160.

[73] Kim P H. When what you know can hurt you: A study of experiential effects on group discussion and performance[J]. Organizational Behavior and Human Decision Processes, 1997, 69(2): 165-177.

[74] Kirkels Y, Duysters G. Brokerage in SME networks[J]. Research Policy, 2010, 39(3): 375-385.

[75] Krackhardt D. The ties that torture: Simmelian tie analysis in organizations[J]. Research in the Sociology of Organizations, 1999, 16(1): 11-12.

[76] Krackhardt D. Trends in organizational behavior[M]. New York: John Wiley & Sons, Ltd.1996: 159-173.

[77] Labianca G, Brass D J. Exploring the social ledger: Negative relationships and negative asymmetry in social networks in organizations[J]. The Academy of Management Review, 2006, 31(3): 596-614.

[78] Lazzarini S G, Miller G J, Zenger T R. Dealing with the paradox of embeddedness: The role of contracts and trust in facilitating movement out of committed relationships[J]. Organization Science, 2008, 19(5): 709-728.

[79] Leary M R, Springer C A. Behaving badly: Aversive behaviors in interpersonal relationships [M]. Washington: American Psychological Association, 2001.

[80] Levin D Z, Cross L R. The Strength of weak ties you can trust: The mediating role of trust in effective knowledge transfer[J].Management Science, 2004, 50(11): 1477-1490.

[81] Lewis J D, Weigert A. Trust as a social reality[J]. Social Forces,1985, 63, 967-985.

[82] Li S X, Rowley T J. Inertia and evaluation mechanisms in interorganizational partner selection: Syndicate formation among US investment banks[J]. Academy of Management Journal, 2002, 45(6): 1104-1119.

[83] Loewenstein J, Ocasio W, Jones C. Vocabularies and vocabulary structure: A new approach linking categories, practices, and nstitutions[J]. Academy of Management Annals, 2012, 6(1): 41-86.

[84] Lomi A, Tasselli S, Zappa P. The Network Structure of Organizational Vocabularies[M]// Structure, content and meaning of organizational networks: Extending network thinking. Britain: Emerald Publishing Limited, 2017, 53(4): 1-15.

[85] Lord R G, Dinh J E. What have we learned that is critical in understanding leadership perceptions and leader-performance relations?[J]. Industrial & Organizational Psychology, 2014, 7(2): 158-177.

[86] Louch H. Personal network integration: Transitivity and homophily in strong-tie relations[J]. Social Networks, 2000, 22(1): 45-64.

[87] MacDonald G, Leary M R. Why does social exclusion hurt? The relationship between social and physical pain[J]. Psychological Bulletin, 2005, 131(2): 202-223.

[88] Maitlis S, Christianson M. Sensemaking in organizations: Taking stock and moving forward[J]. Academy of Management Annals, 2014, 8(1): 57-125.

[89] Malhotra D, Lumineau F. Trust and collaboration in the aftermath of conflict: The effects of contract structure[J]. The Academy of Management Journal, 2011, 54(5): 981-998.

[90] Marks M A, Mathieu J E, Zaccaro S J. A temporally based framework and taxonomy of team processes[J]. Academy of Management Review, 2001, 26(3): 356-376.

[91] Mayhew B H. Structuralism versus individualism: Part 1, shadowboxing in the dark[J]. Social Forces, 1980, 59(2): 335-375.

[92] Mcallister D J. Affect and cognition-based trust as foundations for interpersonal cooperation in organizations[J]. Academy of Management Journal, 1995, 38(1): 24-59.

[93] Mcfadyen M A, Cannella Jr A A. Social capital and knowledge creation: Diminishing returns of the number and strength of exchange relationships[J]. Academy of Management, 2004, 47(5): 735-746.

[94] Meindl J R, Ehrlich S B, Dukerich J M. The romance of leadership[J]. Administrative Science Quarterly, 1985, 30(1): 78-102.

[95] Monge P, Contractor N. In Theories of communication networks[M]. New York: Oxford University Press, 2001.

[96] Morgeson F P, Hofmann D A. The structure and function of collective constructs: Implications for multilevel research and theory development[J]. Academy of Management Review, 1999, 24(2): 249-265.

[97] Morrison E W. Toward an understanding of employee role definitions and their implications for organizational citizenship behavior[J]. Academy of Management Annual Meeting Proceedings, 1993, (1): 248-252.

[98] Moskowitz D S. Cross-situational generality and the interpersonal circumplex[J]. Journal of Personality and Social Psychology, 1994, 66(5): 921-933.

[99] Newcomb T M. An approach to the study of communicative acts[J]. Psychological Review, 1953, 60(6): 393-404.

[100] Nohria N, Eccles R G. Networks and organizations: Structure, form, and action[M]. Boston: Harvard Business School Press, 1992.

[101] Okhuysen G A, Waller M J. Focusing on midpoint transitions: An analysis of boundary conditions[J]. Academy of Management Journal, 2002, 45(5): 1056-1065.

[102] Organ D W, Ryan K. A meta-analytic review of attitudinal and dispositional predictors of organizational citizenship behavior[J]. Personnel Psychology, 1995, 48(4): 775-802.

[103] Podolny J M. Market uncertainty and the social character of economic exchange[J]. Administrative Science Quarterly, 1994, 39(3): 458-483.

[104] Podolny J M. Networks as the pipes and prisms of the market[J]. American Journal of Sociology, 2001, 107(1): 33-60.

[105] Podolny J M. A status-based model of market competition[J]. American

Journal of Sociology, 1993,98(4): 829-872.

[106] Podsakoff P M, Mackenzie S B, Paine J B, et al. Organizational citizenship behaviors: A critical review of the theoretical and empirical literature and suggestions for future research[J]. Journal of Management, 2000, 26(3): 513-563.

[107] Powell W, Packalen K, Whittington K. Organizational and institutional genesis: The emergence of high-tech clusters in the life sciences[J]. The Emergence of Organization and Markets, 2012, 35, 69-73.

[108] Putnam R D, Leonardi R, Nanetti R Y. Making democracy work: Civic traditions in modern Italy[M]. Princeton: Princeton university press, 1992.

[109] Rahim M A. Relationships of leader power to compliance and satisfaction with supervision: Evidence from a national sample of managers[J]. Journal of Management, 1989, 15(4): 545-556.

[110] Raven B H, Schwarzwald J, Koslowsky M. Conceptualizing and measuring a power/interaction model of interpersonal influence[J]. Journal of Applied Social Psychology, 1998, 28(4): 307-332.

[111] Raven B H. The bases of power: Origins and recent developments[J]. Journal of Social Issues, 1993, 49(4): 227-251.

[112] Reagans R, Singh P V, Krishnan R. Forgotten third parties: Analyzing the contingent association between unshared third parties, knowledge overlap, and knowledge transfer relationships with outsiders[J]. Organization Science, 2015, 26(5): 1400-1414.

[113] Roberts S G B, Dunbar R I M, Pollet T V. Exploring variation in active network size: Constraints and ego characteristics[J]. Social Networks, 2009, 31(2): 138-146.

[114] Scherer C W, Cho H. A social network contagion theory of risk perception[J]. Risk Analysis, 2003, 23(2): 261-267.

[115] Schilling M A. A "small-world" network model of cognitive insight[J]. Creativity Research Journal, 2005, 17(2-3): 131-154.

[116] Schilling M A, Phelps C C. Interfirm collaboration networks: The impact of large-scale network structure on firm innovation[J]. Management Science, 2007, 53(7): 1113-1126.

[117] Scott S G, Lane V R. A stakeholder approach to organizational identity[J]. Academy of Management Review, 2000, 25(1): 43-62.

[118] Sewell G. The discipline of teams: The control of team-based industrial work through electronic and peer surveillance[J]. Administrative Science Quarterly, 1998: 397-428.

[119] Sherif M. Superordinate goals in the reduction of intergroup conflict[J]. American Journal of Sociology, 1958, 63(4): 349-356.

[120] Shi W, Zhang Y, Hoskisson R E. Examination of CEO-CFO social interaction through language style matching: Outcomes for the CFO and the organization[J]. Academy of Management Journal, 2019, 62(2): 383-414.

[121] Smith K G, Collins C J, Clark K D. Existing knowledge, knowledge creation capability, and the rate of new product introduction in high-technology firms[J]. Academy of Management Journal, 2005, 48(2): 346-357.

[122] Sparrowe R T, Liden R C, Wayne S J. Social networks and the performance of individuals and groups[J]. Academy of Management Journal, 2001, 44(2): 316-325.

[123] Stam W. Industry event participation and network brokerage among entrepreneurial ventures[J].Journal of Management Studies, 2010, 47(4): 625-653.

[124] Steiner I D. Group process and productivity[M]. New York: Academic press, 1972.

[125] Stovel K, Shaw L. Brokerage[J]. Annual Review of Sociology, 2012, 38(1): 139-158.

[126] Stuart T E, Hoang H, Hybels R C. Interorganizational endorsements and the performance of entrepreneurial ventures[J]. Administrative Science Quarterly, 1999, 44(2): 315-349.

[127] Sundstrom E, De Meuse K P, Futrell D. Work teams: Applications and effectiveness[J]. American Psychologist, 1990, 45(2): 120-133.

[128] Tang F, Mu J, MacLachlan D L. Implication of network size and structure on organizations' knowledge transfer[J]. Expert Systems with Applications, 2008, 34(2): 1109-1114.

[129] Tekleab A G, Quigley N R, Tesluk P E. A longitudinal study of team conflict, conflict management, cohesion, and team effectiveness[J]. Group & Organization Management, 2009, 34(2): 170-205.

[130] Tsai W, Ghoshal S. Social capital and value creation: The role of intrafirm networks[J]. Academy of Management Journal, 1998, 41(4): 464-476.

[131] Tsai W. Knowledge transfer in intraorganizational networks: Effects of network position and absorptive capacity on business unit innovation and performance[J]. Academy of Management Journal, 2001, 44(5): 996-1004.

[132] Vaux A, Harrison D. Support network characteristics associated with support satisfaction and perceived support[J]. American Journal of Community Psychology, 1985, 13(3): 245-265.

[133] Wall Jr J A, Callister R R. Conflict and its management[J]. Journal of Management, 1995, 21(3): 515-558.

[134] Wang C, Rodan S, Fruin M. Knowledge networks, collaboration networks, and exploratory innovation[J]. Academy of Management Journal, 2014, 57(2): 484-514.

[135] Wasserman, Stanley, Faust, et al. Social network analysis: Methods and applications (structural analysis in the social sciences)[M]. Britain: Cambridge University Press, 1994.

[136] Wise R M, Fazey I, Smith M S, et al. Reconceptualising adaptation to climate change as part of pathways of change and response[J]. Global Environmental Change, 2014, 28: 325-336.

[137] Xi Y M, Tang F. Multiplex multi-core pattern of network organizations: An exploratory study[J]. Computational & Mathematical Organization Theory, 2004,10(2): 179-195.

[138] Xiao Z, Tsui A S. When brokers may not work: The cultural contingency of social capital in chinese high-tech firms[J]. Administrative Science Quarterly, 2007, 52(1): 1-31.

[139] Zaheer A, Soda G. Network evolution: The origins of structural holes[J]. Administrative Science Quarterly, 2009, 54(1): 1-31.

[140] Zhang L, Guler I. How to join the club: Patterns of embeddedness and the addition of new members to interorganizational collaborations[J]. Administrative Science Quarterly, 2020(1): 1-39.

[141] Zuckerman E W. Focusing the corporate product: Securities analysts and de-diversification[J]. Administrative Science Quarterly, 2000, 45(3): 591-619.

[142] Zuckerman E W. The categorical imperative: Securities analysts and the illegitimacy discount[J]. American Journal of Sociology, 1999, 104(5): 1398-1438.

[143] 郭馨元，祁凯. 信息级联效应下考虑前排“热评”现象的短视频舆情演化研究[J]. 情报探索，2024, (02): 48-55.

[144] 刘军. 整体网分析：UCINET软件实用指南[M]. 上海：上海人民出版社，2019.

[145] 刘启华，张李义. 基于信息级联的网购用户羊群行为研究[J]. 情报科学，2016, 34(05): 134-141.

[146] 米歇尔·福柯（Michel Foucault). 惩罚的社会[M]. 陈雪杰译. 上海：上海人民出版社，2016.

[147] 邱泽奇，范志英，张樹沁. 回到连通性——社会网络研究的历史转向[J]. 社会发展研究，2015, 2 (03): 1-31+242.

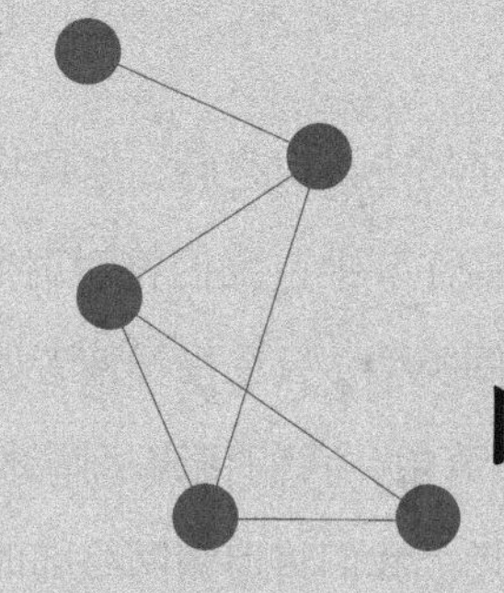

第 7 章 时间与动态网络

对动态网络分析的基础知识有了初步认识之后，本章将探讨时间尺度的选择以及时间在动态网络中的作用。在7.1节中，我们将对时间尺度进行详细阐述，明确其定义、基本属性以及五种时间类型，旨在指导读者如何选择恰当的时间尺度来分析动态网络。在7.2节和7.3节中，我们将详尽阐述时间在组织活动中的应用，以及时间在动态网络中的作用。我们将追溯网络随时间变化的轨迹，考察新旧关系的形成与终止，以及探究网络结构的变化，从而突出时间在动态网络研究中的重要性。这一部分的讨论将有助于我们更深入地理解动态网络分析的核心要素，为日后的研究和实践提供启发性思考。

7.1 时间尺度的选择

7.1.1 时间尺度的含义

在生活中，我们通常将时间以一种分段的方式来感知和计算。例如，将时间划分为秒、分、小时、天等不同的单位。然而，在科学研究中，我们讨论时间时需要考虑一种更为细致和微观的时间单位，即时间尺度（Time Scale），指用于测量、分析和理解时间变化不同长度的时间间隔。

从时间尺度的概念可知，时间尺度是我们人为划分的，是我们为了解释不同现象和过程所定义的概念，不是自然界固有的存在。时间尺度不完全符合我们日常生活中使用的时间单位，而是需要根据科学研究的理论框架来确定。在科学研究过程中，时间尺度在不同阶段都起着重要的作用，包括理论构建、观察记录以及结果推理等阶段。时间尺度是科学研究中提出来的，这个概念在各类科学研究中得到较好运用。如历史学研究中的时间尺度，是指研究者在观察、分析研究对象时采用的时间度量工具或方法（俞金尧，2013）。时间尺度上的现象与过程之间是相互作用的，从而构成了复杂的时间维度。因此，时间尺度这个概念在科学研究中占据重要地位，它与我们研究或者分析的目标密切相关。

当然，时间尺度的概念也存在一定的局限。首先，时间尺度是人们主观划分的，使用时需要符合人们的共识和约定。其次，不同的地域和民族文化会有不同的时间标准，可能会导致使用时间尺度时引起误解或混淆。最后，时间尺度的使用也会受限于技术手段和观测工具，即便是科技越来越发达，我们可以越来越准确地测量和描述时间的变化，但仍然存在较大的误差和较多的不确定性。

时间尺度的选择类似于在具体分析问题中要选择适当的分析层次。在研究不同层次的实体（如个人、团体、公司、行业）中，时间尺度提供了在时间维度上研究和理解各种现象和问题的框架。时间间隔可以是微秒、秒、分、小时、天、周、月、年甚至更长，这取决于研究的具体对象和目标。正如在行业层面适用的理论不一定适合于企业层面的分析，在一个时间间隔内适用的分析层次也不一定适合于另一个时间间隔。

时间尺度也可以被理解为理论建立或检验关于某个过程、模式、现象或事件的时间间隔，可以是主观确定的，也可以是客观的。时间尺度还有两个基本属性：

① 时间尺度将连续的时间划分为不同大小的单位。

② 时间尺度具有主观构建的性质，也具有客观确定的性质（Ancona和Chong，1996）。在研究过程中，我们可以确定五种与动态网络现象相关的时间尺度，无论是隐式还是显式地选择时间尺度，都可能影响所研究现象的含义。

威廉·詹姆斯（William James）作为美国实用主义传统的杰出代表，根据研究中使用的时间概念，构建了一套时间尺度的理论框架。这个框架通常涉及被研究的现象、研究人员的参与，以及对现象间关系和其含义的推断（威廉，2012），如图7-1所示。在时间尺度的理论框架中，时间是连续的，并将研究过

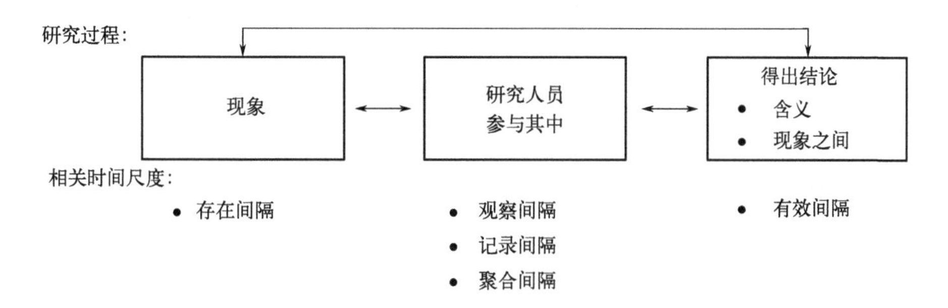

图7-1 时间尺度的理论框架（威廉，2012）

程划分成三个相互作用的阶段，时间尺度在每个阶段中都有：第一阶段是现象，该阶段确定时间尺度是存在间隔的，与研究的现象有直接关系，表现为现象的发生和变化；第二阶段是研究人员的主观参与，该阶段把时间尺度划分为观察间隔、记录间隔和聚合间隔；第三阶段是得出结论，决定了现象之间的关系以及对含义的理解，该阶段的时间尺度类型为有效间隔。

为了说明与研究过程相关的不同类型的时间尺度，我们采用亚马逊的例子进行解释：网上零售或电子商务网站的流量和销售活动（亚马逊，数据来源于Serpstat网站）是在24小时内发生的业务活动水平，这是对时间尺度较敏感的现象案例（如图7-2所示）。商业活动模式是每24小时重复一次，它开始于a处的一个小高潮，在b处达到较高的峰值之后便下降到c处，以及在d处达到第二个较低的峰值。在本章讨论研究过程中涉及不同类型的时间尺度时，会在适当的地方分析该案例，以便更好地解释时间尺度的相关概念。

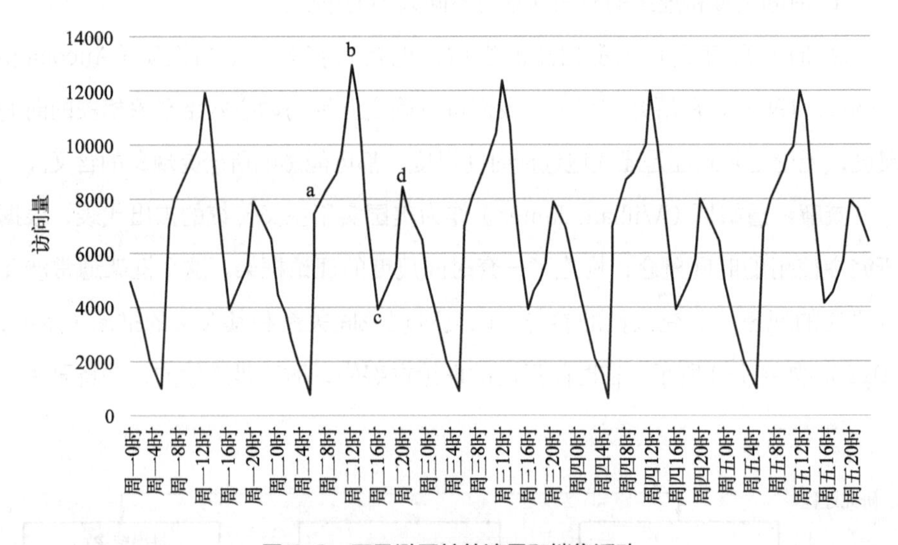

图7-2 亚马逊网站的流量和销售活动

7.1.2 时间尺度的类型

如前所述，我们概念化了五个与所研究现象相关的时间尺度，即存在间隔、有效间隔、观察间隔、记录间隔和聚合间隔。我们将依次进行描述和分析，并将各个时间尺度与研究过程联系起来，如表7-1所示。

表7-1 时间尺度类型比较

序号	时间尺度类型	含义	特征
1	存在间隔	指某一过程、模式、现象或事件发生所需的时间长度	反映了事件从开始到结束的真实时间跨度
2	有效间隔	在特定背景中有意义的、可以接受的或者是有目的的时间尺度	不仅反映了时间跨度，还强调了该时间段内条件对事件或现象的影响是符合特定要求的
3	观察间隔	指在连续的观察或数据记录中两次测量之间的时间段，它与研究过程中的观察因素相关	受研究设计、研究目的或可用资源等因素限制，可能不完全等同于事件或现象的实际存在时间
4	记录间隔	指在连续测量或记录数据点之间的时间跨度	侧重于数据的记录频率和记录时间的选择，受技术、资源或其他实际条件的约束
5	聚合间隔	指决定在何种时间尺度上对记录的信息进行聚合，以便在该聚合间隔内分析现象	通常用于数据分析阶段，通过汇总等方法处理数据，以简化信息、减少误差或揭示长期趋势

（1）存在间隔

存在间隔（Existence Interval）通常指的是某一过程、模式、现象或事件发生所需的时间长度。对于在网络中的特定元素（如节点或关系），其存在间隔指的是这些特定元素在网络中存在或活动的时间段，也可以视为这些元素的生命周期。在设定时间间隔的时候，首先要考虑存在间隔，即存在间隔限制了时间尺度的设定，使其在研究中有着特殊的地位。对于如何确定存在间隔，可以基于理论来规定，也可以基于对现象的经验理解来确定。在非实验状况下，遵循传统实证主义的研究者（收集和分析可以观察到的数据，通过这些数据来验证假设和理论的研究者）通常无法决定存在间隔，那么所使用的时间间隔可能会是主观定义的。

研究人员通常根据先验理论或以往的观察经验来确定研究中的“存在间隔”。这样的间隔不只是简单映射客观时间长度，它们还可能包含研究人员的主观评估。在某些情况下，有影响力的人能通过决定事件发生的存在间隔来展示他们的权力。因此，这个存在间隔不仅仅是时间的量度，也反映了权力的运用。例如，律师事务所的高级合伙人可能决定初级合伙人需要多长时间才能“晋升为合伙人”。就亚马逊网站的流量和销售活动，我们研究的是每日模式及其规律。因此，在本例中，理论上指定存在间隔为24小时。

此外，为了确定重复模式的存在，可能需要在多个存在间隔上观察一个现象。例如，为了观察访问量规律的周期性，可能需要在多个工作日内观察活动水平。

（2）有效间隔

有效间隔（Validity Interval）指的是在特定背景中有意义的、可以接受的或者是有目的的时间尺度。该概念强调研究者基于研究理论、研究对象特性以及研究意图等来分析现象背后的含义、现象之间的关系时所做出的受限选择，这涉及所研究的动态网络中某一特定行为或现象可能产生实质性影响的时间段。如前所述，有效间隔一般会完全覆盖存在间隔，并常常涵盖多个存在间隔（如重复性现象）。当研究亚马逊网站访问量变化时，可以将有效间隔设定为一年内的所有工作日，因为在周末和节假日期间，其变化规律往往不那么明显。

通常情况下，有效间隔包含存在间隔内的多个实例。尽管存在间隔可能是理论维持的最小周期，但有效间隔代表了理论有效的外部边界。例如，2010年的变化规律理论是只适用于当年，还是同样适用于2020年的变化规律。在2010年，社交媒体刚开始出现，用户较少，影响力理论可能更强调内容的原创性和新颖性，并且平台算法倾向于推广新用户和新内容，使得新加入的用户和品牌可以迅速获得关注。到了2020年，社交媒体不断推广后得到广泛使用，用户基数大幅增加，平台逐渐成熟，算法不断优化且更加复杂，且更加重视用户参与度和内容的互动率。影响力理论此时可能更加强调内容与用户互动的重要性，如通过评论、点赞和分享来衡量，以及使用更精细的目标受众分析来增加内容的影响力。在这个例子中，虽然基本的社交媒体影响力理论（内容的吸引力对于获取关注和互动的重要性）在2010年和2020年都适用，但具体有效的实施策略和考虑因素已经随着平台的演变和用户行为的改变而改变。因此，2010年的规律在理论框架上可能仍然有效，但在实际应用中需要调整以适应2020年的社交媒体环境。

（3）观察间隔

在参与现象研究的过程中，研究人员要确定三个相关的时间尺度，第一个是观察间隔（Validity Interval），是指在连续的观察或数据记录中两次测量之间的时间段，它与研究过程中的观察因素相关。尽管理论可以在一定的有效间隔内被定义，但研究人员需要在特定的频率或周期内观察或收集数据。在确定观察间隔时，研究人员需要考虑诸多因素，如研究目的、数据的变化速率以及实际操作的可行性等。选择合适的观察间隔对于确保数据的质量和研究结果的可靠性至关重要。此外，为了确定重复模式的存在，可能需要在多个存在间隔上观察一个现象。例如，为了观察某网站或平台访问量的规律和周期性，可能需要研究人员在多个工作日内观察网站或平台访问次数变化情况。

（4）记录间隔

在下一步研究过程中，研究人员必须做出关于其如何参与研究现象的进一步时间尺度选择。为了构建或验证有关自变量和因变量之间关系的理论，研究人员需要选择一个时间尺度，被称为记录间隔（Recording Interval）。记录间隔是指在连续测量或记录数据点之间的时间跨度。这个概念用于确保数据收集的一致性和可比性，尤其是在涉及时间序列数据时。

以亚马逊网站的流量和销售活动为例，我们可能需要在远小于24小时的频率上记录活动水平。如果数据仅每隔一天记录一次，那么一天内的昼夜规律模式的变化将被完全遮蔽。图7-3是以每4小时和8小时的间隔记录数据，尽管每8个小时的记录可以观察到一些活动变化规律，但从这些规律中构建或验证的理论与从更精细的记录间隔（如每4小时）构建或验证的理论可能有显著差异。

（5）聚合间隔

聚合间隔（Aggregation interval）是指决定在何种时间尺度上对记录的信息进行聚合，以便在该聚合间隔内分析现象。与记录间隔一样，不同的时间尺度聚合可能导致对现象的不同解释或理解。在很多情况下，记录间隔和聚合间隔可能是相同的。例如，如果财务数据是每年收集的，并且分析的时间单位也是一年，而不是在进行年度分析时收集的季度数据，那么记录间隔和聚合间隔就会是相同的。

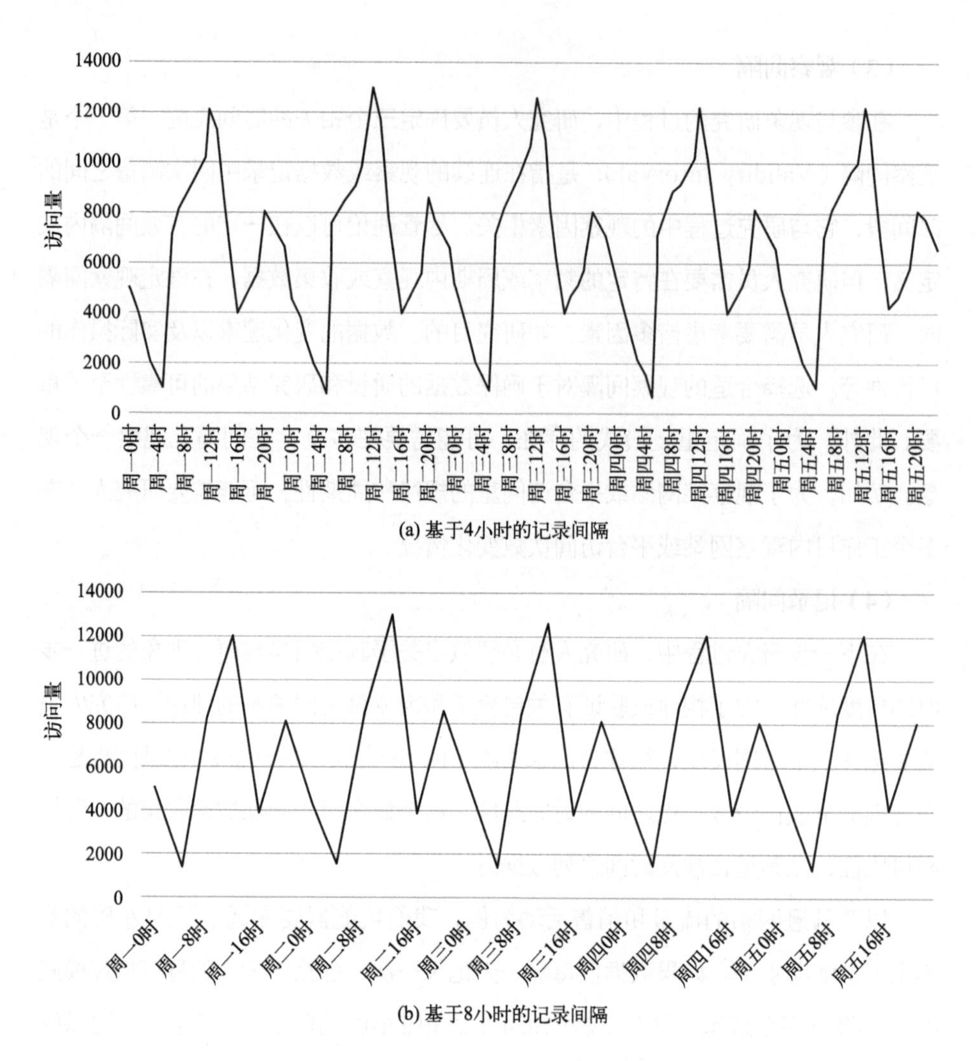

图7-3　亚马逊网站的流量和销售活动不同时间间隔记录的数据

图7-3（a）显示了以4小时间隔（记录间隔为4小时）汇总的网站流量。图中不仅日常重复模式的变化幅度相比于8小时间隔更为清楚，而且我们可以分析更深入的结果，这些结果可以与收入情况（收入高低）、社会（午休时间安排）、心理（高强度工作后需要放松）或生理（睡眠需求）因素关系起来。

总的来说，通过定义现象、研究人员参与现象的研究，以及现象的含义和现象之间的关系，可以主观地选择和判断所需的时间尺度。首先，我们需要主观地选择使用何种时间尺度；其次，选择的时间尺度应该关注过去、现在和未来；再次，对于看似客观的时间尺度认知可能会随着研究环境的变化而变化。

（6）时间尺度类型之间的关系

在本书中，我们深入探讨了时间尺度类型及其之间的复杂关系，特别是那些容易被误解或混淆的时间尺度类型。通过详细的分析和比较，旨在为读者提供一个清晰的框架，以便更好地理解和区分各种时间尺度类型，从而在实际应用中避免常见的误区。

① 存在间隔与有效间隔之间的关系。

存在间隔提供了可能的时间跨度，而有效间隔是在这个范围内根据研究需求选定的特定跨度。存在间隔是数据可用的时间范围，而有效间隔则是在这个时间范围内实际进行数据观察或收集的时间段。换句话说，所有有效间隔都是存在间隔，但不是所有存在间隔都是有效的。有效间隔的选定受到研究目的的指导，它要求研究人员在考虑数据的质量、分析的准确性和资源的有效利用之间做出平衡。在实际研究中，研究人员可能会遇到多种存在间隔，但他们必须根据研究的具体情况来确定哪些间隔是有效的。有效间隔的确定需要综合考虑数据的时间敏感性、变化的快慢、研究问题的复杂性等多个因素。

与受理论或现象约束的存在间隔和有效间隔不同，研究者在选择观察间隔、记录间隔和聚合间隔时通常拥有更大的自由，尽管这些间隔通常受存在间隔和有效间隔的形式和范围影响。

② 存在间隔与观察间隔的关系。

观察间隔可以大于等于存在间隔。研究人员期望观察间隔至少跨越存在间隔的长度，就像有效间隔一样，足够的长度以容纳多个实例现象，常见的做法是使观察间隔覆盖多个存在间隔。如果观察间隔小于现象或模式的存在间隔，则可能会降低准确识别现象的概率，甚至可能完全看不到现象。例如，研究一个企业如何每隔数年就进行一次大规模的组织变革（重组或者战略转型）。这种变革可能会带来显著的效果，如改变企业的运营方式、组织结构，甚至影响到企业的市场地位。如果组织变革过程中选定的观察间隔太短，只观察了几个月的企业变化，那么可能会错过组织变革为企业带来本质的变化所表征出来的真实现象。如果在变革之前或之后的几个月内进行了观察，那么可能会认为这个企业是稳定不变的，从而会得出错误的结论，认为这个企业没有进行过任何重大的组织变革。然而，如果观察间隔足够长，比如数年，就可以准确地观察到事件的真实现象，并理解其重要性和影响力。

③ 观察间隔与聚合间隔之间的关系。

有时聚合间隔比观察间隔更长（更短），有时二者也可以相等。观察间隔决定了数据的最初收集频率，而聚合间隔则涉及后续如何处理和分析这些数据。紧密的观察间隔可以提供高分辨率的数据，但在数据分析时可能出于简化处理或改善可视化的目的，需要将数据聚合成较长的时间段。聚合间隔可以减少数据的误差，简化研究目标发展过程的识别，但同时也可能导致信息的损失。选择适当的聚合间隔需要平衡数据分析的需求与保留足够信息的需要。

然而，聚合间隔并不总是比观察间隔更长。当实例的现象足以用于理论发展时，聚合间隔实际上等于观察间隔（可能也等于存在间隔）。为了验证“y存在，当且仅当x存在”和“如果x存在，则y存在”的假设，聚合间隔必须足够小。在某些情况下，我们观察的某个变量x可能并不总是存在。也就是说，在一些观察结果中，这个变量可能无法被测量或观察到。因此，当研究人员根据他们的经验建立命题（理论性质或假设）时，他们可能需要在一个相对较小的时间内聚合。

④ 记录间隔与聚合间隔之间的关系。

聚合间隔通常大于或等于记录间隔。聚合处理通常不会减少记录间隔，因为这样可能会丢失信息，但它可以将多个记录合并成一个时间点，以便简化和概括数据。如果记录间隔非常短，这可能会产生大量数据，这些数据可能包含大量的误差性。通过聚合（例如，取平均或求和），可以得到更平滑的数据序列，更容易观察长期趋势。选择合适的聚合间隔对于数据分析的结果至关重要，因为过度聚合可能会隐藏重要的变化，而不够的聚合可能会使分析变得复杂并包含太多的随机波动。

⑤ 存在间隔与记录间隔之间的关系。

记录间隔的大小与存在间隔的大小关系，取决于研究问题的目的。如果存在间隔未知，那么较为合理的办法是以较小的间隔记录观测值，以便确定存在间隔的大小。例如，为了研究组织对客户投诉或市场事件的回复周期（Zaheer和Zaheer，1997），研究人员可能需要在多个不同的记录间隔内观察组织行动，从较小的记录间隔开始（如每小时），直到确定回复周期的存在间隔。当某一现象频繁发生或随机出现时，研究人员可能选择采用事件驱动的记录间隔（Gersick，1991），这种情况下记录间隔可能并不均匀。在处理存在间隔未知或随机异常事件的问题时（Perrow，1984），是需要采用事件驱动来确定记录间隔的。

从以上分析可知，研究人员的主观选择与时间尺度的选择以及时间尺度本身的性质有关。换言之，不必仅仅通过“客观”时间，或通过研究问题的惯性经验来选择时间尺度，如图7-4所示。

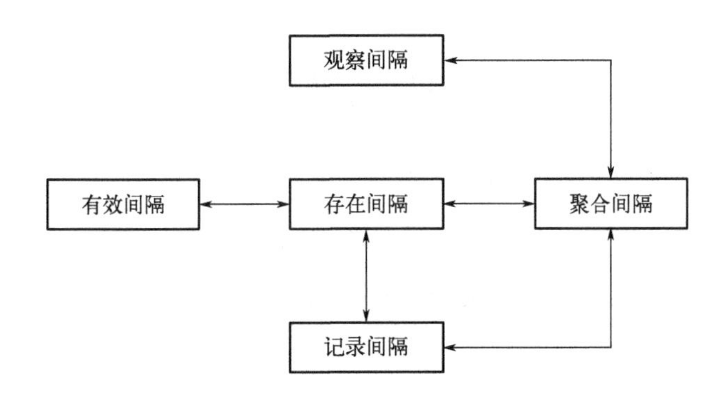

图7-4 各个时间尺度类型之间的关系

7.2 时间在组织活动中的应用

在本节中，我们需要确定一个合适的时间窗口，将完整的时间序列划分为多个子序列，以便进行后续的动态网络分析。我们从定性时间研究中识别出三个关于时间的总体分类以及各自的子分类（如表7-2所示），虽然这些研究来自多个不同的时间研究领域，但在此我们主要引用了最相关的内容，以探讨时间在组织活动中的应用。

表7-2 时间序列的划分

总体分类	子类别	
时间概念	时间类型	线性时间，同质时间，循环时间，主观时间，事件时间
	社会构建时间	工作组织（朝九晚五的工作日，工作时间和家庭时间），庆祝活动（端午节和中秋节）
组织活动到时间的映射	单个活动映射	速率，持续时间，终止时间
	重复活动映射	周期，节奏，频率，间隔
	单个活动转换映射	中点转变，截止日期
	多活动映射	活动之间的同步性，并发性
时间与行动者	时间感知	时间的体验，时间的流逝，持续的体验，新奇的体验
	时间人格	时间定向，时间风格

7.2.1 组织活动中的不同时间概念

时间作为一个非空间维度，是事件遵循线性顺序发展的维度。在时间维度中，事件按照明确的、不可逆的先后顺序，从过去发展到现在，再进展到未来，这是一个线性的发展过程。从其概念可知，时间可以衡量事件发展的持续情况、事件发生的先后顺序。

本节描述了两个不同的子类别：时间类型和社会构建时间。

（1）时间类型

第一个子类别中，时间类型（Types of Time）涵盖了描述时间连续性的多种方式，此分类中体现了对“时间是什么？”这个问题的多种不同解答。例如，物理时间（Physical Time）是对时间连续性的最常见描述。物理时间将时间连续性视为线性的、无限可分割的、具有客观可量化单位的实体，从而确保了时间单位的均匀性、匀速性、规则性、精确性、确定性和可测量性（Melbin等，1987），这是对时间连续性的主导描述。此外，本书还探讨了时间连续性的多种不同观念。

相对于物理时间所暗示的线性观念，时间类型中还存在了周期时间。周期时间中的事件会反复发生。此外，与无限可分割的概念相比，时间可能是连续且不确定的，包括客观时间与主观时间、同质时间与异质时间、规则时间与不规则时间、精确时间与不精确时间、可逆时间与不可逆时间、封闭时间与开放时间以及物理时间与事件时间。例如，雷曼兄弟金融公司宣告破产，具体的发生时间无法预知，然而其影响却广泛且深远。这个事件引发了全球金融市场的动荡，导致了多个银行和金融机构倒闭，全球经济也陷入衰退。雷曼兄弟金融公司宣告破产事件是一个以事件为基础的时间例子，因为这个事件发生的时间点被作为定义前后事件顺序的参考点。

时间也被视为一种生命周期，如企业的生命周期，都遵循某种可预测的发展模式。企业生命周期描述了企业的成长与发展轨迹，包括初创、发展、成长、成熟和衰退等阶段。企业生命周期的研究旨在为处于不同生命周期阶段的企业找到与其特征相符的组织网络结构，这样可以持续推动企业稳定发展，使得企业在各个生命周期阶段内充分发挥其特性优势，从而延长企业的生命周期，帮助企业实现自身的可持续发展。

（2）社会构建时间

社会构建时间（Socially Constructed Time）是指人类社会中对时间的理解和使用方式，它也包含了时间在社会互动、文化习俗、工作、休闲等方面的角色和意义。社会构建时间反映了个体或群体生活的时间规律，是通过社会约定、文化传统和制度安排来协调和规范个体或群体行为的时间框架。

研究人员强调了不同的社会个体或群体如何创造不同类型的时间，或在文化上构建不同类型的时间，也强调了时间的连续性（Cahill，1998）。将时间视为社会构建的时间，这促使了劳动力商品化，因为时间被视为可以测量、标准化、使用、购买和出售的资源。这种对时间的看法，也被称为时间经济学，出现在17世纪到19世纪之间，被认为是工业革命发展的重要推动因素。

在社会构建时间的过程中，基于特定地理区域的社会个体或群体将通过其共同的习俗、信仰、经济活动和社会行为，来定义他们认为适合的时间使用方式。这种时间文化的构建反映了社会个体或群体对时间的共同认识和价值观，以及这些观念如何影响个体或群体的日常生活和社会活动。例如，全球化的商业环境中，企业常常需要协调不同地理区域的员工进行在线会议，因此，各地的时区成为一个重要的考虑因素。此外，时间文化结构并不仅仅局限于地理上的文化差异，也并不仅仅基于物理时间。共享同一地理空间的群体也会给时间赋予不同的含义。例如，端午节和中秋节，尽管它们的日期通常会反映到公历上，但两者都是基于农历的庆祝活动，因此它们并不会每年在同一天发生，节日不但代表了时间的概念，还包含古人所赋予的文化内涵。这样的例子说明了文化如何影响我们对时间的理解和使用。

7.2.2 组织活动到时间的映射

在上一节中，我们研究了各种不同的时间类型。本节将聚焦于如何把具体的组织活动或事件定位到特定的时间点或时间段，换言之，我们将探讨如何将组织活动或事件映射到时间上。这个过程涉及一系列因素，包括速率、持续时间、分配等（Strangleman等，2008；孔继利和贾国柱，2015）。通过研究这些因素，我们可以了解网络中的组织活动或事件是如何随着时间的推移而变化的，以及这些变化是如何影响网络结构和功能的。以下是该过程的几个关键步骤：

（1）时间标记组织活动

我们需要收集组织活动的数据，并给每个活动标记确切的时间点。例如，在一个动态的社交网络中，每一次用户间的互动——如发消息、分享内容等——都应该有一个时间点。

（2）构建时间化网络

我们使用这些时间点，可以构建一个随时间变化的网络图，其中节点代表个体或组织，边代表它们之间的关系。边的形成和消失对应于网络动态变化的开始和结束。

（3）时间间隔的选择

我们选择决定要分析的记录间隔、聚合间隔等。例如，我们可能希望以天或周为单位来观察网络中的变化。选择的间隔将影响网络动态的观察细致程度。

（4）动态网络分析

我们使用网络科学的工具和方法，如图论和复杂网络的度量，来分析网络随时间的变化。这可能包括节点的中心性分析、社区检测、网络密度的变化等。

（5）关联分析和模式识别

我们识别随时间出现的模式和趋势，比如特定事件之后的网络变化，或者周期性的网络结构变化。这种分析可以使用时间序列分析、机器学习或事件相关网络分析等方法。

（6）理解和预测

基于动态网络分析的结果，我们理解组织活动如何随时间以及在不同条件下变化，并尝试预测未来的网络动态或行为模式。

因此，将组织活动与时间映射相结合的动态网络分析可以为理解组织行为提供强大的工具。

在本节中，我们将详细讨论五个子类别，涉及以下内容：

① 将单一组织活动映射到时间轴的过程；

② 将同一组织活动在时间轴上多次重复的映射过程；

③ 单一组织活动在变化过程中映射，其中，该活动在这一变化过程中会改变其特征；

④ 将两个或多个组织活动在时间轴上的多重映射过程；

⑤ 比较多个时间图的过程。

（1）单个活动映射

在对单一活动进行时间映射的过程中，我们描述了如何将活动定位在连续时间上。研究人员在描述单一活动时，会关注该活动在组织网络中发生的速率、持续时间，以及活动的终止时间（如果有明确的结束时间）。图7-5展示了如何将单一活动映射到时间轴上。其中，图7-5（a）代表了一个固定持续时间的事件，例如，在工厂的自动化生产线上，每个产品的生产时间都是固定不变的。图7-5（b）则显示了另一种活动的映射，该活动稍后发生，并且完成速度是不规则的。这种情况类似于手工生产过程，每个工人完成同一件产品所需的时间可能会因为他们的工作经验、生产流程等因素的影响而有所不同。

（2）重复活动映射

图7-6（a）显示了一种简单的重复活动，即一个活动在结束后立即重复。这是一种常见的模式，例如，在快餐店点餐过程中，一位顾客完成点餐后，下一

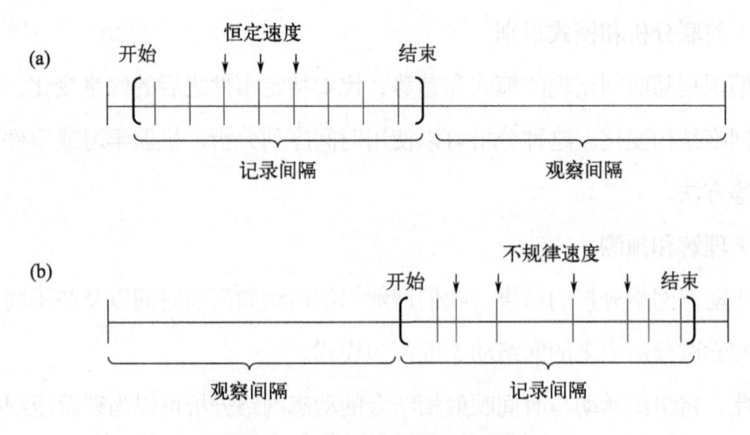

图7-5 单个活动映射到时间

位顾客立即开始点餐。图7-6（b）和（c）显示了更复杂的重复模式。在图7-6（b）中，活动不是连续发生的，而且在每次重复之间有一个固定的间隔。例如，一家制造公司可能在每天的固定时间内进行生产，然后在其余时间内进行设备的维护和清理。在图7-6（c）中，活动的重复并不是固定的，而是存在一定的变化。例如，电商企业可能会在每天的不同时间内推出不同的销售活动，以吸引更多的客户。这种模式可能更复杂，因为它需要考虑到时间的变化和不确定性。

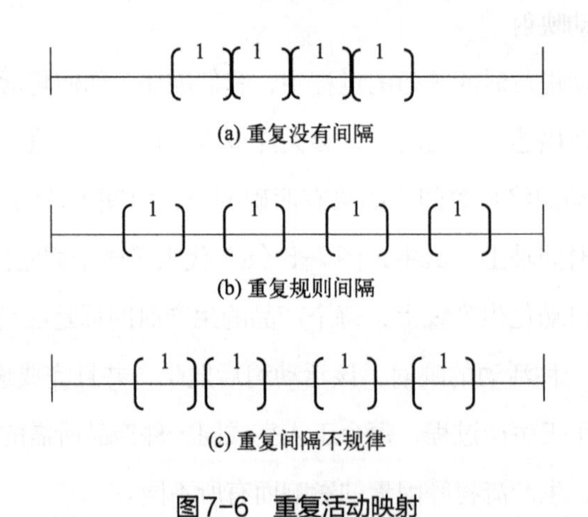

图7-6 重复活动映射

（3）单个活动转换映射

在网络变化的过程中，原有的结构变为新的结构时，网络会受到两种动力学的影响：循环周期性变化和转换性变化。循环周期性变化是定期或周期性发生的，它反映了网络中一种稳定的、可预测的模式。例如，在商业组织中，可能存在与财务年度相关的周期性变化，如季度报告、年度预算等。转换性变化则是指网络结构的重大变化，导致系统的基本特性、功能或行为模式的改变。转换性变化可能是由外部压力（如环境变化、政策变化等）或内部因素（如创新、战略转型等）驱动的。这种变化通常不可预测，并可能对网络或系统产生长期的影响。

在群体变化过程中会存在中点转换（Gersick，1988）。中点转换是指一个群体在时间中点之前和之后执行相同的活动，但转换发生在时间的中点，从而改变活动的形式。如果我们将达到中点的活动称为活动“a”，并将中点之后发生的变化视为活动a′的某种转换［如图7-7（a）所示］。随着截止日期的临近，截止日期的强制性会迫使活动加速（Lim和Murnighan，1994）［如图7-7（b）所示］。

因此，活动并不总是被看作是相同的，而是被分解为不同的部分或阶段，在每个转换点前后，形式都会发生转变［如图7-7（c）所示］。

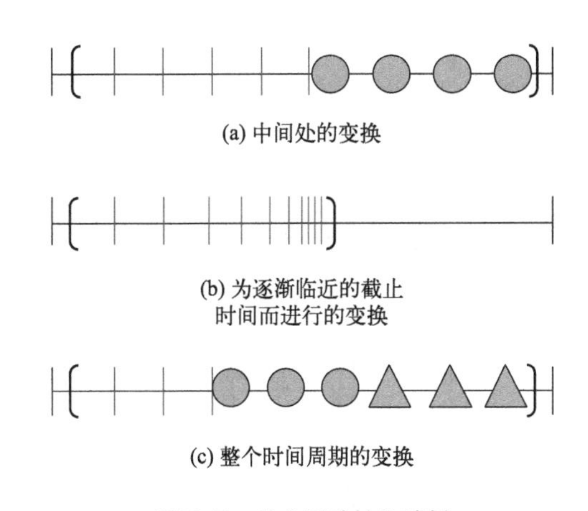

图7-7　单个活动转化映射

（4）多活动映射

在本小节中，我们将讨论涉及多个活动与时间之间的关系。

在分析组织内部或个人的多种活动时，研究人员考虑活动如何在特定的有效间隔内进行分组是关键。这里的“有效间隔”指的是一段时间内发生的所有相关活动，这可以是个人的日常活动、组织单位在一周内的工作任务，或针对特定客户在一定时间段内的服务提供。活动的分组受多种因素影响，包括活动之间的时间分配、顺序以及是否存在必须按特定顺序完成的任务。例如，在为特定客户定制奢侈品的过程中，某些活动必须先于其他活动进行，这要求预设活动的顺序［如图7-8（a）、图7-8（a′）所示］。然而，在其他场景中，活动的顺序可能更为灵活，不需要严格遵循预设的排列［如图7-8（b）所示］，而在其他情况下，活动的顺序可能不需要严格预设［如图7-8（b′）所示］。

讨论多活动映射时，研究人员需要关注的是同步性和并发性：同步性关注于活动的开始和结束时间之间的关系，特指那些开始和结束时间完全不重叠的活动［如图7-8（c）所示］。它也包括完全同步发生的活动，即两个或多个活动恰好同时开始和结束［如图7-8（c′）中的活动2和3］。并发性描述的是在某些活动的开始和结束时间之间存在时间上的重叠［如图7-8（c″）中的活动1、2、4和活动3］，这意味着两个或更多的活动可能在同一时间段内部分或全部进行。

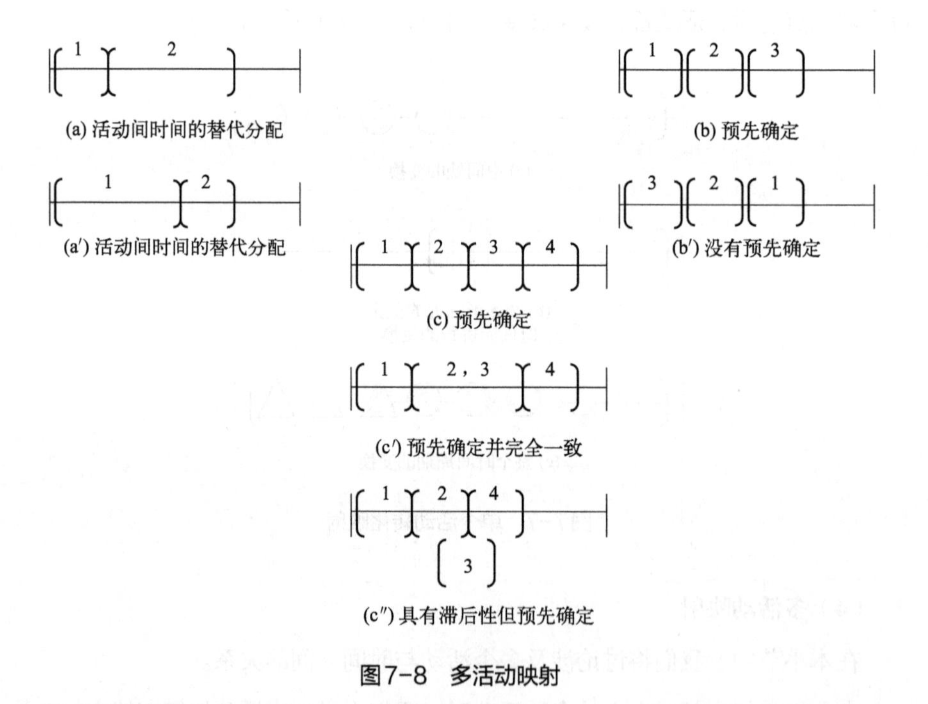

图7-8　多活动映射

当活动之间发生时间上的冲突，即一个活动的进行可能妨碍另一个活动的开始，这时就涉及“时间的重新分配”。根据McGrath和Rotchford（1983）以及Hassard（2012）的研究，这可能意味着研究人员需要调整某些活动的时间安排，或者重新分配时间资源以解决冲突。

在活动图7-9（a）和图7-9（b）之间进行比较。在这两个图中，图7-9（a）中给活动1、2和3分配的时间和图7-9（b）中是一样的，给活动4和5分配的时间也是相同的。但是在这两个图中活动的顺序不同。在图7-9（a）中，活动1、2、3在4和5之前进行；而在图7-9（b）中，活动4和5在1、2、3之前进行。在图7-9（a）中，活动之间有同步性，但没有并发性；而在图7-9（b）中，活动之间既有同步性又有并发性。活动图可以通过检查其时间间隔的相似性和差异性进行比较，例如分配、顺序和同步性（如图7-9所示）。

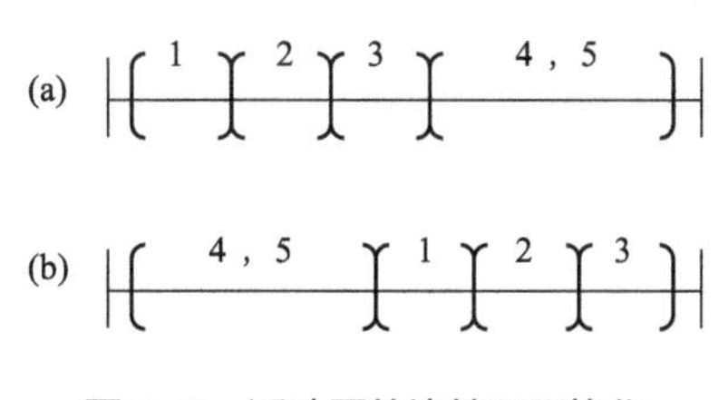

图7-9 活动图的比较和网格化

7.2.3 时间与行动者

在前面的章节中，我们探讨了时间概念，包括时间的社会属性解释，以及组织活动变化与时间的关系。在本节中，我们将关注参与这些组织活动的网络节点（即行动者）。本节的组织结构围绕两个主要方面：

① 时间感知变量，行动者如何感知组织活动的连续变化。

② 时间人格变量，行动者如何根据组织活动的持续变化来行动。这些现象可能在多个分析层面上发生，包括个体、群体、组织，甚至社会属性。

（1）时间感知

尽管时间有其客观存在的成分，但对时间的感知会因环境和行为主体的不同而有所变化，它直接影响到行动者对时间流逝的感知。时间感知（Temporal Perceptions）是指行动者通过感官对时间的理解和认识。对于个体来说，视觉、听觉和触觉都通过与大脑的紧密连接来帮助他们感知时间。

心理学家通常认为感知既可以是个体层面的影响因素，也可以是组织层面的影响因素。在同一组织的员工通常会有一些关于时间的共同理解或观念，这可能包括如何安排时间、优先级、截止日期等。这种共享的时间观念有助于组织或群体协调活动，保持或提高效率，并建立共享的价值观和预期期望。在研究组织的时间观念时，研究者经常使用领导者或团队管理的观点作为代表整个组织的指标（原理，2021）。这是因为领导者或团队管理的观点通常能影响和反映整个组织的规则、文化和期望。但是这并不意味着组织中所有成员的时间观念一定与领导者完全一致，若是在缺乏其他的时间感知信息的情况下，领导者的时间观念可以作为一个有用的近似值。

其他影响时间感知的因素还包括对持续时间的感知和时间的新奇感。当评估当前时间的流逝时，如果这段时间内组织活动密集，那么行动者可能会低估它的长度。换句话说，忙碌的人通常感觉时间过得更快（McGrath和Kelly，1986）。相反，当回顾过去的时间时，如果那段时间活动丰富，那么行动者可能会高估它的长度。就好像在回忆那段时期时，试图包含所有发生的活动（Hicks等，1976）。时间的新奇感涉及对不同创新或独特事物的感知（Butler，1995）。当参与一项从未进行过的活动时，行动者可能会觉得时间是独特或不同的。这种独特性来自于所执行活动的新奇性。这种新奇感可能会使行动者对这段时间变得难以忘怀，并成为未来时间的参考点。

（2）时间人格

时间人格（Temporal Personality）是描述行动者如何感知、理解、运用、分配或以其他方式与时间互动的特征方式。换句话说，时间人格是行动者理解和针对时间连续性采取行动的方式。行动者与时间的互动取决于他们对时间的态度，这可能会导致认知和行为的差异，这也使得每个行动者的时间人格都是独一无二的。

时间人格的两个重要影响因素是时间定向（Temporal Orientation）和时间风格（Temporal Style）（McGrath和Kelly，1986；McGrath和Rotchford，1983）。时间定向包括时间感知这一特征（McGrath和Kelly，1986），但它也包

括其他特征，例如，行动者如何构想时间（线性与周期性）和对行动者而言的重要时间（对过去的定向与现在的定向，以及未来的定向）。因此，时间定向指的是一组更广泛、更完整的特征，这些特征影响了行动者对时间的态度。

Butler（1995）定义了四种时间风格：时钟式（Clock）、有机式（Organic）、战略式（Strategic）和间歇式（Spasmodic）。这四种时间风格总结了解释、理解和反映时间的不同方式。每种时间风格都回答了特定的问题，例如，过去、现在和未来之间的联系有多紧密？对过去的共识有多少？未来的可预测性如何？Butler（1995）建议实体-个体、团体-组织可以根据其情况采用特定的时间风格。一个处于缓慢发展且可预测的行业（如早期的大众汽车行业）的组织可能会采用时钟式时间风格。在时钟式时间风格中，组织的历史发展被很好地理解，过去与未来之间的联系也很明确。相反，在一个不可预测的行业中，一个组织可能会采用间歇式风格，认识到过去与未来没有紧密的联系。在间歇式时间风格中，行动者通过创新影响变化的速度，使其变快或变慢，这为更广泛的行动提供了自由。

通过对时间概念、组织活动到时间的映射、时间与行动者这三个方面的论述，我们除了认识到三个方面各自的独特性质之外，还有必要进一步认识到它们之间的相互联系。我们构建的框架不仅包括三个独立的、不同的方面，而且还包括一组跨越这些方面的相互关系。三个不同方面之间的关系可以用箭头来表示，每个箭头都显示了一个类别中的变量如何影响并受其他两个类别中变量的影响（如图7-10所示）。

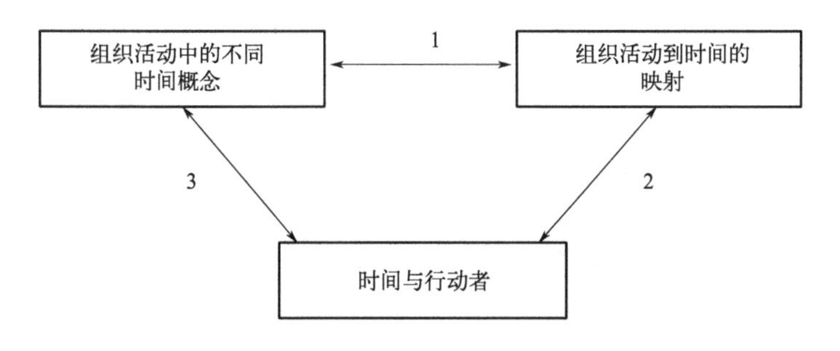

图7-10 不同研究方面之间的关系

首先，第一个双向箭头连接了“组织活动中的不同时间概念”和“组织活动到时间的映射”两个方面。如果研究人员将时间的概念视为“物理时间”，这会反过来影响活动映射到的时间连续性，因为活动的开始和结束都有明确的时间节点。因此，我们将活动逐一映射到时间轴并称之为“活动映射”时，实际上也是在“映射时间的连续性”。如果我们采用“事件时间”而不是“物理时间”，映射结果可能会大相径庭，因为时间间隔会因事件来划分变得不规则。如果采用“经验时间”，时间间隔会因为行动者移动的速度发生变化，当速度慢的时候，时间间隔长；当速度快的时候，时间间隔短。如果采用“主观时间”作为时间连续性，每个行动者都将拥有自己独特的时间映射，而不仅仅是一个共享的“客观”映射。

其次，第二个双向箭头连接了“组织活动到时间的映射”和“时间与行动者”两个方面，说明了这两个方面如何相互影响。当组织活动越密集，个体对时间流逝的感知就越快；当组织活动越稀疏，个体感知的时间流逝就越慢（Hicks 等，1976）。

最后，第三个双向箭头连接了“组织活动中的不同时间概念”和“时间与行动者”两个方面，再次强调了两个方面如何相互影响。根据线性时间观念和周期性时间观念，行动者能够形成不同的时间文化认知。如果个体持有周期性的时间观念，那么其对任何事件的理解都将受到影响。

7.3　时间在动态网络研究中的作用

时间在网络动力学研究中扮演着重要角色。尽管学者们对时间与网络动态变化之间的关系做了相应研究，但是对时间与网络动态变化结果的研究，尤其是明确包含时间维度的相对较少（Burt，2002；Soda 等，2004；Baum 等，2012）。同时，与网络形成和动态变化研究并行的是时间在网络结构与网络结果关系中所起作用的理论研究，即直接将时间纳入组织网络理论（Zaheer 等，1999；孔繁士等，2012）。将时间纳入组织网络理论会引出诸如以下问题：新旧关系、新旧结构、行动者行为等都可能会对网络变化结果产生影响，这些影响的程度通常会取决于具体的环境、情境和条件（Soda等，2004）。但是什么时候以及在何种情况下，旧的关系和结构会发生哪些变化？为行动者带来哪些影响？新的关系和结构会如何产生？又为行动者带来哪些影响？

从网络视角来看，随着时间的流逝，一方面，关系需要通过相互之间信任和互惠加以巩固、强化（Nelson，1989）。另一方面，随着网络关系的终止和行动者属性的变化，以及随着时间的推移，积累的义务和互惠的影响逐渐减弱，过去的关系在强度上也会减弱。因此，对过去关系的模糊记忆可能会更改旧网络结构对行动者当前行为和表现的影响。

当前的关系网络不仅反映了社会结构的影响，同时也显示了过去的关系网络通过积累经验所产生的影响。有两种主要机制可以解释网络记忆如何影响当前网络的动态变化。第一，网络记忆为行动者提供了机会，使他们可以重塑他们过去的社会网络结构。第二，网络记忆允许这些行动者利用过去关系中积累的社会资本为其当前的社会活动提供支持和保障。

7.3.1　过去网络结构的重建

时间为行动者提供了重新塑造过去社会网络结构的可能性。

过去的社会网络结构中，如休眠连接，指的是过去的连接关系，这些关系由于在一段时间内不活动而已被废弃。除非有提示，否则焦点行动者可能不会轻易想起这些关系。休眠连接的重启，可以为焦点行动者提供新的见解，因为在休眠期间，连接的双方行动者有了不同的经历，这些不同经历是他们通过不断努力积累的，是他们拥有的宝贵财富。从认知的角度来看，只要双方对关系的记忆还在，连接关系就可能存在。但是，当一方的行动者记得而另一方的行动者不记得双方存在连接关系时，休眠连接的重新激活就会遇到较大障碍。从实际连接的角度来看，当任何一方选择终止关系时，连接关系就可能不复存在。Burt（2002）指出桥接关系会迅速衰减，但齐美尔式关系（指行动者相互连接，并且各自与同一个第三方相互连接）不太可能成为休眠关系，而且即使齐美尔式关系进入休眠状态，也可能很容易被重新激活。当然，连接的类型或者连接的内容，会影响消亡（例如亲属关系是永远的）。

虽然关系的衰减让行动者失去关系优势，但是也为行动者提供了新的机会，让其可以寻找和发展新的潜在关系以及减轻网络冗余的负担。这不仅为行动者提供了发现新想法的机会，也有助于其形成有利于知识创新的网络环境，促进其与网络伙伴之间合作关系的建立。

休眠连接的存在或被重新激活，行动者也可以获取新颖性信息资源（蒋春燕和赵曙明，2004），并通过有效地管理和利用休眠连接，获得其社会资本，为行动者提供了重建过去社会结构的可能性，进而改善社会网络，以及实现他们的目标。例如，在技术的帮助下，Facebook等平台的用户有机会重新激活他们过去的关系。

休眠关系能否被重新激活，还取决于关系的特性、强度、在网络中的位置，以及上次关系活跃以来所经过的时间。不同类型的休眠关系在时间的侵蚀中呈现出不同的抵抗状态。正如Feld（1997）的研究显示，支持性的、更强的关系更有可能持续下去。为节省网络资源，行动者只有在需要时会重新激活休眠关系。然而，如果休眠时间过长，关系可能会衰弱到无法恢复的程度。

不同类型的网络结构对于维护和激活这些休眠连接的能力是不同的。具体来说，某些网络结构可能更容易随着时间的推移而衰退，使得其中的休眠连接难以被重新激活（如随机网络，随机网络由于其缺乏结构化的连接模式，可能难以在长期无互动的情况下维持和激活休眠连接）；而其他类型的网络结构则可能具有更强的抗衰退能力，即使在长时间无互动的情况下，这些休眠连接仍然可以被有效地唤醒和利用（如小世界网络，小世界网络因其短平均路径长度和高聚类系数，在维护和激活休眠连接方面表现较好，即使在长时间无互动的情况下，也能较快地重新激活连接）。此外，虽然结构可能会随着时间以不同的方式改变，但时间也可能会以不同的方式改变节点本身，从而影响连接节点的网络结构（Leik和Chalkley，1997；Suitor和Keeton，1997）。

7.3.2 社会资本的积累

时间为行动者提供利用自身过去关系所积累的社会资本的可能性。

在分析社会资本的积累利用前，本研究先分析网络记忆（Network Memory）的概念（前文中多次提到），即指行动者在网络中随着时间的推移积累的知识和信息（Soda等，2004）。这些知识和信息构成了行动者可以利用的资源，以支持其行动和决策，与智力资本的概念相似。网络记忆包含两个方面：

① 价值观和规范，如信任、义务和互惠，这些因素共同塑造了未来的行为和关系（Gulati和Gargiulo，1999）。

② 影响力和情感，它们反映了关系中的模仿性和情感内容，这也对行动者的未来行为和关系产生影响。

因此，网络记忆中积累的知识和信息资源，既可以支持也可能限制网络中行动者的未来行为。一方面，当行动者利用过去关系中积累的知识和信息资源时，他们实际上正在动态地利用网络记忆。通过恢复过去的关系，行动者可以获取有价值的信息，这可能对他们的未来行为产生深远影响。另一方面，网络记忆也可能对行动者产生限制性影响。过去的经验可能使行动者对某些关系或行为形成固定的看法。例如，如果行动者在过去的关系中有过负面经验，他们可能会避免在未来与同样的个体或组织建立关系。有研究证实这一点，考虑网络中行动者过去的表现与不考虑网络中行动者过去的表现相比较，网络结构对行动者后续表现的影响会显著降低（Lee，2010）。

网络中的行动者受到其过去的关系、结构和位置的影响，这些因素构成了网络记忆，为行动者提供了丰富的社会经验和资源，这些社会经验和资源可以极大地增强行动者在当前网络中获取和利用知识与信息的能力。然而，只有当过去的网络结构处于适当的位置时，网络记忆才能发挥其预期的益处。Baum等（2012）指出并验证了一个观点：随着时间的推移，闭合关系的优势逐渐增强，这是因为这类关系通过频繁的互动逐步累积信任和资源。相比之下，随着时间的推移，桥接关系的优势逐渐减少，因为尽管它们提供了快速访问新信息和资源的途径，但这些关系往往不如闭合关系稳定和持久。此外，关系质量也对闭合关系或桥接关系的效益具有重要影响，这种关系质量是动态变化的，会随着时间的推移而深化或衰减，如图7-11所示。

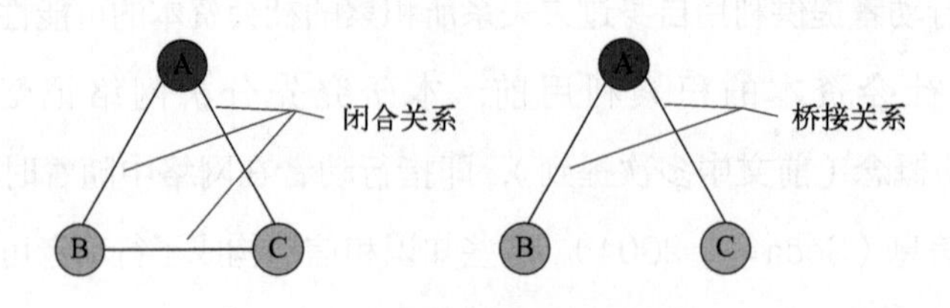

图7-11 闭合关系和桥接关系

闭合关系往往随时间的推移而提高其有效性，因为重复的互动和第三方关系促进了合作行为、承诺，增加了合作伙伴之间的依赖和充分参与的意图。相反，桥接关系更有可能随着时间的推移而衰落，因为中介的竞争性质和缺乏第三方连接抑制了嵌入式关系的发展。在闭合关系和桥接关系相结合的混合网络位置所产生的优势在旧的封闭关系与新的桥接关系结合时达到最大。

行动者从过去的关系中获取的知识和信息资源，是网络动态变化中积累社会资本的重要部分。这种动力学体现在网络稳定性和惯性约束中，这两种特性都在社会资本积累的过程中发挥着作用。一方面，网络稳定性是社会资本价值的关键来源之一，因为它保留了网络的大部分结构，使得行动者能够在有限的时间范围内获取有价值的资源。换句话说，稳定的社会网络可以为其成员提供持续的资源访问，从而使他们能够积累并利用社会资本。另一方面，网络的惯性约束也对社会资本的积累产生了重要影响。网络记忆强调了初始条件对网络形态和功能的持久影响，这种影响随着时间的推移而持续，从而维持了早期的结构模式。如果行动者在初始阶段建立了一个强大的合作关系网络，那么这个网络可能会成为一个强大的社会资本来源，帮助该行动者获得信息、资源和支持。即使在这些关系中，有一些关系变得不活跃、休眠或者终止之后，他们仍然可能为该行动者提供有价值的知识和信息资源。

7.3.3　时间在动态网络中的应用

通过以上关于时间的论述可知，时间及其相关研究在动态网络分析中具有重要意义。在本节中我们将详细讨论时间在动态网络中的应用，并以具体的例子进行展开说明。

（1）节点和边变化的记录

时间可以帮助我们详细记录节点和边的变化，包括增加、删除或属性变更等。例如，在社会网络中，行动者之间的互动（如回复邮件、项目合作等）都可以随着时间的推移记录下来。在对这些互动进行分析时，外面可以通过时间了解用户的活跃程度、互动频率以及行为模式等。同时，在研究网络变化的过程中，时间可以追踪和分析节点和边的变化轨迹，从而揭示网络中隐藏的结构变化和行为模式。

以公司内部的团队协作网络为例，员工之间的沟通和协作（如邮件往来、参与相同的会议、共同完成项目等）以及项目的完成情况都可以通过时间进行详细记录，因此，我们可以用时间数据来追踪和分析团队内部的协作模式和变化。例如，通过分析邮件和会议的时间记录，我们可以了解员工的活跃时间段、协作频率和团队协作的效率，进一步了解员工的工作习惯，评估团队协作的效率，从而找到可能影响协作效率的因素。

（2）时间有序数据分析

动态网络数据具有明确的时间顺序，这使得分析者可以在时间序列上进行更丰富的分析。例如，在研究信息传播过程中，时间可以帮助我们确定信息从一个节点传播到另一个节点的确切时间，从而揭示传播速度、范围和模式。此外，时间还可以帮助我们分析节点之间的相互影响关系，例如，信息传播的源头、中间传播者以及受众等。

我们可以利用时间有序数据来分析公司内部的决策过程。例如，我们通过记录每一次会议的时间和内容，来追踪一个重大决策的形成过程，分析影响决策的关键因素，以及决策的影响范围和效果。我们通过对时间数据的深入分析，找到推动项目进展的关键节点，识别可能的瓶颈问题，以及潜在的改进方向。这为公司提升内部工作效率和决策效果提供了有力的数据支持。

（3）网络结构分析

通过对比不同时间下的网络结构，我们可以分析动态网络的结构变化情况。例如，通过比较不同时间下的中心性指标，我们可以了解网络中节点地位的变化以及潜在的影响力变化。此外，我们还可以分析网络密度、聚类系数等全局指标的时变特性，以揭示网络整体结构的变化规律。

以科研合作网络为例，通过比较不同时间段内科研团队之间的合作关系，我们可以分析合作关系的稳定性和变化趋势。此外，我们还可以发现科研团队的研究领域的变化，识别出新兴领域的发展趋势以及潜在的合作伙伴。通过这种时变网络结构分析，我们可以更好地理解科研合作网络的动态变化情况，为科研团队的决策提供有益的信息。

（4）凝聚子群的动态变化分析

在动态网络中，群体的形成、变化和消亡也与时间紧密相关。时间可以帮助我们追踪这些变化，从而更好地理解社会网络中群体行为的动态特征。例如，在企业合作网络中，我们可以通过时间追踪项目团队的组建、合作关系的变化以及团队终止的过程。

首先，在组建项目团队的过程中，我们记录每个员工加入团队的时间点，以及他们在团队中的角色和职责。通过时间数据分析，我们可以了解团队的组建速度，分析可能影响组建速度的因素，以及每个员工在团队中的活跃程度。其次，在团队运行过程中，员工之间的合作关系可能会发生变化。例如，某个员工可能因为出色的工作表现而开始承担更多的任务，或者因为其他原因而逐渐从核心位置变为外围位置，或者跳槽到竞争对手公司。这些变化都可以通过时间数据进行记录和分析，从而帮助我们了解团队内部的动态变化和可能的影响因素。最后，当项目完成或团队解散时，我们可以通过时间数据来追踪这个过程，了解团队解散的速度，分析可能影响解散速度的因素，以及团队解散后员工的去向。

因此，通过对这些时间数据的深入分析，我们可以了解公司内部团队的组建、运行和解散的动态过程，找出影响团队效率的关键因素，以及可能的优化方向。这将对提高公司的工作效率和团队协作效果提供有力的数据支持。

（5）事件驱动的动态分析

在动态网络中，外部事件（如政策变化、市场波动等）可能对网络结构产生影响。时间可以将这些事件与网络变化关联起来，进一步分析事件对网络的影响程度和持续时间。例如，在金融市场网络中，我们可以通过时间分析金融危机对市场行动者之间关系的影响，因为金融危机期间的股价波动和市场恐慌可能导致投资者之间的关系发生变化。我们可以通过时间比较金融危机前后投资者间的互动频率、信息传播速度以及合作关系等，以评估金融危机对市场网络结构的影响。此外，我们还可以研究金融危机对不同类型投资者（如机构投资者、散户投资者等）的影响程度，以及危机对市场恢复的潜在影响。这些分析结果有助于我们更深入地了解金融市场的动态特性，为政策制定和市场监管提供有力的数据支持。

（6）预测分析

基于时间的动态网络数据分析，我们可以对网络的未来发展进行预测分析。例如，通过对过去时间数据的分析，我们可以识别网络中的周期性变化、趋势性变化以及突发性事件等，进而预测网络未来的可能变化。此外，我们还可以基于时间数据构建动态网络模型，模拟网络在不同情景下的变化过程，为实际应用提供决策支持。

以公司的销售网络为例，通过时间序列数据分析，我们对未来的销售趋势进行预测和模拟。首先，我们通过分析历史销售数据，识别出销售网络中的周期性变化，如季节性影响、节假日促销等。其次，我们还可以识别销售趋势，如产品销售的增长或下降趋势，以及市场需求的变化。这些分析可以预测未来的销售情况，并为销售策略的制定提供依据。最后，基于历史销售数据和预测结果，我们可以构建动态销售网络模型。这些时间数据的分析结果，可以为公司的销售策略制定提供有力的数据支持，帮助公司更有效地应对市场变化，提升销售效果。

时间在动态网络分析中的应用涉及多个方面，包括节点和边变化的记录、时间有序数据分析、网络结构分析、凝聚子群的动态变化分析、事件驱动的动态分析以及预测分析。通过有效利用时间数据，我们可以更深入地了解社会网络的动态特性和变化规律，为实际应用提供有力的数据支持。

本章小结

在本章中，我们聚焦在时间与动态网络的关系上。首先，讨论了如何选择适当的时间尺度来分析动态网络，不同的时间尺度能够揭示出网络动态变化的不同层次。其次，了解了时间在组织活动中的应用，包括时间概念的理解，如何将组织活动映射到时间轴上，以及行动者在时间中的角色。这一部分旨在强调时间对于理解组织行为和网络变化的重要性。最后，详细论述了时间在动态网络中的作用，特别是在重建过去网络结构和积累社会资本方面的重要性。通过对过去网络的理解和学习，能够更好地理解网络的演变，并描述未来的网络变化。总之，本章的目标是帮助读者理解时间在动态网络分析中的关键作用，并学习如何有效地利用时间信息来揭示和理解网络的动态性。

参考文献

[1] Ancona D G, Chong C L. Entrainment: Pace, cycle, and rhythm in organizational behavior[J]. Research in Organizational Behavior, 1996, 18(1): 251-284.

[2] Baum J A C, McEvily B, Rowley T J. Better with age? Tie longevity and the performance implications of bridging and closure[J]. Organization Science, 2012, 23(2): 529-546.

[3] Burt R S. Bridge decay[J]. Social Networks, 2002, 24(4): 333-363.

[4] Butler R. Time in organizations: Its experience, explanations and effects[J]. Organization Studies, 1995, 16(6): 925-950.

[5] Cahill T A. The gifts of the jews: How a tribe of desert nomads changed the way everyone thinks and feels[M]. New York: Anchor, 1998.

[6] Feld S L. Structural embeddedness and stability of interpersonal relations[J]. Social Networks, 1997, 19(1): 91-95.

[7] Gersick C J G. Revolutionary change theories: A multilevel exploration of the punctuated equilibrium paradigm[J]. Academy of Management Review, 1991, 16(1): 10-36.

[8] Gersick C J G. Time and transition in work teams: Toward a new model of group development[J]. Academy of Management Journal, 1988, 31(1): 9-41.

[9] Gulati, R, Martin G. Where do interorganizational networks come from?[J]. American Journal Of Sociology, 1999, 104(5): 1439-1493.

[10] Hassard J F, Grint K. Images of time in work and organization[J]. Handbook of Organization Studies, 2012, 36(3): 327-344.

[11] Hicks R E, Miller G W, Kinsbourne M. Prospective and retrospective judgments of time as a function of amount of information processed[J]. The American Journal of Psychology, 1976, 89(4): 719-730.

[12] Leik R K, Chalkley M A. On the stability of network relations under stress[J]. Social Networks, 1997, 19(1): 63-74.

[13] Lim S G S, Murnighan J Keith. Phases, deadlines, and the bargaining process[J]. Organizational Behavior and Human Decision Processes, 1994, 58(2): 153-171.

[14] McGrath J E, Kelly J R. Time and human interaction: Toward a social psychology of time[M]. New York: The Guilford Press, 1986.

[15] McGrath J E, Rotchford N L. Time and behavior in organizations[J]. Research in Organizational Behavior, 1983, 21(5): 57-101.

[16] Melbin M, McGrath J E, Kelley J R. Time and human interaction: toward a social psychology of time[J]. Contemporary Sociology, 1987, 16(6): 860-865.

[17] Nelson R E. The strength of strong ties: Social networks and intergroup conflict in organizations[J]. Academy of Management Journal, 1989, 32(2): 377-401.

[18] Perrow C. Normal accidents: Living with high-risk technolgies[M]. New York: Basic Books, 1984.

[19] Soda G, Usai A, Zaheer A. Network memory: The influence of past and current networks on performance[J]. Academy of Management Journal, 2004, 47(6): 893-906.

[20] Strangleman T, Warren T. Work and Society[M]. Britain: Routledge, 2008.

[21] Suitor J, Keeton S. Once a friend, always a friend? Effects of homophily on women's support networks across a decade[J]. Social Networks, 1997, 19(1): 51-62.

[22] Zaheer A, Zaheer S. Catching the wave: Alertness, responsiveness, and

market influence in global ectronic networks[J]. Management Science, 1997, 43(11): 1493-1509.

[23] 蒋春燕，赵曙明．组织冗余与绩效的关系：中国上市公司的时间序列实证研究[J]. 管理世界，2004, (05): 108-115.

[24] 孔繁士，刘占礼，翟运开．时间约束下的组织间知识转移粘滞形成机理研究[J]. 经济经纬，2012, (04): 115-120.

[25] 孔继利，贾国柱．考虑学习率和搬运时间的人工作业系统生产过程时间组织与优化[J]. 管理评论，2015, 27(3): 197-208.

[26] 威廉·詹姆斯．心理学原理[M]. 北京：北京大学出版社，2012.

[27] 俞金尧．历史学：时间的科学[J]. 江海学刊，2013, (01): 149-154.

[28] 原理．网络时代的组织时间观转变[J]. 中国人民大学学报，2021, 35(4): 27-37.

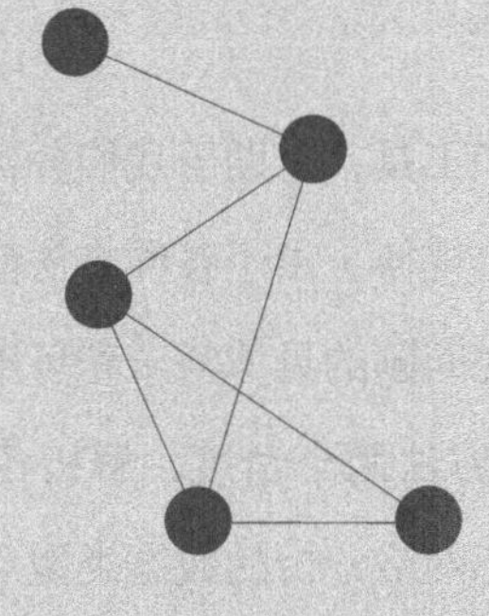

第8章 动态网络研究方法与注意事项

动态网络研究方法涵盖了多种技术和工具，有助于我们分析随时间演变的网络结构和网络内容，揭示动态网络的演化规律。由于各种方法都有其适用的研究情景，因此，选择合适的方法取决于研究问题的具体需求和可用数据的特性。本章从动态网络实证分析方法和仿真分析方法两个角度，解析各种研究方法的含义、特点、模型构建步骤等。其次，动态网络分析的数据类型众多，数据选择是动态网络研究中关键的环节，因此，我们分析了动态网络中的常见数据类型，并特别分析了专利数据在动态网络中的应用。再次，我们介绍了Patlab平台在动态网络分析中的具体应用，为我们计算各类指标提供很大的支持。最后，动态网络研究过程中，为了确保研究的科学性，我们需要注意的事项很多，如数据质量、网络构建、控制变量选取、内生性问题、结果可解释性等，这些会对我们的研究结果产生很大的影响，因此，本章中我们特别分析了这几个主要注意事项。

8.1 动态网络研究方法

8.1.1 动态网络实证分析

动态网络实证分析是指通过采集、整理、分析社会网络数据，研究社会网络中节点、关系和结构随时间演化的一种方法。动态网络在许多领域都有实证分析，包括社会学、心理学、管理学、经济学等，帮助我们更好地理解和处理复杂的社会网络现象，为我们提供更有效的干预和管理手段、科学依据和支持决策，以应对复杂的社会挑战和机遇。动态网络实证分析主要包括数据收集、数据整理、网络分析以及结果解释四个方面，如表8-1所示。

表8-1 动态网络实证分析

数据收集	通过调查问卷、访谈、观察、数据挖掘等手段，获取社会网络的相关数据。这些数据可以包括个体属性信息、组织基本特征信息、行动者关系和行为信息等
数据整理	将采集到的数据整理成网络数据的格式，以便后续的深度处理和分析。这包括数据清洗（去除错误数据、处理缺失值等）、转换（标准化数据格式等）、编码等步骤

续表

网络分析	利用数理统计、计算机科学和社会学等领域的手段和方法，对网络数据进行分析、处理和展示，这包括对网络结构中如节点的关系强度、结构洞、中心性等指标进行测度；也包括衡量网络内容中如知识宽度、知识深度、知识复杂性、知识相关性、知识互补性等指标；也可分析网络随时间发展的动态演化情况和社区检测等，以及上述网络指标的可视化
结果解释	根据分析结果，解释网络中的现象和规律，深入理解网络的结构和功能

在介绍动态网络实证分析方法之前，我们简单介绍一下实证分析的应用。实证分析适用于研究具有可量化特征的对象，通常涉及利用丰富的数据源（企业经营数据、社交网络数据、市场调查数据、专利大数据等）分析和解释现象，这个过程强调对数据的严格处理和分析，以产生可靠和可信的研究结果。实证分析通常采用如统计分析、回归分析等定量分析方法，探索变量之间的因果关系，帮助研究者理解现象背后的原因和机制。如果研究需要验证假设或理论，实证分析可以通过收集和分析数据，以验证假设或理论的有效性和适用性。如果研究需要预测或解释未来的趋势或发展方向，实证分析可以通过建立模型和分析数据，提供对未来发展的预测和解释，也可以为学者、决策者或政策制定者提供科学依据和决策支持，帮助他们做出基于数据和证据的决策或政策。因此，实证分析是一种建立在分析实际数据基础上的研究方法，在社会学、组织管理等领域有着广泛的应用。

首先，实证分析可用于社会科学研究。实证分析通常通过收集大量数据，例如社会调查或问卷调查中的个人观点、行为、态度等信息，然后利用统计方法对这些数据进行分析和解释。研究者可以利用实证分析来深入探索和理解社会现象（如人们的偏好、价值观、行为模式等）、社会关系（关系的强度和演化趋势）、静态和动态分析、均衡和非均衡分析等，这有助于研究者了解社会现象的普遍性和变化趋势，揭示社会群体的特征、行为模式、互动模式、影响力分布。

其次，实证分析也可以进行组织管理研究。实证分析通过收集和分析员工的动机、工作满意度、领导力、团队效能、组织绩效等数据来深入了解组织行为。研究者可以利用实证分析来研究员工的动机因素，如通过了解员工的工作满意度，以及影响满意度的关键因素（工作环境、薪酬福利、职业发展机会等），探索何种因素激励员工提高工作绩效和创新能力。研究者也可以利用实证分析来分析不同领导风格和行为对团队工作氛围的影响，进而提升团队的合作效率和创造力。研究者还可以利用实证分析来评估市场营销策略的有效性，如通过对市场数据、顾客反馈、竞争对手等信息进行分析，了解市场需求、消费者行为、竞争对手的活动等，从而调整市场定位、产品定价、促销活动等策略，提升市场竞争力。因此，实证分析在研究组织管理方面起着重要作用。

此外，实证分析还可以用于对组织绩效或组织战略决策研究。研究者可以通过收集和分析组织的运营数据、财务数据等指标，来衡量组织的整体表现。进一步，可以使用回归分析来确定各种因素对创新绩效的影响程度，或者使用趋势分析来观察创新绩效随时间的变化趋势。以下我们对动态网络实证分析的内涵、核心、主要类型、基本思路以及优势和局限进行分析：

（1）动态网络实证分析的内涵

动态网络实证分析主要是指利用相关的实证分析方法来研究网络的动态性，例如随时间变化的网络结构和行动者的行为模式。这种方法通过收集、整理、分析和解释数据，验证或否定研究假设，从而揭示动态网络中的节点、关系和结构的演变规律。借助动态网络实证分析方法，研究者可从动态网络的角度分析企业的合作关系变化、研发者的合作关系变化等，通过对比一般的实证分析方法，可以发现动态网络实证分析方法有以下特点：

首先，研究者可以利用动态网络实证分析来研究组织合作网络的动态演变规律。例如，通过分析焦点企业与合作伙伴的互动数据，可以了解组织间合作网络中信息传播的路径和速度，揭示网络结构随网络内容变化而演变的趋势。从动态网络角度分析，可以帮助研究者理解个体或组织合作关系的形成和演化（如个体或组织合作关系的建立，以及他们的合作强度如何随时间演变）、合作关系的维持和解体（个体或组织合作关系是否持续、何时解体及原因，从而分析出影响合作关系持久性和稳定性的因素），以及行动者角色演变、网络内容变化等。相比之下，如果不从动态网络角度分析，仅仅关注某些因素（如数字技术）对合作关系的静态影响，研究者可能会忽略合作关系的复杂性和动态变化的本质。因此，动态网络分析为研究者提供了一种深入理解合作关系动态演变的强有力工具，有助于制定更有效的策略和管理措施。

其次，动态网络实证分析在组织行为研究中也得到了广泛应用。研究者可以利用动态网络分析来研究组织内部员工个体或群体行为的变化。例如，研究者可以通过分析组织内部员工的沟通网络，了解团队合作的动态变化情况、领导力对团队沟通模式的影响等。组织行为研究更多是调查员工的心理因素，探究员工心理特征对组织创新的影响，但是心理因素是复杂多变的，无法单纯将某一时期的心理特征代表某位员工的行为，因此，用动态网络实证分析来解释组织行为，更能发现员工错综复杂的行为对组织的影响。

此外，动态网络实证分析还在市场营销策略决策中发挥着重要作用。通过分析市场数据、消费者行为数据和竞争对手相关数据，研究者可以了解市场需求、消费者偏好以及竞争对手策略的变化趋势，例如，通过动态网络分析，研究者可以追踪产品信息在不同平台和受众群体中的传播效果（分析产品信息在网络中的传播速度、影响力和扩散程度，调整策略以提高投资回报率），识别产品口碑传播路径（跟踪产品口碑信息的传播路径和影响力，分析口碑传播的网络结构和节点影响力，有针对性地促进正面口碑的传播），监测竞争对手的活动（监测竞争对手的产品发布、市场营销活动和消费者反应以应对竞争挑战），从而优化市场营销策略，提高市场竞争力，发现市场机会。

因此，动态网络实证分析在组织合作、组织行为和市场营销等领域中应用广泛。它能够提供基于实际数据的动态分析结果，帮助研究者更准确地理解网络结构的变化，发现其中更具现实价值的规律，以便于企业制定更有效的管理策略。

在动态网络分析中，实证分析通过分析实证数据来揭示网络结构和行为的动态性。与传统的基于假设的模型不同，实证分析侧重于从实际观测数据中提取模式和关系，以便更准确地描述和预测网络的演变。实证分析的早期探索主要集中在简单网络结构的描述性分析上，试图通过统计方法直接从数据中提取信息。这一阶段的研究侧重于网络的静态特征，如节点的分布、网络的度分布和小世界属性等。尽管这些分析为理解网络的基本构成提供了重要的视角，但它们在捕捉网络动态变化方面的能力有限。

随着计算能力的提升和大数据技术的发展，实证分析进入快速发展阶段。在这一阶段，研究者们开始尝试结合复杂的统计模型和机器学习方法来分析网络的动态性。动态网络分析和时间序列分析等被广泛应用于研究网络中的时间依赖性和动态演化规律。此外，在这一阶段，实证分析研究开始关注网络中的微观机制，例如，微观个体之间的互动如何导致宏观网络结构的变化。

进入成熟阶段后，实证分析开始融合跨学科的研究方法，将社会学、计算机科学、统计学和物理学等多个领域的理论和技术集成到网络分析中。这一阶段的研究不仅侧重于网络结构的动态变化，还开始关注网络行为的生成机制和影响网络演化的深层因素，例如，模拟社会影响力如何在网络中传播，或者分析生态系统中物种相互作用的网络如何响应环境变化。在这一阶段，实证分析研究显著提高了对动态网络复杂行为的理解和预测能力。这种方法适用于各种类型的网络，包括但不限于社会网络、通信网络和生物网络，其核心在于基于数据驱动的分析和洞察来揭示网络中的复杂动态过程。

（2）动态网络实证分析的核心

动态网络实证分析的核心是基于真实的网络数据进行统计分析和建模，以揭示网络的特征、演化规律和影响因素，为实际问题的理解和解决提供科学依据和决策支持。例如，采用动态网络实证分析研究焦点企业的高管网络如何随时间进行变化，具体分析如下：

① 在数据收集和预处理阶段，需要收集焦点企业高管任职时间变化的时间序列数据，包括高管的姓名、职务、任职时间等信息，并预处理数据，去除重复项和异常值。

② 根据时间序列数据构建高管任职时间变化的网络，其中网络节点为高管，节点之间的连线表示高管之间存在的某种联系，例如以往共同任职某企业的同事关系、当前企业中的同事关系或者上下级关系。在已构建的网络基础上，利用社会网络方法计算网络的基本特征，如网络密度、网络规模等。同时，根据可视化的网络图，观察高管网络的变化过程，分析网络结构的动态演化规律。

③ 通过时间序列分析方法探索高管网络随时间变化的规律。这个过程可以考虑高管之间的关系、高管职务变动、企业业务发展等因素，以建立动态网络模型。

④ 对建立的模型进行评估和验证，检验模型的拟合度和预测模型的准确性。这个过程可以使用真实的高管网络数据来验证模型的有效性和适用性，并对比分析模型预测的高管网络变化趋势与实际观察到的变化情况之间的差异。

⑤ 解释模型预测的结果，并将其应用于实际问题中。通过分析高管网络变化的规律和影响因素，为企业管理提供决策支持，例如优化组织架构、调整高管结构等。

（3）动态网络实证分析的主要类型

① 实验研究。实验研究是通过控制和操纵自变量，观察其对因变量的影响，以验证因果关系的一种研究方法。实验研究通常在实验室或控制条件下进行，以确保变量的操纵和随机分配。实验研究在动态网络中可以用于测试特定网络结构或行为的变化。例如，研究者可以在实验室中模拟网络的动态性，操纵信息传播的路径和速度，观察这些变化对网络结构和信息扩散的影响。

② 调查研究。调查研究是通过问卷调查、访谈或观察等方法，收集行动者的意见、态度、行为等信息的一种研究方法。调查研究在动态网络中常用于收集行动者行为模式、合作关系等相关数据，描述行动者的观点、感受、感知、个体偏好等，以探索行动者的行为模式和关系变化规律等。

③ 统计分析。统计分析是使用统计方法对收集到的数据进行分析的过程。统计分析可以用于描述数据的特征、检验假设、建立模型以及预测结果等。常用的统计方法包括描述统计、推断统计、回归分析、方差分析等。统计分析在动态网络中常用于处理和分析复杂的网络数据，描述网络特征，检验假设，并建立模型以预测网络结构和网络内容的变化。

④ 随机对照试验。随机对照试验是一种实证研究设计方法，通过将参与者（行动者）随机分配到接受不同处理或干预的组别，以比较不同处理或干预对实验结果的影响。随机对照试验常用于评估干预措施的有效性，如随机对照实验可以评估某种干预措施对网络结构或信息传播效率的影响。研究者将一部分行动者应用干预措施，而另一部分行动者则保持不变，然后比较两组之间的差异，从而评估干预措施的效果；随机对照实验可以测试不同规则变更对网络结构或信息流动的影响。研究者随机实施不同的网络治理策略，以观察其对网络动态特征的影

响；随机对照实验可以评估特定行为干预（如鼓励某种行为或抑制不良行为）对网络中行为模式和社交影响力的影响。研究者通过随机分配行动者，控制其他变量的影响，以更准确地评估干预措施的效果。

⑤ 自然实验。自然实验是在自然环境中观察和比较已经发生的事件或现象的一种研究方法。研究者利用自然实验来评估某个变量对另一个变量的影响，但无法直接控制或操纵变量。自然实验在动态网络中可用于观察和评估自然发生的网络变化。

⑥ 纵向研究和横断面研究。纵向研究是跟踪同一组参与者在一段时间内的变化和发展，以了解变量之间的关系和效应。横断面研究则是在同一时间点上收集不同群体或样本的数据，以描述和比较不同群体或样本之间的差异。纵向研究在动态网络中用于跟踪网络结构的动态变化。研究者可以持续收集同一网络的多次数据，分析网络随时间的演变。横断面研究在动态网络中用于比较同一时间点上不同群体的网络结构。研究者可以在某一时间点收集多个网络样本数据，比较不同网络之间的结构差异和行为模式。

（4）动态网络实证分析的基本思路

① 研究问题的提出。研究者首先需要明确其研究的动态网络问题，通过文献调研、问卷调研、实地访谈和考察等方式，明确其研究问题的科学性、重要性、可研究性和可测量性，以及该问题的理论贡献和实践价值等。同时，明确该研究问题是否可以用可量化或可观测的指标论证，或是可以选择观察、调查、实验、模拟等方式论证。

② 理论框架和假设的构建。研究问题提出后，研究者需要建立一个理论框架，该框架解释了所研究的网络现象的可能机制、原因、结果。基于此理论框架，研究者可以提出研究假设，对网络现象的变化进行预测性陈述和论证，也可以提出预期的结果。

③ 数据收集与清洗。根据研究设计，研究者需要确定适当可准确衡量研究对象的样本数据，例如，探究研发者的合作网络则需要收集研发者个体的合作伙伴数据。同时，还要保证数据收集方法的科学性，以确保收集到的数据具有代表性和可靠性，并能够回答其研究的问题。例如，问卷调查、实验、访谈、观察记

录、网络爬虫等方法来收集社会网络数据。研究者也可以对现有数据进行深度挖掘，例如，企业存档数据、各个国家知识产权局公布的专利数据等。在数据收集完成之后，还需要对数据进行预处理和清洗，这可能涉及清洗数据、处理缺失值、去除异常值等步骤，以确保数据的质量和可用性，例如，调查问卷中的部分数据可能会因数据填写不完整等原因而无效，研究者需要清洗无效数据，以提高样本数据的准确性。

④ 网络构建。对清洗过的数据进行描述和可视化。数据描述包括分析网络的基本特征，如网络密度、网络规模等，以及网络在不同时间点的变化情况。可视化过程中，如矩阵、网络图等可以帮助研究者更直观地理解网络的演化过程。借助清洗过的数据，研究者可以构建研究对象的网络，这是动态网络实证分析的基础，例如，利用专利的IPC分类号可以搭建研发者的知识网络。网络的构建涉及网络的层次（构建研究主体的个体网还是整体网）、网络节点和关系的筛选等问题。网络构建还涉及时间窗口的筛选，如果时间跨度过短，网络可能会尚未发生变化；而如果时间跨度过长，网络可能会多次发生变化，使得研究者无法及时观察到每一次演化的详细情况。因此，研究者需要根据研究对象的情况，选择合适的时间窗口，并判断时间窗口是否重叠。

⑤ 网络指标的度量或设定。根据研究内容，研究者可以选择恰当的网络指标来描述研究问题，常见的网络分析指标包括关系强度、结构洞、度中心性、接近中心性、中介中心性、小世界网络特性、网络密度、网络规模、网络连通性、路径分析、同配性、传递性等。或是研究者利用仿真等模型来模拟动态网络时，需要设定模型参与主体的参数，参数也是研究者基于现实情况的观测值或测量结果。构建模型后，研究者需要对模型进行评估和验证，以确保模型的有效性和适用性。这个过程可能包括使用模型拟合程度、预测准确性等指标来评估模型的表现，以及采用交叉验证等方法来验证模型的稳健性和泛化能力。

⑥ 网络分析。在理解网络的基本特征之后，研究者可以使用统计分析方法对数据进行处理和分析。数据分析的具体方法取决于具体的研究问题和具体的数据类型。常用的统计分析方法包括描述统计、推断统计、回归分析等。通过数据分析，研究者可以验证或推翻研究假设，并获得对网络现象的客观量化结果。

⑦ 结果解释和讨论。在数据统计分析结果的基础上，研究者需要解释其研究发现，给出研究结果和推断，并讨论其研究问题的理论意义，以及在实际问题中的应用。解释研究结果意味着将统计分析的结果与研究问题和理论框架联系起来，解释变量之间的关系和效应。研究推断则是将研究结果推广到整个目标群体，并从中得出结论和建议。研究者解释网络分析结果涉及解释网络节点、关系、结构的变化以及知识和信息传播路径变化，以及这些因素如何与研究问题相关联。这个过程可能还包括解释网络演化的趋势和模式，探讨影响网络演化的影响因素。

⑧ 结论和进一步研究建议。在讨论的基础上，研究者提出结论，总结其研究发现，回答其研究问题，提出可能的研究方向，进一步提供对未来研究的建议，以推动动态网络研究的进一步发展。结论和建议是基于数据和实证结果的、对动态网络问题提供的新见解或贡献，以应对网络中的变化和挑战。

（5）常用的一般实证分析方法

① 描述性统计分析。描述性统计分析是对数据的基本特征进行总结和描述，包括均值、中位数、标准差、频数分布等，它们帮助研究者了解数据的分布情况、集中趋势和变异程度。

② 相关性分析。相关性分析用于衡量两个或多个变量之间的关联程度。常用的相关性系数包括皮尔逊相关系数、斯皮尔曼等级相关系数等，通过这些系数可以判断变量之间的线性或非线性相关性。

③ 回归分析。回归分析用于研究一个或多个自变量对因变量的影响程度。简单线性回归和多元线性回归是最常见的回归方法，它们可以帮助研究者理解变量之间的因果关系。

④ 因子分析。因子分析用于降维和识别隐藏在观测变量背后的潜在因素，可以帮助研究者理解变量之间的复杂关系，并发现变量之间的共性。

⑤ 聚类分析。聚类分析用于将观测对象划分为不同的类别或群组，使得同一类别内的观测对象具有较高的相似性，不同类别之间的相似性较低。该方法可以帮助研究者发现数据中的隐藏结构和模式。

⑥ 生存分析。生存分析用于研究事件发生时间与某些因素之间的关系，常

用的生存分析如事件史分析。该方法包括Kaplan-Meier曲线、Cox比例风险模型等。

⑦ 时间序列分析。时间序列分析用于研究时间序列数据中的趋势、周期性和季节性等特征。该方法包括平稳性检验、自回归移动平均模型（ARIMA模型）等。

⑧ 面板数据分析。面板数据分析是用于同时考虑个体和时间维度的数据分析方法，常用于经济学、管理学等领域。该方法包括固定效应模型、随机效应模型等。

（6）动态网络实证分析的优势和局限

动态网络实证分析具有基于真实数据的分析、定量化分析能力、多维度视角的综合分析、预测和决策支持能力以及验证和验证模型的能力等优势，具体如下：

① 基于真实数据的分析。动态网络实证分析是基于真实数据进行分析的，从实际情况出发，能够反映网络的真实状态和演化过程，这样可以更加客观地理解网络的特征和模式。

② 定量化分析能力。动态网络实证分析具有较强的定量化分析能力，可以通过数学模型和统计方法对动态网络进行深入分析。通过量化指标和统计指标，可以揭示网络的演化规律和影响因素。

③ 多维度视角的综合分析。动态网络实证分析可以从多个维度对动态网络进行综合分析，包括网络结构、节点属性、网络动态变化等方面。通过综合考虑不同维度的特征，研究者可以全面理解网络的演化过程。

④ 预测和决策支持能力。基于动态网络实证分析得到的结果还可以预测网络的未来发展趋势和变化方向，为决策者提供决策支持和科学依据，这有助于制定有效的网络管理策略。

⑤ 模型验证和优化。动态网络实证分析可以通过真实数据验证模型的有效性和适用性。通过比较模型预测的结果与实际观察到的结果，研究者可以评估模型的拟合度和判断模型的准确性，进而改进和优化模型。

动态网络实证分析虽然是解决问题和验证理论的重要方法，但也存在一些局限性，具体如下：

① 实证分析的结果高度依赖于数据的质量。如果数据存在缺失、错误或偏差，可能会导致分析结果失真，特别是在大数据时代，如果数据存在遗漏、错误标注、样本偏差等质量问题，数据分析过程可能变得更加复杂。

② 实证分析中的样本选择可能存在偏差，即样本不能很好地代表整个群体。例如，研究者采用的样本过小、过于局限，或者样本选择方法不当，都可能导致结果的偏误，这种偏差可能影响研究的可靠性和普适性。

③ 实证分析中可能存在未考虑的重要变量，即未能充分控制或考虑到所有可能存在的影响因素，这可能导致结果的偏误或失真，因为未考虑的变量可能会影响到研究结果，从而使得结论不准确或不完整。

④ 实证分析中经常存在相关性与因果关系之间的混淆。尽管两个变量可能存在相关性，但并不意味着其中一个变量就是另一个变量的因果因素。因此，在实证分析中需要更加严格的研究设计和统计方法来解决这一问题。

⑤ 某些实证分析方法可能需要复杂的模型和计算，包括参数估计、模型拟合、模型检验等。这可能导致实证分析过程的复杂性和计算成本的增加，同时也增加了结果的解释难度。

⑥ 实证分析往往是在特定的时间和空间范围内进行的，因此结果可能受到这些限制因素的影响。例如，研究结果在不同时间点或地区的适用性可能存在差异，而且某些因素可能随时间或空间的变化而发生变化，导致结果的不确定性。

8.1.2 实证分析模型介绍

动态网络实证分析模型较多，本书着重介绍动态网络一般实证分析的思路、类型以及优势和局限等内容，在介绍了研究动态网络问题的常规方法——动态网络实证分析法之后，我们还需要探讨一些更为复杂和精细的模型。这些模型能够深入捕捉动态网络中的细微变化和复杂关系，提供更加准确和详尽的分析视角。接下来，我们将分析三类具体的实证分析模型，如关系事件模型、随机行动者导向模型、指数随机图模型，这些模型在动态网络研究中具有独特的优势和应用价值。

（1）关系事件模型分析

① 关系事件模型的内涵。

关系事件模型（Relational Event Model，REM）是根据对历史事件某个阶段特征分析的启发，研究者专门开发了一个用于分析具有时间序列或关系依赖性的和有序社会互动的网络动态演化统计模型（Butts，2008）。关系事件模型通常用于描述和分析动态网络中的事件发生和关系变化，主要关注网络中节点之间的互动和连接变化，以及这些变化如何随时间演变。关系事件模型假设事件是由一系列离散的潜在事件组成，模型还假设每个潜在事件都具有分段恒定的时间（Butts，2008），即将时间序列数据分解为一系列离散事件，每个事件都有一个发生时间和发生速率，这意味着事件在某个时间段内发生的速率是恒定的，而在不同的时间段之间可能会变化。关系事件模型通常会考虑以下几个核心概念：

a. 事件发生：事件指节点的加入或退出、连接关系的建立或断裂等，这些事件的发生会导致网络结构的变化。

b. 时间序列数据：模型基于时间序列数据来记录和分析事件的发生情况。时间序列数据包括事件发生的时间点、涉及的节点或连接关系等信息。

c. 网络动态演化分析：通过记录和分析事件序列，可以理解网络结构随时间演变的规律和模式，揭示网络中的非均衡性和动态变化特征。

② 关系事件模型的特点。

关系事件模型的基本思想是将社会关系看作是一系列离散的事件，例如，两个个体之间建立关系、关系的持续或解散等。每个事件都可以被建模为一个二元关系变量，表示关系的状态（存在或不存在）。通过建立关系事件模型，我们可以分析关系事件的发生概率、影响因素以及关系演化的动态过程。关系事件模型通常基于时间序列数据，记录每个事件发生的时间，根据先前交互事件的历史，捕捉内在的网络效应（如互惠和受欢迎程度）、发送者和接收者的属性（如个性）以及情境、背景因素（如工作环境），估计交互事件发生概率的风险函数。模型的参数可以通过最大似然估计或贝叶斯推断等方法进行估计。一旦模型的参数估计完成，我们可以进行一系列分析。

首先，关系事件模型可以进行网络中事件发生概率的推算，即可以估计事件发生的速率或概率，从而了解关系形成、持续和解散的频率。通过模型分析，我们可以理解社会网络的动态变化和演化过程。

其次，关系事件模型可以用来研究哪些因素影响了关系事件的发生。例如，个体属性、社会影响、网络结构等因素作为影响关系事件的因素，这些因素会对事件发生概率产生一定程度的影响。通过模型分析，我们可以估计这些因素对网络动态变化的影响程度。

最后，关系事件模型可以用于预测未来的关系事件发生，并模拟关系演化的可能路径。通过模型的预测能力，我们可以洞察关系网络未来的走向和可能的变化。

关系事件模型允许研究者使用微观层次的纵向网络数据进行模型构建，而无需将数据分解为横断面面板数据，因此数据保留了大量关于时间序列和网络变化的信息（Kitts和Quintane，2020；Quintane等，2013；Schecter和Quintane，2021）。此外，关系事件模型让研究者能够使用他们的时间数据来测试关于离散的社会互动事件，以及验证网络中有关时间、顺序和模式的假设（Schecter和Quintane，2021）。通过关系事件模型，研究者可以分析一些问题，如主动与某人建立关系并得到回应需要多长时间，个体属性（如个性）或情境、背景因素（如工作环境）如何影响行动者之间关系的建立和交流互动。

③ 关系事件模型的构建。

关系事件模型的中心元素是关系事件，它被定义为由社会行为者（发送者）生成的一个离散事件，并指向一个或多个目标（接收者，他们可能是行为者本身，也可能不是行为者本身）。结合一般性情况下，本研究将个体局限于单个发送方或接收方的情况。如果需要处理多个发送方和/或接收方同时进行的关系事件，那么我们只需要创建一个或多个“虚拟”发送方和/或接收方，它们代表原始发送方/接收方集合的子集。

a. 用$a=(i, j, k, t)$的集合表示事件，其中$i \in S$表示动作的发送者，$j \in R$表示动作的接收者，$k \in C$表示事件的类型，$t \in R$表示事件发生的时间，我们假设每个事件都与单个时间点相关联。

b. 如上所述，S和R的要素不需要对应于单个的主体——集体实体、个体集合，甚至无生命的物体都可能构成事件的潜在发送者或接收者。为了方便起见，我们定义了函数s、r、c和τ，它们分别表示网络中的发送方、接收方、操作类型和时间。

c. 给定一组按时间顺序排列的事件a_1，a_2，a_3，…，设集合$A_t=\{a_i : \tau(a_i) \leqslant t\}$由时间$t$时或之前的所有动作组成。为了方便，我们还定义了一个空事件a_0，使$\tau(a_0)=0$，并且取$\tau(a_i) \geqslant 0$，$\forall a_i \in A_t$。空事件作为研究过程中事件开始的占位符，当我们假设$a_0 \in A_t$时，分析过程中以a_0的实现为条件，即我们将观察的开始视为外源确定的。a_0是固定的，A_t中的其他事件是随机的，然后我们对其进行建模（Butts，2008）。

关系事件是涉及发送方、接收方和他们之间发生交互的事件，而连续时间中一系列离散的相关事件被记录为事件顺序或时间戳，进而构成了一组发送者在给定观察窗口中针对一组接收者所采取的社会行动的事件历史。关系事件数据可以采取多种形式，如电子邮件交换（Quintane和Carnabuci，2016）或无线电通信（Butts，2008）。

④ 关系事件模型在动态网络分析中的应用。

首先，关系事件模型可以用来建模动态网络中节点的互动行为和边的变化过程。通过分析事件发生的时间序列和顺序，研究者可以识别、描述和预测网络中的重要事件、结构变化，揭示网络的演化过程与趋势、动态特性和影响因素，从而深入理解网络的动态演化机制。

其次，关系事件是时间上的局部现象，代表了连续事件的两端，与形成经典网络分析主题的（相对）长期结构相反（Wasserman和Faust，1994）。在这两个端点之间存在着时间上广泛的关系，然而这种关系会随着研究者感兴趣的时间尺度而变化，所以这种关系通常在"动态网络"的情景下进行研究（Snijders，2005；Robins和Pattison，2001）。

再次，经典的网络分析有时因其隐含的静态框架而受到质疑，但这可能忽略了一点：当关系在相对较长的时间尺度上演进时，静态框架是合适的。构建此类网络的核心问题是捕捉由网络中边的并发性而生成的网络配置（Morris和

Kretzschmar，1995）。并发性在动态网络分析中也是一个值得关注的问题，其作用主要是解释受当前环境所影响的网络关系的建立、持续与终止。当人们在越来越精细的时间尺度上考虑关系事件时，并发性会减弱直至完全消失。由于关系具备并发性，顺序和时间成为了我们建模时的主要关注点。从这个角度来看，这里提出的建模框架与一般的静态网络方法有很大的不同（Snijders，2005）。

同时，依据关系事件建模时遇到的困难，与依据时间上广泛的关系建模遇到的困难有很大的不同。特别是在对所有事件施加顺序依赖时，我们避免了从具有并发关系的现实模型中出现更复杂的、同时发生的依赖结构。在这方面，我们可以将关系事件模型和时间上广泛的关系模型之间进行很好的区分，并与时间和空间自相关模型之间的区别做一个类比。

此外，虽然时间自相关问题不容易解决，但已被证明比空间自相关问题更容易处理。其原因在于严格的时间序列能够大大减少似是而非、模棱两可的模型范围，并倾向于产生结构更简单的模型。然而，我们不会因为时间自相关模型更简单就将空间自相关模型替换为时间自相关模型。同样，在适当的时间和场景下，我们可以充分利用关系事件模型的便利性，但便利性也不是我们将高并发性关系过程强加到关系事件模型中的理由，需根据实际情况选用模型。

最后，关系事件模型输出的结果可能与标准逻辑回归类似，并且可以进行类似的参数估计和解释。每个变量的参数值反映了其对事件发生风险的影响程度，通常以对数优势的形式呈现，这些参数值可以被指数化来代表优势比，从而直观地解释变量对事件发生的影响。参数值还可以检查预期的事件间间隔（Butts和Marcum，2017），这对理解事件发生的动态模式和趋势很重要。

（2）随机行动者导向模型分析

① 随机行动者导向模型的内涵。

随机行动者导向模型（Stochastic Actor-Oriented Model,SAOM）（Snijders，1996，2001，2005）是一种用于模拟社会关系和隐含的非独立性的网络动态演化的统计模型。所谓隐含的非独立性，指网络中所有行动者拥有的属性特征，如对网络的态度、认知、情感、行为和价值观等，影响着他们如何“构建关系”，行动者构建的关系反过来又塑造了他们的态度、认知、情感行为和价值观等。例如，在一个特定的团队中，拥有特定属性（如强烈的心理安全感知）的团队成员比其他人更有可能与其他团队成员建立友谊（关系），而这些友谊反过来又可能进一步增强他们的心理安全感知（Schulte等，2012）。显然，这个示例有一个固有的时间维度，即属性影响关系结构，关系结构随后影响属性。随机行动者导向模型假设网络中的行动者在网络结构的形成和演化中采取随机行动，从而模拟行动者的行为决策，并根据他们之间的相互作用和随机行为，推导网络结构的动态变化。随机行动者导向模型包含以下几个核心概念：

a. 随机行动：模型中行动者在决定其连接或断开的行为时，可能会基于随机机制进行决策，这意味着行动者的行为不受先前状态或结构的影响，而是依赖于随机因素或概率分布。

b. 动态网络结构：通过行动者的随机行动，模型可以捕捉到网络结构在时间上的动态变化。行动者的加入、退出以及连接关系的建立或断裂都可以被看作是随机行动的结果。

c. 时间序列分析：模型通常依赖于时间序列数据，记录和分析行动者行为的演化过程。

随机行动者导向模型旨在弥补传统的静态网络分析技术在分析网络随时间变化方面的局限性。由于传统的静态网络分析不能充分考虑时间变量，也不能模拟行动者属性与关系之间的相互影响，所以它们阐明组织现象背后机制的能力有限。组织现象本质上是动态的，因此，传统的静态网络分析技术不能分析网络随时间变化这一限制。而与传统的静态网络分析不同，该模型假设网络中的行动者通过不断的行动和相互作用来塑造网络结构。

② 随机行动者导向模型的特点。

随机行动者导向模型的基本思想是将网络演化视为行动者之间的相互作用和决策的结果。行动者的行为和决策受到多种因素的影响，包括行动者的属性特征、偏好、社会关系、社会影响、环境条件以及网络结构等。该模型假设行动者在每个时间点上根据一定的规则进行行为选择，这些选择会影响他们与其他行动者之间的联系。该模型模拟行动者之间的行为选择和相互作用过程，而行动者之间的相互作用可以包括关系的建立和终止、关系强度的增强和变弱，这些相互作用会受到行动者属性、网络结构和外部影响因素的影响。通过模拟这些行动者之间的互动过程，我们可以推断、理解和预测网络结构的动态演化。可以从以下三点来看待随机行动者导向模型模拟网络动态性：

a. 时间动态性。模型能捕捉网络随时间变化的过程，模拟行动者在不同时间点上的行为选择和相互作用，从而揭示网络结构的演化机制和动态特征。

b. 行动者属性与关系之间的相互影响。模型允许行动者的属性特征和网络关系之间相互影响，即行动者的行为选择可能受到其属性特征和网络结构的影响，而行动者的行为又可能影响到网络结构的演化。

c. 多种因素的影响。模型考虑了多种因素对网络结构的影响，包括行动者的社会关系、环境条件等，使得模型能更加全面和真实地反映网络的动态演化过程。

具体而言，随机行动者导向模型假设观察到的网络面板数据是多个事件的细微过程，该过程在连续时间内相互关联的事件变化中展开。这些变化被分解为观察波之间的一系列小步骤，在这些小步骤中随机选择的行动者有机会根据短期目标与限制对其外向关系（创建、维持或终止一个外向关系）做出选择。由于没有观察到每一个步骤，所以随机行动者导向模型使用基于网络主体的方法来模拟变化过程。该模型以给定时间的网络观察为起点，并从起点模拟小步骤的变化，将模型最初观察到的网络转换为后续观察到的网络过程。该过程中，行动者有机会进行频率更改（如速率函数）和在给定机会下做出改变（即评估函数）。评估函数是随机行动者导向模型的核心，它考虑了行动者协变量效应、二元协变量效应和网络结构效应。研究者可以使用评估函数来评估每一个可能节点的价值，并根据短期目标与限制选择价值最高的节点。首先，随机选择行动者，并根据评估函数做出节点选择。其次，在选择完成之后进行模拟，将模拟的网络与随后观察到的网络进行比较，如果它们差别过大，则更新参数估计并重复模拟。这个更新过程不断迭代，直到达到收敛——模拟的网络与观察到的网络相似。最后，产生代表观察到的网络变化的参数估计，并可以根据它们的符号和显著性进行解释。

随机行动者导向模型使用了概率框架来描述行动者之间的行为选择和相互作用，通过最大化似然估计或模拟推断等方法，可以估计模型的参数，并通过模拟来生成具体的网络演化路径。

随机行动者模型基于以下三个核心假设：

a. 网络演化是一个时间联系的马尔可夫链式过程[1]，即下一期的网络结构仅依赖于当前的网络状态，而不是过去的网络配置。

b. 观察值之间存在时间上的连续性，意味着观察到的网络变化是一系列未观察到微小变化的结果。

c. 行动者基于对于网络状态的认知，根据自身偏好和限制做出选择，建立或消除与他人的联系，因此被称为行动者导向。

随机行动者导向模型对动态网络分析有以下好处：

a. 模型可以识别网络演化的驱动因素，帮助我们识别行动者行为和网络结构之间的相互依赖关系，并了解不同因素对网络演化的贡献程度。

b. 模型可以预测和模拟网络的动态变化，通过估计模型的参数，我们可以预测未来时间点的网络结构，这有助于我们预测网络中的变化趋势、发现潜在的网络结构、预测信息传播路径等。

c. 模型还可以用于评估不同策略和干预措施对网络演化的影响。通过模拟不同的干预方案，我们可以评估它们对行动者行为和网络结构的潜在影响。

通过使用随机行动者导向模型，研究者可以更好地理解组织现象背后的机制，揭示行动者之间的相互作用和行为选择对网络结构形成和演化的影响，从而为动态网络研究提供强大的分析工具。

③ 随机行动者导向模型的构建。

通过以上对随机行动者导向模型内涵和特点的分析，接下来我们介绍使用随机行动者导向模型来解决动态网络的过程。我们假设数据记录了一组行动者之间的关系，并且需要研究网络的演化过程。模型公式可以定义为：

---

[1] 马尔可夫链（Markov Chain, MC）是概率论和数理统计中具有马尔可夫性质（Markov property）且存在于离散的指数集（index set）和状态空间（state space）内的随机过程（stochastic process）。该过程要求具备“无记忆”的性质，即下一状态的概率分布只能由当前状态决定，在时间序列中它前面的事件均与之无关。这种特定类型的“无记忆性”称作马尔可夫性质。

$$P(G)=\prod_t \prod_i \prod_j \left[\frac{1}{1+\exp(-\theta_{ij}X_{ij})}\right]^{y_{ijt}}\left[1-\frac{1}{1+\exp(-\theta_{ij}X_{ij})}\right]^{1-y_{ijt}} \quad (8-1)$$

其中，$P(G)$是生成某一时刻G的概率；θ_{ij}是行动者i和j之间连接形成的倾向性参数；X_{ij}是行动者属性、社会影响和网络结构等因素的组合；y_{ijt}是观察到的连接状态（0表示未连接，1表示连接）。

接下来，我们需要使用最大似然估计或模拟推断等方法来估计模型的参数。为了拟合模型，可以使用网络数据集中的多个时间点，将每个时间点的网络快照视为一个瞬时网络，以估计每个时间点上的参数。一旦获得了估计的参数，就可以利用模型来进行一些分析和预测。

a. 可以预测未来连接。根据估计的参数和当前的网络状态，我们可以模拟未来时间点的网络结构。通过模拟行动者之间的行为选择过程，可以预测网络中新的连接和断开的连接。

b. 可以评估社会影响。模型可以帮助我们理解行动者行为受到社会影响的程度。通过观察参数估计结果，可以了解哪些因素对行动者行为选择产生影响，以及社会影响在网络演化中的作用。

c. 所得到的参数结果还可以用来比较模型。我们可以使用模型来比较不同的假设和扩展模型，通过比较不同模型的拟合度和参数估计结果，来评估不同因素对网络演化的贡献。

④ 随机行动者导向模型在动态网络分析中的应用。

首先，不同于对建模内容不可知的一般统计模型，随机行动者导向模型包含了关系变化的基本要素。在一般情况下，关系是定向的，假设行动者只控制他们的外向关系，并且随着时间的推移，这些行动者会根据一组目标或偏好改变与他人的关系，例如，行动者倾向于选择更多回报的关系，他们会采取一系列行动来寻求最优结果（无论是否有意）。这些偏好行为被建模为一个“评估函数”（参数和局部图统计的线性组合）。由于数据是在多个时间点测量的观测值组成，模型假设了一个看不见的联系变化过程，在观察点之间不断展开。

其次，在随机行动者导向模型中，我们假设行动者采取了一系列未观察到的相关决策，然后做出行为来达到这个最优结果。但是这些决策其实是没有被观测到的，只是假设的，他们的行为被建模为评估函数，以最大化评估选择的结果。这意味着行动者在做出每一次决策后，二元之间的依赖结构都会发生变化。此外，评估函数中使用的统计数据是从节点的角度计算的，与指数随机图模型（后文介绍）中从全局角度计算有明显区别，如当计算网络中某一节点的评估函数时，计算仅涉及这一节点，但会测量所有节点的共同影响。

同时，随机行动者导向模型提供了一个灵活的统计框架，用于面板设计中两个或两个以上时间点收集的纵向网络数据的建模。与关系事件模型相反，随机行动者导向模型的一个基本假设是，网络联系不是短暂的事件，而是被视为具有持久趋势的状态。这个模型对参与者的连续网络变化进行评估，且会受到行动者属性特征（如关系发送者的性别）、二元协变量（如关系发送者和接收者的同性）和内生网络效应（如传递性）的影响（Snijders等，2010）。根据这个统计框架，我们可以模拟网络的变化（如网络关系形成或终止的概率）、个体行为的变化（如组织成员的行为选择）、网络和行为的协同进化（如组织成员行为选择和友谊关系）以及不同网络之间共同作用（如友谊关系和工作沟通关系）。

此外，一个特别值得注意的是，网络和节点属性的协同进化模型（Snijders，2007，2010；Steglich等，2010）是建立在基本随机行动者导向模型之上的，但其扩展了因变量。具体来说，除了网络变化之外，协同进化模型还包括一个演化的行动者属性变量，该变量可以影响网络，也可以被网络影响。换句话说，协同进化模型的一个核心假设是，网络和行动者属性都是随着时间的推移而相互依赖发展的。除了对网络和参与者属性的共同演化建模外，协同进化模型还允许对多个网络进行联合分析，例如友谊网络和建议网络。通过对驱动这种共同演化过程的机制进行统计推断，协同进化模型使研究者能够对广泛的研究问题进行建模，例如，行动者个性感知如何与关系衰退共同进化，而这也是一种基于多智能体的仿真模型，下文中我们会着重介绍。

（3）指数随机图模型分析

① 指数随机图模型的内涵。

指数随机图模型（Exponential Random Graph Model，ERGM）是一种基于最大熵原理、概率图的网络动态演化统计模型（Frank和Strauss，1986；

Wasserman和Pattison，1996），用于描述和分析复杂网络中节点及它们之间的关系变化、网络结构变化。在指数随机图模型中，网络中的节点和边都具有随机性，并且随着时间的推移，网络的节点和边都会发生变化。指数随机图模型基于网络快照的数据，将每个网络关系视为随机变量，通过明确建模网络关系，将整体网络结构呈现为各种个体网络整合的结果，以描述和预测网络结构的演化，其主要特点包括：

a. 概率性模型：模型假设网络结构是由节点之间的相互作用和随机事件决定的，描述网络中节点间连接的概率性形成机制。

b. 参数化：模型通常通过参数化来表示网络结构中的特定模式和关系，这些参数可以捕捉到网络的多种复杂结构特征。

指数随机图模型假设网络的变化是由指数族分布所控制的。指数族分布是一类常用的概率分布，包括高斯分布、泊松分布等。在模型中，节点和边的变化过程可以根据指数族分布的特性进行建模，可以模拟动态网络中节点的出现和消失、边的建立和断裂等过程，可以帮助研究者理解网络结构的形成和演化机制，发现网络中的关键节点和重要事件，评估不同因素对网络动态演化的影响。

② 指数随机图模型的特点。

指数随机图模型的基本思想是网络中每个可能的结构都被赋予了一个概率，而这些概率是通过网络中的各种特征来决定的。这些特征可以是节点的度、三元关系、连通性等。指数随机图模型通过指定这些特征的加权组合，并对这些特征进行归一化处理来构建一个概率模型。

在指数随机图模型中，网络拓扑结构通过一个参数化的概率模型来表示，并定义了生成网络的概率分布，且模型的参数可以反映网络中的结构特征，通过调整模型的参数，可以捕捉到网络中节点之间的关联和影响力。模型的参数可以通过最大似然估计或贝叶斯推断等方法进行估计，进而可以了解网络中各种结构特征的重要性和相关性。此外，模型还可以进行模型比较和假设检验，验证网络模型的拟合程度和统计显著性。在动态网络分析中，指数随机图模型可以用于分析节点之间的关系和网络的演化过程及规律。

首先，指数随机图模型可以用于描述网络中的节点和边的生成机制，综合考虑网络结构（如节点度、三元关系、连通性等）和节点属性（如节点的性质、性格、行为等）等多个因素对网络演化的影响，从而对网络拓扑结构进行建模。通过对节点属性和关系特征进行建模，我们可以了解节点的行为、节点之间的相互作用和关联方式、网络结构和功能是如何随时间演化的。

其次，通过观察指数随机图模型参数的变化，我们可以揭示网络中的重要事件、转折点和关键时间段，检验事件和预测未来事件发生的可能性和概率。通过描绘网络结构和属性的特征，我们可以发现与预期模式不符的节点行为，从而识别异常事件等。

最后，指数随机图模型可以帮助我们研究动态网络中的影响力传播和信息扩散过程。通过搭建节点连接和属性特征的模型，我们可以预测信息传播路径、节点的影响力和传播速度等。

③ 指数随机图模型的构建。

假设现有一组网络的动态变化数据，数据中记录了一组行动者之间的互动关系，每个时间点的网络快照被视为一个瞬时网络。

首先，我们需要定义指数随机图模型的模型形式。在这个过程中，我们考虑三个基本的结构特征：节点度、三元关系和连通性。模型公式可以定义为：

$$P(G)=\frac{1}{Z}\exp\left(\sum_i \boldsymbol{\theta}_i f_i(G)\right) \tag{8-2}$$

其中，$P(G)$是生成瞬时网络G的概率；Z是归一化常数，用以确保所有可能网络样本出现的概率和为1；$\boldsymbol{\theta}_i$是与特征$f_i(G)$相关的参数。对于节点的度、三角关系和连通性特征，我们可以使用以下形式：

$f_1(G)$表示节点度特征，$f_1(G)=\sum_i d_i(G)$，其中，$d_i(G)$是节点i的度。

$f_2(G)$表示三角关系特征，$f_2(G)=\sum_{i,j,k} t_{ijk}(G)$，其中，$t_{ijk}(G)$表示节点$i$、$j$、$k$之间的三角关系的存在。

$f_3(G)$表示连通性特征，$f_3(G)=\sum_{i,j} g_{ij}(G)$，其中，$g_{ij}(G)$表示节点$i$和$j$之间的最短路径距离。

其次，我们需要使用最大似然估计或贝叶斯推断等方法来估计模型的参数$\boldsymbol{\theta}_i$。在这个过程中，我们需要使用动态网络数据集的多个时间点来拟合模型，以获得最佳参数值。该参数值使我们能够了解网络结构特征对网络演化的影响。

最后，我们可以利用估计的模型参数来预测未来时间点的网络结构，或者通过比较模型拟合度和真实数据之间的差异来进行模型评估。模型用于生成数百个模拟网络，并为每个网络计算统计信息（如往复关系的数量）。如果每个统计值的平均值与观测网络中的相应统计值接近，那么我们认为该模型的构建方法是合理的。

④ 指数随机图模型在动态网络分析中的应用。

网络中具有依赖性的效应被称为内生效应，它们可以从所建模型的网络中计算出来，而不需要考虑参与者的属性特征。反过来，节点的特征（如性别、物理距离）或节点之间存在的其他某种联系（如网络依据企业之间是否存在技术创新合作而建立，而网络中企业之间不仅存在合作关系，还存在子母公司关系），这些效应被称为外生效应。在指数随机图模型中，内生效应通常被称为“自组织”，但这些效应并非是自发组织的，而是网络变化中附带的微观过程，正是由于这些微观过程随着时间的推移而运行，网络才能作为一个整体结构呈现。

指数随机图模型的评估不仅包含了所有的模型参数统计信息，还包含了与模型参数无关的其他信息。该类模型生成的模拟网络在各个维度上都应与观察到的网络相似，这也意味着在缺乏反映节点特征的外生信息的情况下，该类模型不能很好地预测特定节点之间的深层次联系。因此，动态网络研究一般将指数随机图模型应用于对网络中关系的检验，具体有横截面指数随机图模型和动态指数随机图模型两种类型，具体分析如下：

a. 横截面指数随机图模型。横截面指数随机图模型是关系存在或不存在的模型，而不是节点的模型。如果我们所观察到的网络是以一种固定模式长期发展的结果，那么我们就可以将模型的参数视为证据，证明哪些社会过程可能正在形成网络，前提条件是这些社会过程与所建网络模型中发现的固定模式相似。

b. 动态指数随机图模型。对于在两个或两个以上的时间点观察到的纵向网络数据，研究者对指数随机图模型进行了一些扩展，以便于更明确地捕获网络中潜在的动态特性。我们将这类基于纵向网络数据的模型称为动态指数随机图模型（Snijders，2011），该类模型是建立在指数随机图模型基础之上的（Frank，

1991；Frank和Strauss，1986；Wasserman和Pattison，1996）。该类模型最初是为了模拟在单时间点上观察到的网络，允许将网络建模为外生效应（节点属性等）和内生效应（互惠性、传递性等）的函数。该类模型是一种修正的逻辑回归，它从一组代表外生效应和内生效应的模型参数中预测关系是否存在的条件对数概率，其中的参数表示给定网络效应对于关系存在的重要性。在该类模型中，研究者观察到的网络是被假设为在某一时间点具有相似核心特征的网络，即观察到的网络是通过某个未知的随机过程产生的。模型估计的目的是推导出参数值，从而再现与被研究的网络相似的结构性质。

动态指数随机图模型有两种变体，即离散时间模型和连续时间模型，具体分析如下：

a. 第一种变体是时态指数随机图模型（TERGM）（Desmarais和Cranmer，2012；Hanneke等，2010）。该类模型是基于面板回归逻辑的离散时间模型，其中滞后的早期观测被用作后期观测的预测因子，其最基本形式是条件指数随机图模型，其包含了对网络的早期观察。

b. 第二种变体是纵向指数随机图模型（LERGM）（Koskinen等，2015；Snijders 和Koskinen，2013）。该类模型是连续时间模型（如随机行动者导向模型），其中网络变化被分解为一个个小步骤。纵向指数随机图模型和随机行动者导向模型一样，假设网络变化来自连续时间马尔可夫过程，并基于网络的当前状态进行选择。然而，随机行动者导向模型是从参与者的角度来构建模型，将参与者放在首要地位上；而纵向指数随机图模型是面向关系的模型，在给定网络其余部分的情况下，在关系的变量中模拟关系发生的变化（Block等，2018）。随机行动者导向模型也可以模拟行为和协同进化的变化，而纵向指数随机图模型只能模拟关系形成或终结的变化。

从离散时间模型和连续时间模型中得出的推论是不同的（Block等，2018）。区别在于，第一，离散时间模型可以应用于研究早期捕获的变量如何与之后的网络变化相关联。由此可见，尽管包含了网络的早期实际变化，但离散时间模型不能用于对后续变化做出推断。第二，连续时间模型通过直接对变化过程建模，如纵向指数随机图模型和随机行动者导向模型，可以在变化展开时回答有关网络变化的问题。

（4）三种模型比较三个特色网络模型

关系事件模型、随机行动者导向模型以及指数随机图模型在动态网络分析中都有各自的优势和适用的领域。关系事件模型适用于分析网络中关系事件的发生率和影响因素，重点关注关系的建立和解散；随机行动者导向模型关注网络中行动者的决策和相互作用，并且能够模拟行动者的动态行为演化；指数随机图模型关注网络结构的生成过程和特征，三种模型具体对比分析如表8-2所示。

表8-2 三种实证模型对比

模型	简要描述	适用范围	优点	缺点
关系事件模型（REM）	分析网络中关系形成和解散事件的动态网络模型	网络中事件发生概率的预测、网络中关系事件的影响因素分析以及网络关系演化的路径预测	考虑网络中行动者属性、时间和社会等因素对网络变化的影响，并且模型参数可解释性强	对数据质量和数据稀疏性要求较高，需要假设网络中关系事件独立发生
随机行动者导向模型（SAOM）	基于网络中行动者决策和相互作用的动态网络模型	网络演化的驱动因素分析以及网络的预测与模拟	能够模拟行动者决策的动态演化，可以解释行动者之间的相互作用	模型参数较多且解释复杂，计算复杂度较高
指数随机图模型（ERGM）	描述网络中节点和边的结构变化特征，并构建网络生成过程的动态网络模型	网络演化模式分析、网络中节点关系的变化分析、网络中事件的检测与预测以及网络中资源传播信息预测	能够捕捉网络的局部和全局结构特征，并且模型参数可解释性强	模型拟合需要大量计算资源，并且可能存在过度拟合的风险

在解决具体的动态网络问题过程中，我们需要考虑问题的特点、数据的可用性和模型假设的合理性，根据实际问题中网络的不同属性和特点选择恰当的模型。同时，模型的复杂度、参数的可解释性以及计算过程的复杂度也是需要考虑的因素。我们最终选择的模型能为我们提供对动态网络问题的准确解释，并能够适应数据集的特点。

8.1.3 动态网络仿真分析

动态网络仿真分析是指通过利用计算机模拟社会网络的演化过程，研究网络的结构和功能随时间推移而发生变化的一种方法。与实证分析模型不同，仿真分析不需要实际采集社会网络数据，而是直接通过建立模型和设定参数，模拟社会网络的演化过程。动态网络仿真分析可以帮助我们更好地理解网络的变化，预测网络的发展趋势，评估不同策略和政策的影响。它在许多领域都有广泛的应用，包括社会学、心理学、管理学、经济学等。它主要包括建立模型、设置参数、仿真实验以及结果分析四个步骤，如表8-3所示。

表8-3 动态网络仿真分析步骤

建立模型	选择合适的网络模型和算法，建立网络的数学模型和计算机模型。该步骤包括选择节点和边的属性、确定网络的拓扑结构、设置节点和关系的变化规则等
设置参数	根据研究问题和研究假设，设定网络模型的参数和初始状态。该步骤包括节点和关系的初始分布、节点和关系的属性值、演化速率等
仿真实验	利用计算机程序进行仿真实验，模拟网络的行为和演化过程。该步骤包括单次仿真实验和多次重复实验，以获得稳定的结果
结果分析	根据仿真实验结果，对网络的演化过程进行分析和解释。该步骤包括节点的中心性分析、网络结构的可视化、演化轨迹的分析等

以下我们对动态网络仿真分析的应用、主要的模型类型、基本思路、基本步骤进行简要分析。

（1）仿真分析在社会学、组织行为和组织管理中的应用

仿真，英文单词为“Simulation”，是指在计算机上用程序实现分析目标的一种模拟过程。在本书中，“模拟”和“仿真”这两个词的含义是相同的，都用来描述在计算机上进行的仿真过程。计算机仿真方法被广泛运用于动态网络分析，它提供了一种有效的手段来模拟网络的行为和特性，利用仿真模型来复现时间在实际中发生的本质问题。通过建立适当的仿真模型，研究人员可以模拟网络的拓扑结构、数据流量、节点间的交流和交互等关键要素。利用仿真实验，研究人员可以观察和分析网络在不同条件下的动态变化，从而深入理解网络的动态性以及对各种外部因素的响应。计算机仿真为动态网络分析提供了一个经济且可控的虚拟环境，使研究人员能够测试不同策略、协议或算法在网络环境中表现的结果，评估测试的效果并做出优化调整。这种方法不仅能够大大降低研究成本和风险，还能够加快研究进程。尤其当研究对象的造价昂贵、实验的危险性高，或者需要花费大量时间才能了解网络系统参数变化所带来的后果时，计算机仿真更是一种特别有效的研究手段。因此，计算机仿真为我们提供了深入研究和改进网络系统的重要工具，在动态网络分析中扮演着至关重要的角色。

（2）仿真分析的步骤

仿真分析的过程一般包括建立仿真模型和进行仿真实验两个主要步骤。具体分析如下：

① 建立仿真模型。

该步骤涉及定义问题和目标、收集相关数据、设定参数等。研究人员需要选择合适的仿真方法（如离散事件仿真或连续仿真）和工具，然后根据问题的性质选择适当的建模方式，包括系统结构设计和行为规则定义。模型建立完成后，研究人员需要进行验证，确保建立的模型能够准确反映实际网络系统，为后续仿真实验提供可靠基础。

② 进行仿真实验。

该步骤使用建立好的仿真模型来模拟实际网络的运行。在仿真实验中，研究人员通过对网络进行不同方案和条件的测试，观察网络的动态变化，分析网络的性能和行为。通过对仿真结果的分析，研究人员可以得出对实际网络行为的认识和洞见，进而为决策提供支持。在仿真实验中，研究人员可以随时调整模型的参数和条件，模拟不同的情境，以便更全面地了解网络的运行特性。这一过程有助于在实验室环境中对网络进行深入研究，为实际应用提供有效的参考和预测。

（3）动态网络分析的计算机仿真与心理学的实验室仿真的区别

动态网络分析的计算机仿真与心理学的实验室仿真有着本质区别，区别主要体现在研究目的、研究对象、方法论以及研究环境四个方面。具体分析如下：

① 在研究目的方面，动态网络仿真分析主要关注网络结构的动态变化以及

个体行为的相互作用，目的在于模拟和理解复杂网络中各要素的互动关系，揭示网络的演化规律。心理学研究中的实验室仿真通常更注重对特定个体或群体心理过程或行为的实验性研究，以在受控制的实验室环境中模拟特定条件下个体或群体的行为反应，从而推断心理学原理。

② 在研究对象方面，动态网络仿真分析着眼于复杂网络结构或群体行为，模拟的个体可以是代表节点或元素的智能体，从而研究他们之间的相互关系和整体性质。心理学研究中的实验室仿真侧重于个体心理过程，涉及认知、情感、行为等心理学领域的研究。

③ 在方法论方面，动态网络仿真分析采用计算机模型、数学建模等方法，通过对个体行为规则和网络连接规律的设定，模拟整体网络的演化过程。心理学研究的实验室仿真基于实验设计，通过对被试个体的操作或观察，获得心理学实验数据，并通过统计分析来推断心理学规律。

④ 在研究环境方面，动态网络仿真分析通常利用计算机模拟网络模型的演化过程，以重现复杂网络的动态过程。心理学研究中的实验室仿真在实验室环境中进行，通过被试的实验室任务、问卷、观察等方式，获取心理学实验数据。

8.1.4　仿真分析模型介绍

（1）仿真分析的主要类型

在社会科学中应用的仿真方法，大多是基于多智能体的仿真方法、系统动力学模型和元胞自动机模型。

① 基于多智能体的仿真方法。

基于多智能体的仿真方法是指利用多智能体系统模拟和分析社会网络中的动态行为和交互过程。这种仿真方法通过模拟行动者之间的相互作用和决策过程，以及网络结构的演化，帮助我们理解社会网络的特性、行为和变化（Macy和Willer，2002）。在基于多智能体的动态网络仿真中，智能体被视为是自主和智能的行动者，即智能体就是行动者，他们可以感知和处理环境中的信息，并根据自身的目标、策略和行为规则做出决策。这些个体之间通过相互交互、通信和协作来影响彼此的行为和状态，从而形成复杂的、动态变化的网络。

基于多智能体的仿真方法不仅在动态网络分析中广泛应用，还应用于其他社会领域。例如，为了分析宏观的社会问题，位于美国新墨西哥州的圣塔菲研究所研发出了一种基于多智能体的Swarm模型，该模型可以很好地对社会中许多宏观层面现象进行解释。对于微观层面的社会问题，Carley（2002）大量采用基于多智能体的仿真方法对组织内部问题（如组织设计）进行仿真分析并解释，例如，Carley对组织决策者的一个命令进行建模，对整个组织收到这个命令后采取的行动进行成百上千次仿真模拟，依据最优结果对现实行动进行指导，最终提高整个组织的工作绩效。

基于多智能体的仿真方法在计算经济学领域应用较为广泛。该方法在计算经济学研究过程中将计算机科学与演化经济学、认知科学相结合，通过Q学习（Q学习是一种基于强化学习的算法，用于训练智能体在与环境交互的过程中学习最优行为策略，它是一种无模型的学习方法，不需要环境模型的先验知识，而是通过试错的方式逐步学习最优行为）等方式，使得模型具有较好的前向预测性（Axelrod和Tesfatsion，2006）。

② 系统动力学模型。

系统动力学模型是一种用于描述和分析动态网络系统行为的建模方法。它通过设定网络系统的结构和行为规则，并考虑各个组成部分之间的相互作用，来模拟网络系统随时间推移的变化过程。系统动力学模型构建过程基于一些基本概念，包括系统、变量、关系和反馈。系统是要研究的对象或系统范围内的一部分，可以是物理系统、社会系统、生态系统等；变量表示系统中的状态或属性，可以是数量、指标、参数等；关系表示变量之间的相互作用和影响关系，用于描述系统的行为规则；反馈是指系统中的信息循环，即某个变量的值影响其他变量，并可能再次影响该变量本身。

③ 元胞自动机模型。

元胞自动机模型是一种离散空间和时间的计算模型，它是由许多简单的计算单元（称为细胞）组成的规则网格。每个细胞可以处于不同的状态，并且根据事先定义好的局部规则，细胞的状态会随时间进行更新和演化。元胞自动机模型也被认为是基于多智能体方法的一种简化模型，它采用n行n列的平面空间，每一个单元表示一个元胞，每一个智能体都占据一个元胞，并且可以进行移动，同时受到其领域的影响。元胞自动机可以用于模拟社会资本在社会网络中的传播过程。每个细胞可以代表一个个体，其状态表示该个体是否接收到资源，通过定义资源传播的局部规则，可以模拟资源在网络中的扩散模式，研究影响传播速度和范围的关键因素。

④ 基于多智能体的仿真方法和系统动力学模型的比较。

第一，基于多智能体的仿真方法的建模思路是从下到上，从微观机制到宏观涌现。该方法关注智能体之间的相互作用和行为规则，通过模拟这些微观机制的交互，推导出整个网络系统的宏观行为。与基于多智能体的仿真方法相反，系统动力学模型集中在对网络系统的整体建模，且建模的目标是描述网络系统在整体层面上随时间变化的因素，并通过建立网络系统的结构和行为规则，来预测网络系统的动态行为。在系统动力学模型的建模过程中，重点关注网络系统中的关键变量和它们之间的相互作用关系，通过建立数学方程或差分方程组，描述这些变量随时间的变化趋势。通过模拟和仿真这些方程，我们可以观察网络系统的整体行为、变化趋势以及对不同因素的响应（Forrester，1994）。

第二，基于多智能体的仿真方法可以揭示个体之间的相互作用和决策行为对整体系统的影响，以及个体之间的协作和竞争对系统行为的塑造。而系统动力学模型可以帮助研究者理解和描述网络系统层面的动态行为，包括网络系统的稳定性、波动性和变化趋势等。

第三，在解决实际社会问题中，一些研究者通常将基于多智能体的仿真方法与系统动力学模型相结合。他们通过利用系统动力学模型从整体系统的角度思考科学问题，来探索整体系统的动态特征，以更全面地分析和解决实际社会问题。同时，他们运用基于多智能体的方法来研究个体行为的决策和相互影响，以解决复杂的涌现问题。这种综合方法的目标是兼顾系统整体性和个体之间的相互作用，增强对社会系统的深入理解，并为制定有效的政策和干预措施提供支持。

⑤ 基于多智能体的仿真方法和元胞自动机模型之间的差异。

基于多智能体的仿真方法和元胞自动机模型在建模思路和应用领域差别较

大。基于多智能体的仿真方法更侧重于建模和研究个体的目标、决策和协作行为，它着重于智能体之间的交互和协调。而元胞自动机模型更侧重于模拟和研究局部交互和自组织行为，它强调了简单单元之间的相互作用和涌现的全局行为。两者在不同的应用领域中都有各自的优势和适用性。例如，元胞自动机在交通领域应用广泛，在管理中也被用来解决实际的组织设计和组织流程管理等问题。此外，基于多智能体通常采用公式和基于规则的方法建模，而元胞自动机模型通常采用基于规则的方法来对智能体之间的互动进行建模。一些经典的元胞自动机模型包括康威生命游戏（Conway's Game of Life）、元胞自动机气候模型（Cellular Automaton Climate Model）等。这些模型展示了元胞自动机模型的潜力，即元胞自动机模型可以模拟出丰富多样的现象和动态行为。

（2）仿真方法解决动态网络问题的基本思路

在提出研究问题的过程中，我们需要与实际情况密切联系，从实际问题中提炼出科学问题。科学问题是指在特定的知识背景下，研究者提出的科学知识和实践中尚未解决的、并且需要解决的问题。这些问题通常具有复杂性，并且传统的演绎和归纳研究方法往往无法提供满意的答案，因此才有了使用"仿真"这种研究方法的必要性。

① 仿真模型开发。

首先，基于研究问题的基础，我们需要根据以往的动态网络理论和实证研究结果，利用适当的仿真技术和方法来开发网络仿真模型。在开发仿真模型的过程中，我们必须考虑实际环境，使仿真环境与实际环境尽可能相似。以基于多智能体的仿真方法为例，计算机中的智能体代表实际环境中的行动者，这些行动者可以是个体、团队、组织等。智能体之间的交互规则反映了实际环境中行动者之间的交互方式。交互规则建立的方法可以是基于如采用If/Then形式的规则，也可以是基于数学公式的。其次，在规则建立过程中，通过与实际环境进行对比（仿真模型需要与实际环境进行多次比较，并进行反复确认，以确保模型的准确性），对动态网络理论进行剖析，并对先前实证研究结果进行验证，我们可以提高仿真模型构建的有效性。此外，在仿真模型开发过程中，我们还需要考虑采用何种仿真技术，并意识到在编程过程中可能引入的误差或错误。为了提高模型的准确性，需要进行反复验证和调整。

② 仿真实验运行。

完成了动态网络仿真模型的开发后，下一步就是进行各种网络仿真实验。首先，在设计仿真实验方案时，我们需要考虑实际环境，并通过对实际环境的分析做出合理的假设，然后设计相应的参数组合。在方案设计过程中，我们可能需要调整仿真模型，这时我们需要返回到上一步骤，重新编程并进行流程、输入和输出的调整。其次，在离散条件下，仿真实验需要对每一种参数组合进行重复实验。参数组合可以按照一定的步长取值，也可以从特定的分布函数中抽取，或者采用随机组合的方式。在连续条件下，仿真实验中的参数设计可以使用差分方程表示，或者通过在离散空间中进行密集采样来近似完成。一般而言，仿真实验的计算量较大，需要计算机具备较高的运算能力和存储能力。因此，在仿真实验中，我们通常需要采用分布式计算或云计算等方式来进行，这样可以提供更强大的计算资源，加速仿真实验的进行并处理大规模的数据。

③ 仿真实验结果。

通过以上仿真实验，我们获得一些有价值的动态网络研究结论。研究理论是指验证研究假设的实验过程中，所发现的不同于以往研究的意外收获，其真正价值在于它们建立在模型的正确性和有效性的基础上。同时，新的理论将被应用于新的实证研究中，不仅可以指导实证研究的进行，而且也可以通过实证研究进一步验证新理论。从系统的观点来看，新的理论和实证研究结果将反馈到下一轮模型开发中，从而深化对科学问题的理解。

总之，仿真对社会科学问题的解决思路是一个从实际问题出发，通过在计算机环境下建立模型以及仿真实验，不断反馈和重复实验，得出科学结论的过程。动态网络仿真分析的思路如图8-1所示。

（3）仿真方法解决动态网络问题的基本步骤

仿真是动态网络分析的一种常用方法，它可以帮助我们理解现实中社会网络的动态演化过程，探索不同社会网络结构的动态变化特征，同时也可以用于预测网络结构的发展方向，给出相应的应对策略。

下面是采用仿真方法进行动态网络分析的一般步骤：

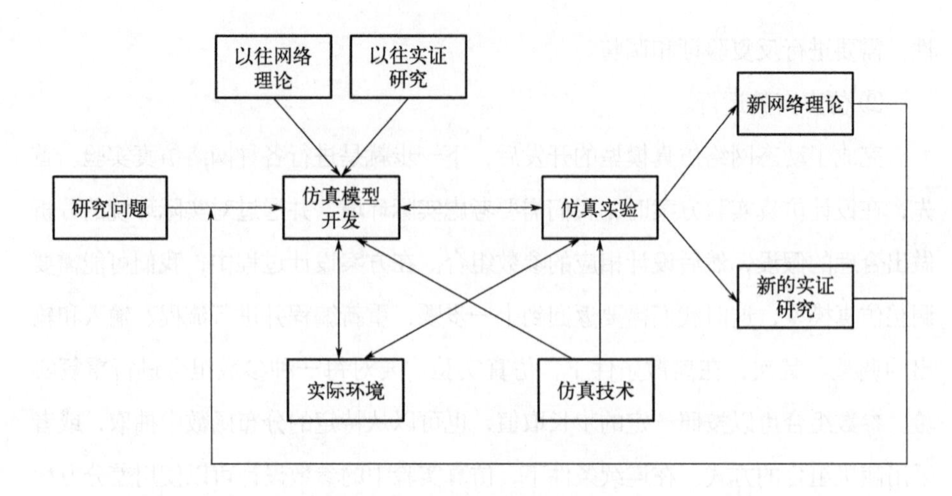

图8-1　动态网络仿真分析思路

① 确定研究问题和目标。明确仿真的目的、要模拟的社会网络的类型和规模以及需要研究的特定问题。

② 选择适当的仿真工具和模型。根据研究问题和目标，选择合适的仿真工具和模型，常用的仿真工具包括NetLogo、Repast、Matlab和AnyLogic等。

③ 确定数据收集和分析方法。仿真产生的数据需要进行收集和分析，研究人员可以使用网络分析软件（如Gephi、Pajek、Ucinet和Patlab）或者使用统计软件（如R、Stata和Python）来对仿真数据进行可视化和分析。

④ 设计仿真实验和参数。研究人员可以根据研究问题来设计不同的实验场景，例如，探索不同的社会网络结构、探究节点行为对网络演化的影响等。

⑤ 运行仿真实验并收集数据。在仿真过程中，研究人员需要观察仿真结果并记录数据，以供后续分析。

⑥ 分析仿真结果。研究人员根据收集的数据进行仿真分析并得出结果，且可以通过可视化工具来展示仿真结果，从而进一步分析网络结构、节点行为和演化规律等。

（4）仿真分析模型——基于行动者的随机仿真模型

在简要介绍仿真分析方法的基本类型、思路和步骤之后，我们将在此详细介绍基于行动者的随机仿真模型是如何利用仿真分析方法进行动态网络分析的。在实证研究中，我们可以利用不同时间点的问卷调查数据或面板数据来获取网络研究的历时观测数据。传统的社会网络分析方法可以解释静态网络，但是社会网络是一个动态变化的系统，因此，为了能够基于时间序列观测数据纵向地表示网络的动态变化过程，并根据统计结果推断变化过程的影响因素，Snijders等（2010）开发了基于行动者的随机仿真模型，该模型不仅能够分析网络的变化过程，而且可以对节点行为属性与网络结构协同演化进行分析。通过模型分析，研究者可以计算出诸如互惠性、传递性、同质性等对网络动态变化的影响，这一点在前文也有介绍。此外，基于行动者的随机仿真模型在本质上也是一种基于多智能体的随机仿真模型，为了与社会网络中术语行动者保持一致，我们在以下论述过程中采用行动者来描述智能体，以下我们将详细介绍此模型的理论和实施方法。

① 网络行为协同演化。

在基于行动者的网络行为协同演化随机仿真模型中，网络动态变化中的边一般是被认为是有向边，每条边$i \to j$的发送者i又被称为自我节点，接受者j则被称为行动者节点，自我节点i的行为将在模型中被分析，行动者节点j的行为将会影响自我节点。每个自我节点i可以控制其所发出的关系$X_{ij}(j=1, \cdots, n; j \neq i)$和其行为属性$Z_{hi}(h=1, \cdots, H)$，其在时刻$t$的状态为$Y(t)=(x(t), Z_1(t), \cdots, Z_h(t))$。

在网络行为协同演化模型中，存在两个协同过程：一是社会影响过程，即网络中节点的行为属性会受到网络结构和其他因素的影响。二是社会选择过程（Lazarsfeld和Merton，1954），即网络中节点的行为属性会影响网络结构的变化，包括关系的形成、维持以及终结。基于行动者的随机仿真模型主要有以下几点假设：

a. 时间参数t是连续的。尽管在参数估计阶段中输入模型的观测数据是从时间轴上不同横截面的离散时间点之间获取的，但这些时间点之间的网络是连续变化的。这种连续变化涉及众多微小的环节，这些微小的环节会对网络的变化产生影响，例如，边的增加、移除、维持以及节点行为的变化。这些微小的变化最终汇集在不同的时间观测点上，进而反映出网络的状态。

b. 网络变化过程是马尔可夫过程。这意味着网络的当前状态仅受到前一状态的影响，而与更早的状态无关。换句话说，网络在任意时间点上的演化仅依赖于前一时间点上的网络结构，而不受更早时间点的影响。

c. 网络中的发送者控制着发出的关系（与发送者接收的关系相对）和自身属性。这并不是说发送者可以随意地改变发出的关系或者自身属性，而是表明发出的关系或者自身属性的改变是由行动者的属性、在网络中的位置以及对网络周围的感知所决定的，这就说明该模型为什么是基于行动者的原因所在。

d. 在一个给定的时刻t，所有行动者的行为都在当前状态下是独立的，即两个或者多个行动者同时改变的概率为0。例如，在现实生活中，可能会出现“只要你和某人停止交朋友，我就马上可以和你交朋友”的情况在同一个时刻发生。但是在基于行动者的随机仿真模型中，两个行动者的关系改变不会在同时发生，还是会在先后两个时刻内顺序发生。

e. 在一个给定的时刻t，按照一定概率选定的发送者只能有机会改变它的其中一条发出关系，不能同时改变多条，或者可以去改变发送者自身的行为，即行为改变和关系改变在当前状态是独立的，两者同时改变的概率为0，并且在时刻t只能改变一条关系或者一个行为，不能改变多个。依照这个原则，网络变化的过程可以被分为一个个微小片段，片段间是顺序变化的，不存在协同，这样使得我们对网络动态变化的建模相对容易。

基于行动者的网络行为协同演化随机仿真模型可以分为两个子随机仿真模型：一个是网络关系改变机会模型，即对发送者引起的关系改变的概率进行建模。关系改变的概率取决于发送者在网络中的位置（如中心性）和其自身属性变量（如年龄、性别等属性）。另外一个是网络关系改变决定模型，即对发送者改变的关系的精确变化进行建模。关系改变的结果取决于发送者和接收者在网络中的位置及二者的自身属性变量，这个子模型构建的目的是统计推断各种参数对网络变化的影响（Snijders等，2010）。

在模型中，网络中的发送者i对自身属性的改变取决于速率函数$\boldsymbol{\lambda}$。在网络结构和行动者属性协同演化的情况下，每一个发送者都具有网络变化的速率函数$\boldsymbol{\lambda}(X)$，并且对于每一个属性变化都具有速率函数$\boldsymbol{\lambda}(Z_h)$，关系改变的机会是体现在连续时间的微小步骤上。在每一个时刻t，发送者i可以改变其自身所建立的关系，或者改变自身的行为属性，或者保持不变。研究人员要将网络结构和行为属性的速率分开来考虑，是因为两者变化的频率往往是不一样的，例如，研究知识在网络的传播时，网络成员所拥有的知识状态的改变速率要比网络关系变化的速率更快一些；而在研究信息技术使用和朋友关系网络的协同演化时，信息技术使用的频率往往比结交朋友的频率更快。

当发送者i在速率函数的控制下获得改变机会时，他们就会进入到下一步的改变决策过程中，改变决策的结果由不同的目标函数进行控制，目标函数被设定为一系列影响因素的线性组合。

② 参数估计过程。

在基于行动者的随机仿真模型中，速率函数评估行动者何时改变行动，目标函数则决定行动者将怎样改变行动。当我们选定可能会影响到网络和行为协同演化的影响因素后，下一步是要利用实际观测数据来评估影响因素的作用大小。用于参数估计的观测数据至少应该包含两个时间点上的数据，其中，第一个时间点上的数据$X(t_1)$和$Z(t_1)$将作为随机过程的初始状态，而速率函数将对网络或者行为改变的微小步骤（机会）进行控制，并且在每一个微小步骤中发生改变的可能性也将被定义。在给定初始参数后，在参数估计中，我们首先选用仿真模型来生成在设定动态过程下的网络和行为数据。过程如下：

a. 演化的时间t变化。每一时刻t被定义为微小步骤，每次微小步骤中，只有一个行动者可以发生改变，要么改变网络关系，要么改变其自身行为，t的增加由一个等待时间来决定。

b. 利用网络关系变化与等待时间函数的比率、网络行为改变与等待时间函数的比率来决定下一个微小步骤是做出网络关系变化还是行为变化，并且决定发生这些变化的是网络中哪一个行动者。

c. 当被选定行动者的关系或行为发生改变时，其关系或行为都会在当前目标函数最大时发生改变。

d. 当达到设定的终止时间，整个过程结束。

网络的变化过程可以被视为一个连续的马尔科夫随机链。在进行参数估计时，我们采用了马尔科夫链蒙特卡洛估计法（MCMC）。这一方法允许我们对模型的参数（例如速率 λ 以及各类影响因素的权重）进行精确估计。具体而言，我们将每一个待估计的模型参数与实际观测数据或模拟仿真数据进行反复比较。参数估计的差值越小，说明参数估计越接近真实值，表示参数估计的收敛性越好（Snijders等，2006）。当这些参数逐渐收敛时，我们就可以将这些参数作为此次模拟过程的最终估计值。在整个模拟过程中，我们会利用马尔科夫链蒙特卡洛方法进行多次重复实验。通过多次运行得到估计参数的平均值后，我们就能够确定模型的最终估计参数。这种方法不仅提高了参数估计的准确性，还保证了估计过程的稳定性。实践经验表明，当行动者数量超过30，并且在第一个和第二个观测点数据存在较大差异的情况下，如果在后续观测点的数据差异相对较小，参数估计过程的收敛性会显著提高。这意味着，初始数据的显著差异和后续数据的相对稳定性是实现参数估计有效收敛的重要条件。

③ 实施方法。

为了更加方便地建立基于行动者的随机仿真模型，并完成从实际观测数据中参数的估计，Snijders等（2010）研发了计算机软件SIENA（Simulation Investigation for Empirical Network Analysis）。SIENA最佳的运行方式是在R环境下通过加载RSiena软件包来运行，也可以在Windows 环境下利用人机交互界面的Stocent程序来运行。SIENA的安装步骤如下：

a. R软件可以从http：//www.r-project.org/下载。

b. 启动R以后，主要安装R程序包“network”“sna”“RSiena”，通过在线安装R语言环境下与动态网络分析相关的第三方软件包：

network用于处理网络数据；

sna用于经典的社会网络分析；

RSiena用于历时网络的统计分析；

xtable用于LaTex表格的生成；

rlecuyer用于随机数的生成；

ergm用于指数随机图建模（Exponential Random Graph Modelling）；

coda用于马尔科夫蒙特卡洛模拟算法（MCMC）。

c. 网络的可视化可通过Visone完成。

8.2　动态网络分析中的数据使用

8.2.1　动态网络分析的数据类型与采集方式

动态网络分析主要关注网络中结构和内容的变化，因此动态网络分析中常用的数据类型可以划分为结构数据和内容数据。其中网络结构类数据主要包括：

a. 节点数据，如网络节点位置、属性、状态等特征；

b. 边数据，如方向、权重、数量等特征；

c. 网络局部结构数据，如割点、团、组群数等；

d. 网络整体结构数据，如网络密度、平均最短路径、聚集系数等。

网络内容数据主要包括：

a. 事件数据，事件数据主要描述在动态网络中发生的事件，如网络节点之间的连接建立、断开、事件发生的时间、地点、内容等，可以是文本、图像、音视频等数据格式；

b. 交互数据，交互数据主要描述网络实体之间交互行为的数据，如社交媒体中用户之间的点赞、评论、转发等数据；

c. 链接数据，链接数据主要描述网络中资源的链接关系，如关注关系、引用关系、转发关系等。

针对不同数据类型，研究者可以使用不同的采集方式，常见的采集方式包括：

a. 时间戳，动态网络分析中时间戳主要用于标识事件发生的时间点，时间戳可以是离散或者连续的；

b. 快照，快照主要指在特定的时间点捕获网络的静态特征，通过定期对动态网络进行快照捕获，可以生成一系列时间节点上的网络快照，从而描述网络的演化过程；

c. 时间段，时间段数据描述在某个特定时间段内网络的状态，通常通过起始时间和结束时间来定义；

d. 全记录，全记录数据是按照时序以完整周期的方式记录网络的变化数据。

一般来说，动态网络分析所需的数据是来自真实世界的信息。但是，由于数据隐私和安全性以及数据获取成本、数据获取途径、数据追踪与更新的持续性等因素限制，导致在实际研究中能较为完整记录网络动态变化过程并可以作为数据源的研究数据非常稀少。常见的数据类型如文化创意数据、专利数据、公司存档数据、法律诉讼数据、财务数据、访谈数据、问卷调查数据等。

电视制作行业数据具有数据来源广、时间跨度长、不同类型节目以及关键人物和团队关系鲜明等特点，能够帮助研究者观察到网络在不同时间段的变化和发展趋势，但是该数据具有的行业特征属性较强，研究适用范围较小。

如Zaheer和Soda（2009）的研究中以1988 ~ 1999年时间段内意大利的电视制作行业数据为基础，验证了关于结构洞的产生和作用的假设。数据集涵盖了意大利95%电视观众的电视频道中的电视制作数据（电视电影、连续剧等），数据主要包含三种类型：首先，根据国有广播公司RAI出版的意大利电视电影和连续剧年度报告收集了电视制作团队成员及关系网络的数据。其次，从电视电影、连续剧出版物的附录中收集了每个影视剧制作的详细概要。最后，从Auditel（独立机构）中收集了电视制作团队的所有观众数据、收视率数据。Soda等（2021）的研究中为检验网络创造力的影响因素，选择世界上播放时间最长的英国科幻电视剧《神秘博士》背后的核心艺术家群体关系数据，因为电视剧创意工作最核心的角色包括制片人、导演和编剧。在该研究中，通过采集电视剧评论网站上报道的每集的字幕数据，确定对应角色的个人以及关系数据。Cattani和Ferriani（2008）的研究中从关系角度研究了社会网络在塑造个人产生创造性结果的能力方面的作用。该研究以好莱坞电影行业的发展为背景，追溯了1992 ~ 2003年期间，美国八家主要制片厂发行的2137部电影中至少参与过一部影片的核心剧组成员的关系网络数据，这些核心剧组成员包括导演、作家、编辑、摄影师、制作设计师和作曲家。每部电影的年平均核心成员数量在11 ~ 15人之间。

相较而言，专利数据较为完整地记录了研发过程信息，其中包含了大量关于申请人、专利权人、发明人、发明技术、技术分类号、技术引用关系等数据，可以用于揭示申请人之间的联盟关系和竞争关系、研发者之间的合作关系、技术领域的发展趋势以及知识转移等方面的变化，因此更适合在动态网络分析中进行使用。

如Yan等（2018）使用1976 ~ 2013年美国专利数据库中一家大型生物技术公司的纵向专利数据构建网络来检验占据结构洞和合作伙伴动态变化之间的关系。胡欣悦等（2024）收集2010 ~ 2021年粤港澳高校专利数据，构建协同创新网络，分析高校在网络中的角色定位。Han等（2020）从德温特创新指数（DII）收集2000 ~ 2015年智能手机行业的专利数据，最终确定了117200项有效专利，并以此为基础探讨网络嵌入性与企业创新能力之间的关系，进一步，抽样了前54名智能手机专利权人作为研究对象，按他们各自持有的专利数量排名来研究开放式创新的调节效果。袁红梅等（2024）选取2007 ~ 2021年216家中国生物医药上市公司专利数据，并基于合作网络与技术网络双重网络视角，探讨动态网络能力（中心度和结构洞）、技术融合能力对新产品开发绩效的影响机制。孙笑明等（2023）基于移动通信技术迭代的预研情景，以10家通信企业在4G、5G预研阶段中的184名关键研发者为样本，选取华为、中兴和普天等10家企业申请的4G和5G技术的发明专利及实用新型专利数据8424条，并从网络结构和网络内容角度出发，分析以往合作网络中关键研发者的关系强度和结构洞对其当前网络中间人角色转换的影响，考察关键研发者的知识深度和知识宽度在其中发挥的调节作用。王泽倩等（2024）选择华为公司和中兴公司2家中国企业在1995年1月1日 ~ 2015年12月31日申请的73218件的专利数据进行分析，深入探讨流动研发者社会资本变化对自身创新能力的影响。

8.2.2 专利数据在动态网络分析中的应用场景

专利数据在动态网络研究中具有时间跨度长、数据密度大、跨学科性强、研究范围较广等特点。因此，专利数据不仅可以揭示出网络动态变化的网络结构和关联关系，还有助于深入挖掘网络动态演化过程中各种元素的相互影响作用。同时，由于技术更新速度较快，新技术的涌现和老技术的淘汰变化过程也能用于研究技术创新的演进和变化趋势，从而有助于观察在不同情境下企业创新网络的演化规律。专利数据在动态网络分析中的主要应用场景如下：

（1）合作网络分析

分析专利申请人之间的组织间合作网络、发明人之间的研发者合作网络，研究者可以从组织层面和个体层面揭示创新活动的合作模式和网络结构，并且通过研究组织间合作网络和研发者合作网络的动态演化过程，可以发现合作关系的变化趋势，识别新的合作伙伴和潜在的合作机会。例如，通过分析专利数据中的共同申请情况，可以发现不同研发者之间是否存在合作关系，合作关系的存在可能意味着资源共享、技术交流或者共同研发等形式的合作，进一步影响着研发者之间的互动模式和合作程度。

（2）引用网络分析

通过分析专利共同引用网络的拓扑结构和动态变化，研究者可以识别技术领域的关键研发者、集聚区域和知识传播路径。例如，当多个研发者的专利相互引用时，引用网络可以很好地反映他们之间存在着技术交流和相互借鉴的关系。通过分析这些引用关系，可以了解到不同研发者之间的技术交流程度和信息共享情况。例如，如果一家公司的专利经常被其他公司引用，这可能表明该公司在某一领域的技术领先地位，其他公司可能会借鉴其技术或者寻求合作机会。

（3）技术领域演化分析

利用专利数据构建技术领域的动态演化网络，研究者可以深入研究和追踪技术领域的发展历程，揭示技术演化的模式和趋势。通过分析专利的主题、关键词和分类信息，研究者可以发现技术领域的关键主题、研究热点以及技术转型的路径。例如，不同技术领域的创新活动呈现出各自的特点和规律，通过对不同技术领域的专利数据进行比较分析，可以识别出技术创新的热点领域、交叉领域以及潜在的新兴领域。通过构建技术领域的动态演化网络，研究者可以发现某些技术领域的专利申请数量呈现出爆发式增长，这可能意味着该领域的技术创新正在经历突破性进展。而某些领域的专利申请数量的下降则可能反映了该领域的技术成熟度已经较高，需要更多的基础性研究和探索。这种动态分析不仅有助于了解当前技术发展的现状，还可以预测未来的发展趋势，为决策者和研究者提供有价值的参考。

（4）技术转移分析

利用专利引用数据和专利技术分类动态信息，研究者可以分析技术转移的路径。例如，转让关系是技术转移过程中的重要环节，研究者可以通过分析专利转让网络的变化，了解技术转移的市场机制和交易规律。通过对专利转让网络的分析，可以发现一些高校和研究机构可能通过将技术转移给企业来实现技术的商业化和产业化，而一些企业则可能通过购买或许可的方式获取外部技术，从而提升自身的创新能力和竞争优势。通过深入分析转让网络的结构和演化趋势，研究者可以发现技术转移的市场需求和交易机制变化，为技术转移的战略决策和风险评估提供科学依据。

（5）专利竞争分析

通过分析专利诉讼案件之间的关联和演化来揭示专利之间的竞争关系的动态特征。通过构建专利诉讼动态网络，研究者可以发现诉讼频率较高的主体以及涉及的技术领域和诉讼结果的趋势。例如，当一家公司对另一家公司或者机构发起专利侵权诉讼时，这不仅意味着技术的流动，也暗示着两者之间可能存在着竞争关系。通过分析这些诉讼关系，可以了解到不同研发者之间的技术流动和技术转移的方式。

8.3 Patlab平台在动态网络研究中的运用

Patlab专利数据分析平台是针对高校、企业及区域创新管理等研究的社会网络计算系统。该平台拥有高效的计算算法，具备强大的数据清洗、处理和分析功能，不仅可以帮助用户计算不同层次、不同维度的研究变量和指标，如社会网络分析指标、行业分析指标和情报分析指标等，而且方便用户对结果数据进行二次加工或检验分析模型的稳定性、鲁棒性等，提高用户对专利数据信息挖掘的效率，节约研究成本，功能模块如图8-2所示。

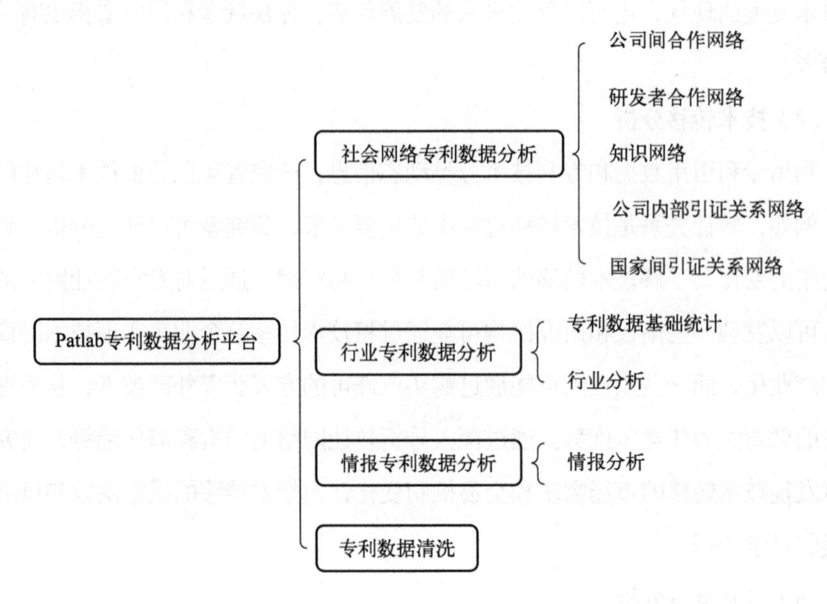

图8-2 Patlab功能模块

8.3.1 Patlab平台分析原理

（1）数据清洗

数据质量的高低会直接影响动态网络分析结果的准确性，不同专利数据库间字段名称、字段类型、字段长度等定义会有所差异，或是数据未经过预处理，所以研究人员在收集、下载、合并专利数据时，可能会遇到如数据重复、数据缺失、数据歧义等问题，因此在对专利数据进行分析前，有必要加入数据清洗步骤。在Patlab平台中，数据清洗步骤分为去除特殊字符、公司名称消歧、发明家姓名消歧。其清洗过程如图8-3所示。

第一步，去除特殊字符。Patlab平台基于字符匹配算法对上传的专利数据中存在无用或特殊的转义字符进行去除，如“%”“#”“&”等符号。

第二步，公司名称消歧。由于研究人员在按照公司名称进行专利检索或下载时，往往会使用模糊检索的方式，使得下载的专利数据中申请人可能会存在名称相似或母子公司关系的情形，如果不对公司名称进行消歧处理，则可能导致合并错误或重复计算等问题，比如在对公司整体研发实力进行评判时，专利数据中母子公司应该视为一个整体进行合并，而不应该分别记录申请人。Patlab平台针对这种问题，专门设计了公司名称消歧功能，可以自动识别专利数据中存在母子关系或名称相似的企业，并删除或合并相应数据。

第三步，发明家姓名消歧。专利数据中，发明家姓名可能由于误写、重名或漏写等错误导致发明家姓名歧义问题，进而影响数据计算的准确性，例如，将发明人“张明”错误登记为“张日月”时。Patlab平台可以自动识别出专利数据中存在的发明家姓名错误，消歧步骤与公司名称消歧类似。

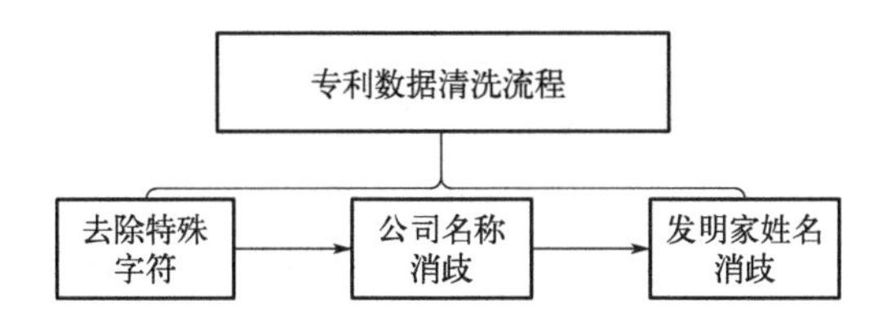

图8-3 Patlab专利数据清洗过程

（2）网络指标

Patlab专利大数据分析平台在数据预处理后可以构建多种类型的社会网络，包括研发者合作网络、组织间合作网络、知识网络、专利引证网络等。平台基本囊括动态网络分析的常用网络类型和指标，研究人员可以根据研究对象的研究内容和特征，选择合适的网络类型和测算指标，例如，研究对象为企业，研究内容为企业在合作网络中的地位变化，即可选择组织间合作网络以及中心势等指标。下面将详细介绍五种网络类型及其指标。

① 研发者合作网络。

研发者合作网络主要关注组织内部合作关系，通常是以组织内研发者个体为节点，以研发者之间的技术合作关系为边所构建的网络。如果学者们想要探究研发者合作关系的动态变化，如关系强度、结构洞和中心性等指标的动态变化，我们可以选择研发者合作网络模块进行相应的指标计算。此外，当我们的研究对象是组织内的关系网络如社交网络时，我们也可以使用该模块来分析并选择相应的网络指标计算。

研发者合作网络模块共有49个网络指标可以选择，分别为：节点、边、原始矩阵、直径、最短路径（平均）、割点、集团、密度、社区划分（基于不带权Girvan-Newman算法）、不带权特征值中心性、权重矩阵、矩阵、知识宽度分类号列表、知识宽度、知识深度、bonacich中心性（power centrality）、同配系数、传递性、结构洞效率指数、度中心性、接近中心性、中介中心性、度数中心势、接近中心势、中介中心势、流动研发者列表、独立研发者列表、关键研发者列表、低效研发者列表、天才研发者列表、多产研发者列表、核心研发者列表、关键研发者知识网络平均关系强度、关键研发者知识网络密度、研发者知识网络结构洞指数（包含关键研发者）、关键研发者知识网络结构洞限制指数、关系强度（包含关键研发者）、关系强度差异性、研发者合作网络结构洞限制指数、关键研发者研发投入比-小类、关键研发者研发投入比-大类、企业研发投入比-小类、研发者网络稳定性、关键研发者网络稳定性、企业研发投入比、研发者分类号列表、所有研发者网络稳定性、平均最短路径长度。研发者合作网络的研究中，关系强度、结构洞、中心性、知识宽度、知识深度等较为常用，如图8-4所示。

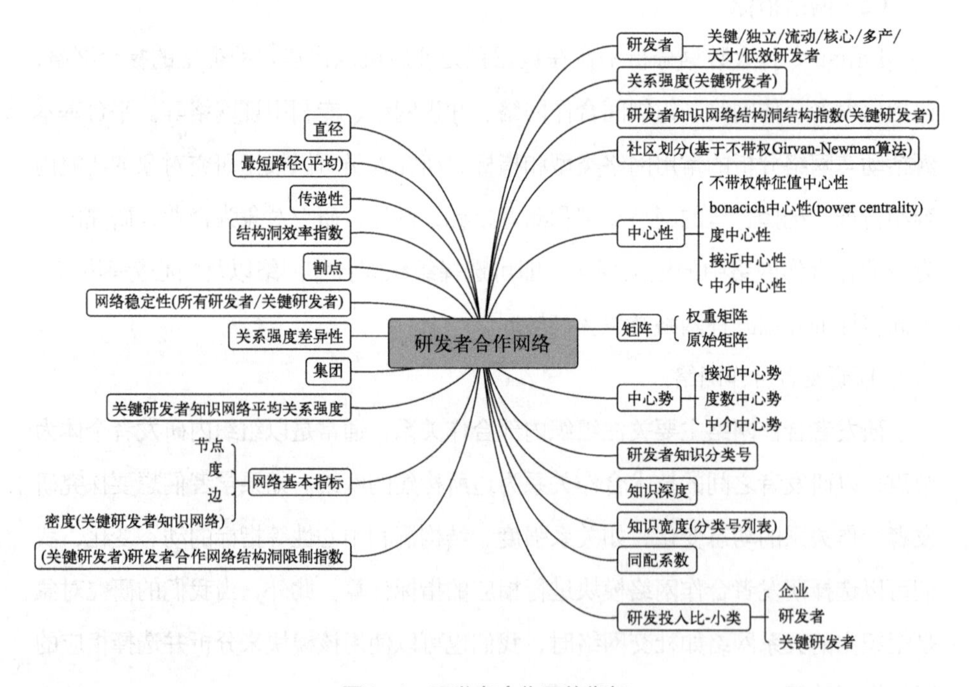

图8-4　研发者合作网络指标

② 组织间合作网络。

在组织间合作网络中，节点包含企业、高校、科研院所等组织，不同组织间的合作关系作为连接节点的边，是企业创新资源共享、知识流动和技术扩散的渠道。组织间合作网络模块共有32个指标，分别为：社区划分（基于不带权Girvan-Newman算法）、不带权特征值中心性、权重矩阵、知识宽度分类号列表、中介中心度、接近中心度、bonacich中心性（power centrality）、度数中心势、接近中心势、中介中心势、知识宽度、知识深度、同配系数、传递性、结构洞效率指数、（关键）组织列表、组织列表、浮动研发者、知识分类号列表（大组）、知识深度-大组、知识宽度-大组、密度、节点、边、割点、团、组群、原始矩阵、矩阵、直径、最短路径、平均最短路径长度。组织间合作网络的研究中，常用网络指标包括关系强度、结构洞、中心性、小世界特性、网络密度、网络规模等，其中，网络规模的出现频率最高，如图8-5所示。

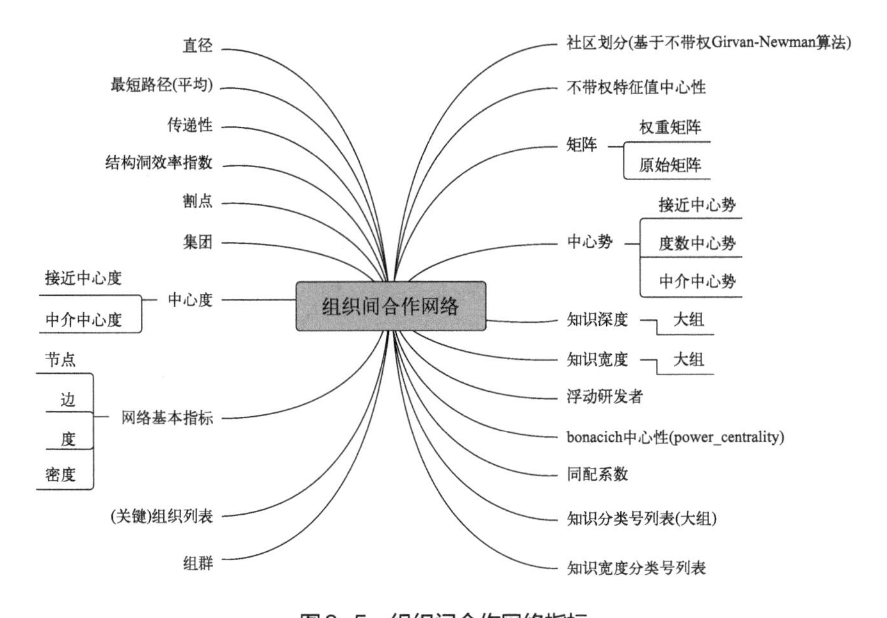

图8-5 组织间合作网络指标

③ 知识网络。

知识网络是以组织拥有的知识元素为节点，以知识元素间的组合关系为连接所构建的网络，以专利数据为例，如果以专利IPC分类号作为知识元素，那么同一条专利包含的不同知识分类号之间就构成组合关系，从而形成知识网络。知识网络模块包含23个指标，分别为：社区划分（基于不带权Girvan-Newman算法）、不带权特征值中心性、权重矩阵、原始矩阵、bonacich中心性（power centrality）、度数中心势、接近中心势、中介中心势、传递性、直径、最短路径、同配性、结构洞效率指数、割点、团、组群、密度、矩阵、边、节点、平均最短路径长度、接近中心度、中间性。总结以往研究发现常用的网络指标有节点、结构洞和中心性等，其中结构洞出现的频率最高，如图8-6所示。

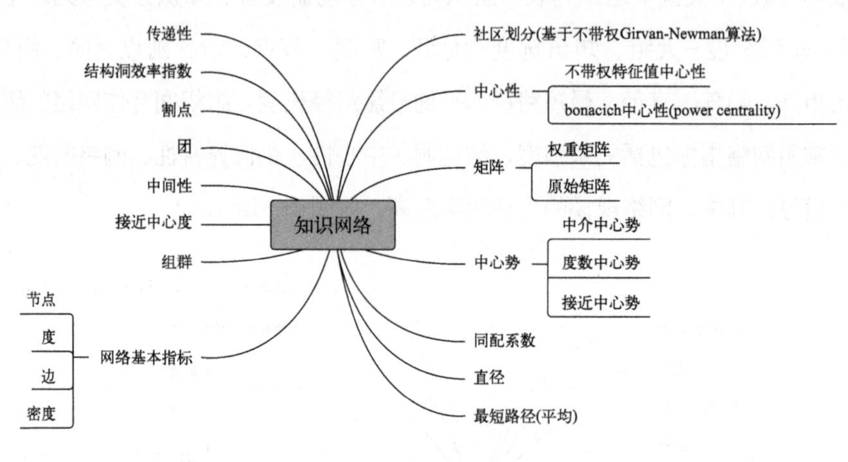

图8-6 知识网络指标

④ 专利引证网络。

专利引证是指一个专利文献引用了另一个专利文献，这反映了专利之间的技术关联或知识传递关系。专利引证网络是基于专利文献中的引证关系构建的网络。在专利引证网络中，一个节点通常代表一个专利，而一条有向边表示一个专利引用了另一个专利。例如，如果专利A引用了专利B，那么从专利A指向专利B的边表示这一引证关系。通过分析专利引证网络，可以分析不同专利之间的技术演化路径、知识扩散模式以及技术发展的生命周期过程，研究知识流动、技术演化和技术创新等方面。由于被引证专利主体存在差异，专利引证网络可以分类成组织间引证网络和国家间引证网络。

组织间引证网络模块包含17个指标，具体有：节点、边、二元体、三元组、块、矩阵、原始矩阵、权重矩阵、社区划分（基于不带权Girvan-Newman算法）、不带权特征值中心性、高引专利的分类号、高引专利的分类号列表、平均最短路径长度、度、前向引证、后向引证、密度，如图8-7所示。

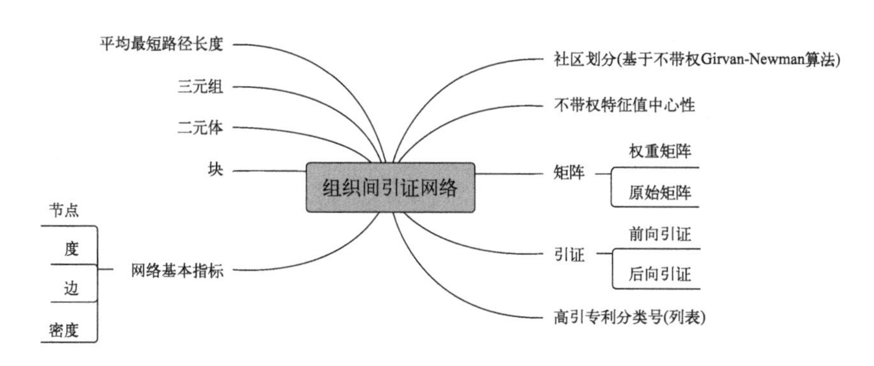

图8-7 组织间专利引证关系网络指标

国家间引证网络模块包含36个指标，具体有：专利数据、专利占比、IPC数量、IPC占比、节点、边、度、密度、直径、平均路径长度、平均聚类、专利引用数、专利引用占比、专利被引用数、专利被引用占比、自引次数/被引用的次数、自引次数/引用别国的次数、OI指数、专利引用率、专利被引用率、去除自引-节点、去除自引-边、去除自引-度、去除自引-密度、去除自引-直径、去除自引-平均最短路径长度、去除自引-平均聚类、去除自引-专利引用数、去除自引-专利引用占比、去除自引-专利被引用数、去除自引-专利被引用占比、去除自引-自引次数/被引用的次数、去除自引-自引次数/引用别国的次数、去除自引-OI指数、去除自引-专利引用率、去除自引-专利被引用率，如图8-8所示。

上述几种网络属于常见的动态网络类型，此外，Patlab平台支持定制化服务，包括基于大批量专利或社交数据分析与网络相关的特色指标等。通过丰富全面的网络计算指标，可以帮助我们更深入了解动态网络产生、扩张、稳定、消亡的机制，分析网络演化的路径、模式以及演化结果。

（3）时间窗口

时间窗口移动（Time Window Shifting）是一种常见的数据处理和分析技

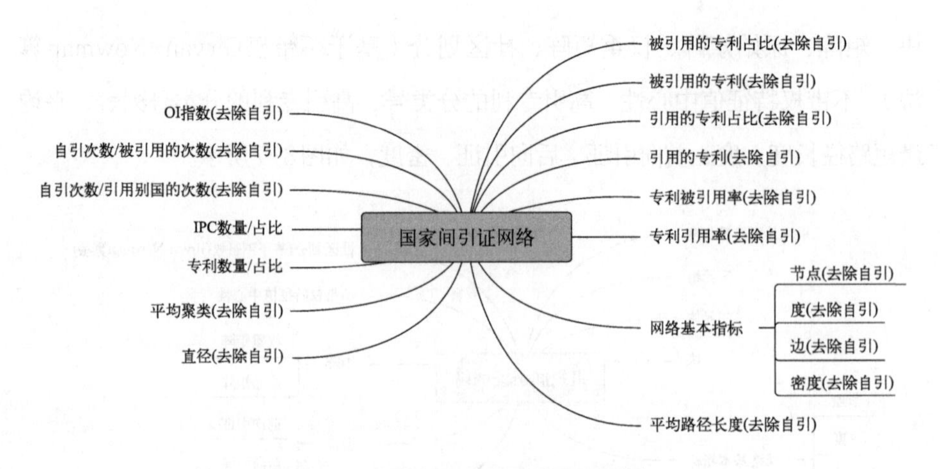

图8-8 国家间专利引证关系网络指标

术，尤其在时间序列数据的处理中经常被使用。在时间序列数据中，每个数据点都与一个特定的时间戳相关联。通过时间窗口将时间序列切分成不同数据块，而随着移动连续的时间窗口可以获取连续的数据片段，以便对不同步时间段产生的数据进行不同的计算分析、建模或预测。

动态网络分析中一种常见的分析方式是通过移动的连续时间窗口来观测网络拓扑与网络结构的变化。时间窗口移动通常由两个关键参数定义：一是窗口大小（Window Size）：是指时间窗口的长度，通常以固定的时间单位（例如秒、分、小时、天、年等）表示。时间窗口的大小决定了每次处理多少个数据点。二是步长（Step Size）：是指时间窗口在时间轴上移动的距离，其决定了相邻时间窗口之间的时间间隔。通过调整时间窗口大小和步长，我们可以对时间序列数据进行灵活的处理。较小的窗口通常会提供更详细的数据分析，但可能导致更多的计算量；较大的窗口则会捕获更长期的趋势，但可能会导致细节的丢失。

在动态网络分析中，时间窗口移动与各种动态网络的指标和特征关系密切。Patlab平台使用时间窗口移动对动态网络相关指标的计算非常重要，具体步骤有：

① 确定时间窗口参数。首先，我们需要确定用于移动的时间窗口大小和步长。窗口大小决定了每次计算指标所涵盖的时间范围，步长决定了相邻窗口之间的时间间隔。这根据我们的研究需要自行设置，例如，我们想要观察

2019 ~ 2023年研发者的合作网络变化情况，可以设置窗口大小为2年，对比前后两年研发者的合作情况。

② 确定时间窗口是否重叠。将整个网络的时间跨度划分为多个时间窗口，每个窗口内包含一个连续的时间段。我们可以根据研究需求判断窗口是否重叠，这也是判断步长的大小。

③ 计算指标。在每个时间窗口下计算动态网络的相关指标。我们根据不同的网络结构和网络内容特征，在Patlab平台中选取合适的网络指标。

④ 描述动态变化。通过观察每个时间窗口的指标计算结果，我们可以发现动态网络 的变化趋势和演化过程。同时，我们可以绘制时间序列图来展示指标随时间的变化，也可以计算指标的平均值、方差、极值等统计量来描述网络的整体特征。

⑤ 分析和解释结果。根据对指标的计算和描述，总结网络在不同时间段内的行为和特征，探索网络的动态性质和变化规律。

8.3.2　Patlab平台使用步骤

Patlab平台能对专利数据进行一站式分析，整体操作步骤简单高效。平台处理主要包括四个步骤：数据上传、数据预处理、数据分析、分析结果展示，如图8-9所示。

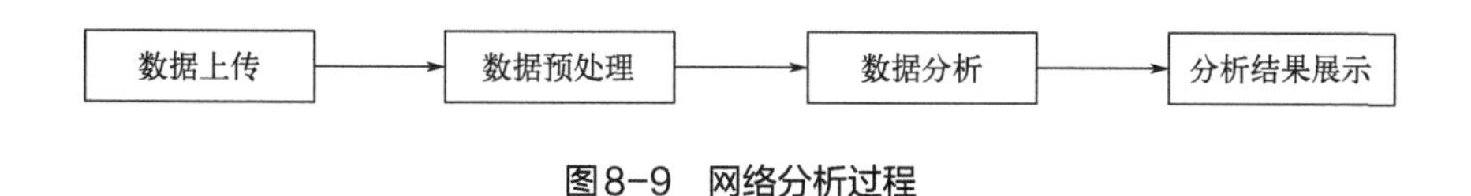

图8-9　网络分析过程

下面具体举例说明在Patlab平台如何计算关键研发者网络的指标步骤：假设我们需要分析2016 ~ 2019年某公司内部研发者合作网络结构的特征，操作过程如下。

第一步，将该公司的专利数据（需包含必选字段）上传至Patlab平台，平台将对数据进行校验，包含字段类型、字段长度、是否缺失等，并对上传错误给予提示，如图8-10所示。

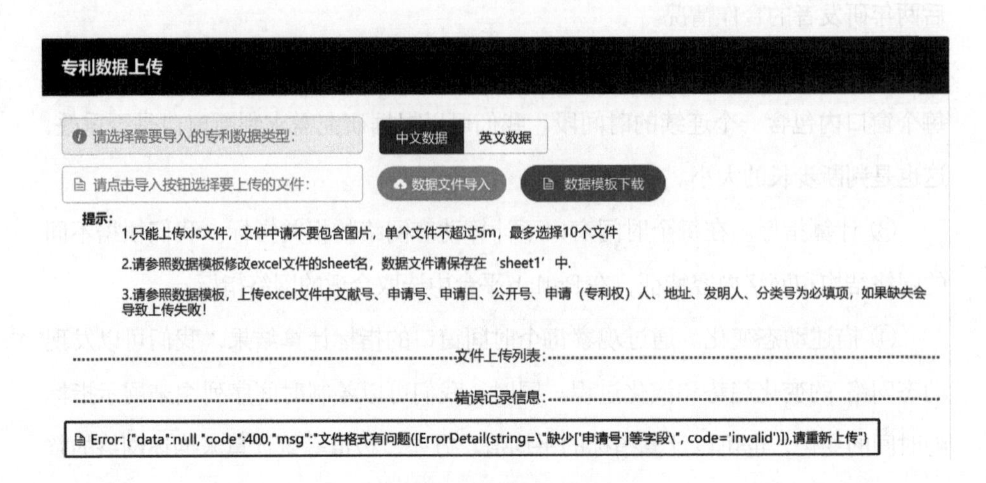

图8-10　数据文件导入错误提醒

第二步，成功上传的数据需要经过流程化数据预处理，首先去除特殊字符，我们可以指定或添加需要去除的特殊字符；然后进行公司名称消歧，Patlab平台可以自动对公司名称消歧，我们也可以手动修改或删除母子公司关系；最后进行发明家姓名消歧，其步骤与公司名称消歧类似，如图8-11所示。

(a) 去除特殊字符

数据预处理
处理步骤:
开始
去除特殊字符
申请公司消歧
发明家姓名消歧
完成
选择对导入数据的处理步骤，可以跳过。数据清洗步骤可能耗时较长，如页面显示步骤未完成，请关闭该页面，点击消息中心查看显示完成通知!
处理
跳过
去除特殊字符
申请公司消歧
发明家姓名消歧
选择合并原始数据中的母子公司关系
新增母子公司关系
id
需要合并公司
需要合并公司集
操作
暂无数据

(b) 申请公司消歧

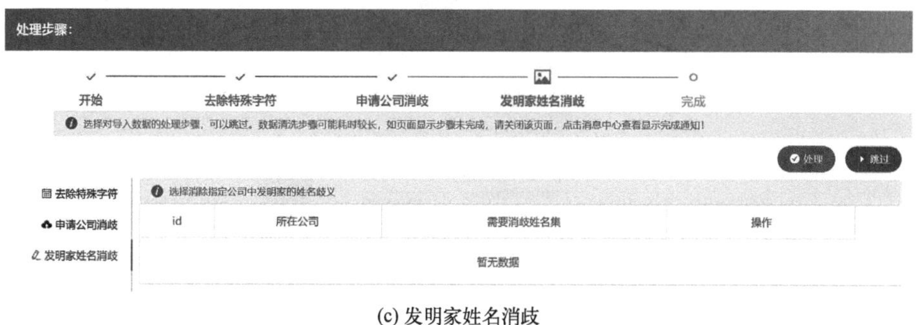

(c) 发明家姓名消歧

图8-11　去除特殊字符、申请公司消歧以及发明家姓名消歧

第三步，经过数据清洗环节后，接下来可以使用精准的数据进行计算。而在开始数据计算之前，我们需要根据研究内容选择网络类型，即研发者合作网络，Patlab平台可根据上传数据中的发明人信息生成网络。我们可以根据需求设置时间窗口，例如，四年一个时间窗口，无时间窗口重叠。在此基础上，我们可以选择所要计算的网络指标，例如密度、结构洞效率指数、中心势等。Patlab平台快速计算出结果，我们便可以下载，如图8-12所示。

通过结果分析，我们可以发现公司内部研发者合作网络的结构特征。除了上述功能外，Patlab平台可以按我们选择要求以分窗口等形式在线展示分析结果，或是根据指标特征采用Excel、CSV、txt等多种文件的灵活存储形式，方便后续加工与分析数据。此外，平台还包括中间结果计算、最终结果可标注识别等服务。

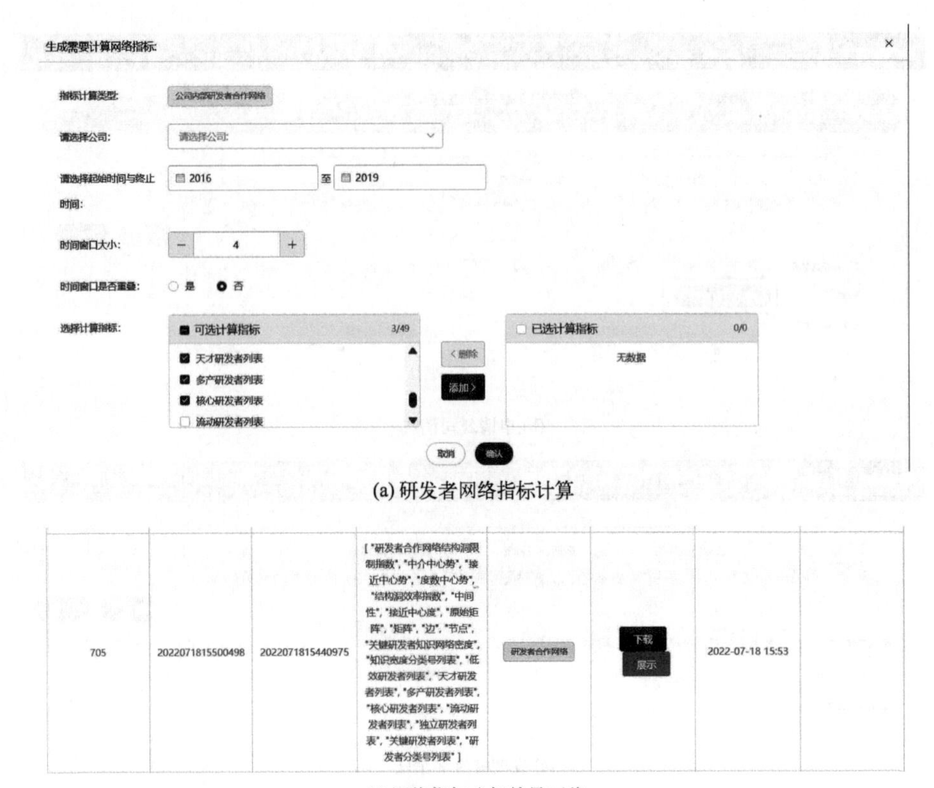

(a) 研发者网络指标计算

(b) 网络指标分析结果下载

	A	B	C	D	E	F	G	H
1	陈天石	G06N3/04	0.551020408		陈天石	G06F7/57	0.1	
2	陈天石	G06F15/16	0.1		陈天石	G06F17/10	0.1	
3	陈天石	G06F7/575	0.333333333		陈天石	G06F9/38	0.555555556	
4	陈天石	G06N3/063	0.75		陈天石	G06F7/556	0.5	
5	陈天石	G06F12/1027	0.5		陈天石	G06F7/58	0.1	
6	陈天石	G06F12/1009	0.5		陈天石	G06F7/544	0.5	
7	陈天石	G06F7/02	0.1		陈天石	G06F1/3287	0.333333333	
8	陈天石	G06F7/499	0.555555556		陈天石	G06Q30/00	0.1	
9	陈天石	G06N3/02	0.1		陈天石	G06F7/485	0.333333333	
10	陈天石	G06F17/16	0.333333333		陈天石	G06F15/78	0.1	
11	陈天石	G06F7/50	0.333333333		陈天石	G06F9/30	0.555555556	
12	陈天石	G06F7/548	0.5		陈天石	G06F12/121	0.5	
13	陈天石	G06N3/06	0.1		陈天石	G06N3/08	0.44	
14	陈天石	G06F9/355	0.1		陈天石	G06F7/483	0.333333333	
15	陈天石	G06F9/302	0.1		陈天石	G06F7/487	0.333333333	

中介中心势 | 权重矩阵 | 关键研发者知识网络结构洞限制度 | 关键研发者知识网络结构洞结构指数

(c) 研发者合作网络计算结果

图8-12 研发者网络指标计算、网络指标分析结果下载以及研发者合作网络计算结果

Patlab平台后续会跟进社会网络、动态网络研究的最新进展，持续添加不同类型的网络计算指标与其他专利数据分析指标等。

8.4 动态网络研究注意事项

8.4.1 数据质量

（1）数据生成过程规范化

数据生成过程规范化在动态网络研究中非常重要。通过规范数据生成过程，研究人员可以确保数据的质量和可靠性，使得研究结果更加科学可信。同时，数据生成过程规范化有助于研究的可重复性，其他研究人员可以根据相同的规范复制研究，从而验证研究结果和增加研究可信度。此外，数据生成过程规范化有助于减少数据错误和偏差，从而更真实地揭示网络的动态演化规律。数据生成过程涉及数据的收集或获取、分析等，具体分析如下。

① 数据收集或获取可以通过调查问卷、实地观察、访谈、实验、网络抓取、传感器等方式收集数据，也可以通过如公开数据集、数据库、文献资料、网络资料等各种来源获取数据。

② 对收集的原始数据进行清洗和处理，如去除噪声、填补缺失值、处理异常值等，并且统一数据的结构，转换数据的格式，标记和命名数据以便于后续的分析和处理。

③ 对处理好的数据进行存储，确定数据存储的方式和位置，包括数据库、数据备份、存储盘等，以保证数据保存的安全性和可用性。在数据管理过程中，研究人员需要详细记录数据的来源、采集时间、采集方法、字段字符定义等信息，以便其他研究人员理解、运用数据或复现数据分析过程。

④ 通过将存储好的数据进行实证分析、仿真分析等，利用建模、模拟、实验设计等分析出数据结果，并记录这个过程中观察到的实验现象或实验结果，进一步将这些现象或结果转化为可分析的数据结果，以满足研究结论分析的需要。

因此，数据生成过程规范化，包括数据的收集方法和来源、清洗和处理、存储、分析等可靠和有效，对于后续的网络构建、模型构建、数据分析和研究结论的可信度至关重要。

（2）规范化数据对动态网络研究的重要性

动态网络研究中所选取数据的可靠性和质量对研究结果的影响非常大，因为这些数据的可靠性和质量决定了后续研究的可行性和研究结果的准确性。如果数据质量不好，研究人员所得到的结果准确性低，这会导致研究结论失真和后续决策失误。例如，如果研究人员在研究一个动态网络变化问题时采集的数据缺失了一些关键的节点和关系，那么这个研究结果就有可能无法准确反映这个网络的真实变化情况，从而导致所得研究结论缺乏科学性。因此，采集动态网络数据时，研究人员需要考虑数据来源的可靠性，选择可信的数据源，如公共数据集或具有良好声誉的组织和机构提供的数据。同时，研究人员也需要考虑数据的精度，例如，研究一个企业中的关键研发者流动网络时，研究人员需要确保采集的数据包含所有关键研发者的部门信息和流动路径，以便更准确地分析这个网络的拓扑结构和关键研发者流动特征。

另外，由于动态网络的数据通常来自不同的数据源，因此，研究人员需要对数据进行整合和清洗，以消除数据中的错误和噪声。例如，在研究一个跨国公司内部的发明人合作网络时，研究人员需要整合来自不同部门的发明人数据，如果发明人存在重名或者姓名书写有误时，就会导致网络构建的数据不准确，因此，研究人员需要进行数据清洗，消除数据错误和冗余信息，以确保数据的准确性。这个过程中，我们可以选择科学的方法及手段处理数据中的错误及噪声问题，或者选择可靠的数据清洗平台和软件，如Patlab专利数据分析平台（http：//www.patlab.tech）。

最后，由于时间尺度是动态网络数据中的一个重要属性，它记录了节点之间关系的创建时间或更新时间，所以研究人员还需要考虑数据中所包含的时间信息的准确性和可用性。例如，在研究动态网络的稳定性时，研究人员需要确保采集的数据中包含正确的时间尺度信息，才能准确地划分网络的稳定区间，以便更精准地分析网络的动态性质和演化过程。

综上所述，研究人员在进行动态网络研究时保障数据质量是非常重要的，是后期研究的基础，只有确保数据的可靠性、精度、完整性和一致性，才能得到准确、可靠和有意义的研究结果。

（3）规范化数据在动态网络研究中的适用性

网络中流动的内容是动态网络分析的关键要素，例如知识和信息等。网络内容通过网络中连接的个体、团队或组织流动，而多数研究不是直接观察或分析网络内容，而是分析流经特定网络的知识、信息、资源等。例如，假设信息通过企业联盟网络流动，但实际上信息在网络中的流动不能直接观察到，而是需要借助另外一种可观察到的、能定量计算的解释变量或被解释变量来衡量网络中流动的信息内容。因此，为了使研究目的、研究过程、研究结果更加科学可信，研究人员需要详细说明网络中的信息内容如何测度。

要做到这一点，首先，研究人员需要明晰网络中流动的信息内容，例如，在企业联盟网络中流动的稀缺资源仅限于联盟成员，而且成员要采取措施防止联盟网络之外的竞争对手企业获取这些资源；在企业内部研发者合作网络中所流动的信息内容是企业创新所需的关键信息，研发者之间可以共享这些信息以提高研发者个体创造力、个体创新绩效，或提高团队创新绩效、企业创新绩效。然后，研究人员再根据研究情景建立网络（如合作网络、知识网络等），分析网络构成、变化过程及结果。根据可观察与统计的网络数据，论证动态网络中流动的网络内容及产生的某种结果（Zaheer和Soda，2009）。例如，Zaheer和Soda（2009）研究了网络结构的起源，特别是结构洞，他们建立和测试了一个理论框架，提出网络结构产生于结构约束和网络机会这两种互补力量的相互作用。该研究分析了意大利电视制作行业501个制作团队12年的合作数据，发现当前团队跨越的结构洞除了源于团队成员所在的过去团队的中心地位外，还源于过去团队跨越的结构洞。他们在调查过程中分析了每个团队所制作出的脚本，假定至少有一条连接关系的团队所编写的脚本有相似之处，则认为有同质的制作因素通过网络进行了传递。在分析过程中，不同团队所编写的相似脚本是可以被直接观察到的网络内容，而同质的制作因素则是通过相似脚本被假定为团队中流动的网络内容。

从以上分析可知，动态网络研究过程中，对网络中流动的信息推断需要选取合适的、可被观察到的数据。一般情况下，研究关键研发者网络中的技术流动信息可以选择研发者的专利合作信息；而研究科研人员网络中知识流动信息可以选择科研人员所产出论文的合作信息。因此，数据是研究的基础，数据规范化后保证数据的质量和科学性，避免因数据源中出现的错误而影响整个研究结果。

8.4.2 网络构建

在动态网络研究中，研究人员首先需要构建网络，构建过程中节点之间关系的选择是首要条件。网络构建过程中，网络“节点”和“关系”是网络的重要组成部分，不同的节点和关系意味着不同的网络。网络是一个动态的开放系统，节点在网络中嵌入或退出以及关系的建立和消失都会导致网络的非线性变化，例如，节点的数量会影响网络规模，而关系的数量则会影响网络密度。因此，节点和关系的选择对于动态网络的研究尤为重要。然而，在具体的研究过程中，对于如何选择节点和关系构成网络，通常没有标准的范式。大部分学者只是根据过往经验和研究情景进行判断，使得节点与关系的选择千差万别，研究的结果也可能存在一定的差异。

（1）节点选择

网络中节点的知识、资源和能力决定了其在整个网络中的地位和作用。根据这些因素，节点可以分为核心节点和外围节点。核心节点是网络的中枢和核心，拥有较高的地位和丰富的资源。他们在网络中扮演着协调和控制的角色，负责管理和促进知识、信息的流动。核心节点通常具备领导作用，通过整合和分配资源，引导网络中的其他节点共同完成目标。这些节点不仅自身拥有强大的知识和能力，还能通过高效的沟通和协作，提升整个网络的运作效率和效益。相比之下，外围节点则位于网络的边缘地带，通常具有较低的稳定性。这些节点与其他节点的交流关系较为简单，互动频率和深度都不及核心节点。虽然外围节点在资源和能力上相对较弱，但它们仍然是网络中不可或缺的一部分，扮演着特定的功能角色。这些节点可能通过特定的知识或资源，为网络提供必要的补充和支持，如图8-13所示。

节点的角色并不是一成不变的，而是随着时间的推移而不断变化的。核心节点若不能满足其所在网络位置承载的知识、信息枢纽，智慧与人格魅力的担当，

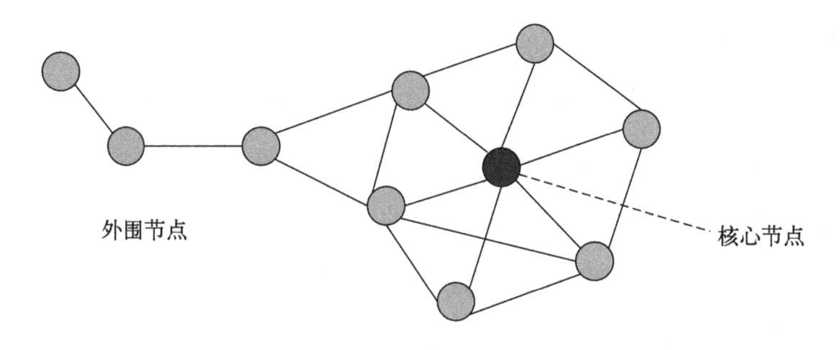

图8-13　节点分类

其很有可能由于不能服众而变成外围节点。当然，外围节点通过自身的不断努力，或者提出一些新奇想法和思路，甚至是突破性技术创新，他们很有可能吸引其他网络成员围绕在其身边而成为核心节点。由此可见，不同的节点对网络有不同的意义，不同节点的前后变化与整个网络的动态演化存在着千丝万缕的联系，可谓是牵一发而动全身，所以节点的识别与区分也十分重要。

故而在选择节点时需要根据研究内容考虑节点的类型、数目、地位以及对网络贡献等问题。因此，节点的选择要遵循以下原则：

① 类型多样。

节点种类丰富，包含核心节点、外围节点，当然其中也有一些节点是重要节点或普通节点。构建社会网络时，若单一选择某种类型的节点，则无法全面掌握网络的各种情况。因此，需要选取各种类型的节点，从而能更完整地展示网络。

② 数量合理。

网络中节点的数量不能过多，也不能过少。节点过多会导致网络过于复杂，无效节点与无效关系过多，计算量大，分析难度陡增。例如，我们需要研究某公司内员工流动网络对于研发绩效的影响，那么我们应选择与企业研发相关的员工进行研究，若选择企业内所有员工，则会增加许多无用的计算。然而，过少的节点选择会导致网络不完整，不足以支持对网络性质的研究。

③ 同一情境。

节点的选择需要根据具体研究情境的不同，确定节点的研究范围与特征属性。例如，如果研究主题涉及我国校企合作网络，那么所选高校和企业则隶属于我国。

（2）关系选择

“关系”是社会网络研究的核心概念之一，如果将网络研究比作人体研究，那么节点就如同人体各个组织，关系就如同血管将各个组织联系、绑定在一起，关系的选择决定了网络是否有效及网络中的资源能否流动。以企业间合作关系为例，一个公司的联盟网络可以包括竞争对手、供应商、买家、互补企业、高校和研究所，如果我们研究的主题是关于嵌入性对企业行为的影响，在竞争对手的网络嵌入性与供应商和买家的网络嵌入性对联盟网络的影响是截然不同的。不同的关系选择会使焦点组织所处的网络大相径庭，如在与竞争对手的网络中，组织之间的关系是冲突对立的；而在与供应商和买家的网络中，组织之间的关系是互补的。不同的关系会导致信息、知识等资源的流动方式不同。对关系进行选择时，应注意以下几点：

① 问题定义。

明确研究问题和分析目标。根据研究目的，我们可以确定网络中具有关键作用的关系类型，例如，社交网络关注人际关系，合作网络关注合作关系。

② 数据可用性。

我们需要确保能够收集到涵盖关系的可靠数据，数据包含关系的实际交互、合作和互动等情况，根据可获取的数据来选择关系。

③ 确定关系的方向性。

有些关系是单向的，例如，节点A单方面连接节点B；而另一些是双向的，即节点A与节点B相互关联。

④ 考虑关系的强度。

在判断关系是否存在的基础上，我们还需考虑关系强度，例如，企业合作关系的强度与合作的频繁程度相关，我们可以通过查看关系强度指标衡量企业合作的紧密程度。

⑤ 考虑关系的时态性。

某些关系可能随时间变化而生成、维持和消失，例如，社交网络中社交关系的生成、加深以及破裂。

⑥ 考虑关系存在多种类型。

在网络中可能包含多种类型的关系，例如，社交网络中同时存在友谊关系和工作关系，企业合作网络中同时存在合作关系和竞争关系（竞合关系）。

⑦ 关注具有代表性的关系。

在网络中某些特定类型的关系可能尤为重要，以至于影响网络的整体，我们需深入了解这种类型的关系，并明确其作用。

通过以上对网络构建中节点和关系选择的分析可知，节点（主观能动者）、关系（建立、维持、变化、休眠、消失）以及它们构成的网络本身是多种多样的，每个节点本身的不同使得他们的关系性质、特点等各不相同。由于不同个体或组织对于网络的利用不同，即使同一网络中的个体对于网络的利用也不尽相同，这使得节点或关系在网络中的重要性或影响力是不平衡的。例如，存在经济或晋升压力的行动者会想尽办法从给定的网络结构中受益，或努力改变自身所处的网络地位，使自己获得经济或晋升收益；而另一些没有经济或晋升压力的行动者会倾向于让自己处于现有网络位置而不做任何事情，保持现有网络的稳定。因此，网络对于不同的行动者效用不同，研究过程中需要“因人而异”，充分考虑网络中所有行动者属性特征和需求特征。因此，每个节点对于网络动态变化的影响作用是不同的，无法将节点的贡献统一处理，即动态网络难以处于均衡状态（均衡状态是指节点、关系等接近正态分布，很少偏离中心），在研究过程中将网络利用方式进行统一推理存在一定的不科学性。故而，学者认为动态网络研究在很大程度上存在“非均衡”推理问题，不能用“统一化”。“非均衡”推理是指对节点或关系的重要性、影响力、连接方式等进行推理时，考虑到网络的不均衡性而产生的推理过程。

动态网络的“非均衡”推理问题是一个很复杂的问题，在探索网络如何演变的难题上，动态网络分析是一种解决这个问题的精确机制。动态网络演变机制建立是基于行为者动机和能力理论，这种机制能够在很大程度上避免这种不均衡的推理。为此，研究人员可以通过构建网络中各种行动者的“目标函数”，并且行动者之间关系的形成、维持、终止是与其“目标函数”相匹配的过程，以此建立相应的关系行为模型来提高研究的可信度。

8.4.3 控制变量选取

许多经济学或社会学研究都考察了社会学或经济学结果，因此需要控制影响研究结果的社会学或经济学因素（Ahuja等，2012）。经济学推理得到的经济学效益、社会学推理得到的社会学效益是纯粹的单领域研究。例如，资源的互补性可能决定了联盟伙伴的相互选择，其中财务优势更为明显的企业所得到的信任度更高，该企业也更容易被其他企业选择为合作伙伴。但一般情况下，网络研究需要使用社会学推理得到经济学效益或使用经济学推理得到社会学效益。然而，这类研究的举证要求较高，例如，使用经济推理的方式预测越轨行为对于犯罪率的影响时，研究人员需要严格控制研究中的社会学因素。社会学将越轨行为视为违反社会规范或期望的行为，包括不道德行为、违反道德准则的行为等。社会学研究越轨行为的原因、影响和后果，从而理解社会规范是如何形成的，以及人们如何对越轨行为做出反应。而使用社会学推理的方式分析社会因素对经济效益的影响时，研究人员需要严格控制研究中的经济学因素，包括企业资产、企业负债等情况。因此，在证实一个经济结果的社会学前因或一个社会结果的经济学前因之前，控制相应的经济学或社会学影响因素是至关重要的，如表8-4所示。

表8-4　经济学及社会学推理及效益类型（Ahuja等，2012）

效益类型	逻辑类型	
	经济学推理	社会学推理
经济学效益（获得利润，组建商业联盟，任命董事会成员）	资源互补性决定了联盟伙伴的选择，其中具有财务优势的企业被选择的可能更大	网络关系影响合作伙伴的选择；嵌入性代替了契约
社会学效益（越轨行为，感情关系破裂，友谊关系衰退）	越轨行为预测不道德行为	凝聚力促进社会行为；社会关系影响婚姻存续和家庭幸福指数

动态网络研究过程中，我们需要控制经济影响因素，因为网络研究需要在经济学驱动下阐述社会学的影响（Ahuja，2007）。研究人员经常需要面对这样的问题，即社会网络效应只是对已知经济效应的重新解释，例如，网络中节点中

心地位的变化与卓越绩效相关的论点被认为只是观察到的一个假象（Ahuja等，2012）。焦点企业的成功可能是因为其具有更合理的市场定位和企业经营管理（如其成立了子公司），而不是其所拥有的管理模式（如其成立的子公司模式）和组织间合作关系。换句话说，焦点企业取得成功的原因，可能仅是它的市场主导地位或企业规模使得其在网络中处于中心位置，而不是它与其他企业存在很多合作关系，或者它处在一个有利的组织联盟之中。因此，研究焦点企业在组织间网络处于中心地位所带来的优势等之前，研究人员需要控制焦点企业的市场主导地位、企业规模、企业年龄等。

综上所述，控制变量需要根据具体的研究问题和主旨来进行选取，这是研究人员需要注意的重要事项。研究人员可以对控制变量进行分类，如从宏观、中观、微观角度划分，还可以划分为个体因素、组织因素、环境因素等，也可以从经济、技术、政策、环境角度划分。如果选择第三种划分方式，那么这些控制变量具体分析如下：

（1）经济因素

经济因素包括国家或地区层面的经济发展水平、产业结构、就业率、GDP增长率等，组织层面的企业利润率、企业规模等，通过控制这些经济因素，研究人员可以更清晰地分析网络变化对社会和管理方面的影响是否受到经济因素的影响。

（2）技术因素

技术发展水平、信息技术基础设施的普及程度等技术因素可能影响网络的变化，通过控制这些技术因素，研究人员可以更清晰地区分网络变化带来的影响与技术进步本身的影响。

（3）文化因素

地区文化差异、价值观念、教育水平等文化因素可能会影响行动者的行为方式，从而对网络动态变化产生影响，通过控制这些文化因素，研究人员可以分析网络变化对社会和管理方面的影响是否受到文化因素的影响。

（4）政策因素

政策、法规、制度等因素对行动者行为的规范和引导也会对网络变化产生影响，因此，通过控制政策因素，研究人员可以更准确地分析网络变化对社会和管理方面的影响。

8.4.4 内生性问题

（1）内生性的含义

关于网络变化原因和结果之间关系的研究，很大程度上建立在网络结构的结果与创造它们的结构是外生的这样一个假设基础上（Ahuja等，2012），然而，这种假设不是那么令人信服，即网络变化原因和结果可能存在内生关系（Mouw，2006）。例如，尽管某些网络位置的占有者可以获得结构优势的观点被广泛接受，但在现实中，可能部分网络优势在行动者未达到网络中心地位时就已经出现。

网络变化中因果关系的内在性质，即网络结构的变化是由网络内部因素引起的，并且这些变化也会反过来影响网络结构本身。网络变化的内生性问题强调了网络内部因素对网络结构和功能的重要影响，同时也强调了网络结构和功能对行动者行为和互动的反馈作用，这是一个在社会学和管理学等领域经常探讨的问题。这里需要解释一下，网络内部因素指影响网络结构动态变化的内在因素，这些因素通常包括网络的拓扑结构（指行动者之间连接的模式，包括网络密度、网络规模、聚群程度、中心性等，例如，稠密网络或是稀疏网络对于网络的动态变化影响不同）、行动者的属性（如年龄、性别、兴趣爱好等，例如，在表达性网络中，行动者的兴趣爱好会影响他们之间的友谊关系）、行动者行为（指行动者在网络中的活动和交互方式）、行动者之间连接的强度（连接的紧密程度）。

内生性问题产生的原因很多，例如，行动者的行为变化可能影响其相邻行动者的行为，即反馈效应、互动效应会影响网络结构的变化；行动者倾向于与相似的行动者建立联系，这种自我选择的倾向会导致网络内部的结构形成而影响网络结构的变化；网络发展的轨迹可能受到路径依赖效应的影响，过去的选择和决策可能影响未来的网络结构变化。

导致研究过程中存在内生性问题的结果也较多，例如，网络内部因素引起的变化会导致如节点之间的连接模式、网络密度和网络规模等网络结构的变化；网络结构的变化（节点之间连接的增加或减少）可能会影响网络的功能和性能（信息传播的效率和速度）；网络的内在变化可能会引发如群体决策、集体行动等群体层面的行为变化而进一步影响网络结构的变化。

（2）内生性问题解决的思路

事实上，未能解释的内生性问题被认为是网络研究方法不足的可能来源（Ahuja，2007；Aral和Alstyne，2011），而网络变化原因和结果之间共同进化模式的模型有助于解开谁先出现的关键问题。例如，Schulte 等（2012）认为，一方面，团队成员之间的心理安全感可以预测网络关系建立、维持和终止。事实上，团队成员认为他们的团队在心理上越安全，他们就越有可能向队友寻求建议，并把他们视为朋友，他们就越不可能汇报与队友之间的困难关系。另一方面，网络关系的变化预示着团队成员之间存在的心理安全感。团队成员采纳了他们的朋友和顾问对团队发展的建议和看法，拒绝接受那些与他们关系不好的人的建议和看法。我们在前几章中展示的网络变化也暗示了网络变化原因和结果之间的内生性。网络变化是作为驱动这些变化的动机行为者的结果而出现的。

解释网络形成和网络变化的相关问题，研究人员需要获得足够精确的外生数据，并建立网络模型来分析出所要的结果（Carrell等，2009；Carrell等，2013），或者研究人员能够合理地排除未观察到的因素，又或是开发出可能与交互结构无关的工具，再或是明确地模拟网络形成和网络变化，并试图解释对网络形成和网络变化产生重大影响的可能因素。在许多情况下，网络形成的控制及有效工具可能力量不足，而对网络形成和网络变化的准确建模有助于解释网络的内生性问题，因为相互关联的个体或组织在观察到的和未观察到的特征上可能相似。例如，相对缺乏监督的青少年（就父母的关注而言）可能会与其他缺乏监督的人建立友谊。如果研究人员没有对可能影响目标网络的所有特征进行较为准确的测量，那么他们就必须合理推断网络形成和网络变化过程来解释缺失的数据，否则会导致实验相关性问题，以及实验推理的网络将和实际网络存在很大差异。这意味着研究人员不能在一条关系的基础上对网络形成和网络变化进行建模，而是需要明确说明网络如何形成关系集，并解释各关系的相互依赖性。如果研究人员需要解释关系如何形成和变化，他们就需要在网络层面而不是关系层面上建立模型，对所产生的结果进行充分解释。

对这种内生性进行建模，并分析其在推动网络变化中的作用，是进行动态网络研究必不可少的环节。一般来说，纵向研究设计结合适当的统计方法可以潜在地限制内生性的影响，并有助于研究人员以更适当和更严格的方式发现网络变化原因和结果之间关系背后的逻辑和过程。研究人员可以使用不同的、合适的统计方法、清晰和可用的外生数据来解决这个潜在的问题。下面以具体的步骤来阐述内生性问题的解决思路：

检验模型可能存在的内生性问题，即自变量和因变量之间可能存在反向因果关系。参考Fleming（2007）的做法，选择一个合适的变量作为工具变量（工具变量的寻找有一定的难度），该变量对因变量不产生直接影响，因此，符合工具变量选择的基本条件，即该变量是一个外生变量，但还需要检验该变量与自变量和因变量之间的关系。理论上，工具变量（Z）要与自变量（x_1）强相关，与其他自变量x_2、x_3、…不显著相关，而与因变量（y）不相关（陈云松，2012）。因此，以自变量（x_1）作为被解释变量对工具变量进行回归，如果结果显示两者之间存在显著相关性，且F 统计量值大于经验值10，即不存在弱工具变量问题，如图8-14所示。

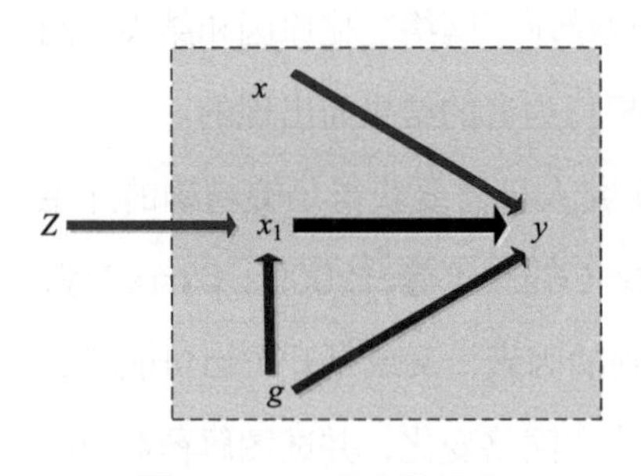

图8-14　工具变量原理

为了解决模型可能存在的内生性解释变量的问题，应用Stata 15.0中扩展回归模型（ERMs）功能。扩展回归模型（ERMs）的回归分析结果相较于之前的估计模型，无论是普通最小二乘回归分析，还是两阶段最小二乘回归分析，解释变量系数的显著性水平会实现较大程度的改进。

此外，本书还采取了Lewbel（2012）基于异方差的识别技术构建工具变量，该方法在处理内生性问题的应用中体现出较好的效果（蒲艳萍和顾冉，2019；李唐等，2020）。具体的应用过程如下：

首先，利用内生变量［自变量（x_1）］对其他控制变量进行回归，得到残差$\hat{\partial}$，并对该方程进行BP异方差检验，结果存在显著的异方差，证明满足该方法的基本条件。

其次，选取合适的变量（可以是模型中的控制变量）作为外生变量Z_1，构建工具变量$\hat{Z}_1$，公式如下：

$$\hat{Z}_1 = \hat{\partial}[Z_1 - E(Z_1)] \tag{8-3}$$

最后，进行2SLS回归。第一阶段用内生性变量对工具变量$\hat{Z}_1$进行回归，得到拟合值，结果显示内生性变量与其工具变量显著相关，验证了工具变量的有效性（孙笑明等，2020）。第二阶段利用被解释变量对于第一阶段得到的拟合值（y_1）分别进行回归，假设验证的结果与上文无显著性差异，表明在考虑了内生性问题之后，所得结论仍然稳健。

8.4.5 结果可解释性

动态网络研究的结果需要具有很强的可解释性，这意味着研究人员需要确保其研究结果能够解释和阐述现实实践中的问题。如果研究人员在研究动态网络时发现了一些有价值的结果，那么他们需要在现实世界中找到与之对应的事件，将研究结果与实际问题进行关联，并解释这些结果是如何与现实世界中的社会行为和社会关系相联系的。例如，企业技术并购越来越成为企业获取知识、技术等资源的途径。然而，企业在发生并购时，企业内部的研发者网络也会发生相应的改变，研发者合作网络的变化又会影响到研发者的创造力、创新绩效，从而影响企业的创新产出。孙笑明等（2021）发现企业技术并购后，主并企业关键研发者度中心性、中介中心性、接近中心性的增加都会促进其创造力的提高，而其结构洞的增加会显著降低其自身的创造力。

此外，研究者还需要考虑研究结果的可重现性，这意味着其他研究人员应该能够重现该研究的结果，以验证研究结论的准确性。例如，如果研究人员在研究社会网络时使用了特定的数据集和算法，那么其他研究人员应该能够使用相同的数据集和算法来重现该研究人员的研究结果。

最后，研究人员需要将研究结果用简单易懂的语言呈现给读者，这意味着研究人员需要将复杂的技术术语和概念转化为易于理解的语言，这样才能让研究成果真正地为社会所用，促进学术繁荣和社会进步。

本章小结

本章首先介绍了动态网络研究中实证分析的相关知识，其中包括实证分析的内涵、核心、主要思路、主要类型、主要方法、优势和局限，并列举了关系事件模型（REM）、随机行动者导向模型（SAOM）和指数随机图模型（ERGM）三种主要动态网络实证模型。其次，对动态网络研究中仿真分析法相关概要进行了介绍，其中包括仿真分析法的应用范围及步骤，介绍了基于多智能体的仿真方法、系统动力学模型和元胞自动机模型，并对基于行动者的随机仿真模型进行了重点介绍。再次，动态网络分析中的数据使用，对数据类型和采集方式进行了分析，并重点介绍专利数据在动态网络分析中的应用。同时，为使学者研究动态网络更加方便快捷，本书引入Patlab平台进行介绍，通过对Patlab平台内容及优势的介绍，研究者进行动态网络相关研究可以更加高效。最后，指出了动态网络研究中需要注意的一些事项，并对动态网络分析中可能出现的注意事项提出了相应的解决方案。

参考文献

[1] Ahuja G, Soda G, Zaheer A. The genesis and dynamics of organizational networks[J]. Organization Science, 2012, 23(2): 434-448.

[2] Ahuja G. Managing network resources: alliances, affiliation, and other relational[M].New York: Oxford University Press,2007.

[3] Aral S, Alstyne M V. The diversity-bandwidth trade-off[J]. American Journal of Sociology, 2011, 117(1): 90-171.

[4] Axelrod R, Tesfatsion L. A guide for newcomers to agent-based modeling in

the social sciences[J]. Handbook of Computational Economics, 2006, 2(1): 1647-1659.

[5] Block P, Koskinen J, Hollway J. Change we can believe in: Comparing longitudinal network models on consistency, interpretability and predictive power[J]. Social Networks, 2018, 52(1): 180-191.

[6] Butts C T. A relational event framework for social action[J]. Sociological Methodology, 2008, 38(1): 155-200.

[7] Carley K M. Computational organization science: A new frontier[J]. Proceedings of the National Academy of Sciences, 2002, 99(3): 7257-7262.

[8] Carrell S E, Sacerdote B I, West J E. From natural variation to optimal policy? The importance of endogenous peer group formation[J]. Econometrica, 2013, 81(3): 855-882.

[9] Carrell S E, Fullerton R L, West James E. Does your cohort matter? Measuring peer effects in college achievement[J]. Journal of Labor Economics, 2009, 27(3): 439-464.

[10] Cattani G, Ferriani S. A core/periphery perspective on individual creative performance: Social networks and cinematic achievements in the Hollywood film industry[J]. Organization Science, 2008, 19(6): 824-844.

[11] Desmarais B A, Cranmer S J. Micro-level interpretation of exponential random graph models with application to estuary networks[J]. Policy Studies Journal, 2012, 40(3): 402-434.

[12] Fleming L, Waguespack D M. Brokerage, Boundary Spanning, and Leadership in Open Innovation Communities[J]. Organization Science, 2007, 18(2): 165-180.

[13] Forrester J W. System dynamics, systems thinking, and soft OR[J]. System Dynamics Review, 1994, 10(2): 245-256.

[14] Frank O. Statistical analysis of change in networks[J]. Statistica Neerlandica, 1991, 45(3): 283-293.

[15] Frank O, Strauss D. Markov graphs[J]. Journal of The American Statistical Association, 1986, 81(3): 832-842.

[16] Han S, Lyu Y, Ji R, et al. Open innovation, network embeddedness and incremental innovation capability[J]. Management Decision, 2020, 58(12): 2655-2680.

[17] Hanneke S, Fu W, Xing E P. Discrete temporal models of social networks[J]. Electronic Journal of Statistics, 2010, 4: 585-605.

[18] Kitts J A, Quintane E. The Oxford Handbook of Social Networks[M]. New

York: Oxford University Press, 2020.

[19] Koskinen J, Caimo A, Alessandro L. Simultaneous modeling of initial conditions and time heterogeneity in dynamic networks: An application to foreign direct investments[J]. Network Science, 2015, 3(1): 58-77.

[20] Lazarsfeld P F, Merton R K. Friendship as a social process: A substantive and methodological analysis[J]. Freedom and Control in Modern Society, 1954, 18(1): 18-66.

[21] Lewbel A. Using heteroscedasticity to identify and estimate mismeasured and endogenous regressor models[J]. Journal of Business & Economic Statistics, 2012, 30(1): 67-80.

[22] Macy M W, Willer R. From factors to actors: Computational sociology and agent-based modeling[J]. Annual Review of Sociology, 2002, 28(1): 143-166.

[23] Morris M, Kretzschmar M. Concurrent partnerships and transmission dynamics in networks[J]. Social Networks, 1995, 17(3): 299-318.

[24] Mouw T. Estimating the causal effect of social capital: A review of recent research[J]. Annual Review of Sociology, 2006, 32(1): 79-102.

[25] Quintane E, Carnabuci G. How do brokers broker? Tertius gaudens, tertius iungens, and the temporality of structural holes[J]. Organization Science, 2016, 27(6): 1343-1360.

[26] Quintane E, Pattison P E, Robins G L. Short- and long-term stability in organizational networks: Temporal structures of project teams[J]. Social Networks, 2013, 35(4): 528-540.

[27] Robins G, Pattison P. Random graph models for temporal processes in social networks[J]. The Journal of Mathematical Sociology, 2001, 25(1): 5-41.

[28] Schecter A, Quintane E. The power, accuracy, and precision of the relational event model[J]. Organizational Research Methods, 2021, 24(4): 802-829.

[29] Schulte M, Cohen N A, Klein K J. The coevolution of network ties and perceptions of team psychological safety[J]. Organization Science, 2012, 23(2): 564-581.

[30] Snijders T A B. Models for longitudinal network data[J]. Models and Methods in Social Network Analysis, 2005, 58(1): 215-247.

[31] Snijders T A B. Stochastic actor-oriented models for network change[J]. Journal of Mathematical Sociology, 1996, 21(1-2): 149-172.

[32] Snijders T A B. The statistical evaluation of social network dynamics[J]. Sociological Methodology, 2001, 31(1): 361-395.

[33] Snijders T A. Statistical models for social networks[J]. Annual review of sociology, 2011, 37(1): 131-153.

[34] Snijders T A B, Koskinen J. Exponential random graph models for social networks[M]. Britain: Cambridge University Press, 2013.

[35] Snijders T A B, Pattison P E, Robins G L, et al. New specifications for exponential random graph models[J]. Sociological Methodology, 2006, 36(1): 99-153.

[36] Snijders T A B, van de Bunt G G, Steglich C E G. Introduction to stochastic actor-based models for network dynamics[J]. Social Networks, 2010, 32(1): 44-60.

[37] Soda G, Mannucci P V, Burt R S. Networks, creativity, and time: Staying creative through brokerage and network rejuvenation[J]. Academy of Management Journal, 2021, 64(4): 1164-1190.

[38] Steglich C, Snijders T A B, Pearson M. Dynamic networks and behavior: Separating selection from influence[J]. Sociological Methodology, 2010, 40(1): 329-393.

[39] Wasserman S, Faust K. Structural analysis in the social sciences[M]. Cambridge, MA: Cambridge University Press, 1994.

[40] Wasserman S, Pattison P. Logit models and logistic regressions for social networks: I. An introduction to Markov graphs and *p*[J]. Psychometrika, 1999, 61(3): 401-425.

[41] Yan Y, Zhang J J, Guan J C. The dynamics of technological partners: A social network perspective[J]. Technology Analysis and Strategic Management, 2018, 30(4): 405-420.

[42] Zaheer A, Soda G. Network evolution: The origins of structural holes[J]. Administrative Science Quarterly, 2009, 54(1): 1-31.

[43] 陈云松. 逻辑、想象和诠释：工具变量在社会科学因果推断中的应用[J]. 社会学研究, 2012, 27(6): 192-216+245-246.

[44] 胡欣悦, 林绮薇, 范纹郡, 等. 粤港澳大湾区跨边界产学合作中的高校角色定位及其演化[J/OL]. 科技进步与对策, 1-12[2024-07-18].

[45] 李唐, 李青, 陈楚霞. 数据管理能力对企业生产率的影响效应——来自中国企业－劳动力匹配调查的新发现[J]. 中国工业经济, 2020, (06): 174-192.

[46] 蒲艳萍, 顾冉. 劳动力工资扭曲如何影响企业创新[J]. 中国工业经济, 2019(7): 137-154.

[47] 孙笑明, 杨新蒙, 王巍, 等. 企业间合作创新产出类型可预期吗——基于关键研发者的作用[J]. 中国科技论坛, 2020(12): 76-85.

[48] 孙笑明，姚馨菊，李瑶，等．预研情景下关键研发者中间人角色转换研究——基于通信行业的数据[J]. 管理工程学报，2023, 37(05): 90-104.

[49] 孙笑明，郑晓宇，王巍，等．技术并购中主并企业关键研发者合作网络变化对其创造力的影响[J]. 管理工程学报，2021, 35(6): 35-47.

[50] 王泽倩，王成军，孙笑明，等．流动研发者社会资本变化与创新能力[J]. 系统工程，2024, 42(04): 53-65.

[51] 袁红梅，田会静，刘心蕊，等．动态网络能力、技术融合能力对生物医药新产品开发绩效的影响——企业创新绩效的中介效应[J]. 科技进步与对策，2024, 41(18): 108-118.

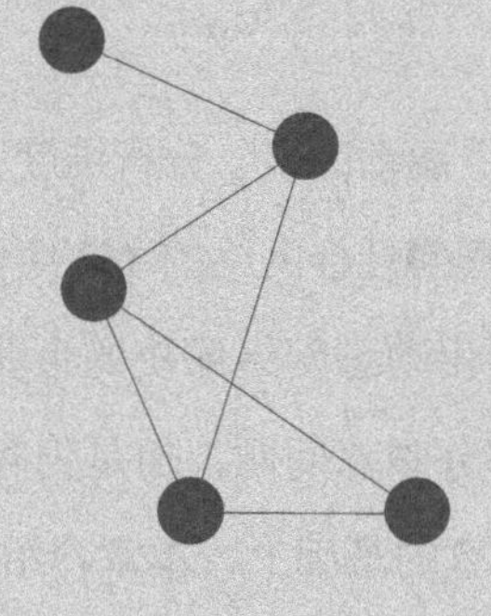

第 9 章 动态网络未来研究方向

前文介绍了动态网络含义、驱动因素、分析维度、分析方法等内容，通过介绍相关概念，帮助我们更好地理解社会网络的动态演化规律及结果，便于分析在实际生活中，我们遇到可以利用动态网络解决的企业知识管理、产学研合作等问题。尽管以往学者已回答部分难点问题，但是仍有部分未知研究方向需要我们进一步挖掘和探索。在前八章的基础上，本章介绍动态网络的未来研究方向，包括动态网络的未来研究关键主题以及关键问题，后文中将详细说明，如表9-1所示。

表9-1 动态网络的未来研究主题及关键问题

主题	关键问题
正式网络与非正式网络动态变化研究	正式网络与非正式网络的比较研究
	非正式网络的动态变化研究
网络结果的负面影响研究	网络成本研究
	网络负向关系研究
动态网络跨层次研究与多元网络协同演进研究	动态网络跨层次研究
	多元网络协同演进研究
个体认知对动态网络的影响研究	网络认知对动态网络的影响研究
	非网络认知对动态网络的影响研究
时间与动态网络的研究	时间对网络演化的影响研究
	时间对节点属性的影响研究
不同文化背景下的动态网络分析	不同文化背景对整体网动态变化的影响研究
	不同文化背景对个体网动态变化的影响研究

9.1 正式网络与非正式网络动态变化研究

9.1.1 正式网络与非正式网络的比较研究

组织常常涉及很多类型的网络，比如研发者合作网络、知识网络、企业间合作网络等，这些类型的网络常常是学者们研究的重点。本节我们将介绍两种特殊类型的网络，即正式网络和非正式网络。其中，非正式网络的动态演化研究相对较少，故而，我们将详细说明为何要探究非正式网络的动态性，以及正式网络和非正式网络所能发挥的共同作用。

正式网络是指以组织上下级结构为基础，由组织管理者和基层员工所构成的层级形式，目的是协调组织上下有序活动以实现组织目标（蔡萌等，2013）。非正式网络是指在组织内部由员工之间人际关系所自发组成的网络（Jansen等，2006）。非正式网络的构建往往是由网络微观基础中的机会所推动的，因为员工之间的关系建立常常是由业务、兴趣等同质性所促使的。

正式网络最大的特点在于其具备明确的组织形式和严格的层级结构，受到组织的规章制度所约束。由于受到组织任务的导向驱使，正式网络往往是由部门或团队等凝聚群体所构成，群体之间具有清晰的界限，因此，正式网络也是组织架构的具体映射。然而，非正式网络与正式网络恰恰相反，非正式网络并非以正式组织结构为基础，不受制于组织的管辖。同时，非正式网络主要由员工的咨询网络与友谊网络所构成（Soda和Zaheer，2012），也不会受到组织内部部门界限的阻碍，是由员工自发组成。因此，非正式网络结构松散，形式多样，网络内部交流自由。

非正式网络与正式网络的区别在于二者的网络构建方式和构建目的不同。非正式网络是由组织内部员工之间自由交流和互动而建立社交关系所形成的，其网络构建的目的是分享信息、建立社交关系或进行业余娱乐。相比之下，正式网络的形成是由组织目标所驱动的，通常在组织管理下有严格的访问要求，其网络构建的目的是完成组织特定的工作或任务，如协作办公、知识共享或决策支持。因此，非正式网络更注重员工之间的自由交流和信息分享，而正式网络更注重组织内部的合作与管理；非正式网络比正式网络更灵活、更快速地传播知识和信息。

虽然非正式网络与正式网络之间有很大的差别，但二者之间仍有很多联系，尽管联系的探究过程较为复杂。最初，学者们直接探讨了正式结构和非正式结构，认为二者可能相互冲突、相互弥补或既相互冲突也相互补充（吕鸿江等，2016）。随后，有学者探究了非正式网络对正式网络的影响，研究观点也主要分成：

① 非正式网络阻碍正式网络的发展。这是因为非正式网络由员工自发组成，

不受正式组织的管理和控制，其维护员工个人的利益，忽视了组织目标的实现（Stanley，1956）。

② 非正式网络推动正式网络的发展。有研究认为非正式网络促进正式网络内部知识的传递和共享，有利于知识的整合和利用（Dignum，2009）。

③ 非正式网络对正式网络的影响是权变的，即综合看待非正式网络的优势和劣势（Nohria和Eccles，1992）。目前，随着研究的不断深化，学者从社会网络的角度出发，将正式结构视为正式网络，同时，认为任何组织都是由正式网络和非正式网络双重网络组成的，二者相辅相成，共同发挥作用，进而影响组织的发展（Krackhardt和Hanson，1993）。

正式网络因有清晰的组织架构，其更适用于完成组织明确规定的任务，当遇到突发状况时，其能够快速调动各个部门群体应对紧急任务。在非正式网络中，员工可以交换信息和交流情感，增加信任和凝聚力，并且可以解释日常工作中的规则，辨别出效率低下的个体和群体，提供有效完成任务所需的方法（Krackhardt和Hanson，1993）。同时，组织可借助非正式网络跨部门传递知识和信息，为员工打造无边界、无管辖的知识和信息分享空间，便于员工探索新颖性技术，激发员工创意想法的产生，从而能完成组织正式网络所不能完成的任务（Krackhardt和Hanson，1993）。正因正式网络和非正式网络具备互补性，所以现如今有诸多学者探究二者的共同作用，例如，吕鸿江等（2017）认为正式互动的工作流网络和非正式咨询网络的一致性与组织的双元创新呈倒U形关系。蔡萌等（2013）从员工个体层面出发，分析正式和非正式网络的结构模式对员工绩效的影响，且发现相比于正式网络，非正式网络更能提高中间人的绩效。上述研究结论更是证实了非正式网络在组织管理中的价值。

9.1.2 非正式网络的动态变化研究

以往关于组织网络的研究，多关注于组织内的正式网络，对于非正式网络较少提及，或是对非正式网络仅停留于较为浅层次的研究，如只单独研究非正式网络的形式、作用或影响，而并未将非正式网络与动态网络的相关特征及属性联系起来（Cross等，2002）。但在动态的竞争环境中，组织中知识和信息同质性、工作效率低下、创新能力不足等问题已经无法仅从正式组织机制的范围内理解，且随着正式网络研究的不断推进，正式组织结构对于知识获取、知识传递、知识共享、知识整合与知识创造等的不足和缺陷方面也逐渐暴露。学者们在对组织的网络结构进行研究的过程中逐渐意识到非正式网络的存在和重要性。非正式网络由于具备心理优势、沟通环境优势、效率优势以及动力优势，能够为组织中员工之间交流、沟通和学习创造机会，且员工之间关于业务活动、工作心得和工作经验等方面的交流有利于组织中隐性知识的传递。

隐性知识是组织技术创新过程中极其宝贵的知识资源，非正式网络又为企业隐性知识获取提供了重要渠道，所以从资源获取效率方面来看，非正式网络对于个体创造力的影响主要体现在对于知识的共享与转移上（黄海艳，2014）。因为非正式网络通过成员之间的互动来达到知识与学习分享，这些互动是新知识创造的重要来源（Wenger和Snyder，2000）。由此可知，非正式网络凭借其良好的互动性、快速的传播速度使得其在隐性知识传递中发挥着重要作用。

非正式网络不仅可以促进组织内隐性知识的转移，而且还可以提高知识交流的效果。非正式网络在组织交流中可以“弯道超车”，从而加速知识传递的速度。这是因为员工在工作中的非正式交流频率要比正式交流高得多，因此，他们更多地依靠非正式网络来收集信息和解决问题。

非正式网络很常见且关键，例如，员工通过业余时间，在与熟悉同事之间的交流互动过程中，了解和知道同事们具备哪些知识，这些知识与自己具备的知识之间的差异性等信息（黄海艳和李乾文，2011）。员工会通过非正式途径（如其他同事引荐和介绍）跟知识的拥有者建立非正式的沟通和交流关系，从而获取与自身互补的知识，这个过程中，他们更多的是依赖非正式网络。

此外，员工与其他同事在通过非正式网络进行知识共享的过程中，一方面可以扩大自身获取知识的边界，同时可以让自身处在知识转移网络中的关键节点上；另一方面还可以提升自我效能感，从而促进员工创新行为。由此可知，非正式网络在知识共享、创新推动方面扮演着关键角色。

非正式网络也属于社会网络中的一种，但在相关动态网络研究中，非正式网络的研究相对较少。探究其中原因，并不是研究者未注意到非正式网络的存在，也不是非正式网络的影响力不够，而是非正式网络的存在形式多样，网络关系与结构错综复杂，难以在研究中将非正式网络定量分析。本研究中所介绍动态网络理论基础、驱动因素、分析维度、研究内容及方法均基于正式网络，但这并不能说明非正式网络的动态演化也遵循以上原则，具体还需进一步研究。

对于非正式动态网络的研究可以从以下四个方面进行：

（1）非正式网络与正式网络的驱动因素之间的差别

非正式网络不受制于组织架构与特定任务约束，所以其动态演变的驱动因素可能与正式网络演变的驱动因素有所不同。研究人员可以进一步探索除代理、惯性、机会以及随机/外生因素之外的驱动因素对非正式网络的影响。对非正式网络驱动因素的研究可使非正式网络动态变化的结果更加可预测。

（2）研究者可以探索非正式网络的演化规律

研究者可以通过对非正式网络进行实证或仿真分析，得到非正式网络的演化趋势与规律。演化规律的研究可以得到非正式网络的结构变化模型，进而，研究者可将非正式网络与正式网络的演化模型进行对比，分析二者是否存在较大差异。同时，研究者也可以借助演化规律对非正式网络动态变化结果进行预测。

（3）研究者可以探索非正式网络中信息等资源传播模式的动态性

非正式网络中的信息资源或许与正式网络中的信息资源的传播模式存在很大不同，其不同之处主要体现在沟通自由度、信任关系、信息失真程度以及反馈机制四方面（申恩平和马凤英，2018；王涛等，2022；张光磊等，2012）。

① 在沟通渠道的自由度方面。在非正式网络中，员工沟通通常会更加自由，他们可以通过口头、社交媒体、电子邮件等各种途径传播信息。并且随着时代的发展，沟通渠道不断变化，类型繁多。这种自由度可能导致信息以更快速度传播，但也可能带来信息失真或不确定性。在正式网络中，通常存在更为结构化和规范化的沟通渠道，例如，公司内部的正式文件传递、会议流程等。这可能导致正式网络信息传播速度较慢，但传播过程更为可控且信息的准确率高。正因非正式网络沟通渠道自由化和多样化，那么网络成员该如何动态性适应，根据沟通渠道的改变而调整自身行为以最大限度全面获取信息资源？

② 在信任关系的作用方面，在非正式网络中信息传播可能更容易受到人际关系和信任的影响，员工可能更倾向于相信来自亲密关系或信任关系的信息，而忽视外部信息。在正式网络中信息可能更加受到组织结构和职位权威的影响，而非员工之间友谊关系等因素的影响。信任关系并非一成不变，非正式网络中某段关系的信任程度发生变化，极易导致网络变化，例如，领导和下属的关系更为紧密，则会导致下属之间的非正式网络的聚类程度降低（吕鸿江等，2022）。因此，探讨企业内部员工之间的亲密关系程度有利于理解非正式网络的构建过程。

③ 对于信息失真而言，在非正式网络中，信息传播主要依赖口头传递和社交媒体等渠道。信息在传递过程中可能会发生变形，这样就导致了信息失真，从而向对方传达错误信息。在正式网络中，信息通常经过更为规范的渠道传递，虽然仍可能受到不同组织层面的解释和演绎，对信息进行不同程度的解读，但信息失真的概率相对较低。当焦点行动者从某个行动者那经常获得真实性较低的信息，或是想要尽可能多地获取信息时，他们就要考虑是否要终止关系，亦或是与其他行动者建立联系，这将改变非正式网络的布局。因此，为保证尽可能多地获取准确性信息，需要探究非正式网络的动态演化。

④ 在反馈机制方面，在非正式网络中，反馈可能更为迅速，员工更容易通过直接回应、评论等方式参与到信息反馈中。在正式网络中，反馈通常受到一定的层级和程序的制约，需要经过一系列审批过程，反馈链条较长导致反馈速度较慢。反馈反映了信息的双向交互，员工之间更为亲密的交流，有利于我们发现非正式网络中的聚集群体，以及信息在动态网络中的扩散程度。

非正式网络与正式网络的信息资源传播模式的较大差异，使得研究者无法使用正式网络的信息传播研究结果类推非正式网络。同时，资源的传播效率受传播模式的影响很大，从沟通自由度、信任关系、信息失真程度以及反馈机制四方面综合探寻信息知识在非正式网络的动态扩散，有利于企业的知识管理。因此，研究者对非正式网络的信息资源传播模式的探索可以使得动态网络对于企业管理的效用发挥更大。

（4）研究者可以进一步探索适用于非正式动态网络的研究方法

目前，研究非正式网络的难点在于如何正确合理地建模。相较于传统的通过专利、出版物共同合作者等形成的网络关系，非正式网络由于其复杂的网络结构以及难以观察的网络关系，导致非正式网络在建模时往往会存在数据搜集困难、遗漏大量的节点以及关系等问题，造成最终的研究结果与现实大相径庭。因此，研究者有必要探究适合非正式网络研究的模型以便于得到更精准的研究结论。

已有较多学者探究正式与非正式网络的共同作用，认为二者相辅相成，具备耦合关系（Monge，1987；余维新等，2020）。但是大多数研究聚焦于静态视角，例如，在正式与非正式网络的地位对个体地位竞争动机有交互影响（程德俊和王肖宇，2022）；中层管理者正式与非正式网络的一致性对其双元创新存在先增加后减少的倒U形关系（吕鸿江和赵兴华，2023）。诸如此类的研究，为企业在静态网络下的组织管理提供了深刻的见解。但是针对动态网络情境下，正式与非正式网络的共同作用的研究相对较少，在这其中的研究，一是聚焦于研究复杂适应系统视角下，组织的外界环境不确定性和员工特征对正式和非正式网络的互动作用（王道金等，2022；吕鸿江等，2016）。二是正式和非正式网络的互动（如网络一致性和网络方向性）对于企业创新、知识传递、组织学习等方面的影响（Gulati和Puranam，2009；Manuti等，2015；Tsai，2002）。未全面探索和归纳正式和非正式网络在动态网络视角下，二者共同作用的原因、过程和结果。

研究者也可以进一步研究正式网络与非正式网络动态演变之间的相互影响。例如，组织内部任务约束所构建的正式网络的形成或消失，会影响网络中个体的非正式网络的形成或消失。与此相反，非正式网络中的个体会在正式网络形成过程中挑选或剔除某些成员以建立起自己所认为的效益最大的正式网络。正式网络与非正式网络动态演变之间会相互影响，这会对网络演化结果带来哪些改变仍需进一步探究。

9.2 网络结果的负面影响研究

观察国内外各学者对社会网络的研究，不难看出，绝大多数都只研究了网络的正向影响，例如，网络地位对资源的控制、对信息的获取以及对职位晋升的帮助（彭华涛等，2024；魏开洋等，2024；Lin等，1981），很少有研究指出网络所带来的负面影响。动态网络所带来的负面影响可以分为两个方面，一方面是网络中正向关系所产生正向收益的同时所附带的负面影响，也叫作社会网络的成本；另一方面是网络中的负向关系所直接产生的负面结果（李晓光等，2023；Doreian和Mrvar，2009）。

9.2.1 网络成本研究

现有关于动态网络的理论和应用研究的成果已有一定的积累，但现有文献的研究重点分为以下几点：一是注重对动态网络的基本范式的总结，例如，动态网络的演化逻辑（Ahuja等，2012），或是对动态网络演化驱动因素的分析，例如，网络结构变化是由打破不平衡结构所驱动的（Sytch和Tatarynowicz，2014）。二是动态网络中网络结构的变化对个体或组织行为的影响（孙笑明等，2023）。三是强调动态网络中网络内容变化所附带的社会资本的改变以及社会资本对行动者社会地位的影响（Buskens和Van de Rijt，2008；Zahee和Soda，2009）。然而，这些视角都忽视了一个基本问题：为什么个体和组织只能维持有限的、稳定的社会关系？正如Burt（1992）指出，中间人可以通过增加他们在网络中占据的结构洞数量来扩大视野和控制优势，但这需要中间人付出时间和精力等成本来维持结构洞，同时，还可能会有其他行动者效仿中间人占据结构洞的行为，试图获取同样的收益。在此情况之下，中间人能否始终坚守自身的网络位置？对于这个研究问题，Burt（1992）并没有给出明确的解释，但是Buskens和Van de Rijt（2008）从维持关系成本这一角度对这一问题进行解答。这让我们意识到一个全新的研究网络动态演化的思路，以往我们的研究重点较多关注行动者是出于某种利益需要，才会推动网络的动态演进（Zaheer和Soda，2009）。现如今，我们在分析网络动态演化时，需要同时考虑行动者所能获取的利益和所付出的网络成本。

网络的动态演化在很大程度上是行动者建立、维持和终止关系和结构的过程。从某种角度来看，网络的动态演化过程类似于经济生产过程。在经济生产过程中，产品和服务是经济生产的最终产品；而网络动态演化的结果是行动者采取行动的最终产物。经济生产需要企业付出金钱、人力等成本；与经济生产相同，推动动态网络演化也需要投入大量资源，即网络成本。例如，焦点企业想要从外界获取某项专利技术，首先需要在专利大数据平台进行调研，发现有哪些企业拥有该项技术，这些企业又与哪些企业建立合作关系；其次还需要考察能够有机会建立合作关系的企业，最后要思考如何建立合作关系。在上述的过程中，企业无疑要耗费诸多的时间和金钱成本，才能够实现最终目的。不过，网络的动态演化过程与产品和服务的生产过程不完全对等，与生产商品和提供服务相比，网络的动态性有着截然不同的特点。

企业生产商品和提供服务的最终目的是单纯为了获取利润，即投资与成本之差的最大化，而网络动态演化的原因并非完全出自于为了获取某种经济收益，并非所有社会关系的建立都是以逐利为最终目的。由前文介绍可知，节点、关系和结构在代理、机会、惯性和随机/外生因素的作用下，有意识或者无意识推动网络变化。行动者为了社会资本而故意与他人结交，在这一过程中，行动者无疑需要付出时间和精力去迎合他人，才能实现建立关系的目的。在其他情况下，行动者并非从获利的角度出发，并不是有目的性和有选择性地创建社会关系。例如，只是因为两个行动者存在共同兴趣爱好、性格相似或志行相投，二者才会产生和维持友谊关系，进而扩大和维持友谊网络的规模。二者的目的仅仅是为了建立和加固情感交流，是为了从对方身上获取关怀与群体感受等。尽管如此，行动者也需花费时间和消耗感情才能获取情绪价值，这也体现网络是需要付出一定代价才能推动发展的。从以上两种情况来看，无论行动者的最终目的是否为了获取经济或情感等收益，都要为建立、维持和削减网络而付出代价，只是代价也要区分大小。

网络成本主要由时间、资金、劳动力以及情感构成（成功和何晓斌，2013）。时间，即行动者在推动网络动态变化所花费的时间。例如，企业想要成长为行业中的龙头企业，占据整体行业网络的中心位置，并非一蹴而就，而是要花费时间不断积累。资金，即网络在动态演化过程中所耗费的经费开支。例如，企业想要实现某项技术突破，就需要投入大量资金进行研发，不断搜索外界知识，扩大知识网络的规模，促进知识的有效整合，如此才可以实现技术的创新发展。劳动力，即行动者在网络动态演化过程中投入的劳动力和精力。同样，企业的技术研发是需要企业协调管理和技术等人力资本才可完成的，例如，企业的技术研发是需要研发人员投入大量的时间和精力去研发新技术。情感不同于时间、资金和劳动力，其是难以通过数学的方式进行测量，但是行动者通常可以识别出不同强度的关系。例如，可以根据关系强度，判断强弱关系，强关系需要行动者付出更多的情感才能够维系，弱关系则无须如此。

总之，网络成本类型多样，统一衡量较为困难，但这并不代表我们不需要关注网络成本。相反，网络成本是行动者采取行为所要重点考量的因素之一。不同于以往只关注积极的网络结果，在网络动态演化的未来研究中，研究人员可以探索网络成本的相关研究。例如，分析在网络变化的不同时间段里，个体或组织所要付出的成本的多少，探究网络成本与网络效益何时达到平衡，以及不同的网络成本对网络动态演化的方向、结构以及结果的影响。

9.2.2 网络负向关系研究

以往动态网络研究中，多以正向关系网络为主，探究网络结构的动态变化对个体或组织创造力、个体或组织创新绩效等的影响，而对于负向关系网络（如专利侵权诉讼）及其动态变化对创造力、创新等的影响研究相对不足。

Doreian和Mrvar（2009）指出社会关系存在两种形式，一种是正向的社会关系，如合作关系、朋友关系等；另一种是负向的社会关系，如企业中某员工对另一个员工没有好感而在工作过程中给该员工设置障碍等。正、负向关系网络研究主要集中在两方面，一方面，基于结构平衡理论（Heider，1946）研究正、负向关系网络的平衡，如Hummon和Doreian（2003）通过仿真模拟方式验证了社会结构平衡过程中正向关系和负向关系共同的作用。李晓光等（2023）指出在虚拟空间社会网络中信息传递关系存在“双刃剑”效应，既有可能发挥情感支持等正向作用，也有可能发挥传播焦虑等负向作用。另一方面，从心理学角度分析正、负向关系网络对行动者行为的影响，如De Bel和Widmer（2024）指出家庭成员中正、负向关系是相互转变的，二人组之间的正向关系与幸福感呈正相关，三人组之间正、负向关系状态会影响幸福感。同时，也有部分研究关注正、负向关系各自的作用，如张顺和郭小弦（2011）指出在劳动力市场中人情关系、信息关系等正向关系能显著增加行动者获取到的资源。Burt和Knez（1995）指出负向关系往往会受到背叛信任的威慑和惩罚，如果个体以失信的方式行动，就会面临失去未来机会的分析。因此，在不同情境下正、负向关系既有可能发挥正向作用，也有可能产生负向作用。

目前大部分研究集中在分析正向关系如合作关系、联盟关系等对创新的影响，而与负向关系相关的较少研究主要探讨了竞争关系对企业创新活动的影响。Runge等（2022）指出，在技术迭代迅速的市场中，企业不仅要重视合作关系，还要重视竞争关系。Chiambaretto等（2020）指出战略联盟网络的成员往往来自竞争对手，企业之间的关系是一种竞争与合作状态的叠加（竞合关系），因此，联盟网络也是竞合网络。基于组织研发的情境下，合作关系通过促进知识共享、降低研发成本、共担创新风险等有助于企业创新突破，但竞争关系会导致潜在的不稳定性和不易控制，可能会促使投机行为、知识泄露，甚至知识产权纠纷等问题出现。因此，竞合网络存在很明显的两面性。Labianca等（1998）讨论了基于价值分配为导向的负关系情况下，竞争网络中流通着负面信息、攻击性技术甚至敌对意识等。Zhang和Guan（2019）在此基础上进行深化，将负关系下的竞争网络定义为针对其他行动者的一种持续、反复的负面判断和感知以及敌对行为。因此，网络负向关系的作用机制是一个值得研究的方向。

一些表现为逃避、厌恶或冲突的具有伤害性的关系，在社会网络中被称为负向关系（Doreian和Mrvar，2009）。负向关系无处不在，几乎出现在所有场景中，包括家庭、工作场所、学校、邻居、政治、组织内部和组织之间以及国际关系。因为人们往往会主动逃避或结束负向关系，使得负向关系比正向关系少得多，但负向关系的后果往往比正向关系的后果要严重得多，这些后果的表现形式往往是冲突、欺凌、暴力或战争。诸多学者更为关注网络中的正向关系，尽管负向关系很重要，但它仍然是动态网络研究中相对被忽视的领域，这使得负向关系成为一种“不可见的联系”（Invisible Ties）。

负向关系具有独特的动态性，这使得其研究成为社会网络分析中较为独立的领域。负向关系与正向关系的主要区别在于以下三点：中心性的度量、传递性的动态性和互惠性的动态性。

① 关于中心性，在正向关系中，通常认为与处在中心地位高的节点建立关系更有价值；从一个受欢迎的人那里收到一条关系会让接收者更加重要。对于负向关系，在大多数情况下，这种机制无法发挥作用。例如，从一个群体中最不受欢迎的人那里接收到一条不喜欢的关系（负向关系），与从一个群体中最受欢迎的人那里获取到一条喜欢的关系（正向关系）有较大不同。一般来说，负向关系不会在人际网络中“流动”，即负向关系网络不存在正向关系网络中如结构洞、中心性所带来的特点，例如，行动者占据结构洞所具备的信息、控制、视野优势；行动者主动与中心性高的其他行动者建立联系。正因如此，我们不能用正向关系网络的分析框架来理解负向关系网络中的中心性和其他重要节点的网络位置。由于负向关系使得行动者双方无法从彼此那接收到有用信息，这会削弱行动者在网络中的活跃性，同时也缩小不同行动者之间的活跃差距。当行动者的负向关系越多时，行动者在网络中可获取信息的渠道变少，其对网络的依赖程度降低。

② 关于传递性，正向关系的动态性与负向关系的动态性非常不同，负向关系没有像正向关系那样的“闭合关系”。如果A与B有负向关系，B与C有负向关系，那么A和C发展成负向关系的可能性实际上非常小（Cartwright和Harary，1956），相反，A与C更容易建立起正向关系，这可以通俗地理解为“敌人的敌人是朋友”，这一传递性机制为行动者提供信息搜索机制——“谁是潜在的合作对象”“可以从何处获取知识”。负向关系的传递性不能作为正向关系的传递性的一个子理论来解释和理解，因为负向关系需要适合其自身特点的传递性理论。

③ 互惠性，是指网络中信息在行动者之间双向流动的自由度。但证据表明，负向关系与正向关系的互惠性也是不同的，我们不能简单地认为负向关系是正向关系理论的子集或衍生物。行动者之间的正向关系的互惠性是指双方相互赞赏、彼此牢固的友谊、相互支持或互利交换等。但这些情况在负向关系中是不存在的，负向关系是一种利己主义的交换方式，即一个人只想从他人那里得到好处，而不

愿意回报或者甚至伤害他人，彼此不友好的、互相敌对的、相互竞争的关系，即“互憎”关系。行动者常常为竞争网络资源使用“以牙还牙”和“针锋相对”的行动策略，这种负向互惠可以减少不确定性和潜在的机会主义行为（Axelrod，1984；Hossain，2007），例如，以牙还牙是解决囚徒困境的有效策略。

虽然负向关系与正向关系互惠性有很大区别，但是二者相互关联和影响。我们期望正向关系能够抵消负向关系所产生的作用，但有时候结果往往不尽人意。例如，正向关系意味着行动者之间互动较多、信息交流更为频繁，也可以表示为焦点行动者与更高地位的其他行动者之间建立的联系。负向关系互惠性不但代表行动者之间存在冲突和所属派系不同，也表明更高地位的行动者更有可能以消极的态度回应焦点行动者，这反映了高地位行动者的社会地位和相对权力。而焦点行动者与高地位的行动者的正向关系可以消除负向关系带来的损失，还要考量从两种关系中所能获取的利益差别。除此之外，网络凝聚性不仅取决于行动者的正向互动关系，还受到负向联系的复杂影响。一方面，负向关系通过抑制网络正向联系、增强拓扑性（网络节点的连接方式）以削弱网络的小世界现象；另一方面，负向关系加深了行动者对派系的依赖程度，使得派系内成员间的联系更紧密，网络局部小世界结构特征更显著（程露和李莉，2023）。因此，负向关系与正向关系的互惠性可能存在相互作用，并且这将是一个极具潜力的未来研究领域。

总之，负向关系在社会网络研究中有其独特的价值，会较大程度地影响网络的动态演化，而且负向关系是一个相对未知的研究领域，其理论基础、研究模型和对广义知识的贡献尚不明确，所以未来可以积极探索负向关系的作用。

9.3 动态网络跨层次研究与多元网络协同演进研究

现有的动态网络研究往往选择单一层次网络，如个体网或整体网，都较为隐晦地将每种层次的网络视为独立的，但是行动者往往同时嵌入在不同层次的网络之中。网络中行动者的身份、关系的性质和网络演化的过程在一个或多个维度上是截然不同的（Podolny和Baron，1997），这为跨越多个层次的网络中的同一行动者提供了访问不同网络资源、机会和约束的可能性（Gulati，1999）。而只研究单一层次网络，有可能会忽略其他层次网络对行动者的影响。在某种程度上，组织通过多个层次网络接收到的信息有可能是重叠的，例如，企业都嵌入在其个体的合作网络和行业的整体网络中，它能接收到同行业其他企业的信息。因此，在管理两个不同层次的网络时，它就会获得新颖性、异质性信息整合和利用的机会。然而，现有研究中，关于跨越多个层次的网络对组织行为和结果、组织互惠性、组织信息冗余性的影响都较少涉足。

与研究单一层次网络类似的是，现有大部分研究也会选择与研究现象相关的单一网络（单纯只研究一个网络），并相应地根据研究内容选择节点、关系和结构。专注于单一网络进行研究具有很强的优势，可以明确地分析出某种类型的网络的动态变化过程。但是，研究现象有可能是多个网络共同作用的结果，只研究单一网络则会影响对研究问题的深度挖掘，以及限制了研究结果的普适性。因此，多元网络协同演进的研究为我们研究动态网络提供了更多的研究思路，可以帮助我们对网络动态演化有更深入的了解。

由于研究对象常常嵌入在不同层次和多个网络之中，下面我们将详细说明为何要进行动态网络跨层次研究和多元网络的协同演进研究，以及跨层次和多元网络二者相结合的动态网络研究。

9.3.1　动态网络跨层次研究

跨层次研究指的是“指定不同层次变量之间关系的模型”。社会网络的相关研究在诸多方面都涉及跨层次研究，例如，嵌入性理论（Granovetter，1985）对跨层次研究做出了隐含的假设，其中一个研究结论是个体的社会关系影响组织的行为和绩效（Ingram和Roberts，2000；Uzzi，1996，1997），这个研究结果就包含了跨越个体和组织两个不同层次主体，此种主体跨层次的相关研究相对较多。然而，本研究所强调的跨层次网络研究是指社会网络中研究同层次主体（个体或者组织）嵌入在不同层次的网络，彼此之间的相互作用，例如，从个体网到整体网的研究，焦点组织的自我中心网到行业整体网络的研究。然而，目前关于社会网络的跨层次研究并没有明确说明的是，研究主体所跨越的不同层次的动态网络彼此之间是如何相互影响的。例如，一项研究认为，企业嵌入在其合作网络中对竞争有重要作用（Ingram和Roberts，2000；Uzzi和Lancaster，2003），而另一种观点认为，企业嵌入在行业整体网络中对竞争产生重要影响（Sytch和Tatarynowicz,2014）。这两项研究分别解释了在网络中组织嵌入与竞争的关系，但企业合作网络和行业整体网络属于不同层次的网络，却都能够推导出组织嵌入影响竞争这样类似的结论，然而，二者的关系是相互独立抑或是相互交叉影响，是否需要进行跨层次研究以及网络之间如何跨层次互相作用尚不得而知。未来研究的一个重要挑战是梳理出跨层次分析和不跨层次分析的机制，以及它们在什么时候、在什么条件下发生作用。

正如我们所知，企业合作网络和行业整体网络之间存在密不可分的关系，二者属于不同层次的网络，但并非是完全孤立的。一方面，行业整体网络是由企业合作网络组成和推进的，即“自下而上”。另一方面，企业合作网络受行业整体网络的限制和影响，即“自上而下”。例如，研究表明，维持董事会网络、组织间联盟网络对于企业的发展都是有利的（周雪峰等，2020；谢光华，2023；张树山等，2024）；大量研究指出，董事会网络的社会资本都可以直接转化为组织间联盟网络中的社会资本（Rosenkopf等，2001；Eisenhardt和Schoonhoven，1996；Gulati和Westphal，1999）。许多网络研究忽视了组织多重嵌入在不同层次的网络中，以及这些网络之间是相互依赖而非相互独立的这一事实，并对个体网与整体网分别进行研究。因此，未来研究可以多关注动态网络跨层次的相关研究。

未来研究还可以通过解释“同构现象（Isomorphic Phenomenon）”来加深对跨多层次网络研究的理解。同构现象指相似内容在不同层次网络的作用（House等，1995）。例如，在结构洞和闭合网络研究中，对同构现象的解释可能有助于我们理解为什么企业合作网络中的结构洞占据可以提高个体的绩效（Brass等，2004），而在行业整体网络中，占据结构洞不一定能够提升企业的绩效（Brass等，2004）。此外，尽管公司业绩可能受益于其管理者在网络中占据的结构洞（McEvily和Zaheer，1999；Zaheer和Bell，2005），但当企业占据战略联盟网络中的结构洞时，企业创新可能会受到影响（Ahuja，2000）。明确跨层次网络研究，梳理出跨层次网络的同构效应，将增进对该领域的学术理解。

9.3.2 多元网络协同演进研究

网络多元化视角（Network Pluralism Perspective）是指网络成员同时嵌入在多个网络之中。因受到多个网络的影响，行动者会有不同的行为模式（Jiang等，2018）。协同演进，即指两个或两个以上的相互依赖的网络持续地变化，且演进路径互相影响的现象。本研究所说的多元网络协同演进是指网络成员受到两个及两个以上的相互作用的网络的影响，展现出不同于受单一网络影响的行动方式。

正如前文所说，讨论双元乃至多元网络的协同演进相对较少，但是最近越来越多的学者也开始关注这一研究（王海花等，2023；王玲和冯永春，2021）。例如，合作网络与知识网络为何以及怎样影响研发人员的创新能力（孙笑明等，2023）。为何相关学者选用知识网络和合作网络这一对双重网络进行研究？原因在于，知识网络和合作网络相辅相成，密不可分。Guan和Liu（2016）、Schillebeeckx等（2021）学者认为知识网络不同于一般的社会网络，其是知识元素的集合。行动者在知识共享和知识转移的过程中，逐渐形成知识网络，其核心是知识的组织和传播，组织利用知识网络可以发现现有知识元素之间的新联系，重组和整合搜集到的新知识，逐步形成新的想法以提升创造力（Guan和Liu，2016）。知识网络的动态变化体现了组织或个体与外界的互动，在海量的知识中搜寻满足自身需要的特定知识体系，进一步地，组织或个体将这些知识与原有知识进行整合，不断提升知识重组的能力，这将影响组织或个体突破性技术创新（Schillebeeckx等，2021；Deichmann，2020）。合作网络是以个体、组织等主体为节点，是知识流动的载体和通道，例如，研发者合作网络承载着在组织内部传递信息、知识、社会支持等创新资源的任务（Phelps等，2012），同时合作网络也会对研发者获取知识和提升创造力产生重要影响。既然知识网络与合作网络都对企业创新有着举足轻重的影响，并且二者的关系密不可分，那么这两种网络又是如何同时对企业的创新产生推动作用呢？对此，相关学者从网络成员的行为模式、结构嵌入等视角进行解答（辛德强等，2018；侯仁勇等，2019）。

虽然我们着重以知识网络和合作网络为例介绍了多元网络的协同演进，但是这并不意味着无法分析其他类型的网络的相互作用对行动者主体的影响，例如，孙骞和欧光军（2018）探究知识链和价值链双重网络与创新绩效二者的关系。李杰义和闫静波（2019）分析了本土和海外网络嵌入对双元学习平衡的影响。然而，并非是选用任意的多个网络即可研究网络的协同演进，而是要根据研究问题，详细分析行动者主体是如何嵌入在多元网络之中的，明确指出网络之间的相关性。未来我们可以尽可能挖掘，诸如知识网络与合作网络类似的其他两种或多种相互作用的网络又是如何相互影响，如何协同演进的。总之，多元网络协同演进的研究将展示动态网络中更多未知的理论价值。

上文分别介绍了动态网络的跨层次研究和多元网络的协同演进研究，那么我们能否将二者相结合，探究多元网络的跨层次协同演进呢？下面将详细介绍：

动态网络的跨层次研究本质是指分析行动者同时嵌入在个体层次和整体层次网络的行为模式，多元网络则是体现行动者嵌入网络的数量，那么很有可能行动者同时嵌入在不同层次的多个网络之中，例如，企业的关键研发者既属于其个体合作网络（关键研发者的自我中心网），也嵌入在企业整体的研发者合作网络（企业内部的研发者合作网络），或嵌入在行业整体的研发者合作网络（行业的研发者合作网络），甚至嵌入在跨行业的研发者合作网络（跨行业的研发者合作网络）。正如相关学者研究了企业的创新生态系统和政治网络的交互作用对企业创新绩效的负向影响（董彩婷等，2020）。这一研究结论体现了包含多个企业的创新生态系统和企业自身的政治网络的不同层次的、双重网络的相互作用。由此可见，多元网络的跨层次协同演进的研究并无可能，并且更有助于我们系统全面地分析网络的动态演化。

9.4　个体认知对动态网络的影响研究

9.4.1　网络认知对动态网络的影响研究

认知观是指个体习惯性地解决问题、决策、思考、感知、记忆、学习等过程，是个体对于知识获取和理解的观点以及知识处理的方式。认知观表征了不同个体的性格特征和行为取向，并且这些性格特征和行为具有普遍性、稳定性以及规律性。社会网络不仅仅作为关系模式的存在，它们也是大脑中的认知呈现，所以个体认知观对网络的形成和演化有着举足轻重的影响。为此，相关学者将认知观与社会网络相结合，提出网络认知这一概念，其核心观点是强调个体对社会网络结构特征认知的重要性（刘倩等，2012），即个体在社会网络中感知、加工和利用信息的过程。这涉及个体对社会网络关系、结构和信息流的认知和理解，以及如何利用这些认知来影响自身行为和决策。因为个体很清楚网络结构能为他们带来何种收益，以及让他们处于什么样的网络位置。同时，相关学者针对网络认知对动态网络的影响做出众多研究（Smith等，2020；Carnabuci和Diószegi，2015），例如，有学者关注焦点行动者的认知风格变化对网络动态性的价值。

个体对网络的认知观在很大程度上影响网络的形成、维持与终止，尤其是对网络认知能力更强的个体，更能清楚地衡量每条关系所能带给自己的收益以及维持每条关系所需要的成本，所以个体会在建立关系时更有方向性和针对性。当行动者认为维持某条关系的成本大于带给自身的收益时，那么行动者可能就会终止这段关系，而去生成新的关系来获取更多的收益。反之，如果这段关系的收益大于维持所需的成本，那么行动者会想办法使这段关系更加牢靠，而不会选择继续添加新的联系，当然，他们会通过添加其他辅助关系的方式，来保障这段关系更加牢固。因为新的关系需要个体努力培育和付出维护成本，所以在以往关系满足其需求时，行动者不太愿意去建立新关系来拓展网络范围。同时，行动者会及时添加备用关系以防止关系破裂时带来的不利影响。这恰好解释张慧等（2020）

研究的发现，即网络认知能力在关系嵌入性与战略柔性之间起到调节作用。这也反映了Burt的思想——个体对社会网络的认知反过来塑造了个体的态度和行为。

网络认知观对网络变化的影响使我们看到了动态网络未来研究的巨大潜力。例如，一是，焦点行动者对个体网络动态的感知，可以体现出焦点行动者对其他行动者所具备的潜在优势的感知，并通过改变其自身行为来从其他行动者身上获得潜在资源。因此，动态网络中个体如何看待和应对自身网络变化的问题隐藏着诸多尚未探知的领域。二是，网络关系可以在不同的时间范围内延伸和变化，这使得在不同时间段内关系的叠加成为可能，例如，短暂的雇佣关系叠加在持久的组织关系之上，由此产生的"关系多元性"（Shipilov等，2014），即行动者在网络中同时拥有多个身份。关系的多元化促使行动者对网络的认知也是多元的，多元动态化的网络认知将如何影响动态网络的相关研究较少，未来也可以从此着手，探究网络认知对网络动态性的影响。

在考虑网络动态性的认知表征（个体的意识中形成对社会网络的简化描述）的作用时，记忆在其中发挥了重要作用，例如，曲刚等（2020）从社会网络的角度分析，得出交互记忆系统（是指认知-行为视角的合作分工系统）有利于团队成员形成对团队知识分布的有效认知。然而，相较于网络认知对于网络结构和嵌入位置的影响研究，个体如何感知、预测或回忆网络的动态过程等相关研究还是较少。

这种强调记忆对网络演化过程和结果的作用的相关研究，大多只是探讨记忆将信息资源存储在个体的脑海之中，不断形成对网络的认知（曲刚等，2020），或是分析记忆对知识扩散和转移的作用（宋瑞晓等，2011），而忽视了对沉睡记忆的研究，这与"休眠关系"的研究（Levin等，2011）相同。休眠关系被定义为过去活跃但现在不活跃的联系。例如，一对同事，甚至是亲密的朋友，当其一个人跳槽到新的组织或搬到另一个城市时，他们可能会失去联系，但并不是说他们之间的关系就此终止了，只是关系不活跃了。真正处于休眠状态的关系（相对于网络关系发生变化或丢失的关系）是可以重新激活的。当休眠关系被重新激活时，它们可能会比过去消亡的关系和未来新建立的关系提供更加明显的优势，因为在行动者关系休眠的时间内，彼此的生活和工作经历的变化带来了新的视角，而且重启休眠关系后，彼此之间更加珍惜重新拾起来的联系机会，使得交流和分享复杂的知识变得更为容易。因此，从关系状态和事件的角度来看，即使关系互动的频率有所下降，但关系状态（如与同事之间的友好关系）也几乎保持不变。只要关系状态基本保持不变，休眠关系就可以被重新激活，这是休眠关系与破裂关系的区别。记忆也是如此，有许多记忆沉睡在行动者的脑海中，这并不意味着沉睡的记忆并不重要，只是需要在恰当的时机被重启。

以往的研究认为，简单地回忆和反思过去的关系可以带来价值（McCarthy和Levin，2019），因此，在强调行动者如何回忆和反思过去关系时，要注意区分客观时间和主观感知时间。然而，将网络作为只是在客观时间内展开的孤立事件进行研究，忽略了这样一种可能性，即人类的大脑往往不会记录一个个孤立的事件，而是将事件缝合在一起，形成更持久的、类似事件链的关系（Bergson，1960）。这种可能性引发了我们对记忆与动态网络关系的新思考，即社会网络作为状态和事件如何保存在我们的记忆中，以及影响行动者回忆这些网络记忆的时间和方式（什么时候和什么样的方式能够让行动者回忆起这些网络记忆）。这也是我们在未来讨论网络认知和动态网络关系的新方向。

9.4.2　非网络认知对动态网络的影响研究

相对于网络认知而言，现有研究关于非网络认知对动态网络的影响研究关注度较低，忽视了被研究对象的个体信念、偏好、经验等非网络认知对网络动态性的作用。非网络认知是指个体对网络以外的其他因素的认知观念，包括个体对自身、组织内部环境、组织外部环境的认知，如个体的价值观，不受社会网络结构的影响。网络认知和非网络认知具有以下的联系与区别：

（1）联系

① 加工信息：网络认知和非网络认知都涉及对信息的加工和理解。但网络认知是对个体在社会网络中所获取到的信息的再加工处理，而非网络认知是在非网络环境中个体所获取的信息，而后在个体内部再加工处理的过程。

② 影响决策：社会网络中的网络认知和非网络认知都可以影响个体的决策和行为。但经由网络认知所做出的决策可能受到社会网络结构和其他行动者的影

响；而非网络认知更多地从个体自身的信念、偏好和经验来影响个体的决策。

（2）区别

① 来源不同：网络认知来源于个体对社会网络关系和结构的认知；而非网络认知则来源于个体在社会网络之外的认知过程。

② 影响因素不同：网络认知受到社会网络结构、关系和信息流的影响；而非网络认知更多受到个体自身的信念、经验和偏好的影响。

③ 应用范围不同：网络认知在研究社会网络中的信息传播、影响力传播等方面具有重要作用；而非网络认知更多用于个体决策、认知心理学等领域。

尽管现有激进的结构主义研究观点（结构主义是指网络的结构一旦确定，网络的结果就是确定的，不考虑网络节点自身因素的影响）认为网络结果是来自于关系嵌入（Kilduff和Tsai，2003），但是个体价值观等非网络认知作为网络变化的驱动因素，它们的重要性越来越被强调（Kilduff和Krackhardt，1994）。例如，一旦现有关系无法带来网络优势，相比于普通行动者，受损失厌恶理论（Loss Aversion Theory）[1]影响较深的行动者更想要打破现在关系来及时减少损失。再比如，在一般情况下，非网络认知认为，性格外向的人喜欢与他人交朋友，而人们通常也更加喜欢和性格外向的人交朋友，因此，性格外向的人往往在社会网络中拥有更多的关系，借此研究者可以推测，性格外向的人的人际关系网络规模也更大，他们可以掌握更多信息和协调更多资源。但事实果真如此吗？相较于性格外向的人，性格内向的人虽然在社会网络中所拥有的关系数量相对较少，但所拥有关系的强度可能会比性格外向的人所拥有关系的强度更高，而在某些研究情境下，强关系更能为行动者带来信息资源，那么性格内向的人可得到的信息资源不一定比性格外向的人少。因此，非网络认知对于网络的动态演化具有重要作用，并且作用结果可能会打破我们的固有认知，这是值得我们进一步探索的问题。

此外，很少有实证研究分析个体属性对关系稳定性的作用。然而，我们有理由相信个体属性是影响网络关系稳定性的重要因素，如个体性格会影响网络的稳

---

[1] 损失厌恶是指人们面对同样数量的收益和损失时，认为损失更加令他们难以忍受。同量的损失带来的负效用为同量收益的正效用的2.5倍。损失厌恶反映了人们的风险偏好并不是一致的，当涉及的是收益时，人们表现为风险厌恶；当涉及的是损失时，人们则表现为风险寻求。

定性及质量。通常来说，情绪稳定的个体的网络关系也更加稳定，因为他们会控制自己的情绪使关系继续保持下去，而且网络中的其他个体也更喜欢与他们建立关系而不用担心关系会随时破裂。反之，情绪不稳定的、不能很好控制自己情绪的个体所拥有的关系看起来就没有那么稳定和可持续，他们不稳定的情绪就如同一颗不定时炸弹，随时都有可能导致关系破裂甚至终止。这种关系的终止或许不仅仅是简单的终止，通常会使正向关系或者中立关系转变为负向关系，而负向关系所带来的后果远比正向关系所带来的后果严重。

个体的非网络认知观在极大程度上影响了其网络关系的形成、维持和消失，同时由于个体的认知能力较强，他们处理复杂人际关系的能力也更突出，他们的网络规模普遍较大，所以关系的形成、维持和消失与个体价值观、性格特征等非网络因素之间的关系应该作为动态网络未来研究的一个领域。非网络认知推动关系的发展，进而推动网络的变化，针对其中的演变机制，未来仍需要学者们不断探究。
网络认知和非网络认知都对动态网络产生重要作用，且二者都属于认知观的一种，那么我们也可以分析网络认知和非网络认知相互作用，以及二者对网络的动态性的影响。正如身份认同理论（个体的行为和情感受到他们所认同的社会角色、群体成员身份和社会地位的影响）提醒，我们不但要分析行动者所嵌入的网络结构的属性，还要关注该行动者的特征，我们也不能将网络认知和非网络认知割裂开来，应该全面考虑个体的认知观对动态网络的影响。

9.5 时间与动态网络的研究

9.5.1 时间对网络演化的影响研究

如目前动态网络研究所述，除以往网络对未来网络的影响之外，还有研究时间长短与网络之间的关系（Varga，2019）。网络中一个很重要的优势就是嵌入在网络中的个体或组织可以及时获取网络中流动的稀缺资源，而网络的持续时间是影响及时获取稀缺资源的一个重要因素。现有研究对于行动者持续获取稀缺资源的时间长短有两种不同的看法：一是认为行动者能够持续获得优势资源所能维持的时间较短，原因在于网络中的个体在获取到优势资源之后会有目的地封闭这一优势网络，以防止稀缺资源泄露。同时，稀缺资源在被获取之后，优势网络往往会变得劣势，所以传递稀缺资源的优势网络往往存在时间较短（Soda等，2004）。另一个原因是，传递利益的网络本身就容易崩塌，这意味着它们提供的利益不太可能持久（Burt，2002）。二是认为行动者能够持续获得优势资源所能维持的时间较长，网络随着时间的推移保持了大部分结构，这些结构逐渐演变，并具有可获取宝贵资源的时间范围（McEvily等，2012）。这种视角的含义是，网络提供的资源会随着时间的推移而积累，而不是消散。网络形成时的因素也可能会留下持久的"印记"效应，从而在很长一段时间内为网络中的节点保留具备明显优势的网络结构（Halgin等，2020）。尤其是在个体或组织网络发展初期形成的某些印记效应，能使得部分网络关系可能对个体或组织绩效产生持久影响，但并非是所有的关系都会如此。相比于桥接关系，印记效应持续的优势时间甚至会更长。借助第三方的认知，烙印关系可能会对成功产生长期的影响，因为研究者倾向于过分重视职业生涯早期建立的关系对行动者未来表现良好和能力提升的影响（Kilduff等，2006）。未来一个很有探索价值的研究领域是从网络持续影响结果的时间长度中分离出网络年龄的作用，即有些网络可能会消散和衰退，但其对结果的影响会持续多年，而其他网络可能只会在其活跃期间提供价值。分析研究情景，探究网络何时才会发挥长期或短期作用，更利于我们理解时间对于动态网络的影响研究。

目前关于时间与动态网络研究大多数可以分为以下两点：一是分析网络如何受时间影响而发生改变，例如，随着时间的发展，中间人生成新的结构洞，从而改变了网络结构。二是网络变化的结果继续影响网络未来的发展，但是这些研究需要解决干扰因果分析的内生性问题（Kleinbaum和Stuart，2014a）。例如，下列研究过程可能会产生互为因果的内生性问题：网络绩效与行动者的特征属性无关，只是单纯分析行动者过往的绩效如何帮助行动者获得某种网络结果，随后行动者会继续利用网络结果来进一步提高个体绩效（Lee等，2010）。为解决内生性的互为因果的问题，现有研究中选用的方法，如通过使用固定效应模型和工具变量来解决内生性问题。但实际研究中，这类统计数据不太可能与理想模型相匹配，从而难以有说服力地确定因果方向。因此，理想实验获得的结果很难概括，最终可能导致无法完美地解决网络动态研究与现实不能相匹配的问题。内生性“不是我们完全能解决的问题，无论是动态网络分析还是其他的人类研究领域”（Borgatti等，2014）。

除了上述时间窗口的长短对动态网络变化以及内生性问题的影响之外，还有另外一种关于时间与动态网络的研究领域，即网络演化速度的作用。这一研究代表了一种新的研究思路，即探究在一定时间窗口下，网络何时变化较快或较慢。在目前有关动态网络研究中，大多关注个体的态度和行为在某段时间内发生变化对网络动态性的影响。而很少有研究将演化速度作为网络的一种属性特征来考察，这里所说的演化速度是指网络拥有能够快速适应环境变化的能力。此外，更少有研究探究网络的演化速度和目标等特征如何影响网络演化结果。在某种程度上，由于环境威胁和机遇与网络特征之间的匹配，网络具备快速适应环境变化的能力，能够让行动者更好地应对危机和抓住机会。例如，面对重大突发公共卫生事件，具备快速整合和构建网络、重新配置组织资源动态能力，可能比那些自身网络改变速度较慢的公司表现更好（王强等，2023）。然而，网络可能很难拥有较快的演化速度，风险和阻力也会很大，因为有许多约束限制着组织，如特定约束、组织内网络自身的约束和组织间网络的外部约束，而且组织放弃旧的关系并建立新的关系可能成本高昂且耗时（Kim等，2006），因此，网络演化速度存在很多影响因素，未来我们可以建立网络演化速度的影响因素体系，通过建立实证模型或仿真模型等来分析应对这些因素对网络演化速度的影响机制。此外，不同企业的“网络响应”速率可能有所不同，快速和慢速响应都适合不同的条件（Kleinbaum和Stuart，2014b），这意味着网络变革的速度需要针对不同的研究情景，未来需要更多的实证研究来了解网络演化速度的快慢何时以及如何对个体和组织绩效产生影响。

9.5.2　时间对节点属性的影响研究

关于网络动态变化如何塑造个体绩效的网络优势，以往研究中发现，投资银行家在封闭网络与开放网络之间反复横跳（网络振荡），在不同群体之间进行深度参与和开展经纪业务，这都与银行家较高的年度薪酬相关（Burt和Merluzzi，2016）。上文所说的“网络振荡”是指行动者在一个群体内进行深度参与（封闭，Closure），然后在不同群体之间建立连接（经纪，Brokerage），然后再次深度参与另一个群体，接着再进行经纪，如此往复的过程。Burt和Merluzzi（2016）认为，尽管造成这种网络振荡的网络优势机制仍然是一个推测问题，但他们指出了三种可能性。第一种可能性是，在封闭网络中嵌入一段时间可以让焦点行动者建立起值得信赖的本地声誉，而这种本地声誉是焦点行动者随后将想法和实践从一个群体转移到另一个群体中获益的关键。第二种可能性是，在开放和封闭网络之间摇摆不定的焦点行动者可能会变得善于识别并有效地应对周围环境中的机遇，这种网络振荡增强了焦点行动者灵活参与新机会的能力，这与中间人的自我监控（个体主动对自身行为进行检视和评估的过程）不谋而合。第三种可能性是，网络振荡使焦点行动者能够建立一个更大、更多样性的网络，且正是因为在多个群体之间反复切换，才能让焦点行动者维护弱关系，利于弱关系获取优势。当然，如果焦点行动者在多个群体之间来回摇摆不定，网络的基本性质不会改变，这将是一系列事件的振荡，并且由于网络振荡的发展方式的影响，网络优势是周期性变化的，即网络优势并不会随着时间的发展而产生持续性变化。这一研究结论不但告诉我们网络振荡如何获得网络优势，而且说明并非所有的网络变化结果都如前文描述会随着时间的推移而持续性变化，其也有可能是周期性变化的。因此，在未来研究中，我们要多方位考量时间的作用，关注网络随时间发展的多样性变化。

组织网络研究中，目前我们所了解的网络变化与结果之间的关系，主要是基于对关系状态表象情况的研究，忽略了网络的潜在事件发生的时间序列与利益结果之间的关系，这可能是因为收集一段时间内的数据比收集每个事件背后的发展进程会更容易些。但除了数据以外，我们需要的是理论上的进步，使我们能够将网络变化的背后事件的发生时间和顺序与网络结果联系起来。例如，工作团队中的个体表现可能与团队成员沟通的时间和顺序有关，而不是与个体的友谊网络有关，但现有研究对这个问题的分析相对较少。因此，研究潜在行动发生的时间序列与绩效之间的关系是动态网络未来研究的一个方向。一个处于封闭网络位置、看似不会提供经纪机会的中间人实际上可能有机会控制联系人之间的信息流，因为只要行动者在彼此互动之前与其他行动者进行互动，就有可能发生信息控制等经纪行为（Spiro等，2013）。此外，未来的研究还可以通过将网络视为状态和事件的相互作用，即一系列事件对网络结果的影响只有在考虑到网络状态时才会有意义，进而促进我们对网络演化和网络结果之间关系的理解。例如，想要解释为什么一个国家攻击另一个国家（一个事件），不仅要考虑过去的事件发展序列（就谁何时先发动攻击而言），还要考虑发生战争国家各自的联盟网络（在战争发生之前的联盟网络）的情况，即有可能是联盟网络的状态发生变化，主动攻击的国家拥有更多的支持者。总之，寻求了解网络动态变化如何影响网络结果的未来研究可以将网络作为状态和事件的联合作用的结果来考虑。

9.6 不同文化背景下的动态网络分析

9.6.1 不同文化背景对整体网动态变化的影响研究

不同文化对整体网动态变化的影响存在相当大的差异。一是，在不同文化背景下的整体网中，行动者的行为模式会受到宏观环境的影响。二是，个体的文化背景体现了其价值观、信念、社会规范和行为习惯等方面，这些因素会影响个体在整体网中的互动方式和行为模式，从而对整体网的动态变化产生影响。

（1）不同文化背景下整体网动态变化对节点的影响研究

相关学者认为社会网络嵌入于更为广阔的文化制度背景之中，行动者行为嵌入于其所处的社会网络之中（桂勇等，2003）。由此可见，不同文化背景的整体网对节点行为具有重要影响。我们以求职为例，在诸多研究中发现，为何相同的网络结构却会导致不同的求职结果？虽然我们经常强调从微观角度阐述个体的文化背景对其行为的影响，但是个体文化是受到整个国家的宏观文化大背景所影响的。比较中西方的文化差异，我们可以更明显地看出宏观文化导致整体网发生变化，进而影响个体行为。在社会网络领域研究求职问题主要从强弱关系入手，也就是说，根据求职者与提供职位的个体之间关系往来的紧密程度，将关系分为“强关系”与“弱关系”两类。

西方国家的劳动力市场研究认为弱关系更有利于劳动者求职，这是因为对于以市场制度为基础的西方国家经济而言，信息拥有者和信息需求者之间信息数量和准确性的不对称性使社会网络主要承担了“信息桥”的功能（边燕杰和张文宏，2001），而强关系代表行动者之间频繁地传递信息，信息较为冗余，而通过弱关系可以传递非冗余信息，因而弱关系的作用较为显著。正如1995年，Granovetter 和Press在*Getting a Job：a Study of Contacts and Careers*一文中验证了弱关系对于求职者的重要作用，因为弱关系可以在求职者与能够为其提供有效信息的个体之间充当了桥梁作用。

而像中国、日本和墨西哥等国家的文化环境使得对于求职者来说强关系更能提供帮助。这并非是社会制度所导致的强弱关系差异，如华人占绝大多数的、资本主义制度的新加坡也同样是强关系更利于劳动者求职（Bian和Ang，1997）。东西方求职方式的不同，是文化制度差异导致的结果。同时，边燕杰的发现引发了中国学者对文化差异导致网络强弱关系的不同结果的后续研究，这让我们发现西方的研究结论并非都适用于中国，尽管社会网络研究兴起于西方，但在我国特有的文化情境下，根植于西方的部分社会网络研究结论，难以精准地描绘我国社会网络的演变情况和发展方向。而且，由于文化也会随着时代的发展而逐步发生变化，这导致整体网对行动者的行为模式的影响也随之变化。恰如边燕杰和张文宏（2001）的研究，经济由再分配向市场制度过渡的转型进程中，相伴随的是弱关系对强关系的逐步取代。

对于不同文化背景下整体网对节点变化的影响探讨多集中于社会学角度，而从企业管理角度展开的研究相对较少，然而文化的差异性促使整体网的网络结构、网络内容发生动态演化，例如，互联网文化和传统文化带给传统行业（如养老行业、保健品行业）的影响是截然不同的，都将极大地改变产业结构，而企业作为行业的一份子，这种改变关乎企业的命运，从动态网络视角进行阐述，又将带给我们不同的发现。

（2）不同文化背景下节点对整体网动态变化的影响研究

不同文化背景的行动者对社会关系的看法和重视程度不同，例如，宗族文化背景下的人们更注重亲属关系；而朋友观文化背景下的人们更重视朋友关系或社会群体关系，从而产生不同的社会结构。这些不同的社会结构会影响网络节点之间的连接方式和连接强度。同时，不同文化背景的行动者的社交行为模式和规范也存在差异性，例如，强者文化背景下的人们更注重个体独立和竞争，他们更不容易聚集，建立关系稀疏的网络；而集体文化背景下的人们则更重视合作共赢和群体利益，他们更容易抱团，搭建关系密集的网络。这些不同文化背景下行动者的行为模式会在网络动态变化中反映出来，影响着节点之间关系的形成、维持和终止，进而改变网络结构。此外，不同文化背景下的行动者之间的信息传播方式和传播渠道也存在差异。例如，受非语言交流文化影响的人们更倾向于口头传播和面对面的交流，彼此更能感受肢体动作；而受社交媒体影响深刻的人们可能更倾向于使用社交媒体和技术工具进行信息传播，这在一定程度上会影响网络中信息知识的传播速度和方式，改变网络内容的流动。综上所述，不同文化背景下的行动者对于网络动态性的影响效果和机制不同，但皆是对网络结构和网络内容的全面影响。

通过以往的社会网络研究可知，不同文化背景的行动者对于网络结构的影响有明显的差异性。例如，Granovetter于1973年出版的*The Strength of Weak Ties*一文中介绍了社会关系的经济后果，此文也是社会关系的经济后果探索开端。Granovetter通过“互惠交换”“感情力量”“互动的频率”和“亲密程度”四个不同维度，将社会中的关系划分为强关系和弱关系。如果网络中的行动者在年龄、受教育程度、价值观以及社会地位等方面相似，朋友圈重叠度较高，这使得他们之间更容易形成强关系。相反，若网络中的行动者因在社会经济地位及价值观方面都有较大差别，他们大都有着不同的文化背景，朋友圈重叠度较低，所以他们之间更容易形成弱关系。在这个理论基础之上，Granovetter提出了弱关系假设，即朋友圈的重叠程度决定了网络中信息交换的有效程度。在强关系形成的网络中，由于网络中的行动者拥有信息的重叠度较高，冗余信息较多，信息的新颖性也就相对较低。在弱关系形成的网络中，由于网络中的行动者拥有信息的异质性较高，非冗余信息较多，行动者凭借弱连接传递新颖性信息，可以给行动者带来更多的创意启发（Granovetter，1973）。Granovetter的弱关系理论在后来众多研究中也得到了验证。弱关系理论也说明了不同文化背景下的行动者会搭建不同强度的关系，进而影响网络的动态演化。

考虑这样一个问题，在一个企业内部的员工合作网络中，占据结构洞的员工所接受的文化不同，那么该企业的员工合作网络中信息的传递方式在经过结构洞时是否会有差异？答案是显然的，这一现象在外企中更为明显，因为外企中往往会有来自不同国家和地区的员工在合作网络中占据结构洞。一般来说，来自西方国家的员工占据结构洞时，他们会趋于维持结构洞，所以网络结构会更加稳定；而来自中国的员工占据结构洞时，他们会逐步向结构洞填充的方向发展，其网络结构的稳定性相对较弱。因为西方国家员工在工作中更倾向于按照规章制度来完成工作，所以他们完成分内的任务安排就结束工作；而中国员工更倾向于借助中间人来认识与自己不直接相连的员工，以此扩大关系网络范围，如此就会导致网络中的结构洞逐渐被填充，如图9-1所示。

图9-1　结构洞填充

虽然已有诸多文献探讨节点的不同行为模式对整体网动态变化的影响，例如，中间人采取渔利策略和协调促进策略将影响网络结构的变化（Quintane和Carnabuci，2016）。但是对于细化不同文化背景下的行动者对整体网动态演化的影响的研究相对较少，探究这一研究领域，我们可以从微观角度丰富整体网动态变化研究。

9.6.2　不同文化背景对个体网动态变化的影响研究

（1）不同文化背景下个体网动态变化对节点的影响研究

不同文化背景下的动态网络分析不仅体现在整体网，也存在于个体网中。不同文化背景下个体网动态变化对焦点行动者的属性、行为、价值观等多个方面也会产生不同的影响。例如，在国外留学的留学生个体（焦点行动者）社交网络可以分为以下三种：母国网络（Co-National Network）、东道国网络（Host National Network）以及跨国网络（Multi-National NetWork）。东道国网络是指焦点行动者与其所在留学的国家的本土行动者所构成的网络，这一网络中东道国的朋友人数占绝大部分，东道国网络关系会使焦点行动者提升语言表达能力和社会适应能力，更好地适应国外生活（Ahmed和Chowdhury，1998）。母国网络是指由焦点行动者所属国家的朋友或亲属构成的网络，相同的国家文化可以使初到东道国的焦点行动者有较强的情感支持，帮助他们摆脱初到他乡的无助与孤独。但是如果焦点行动者过分依赖于母国网络关系，则会影响他们与其他国家留学生和东道国的人建立关系，这对焦点行动者学习他国语言、融入陌生环境会产生不利影响，阻碍留学生活的适应过程（Kim，2001）。跨国网络是指焦点行动者的个体网中除母国和东道国以外的其他国家朋友所构成的网络。跨国网络的构建会使得焦点行动者在海外的孤独感和无助感大大降低，而且焦点行动者也不会因为自己的口音或生活习惯等不同而感到尴尬，交流的意愿以及频率也会大大提高。

上述案例也反映群体行为扩散，即焦点行动者是否采取某种行动会受到其连接的其他行动者影响。当然，焦点行动者是否真正会改变行为模式，要根据直接联系的其他行动者做出相同决策的数量或比例。也就是说，当其他行动者的相同行为超过一定阈值（门槛），焦点行动者才会采取相应的应对行为，群体行为才会在网络中扩散开来。将文化差异性和群体行为扩散相结合，便可研究不同文化背景对于群体行为扩散的影响，即哪种类型的文化更容易降低阈值，促进群体行为扩散发生？同时，上述案例也反映出在个体网中，当文化差异性导致网络发生变化时，并非个体网的动态演化全部由焦点行动者发起，个体网中的其他行动者也可共同发挥作用影响焦点行动者，进而促进网络动态演化。

（2）不同文化背景下节点对个体网动态变化的影响研究

在个体网中，焦点行动者的文化背景影响网络的动态演化。例如，有学者认为，海外华人创业者的成功归功于“血缘”和“地域情感”（刘宏，2000）。华人创业者拥有各种地缘、血缘等情感因素，是中华文化背景的部分内涵，这些因素帮助华人创业者可以从较为疏远的社会关系中获得机会。情感因素是中国企业家和其他行动者网络的关系的黏合剂，而从情感承诺中演变的信任与忠诚，是中国传统文化的延续。信任可以降低复杂社会关系的不确定性，尤其对于创业者来说，对于市场环境并不能充分掌握，而信任可以规避经营风险，降低交易成本，推动网络成员的信息交换，维持和加固网络关系，促进个体网稳定。中国文化背景下的焦点行动者的个体网是一个多维概念，是情、义、利三者的有机统一体。它不仅反映了创业者个人社会网络中嵌入的多元机制要素，而且揭示了创业个体网构建、维系和发展的纽带基础（张荣祥和刘景江，2009）。

综上所述，不同文化背景对网络中的节点、关系和结构等基本元素都有着不同的影响，进而影响网络动态演化的规律。因此，在未来的动态网络研究中，不仅要考虑文化对网络演化的重要影响，还要考虑研究的手段和方法。未来动态网络研究可以结合定量和定性方法，采用多种数据收集和分析技术。定量方法，如统计分析、网络分析和模型建立，可以量化网络变化和文化因素之间的关系；而定性方法，如深度访谈、焦点小组和案例研究，可以深入理解文化的内涵和网络动态变化。研究者也可以进行跨学科合作，促进不同学科之间的合作与交流，如社会学、心理学、管理学、信息科学、计算机科学等。跨学科合作能够丰富研究视角，提供多元化的理论框架和方法论，推动不同文化背景下动态网络分析的深入研究。最重要的是，积极开展实地调研和跨文化交流，深入了解不同文化背景下的实际情境和社会背景，并且与当地研究者和实践者的合作可以增加对文化内涵和社会现实的理解，可以提高研究的理论价值和实践价值。

本章小结

本章分析了动态网络未来可能的研究方向，主要总结有正式与非正式的网络变化、网络结果的负面影响、跨层次网络与多元网络协同演进、个体认知对动态网络的影响、时间和动态网络的关系以及不同文化背景下的动态网络分析六个方向。通过对本章节的介绍，作者希望有关动态网络的研究在日后可以更加全面，动态网络研究的硕果可以更加丰富。

参考文献

[1] Ahmed K U, Chowdhury H U. The impact of migrant workers: Remittances on bangladesh economy[J]. Indian Journal of Economics, 1998, (2): 311-354.

[2] Ahuja G, Soda G, Zaheer A. The genesis and dynamics of organizational networks[J]. Organization Science, 2012, 23(2): 434-448.

[3] Ahuja G. Collaboration networks, structural holes, and innovation: A longitudinal study[J]. Administrative Science Quarterly, 2000, 45(3): 425-455.

[4] Axelrod R. The evolution of cooperation[M]. New York: Basic Books, 1984.

[5] Bergson H. Introducci ó n a la metaf í sica[M]. M é xico: Universidad Nacional Autonoma De M é xico, 1960.

[6] Bian Yanjie, Ang Soon. Guangxi networks and job mobility in China and Singapore[J]. Social Forces, 1997, 75: 981-1006.

[7] Borgatti S P, Brass D J, Halgin D S. Social network research: Confusions, criticisms, and controversies[J]. Contemporary Perspectives on Organizational Social Networks, 2014: 1-29.

[8] Brass D J, Galaskiewicz J, Greve H R. Taking stock of networks and organizations: A multilevel perspective[J]. Academy of Management Journal, 2004, 47(6): 795-817.

[9] Burt R S. Bridge decay[J]. Social Networks, 2002, 24(4): 333-363.

[10] Burt R S. Structural holes: The social structure of competition[M]. Cambridge, MA: Harvard University Press, 1992.

[11] Burt R S, Knez M. Kinds of Third-party effects on trust[J]. Rationality & Society, 1995, 7(3): 255-292.

[12] Burt R S, Merluzzi J. Network oscillation[J]. Academy of Management Discoveries, 2016, 2(4): 368-391.

[13] Buskens V, Van de Rijt A. Dynamics of networks: If everyone strives for structural holes[J]. Social Science Electronic Publishing, 2008, 114(2): 371-407.

[14] Carnabuci G, Di ó szegi B. Social networks, cognitive style, and innovative performance: A contingency perspective[J]. Academy of Management Journal, 2015, 58(3): 881-905.

[15] Cartwright D, Harary F. Structural balance: A generalization of Heider’ s

theory[J]. Psychological Review, 1956, 63(5): 277-293.

[16] Chiambaretto P, Bengtsson M, Fernandez A S, et al. Small and large firms' trade-off between benefits and risks when choosing a coopetitor for innovation[J]. Long Range Planning, 2020, 53(1): 101876.

[17] Cross R, Nohria N, Parker A. Six myths about informal networks and how to overcome them[J]. MIT Sloan Management Review, 2002, 43(3): 67-75.

[18] De Bel V, Widmer E D. Positive, negative, and ambivalent dyads and triads with family and friends: A personal network study on how they are associated with young adults' well-being[J]. Social Networks, 2024, 78: 184-202.

[19] Deichmann U. The social construction of the social epigenome and the larger biological context[J]. Epigenetics & Chromatin, 2020, 13(1): 1-37.

[20] Dignum V. Handbook of research on multi-agent systems: Semantics and dynamics of organizational models[M]. Hershey: Information Science Reference, 2009.

[21] Doreian P, Mrvar A. Partitioning signed social networks[J]. Social Networks, 2009, 31(1): 1-11.

[22] Eisenhardt K M, Schoonhoven C B. Resource-based View of Strategic Alliance Formation: Strategic and Social Effects in Entrepreneurial Firms[J]. Organization Science, 1996, 7(2):136-150.

[23] Granovetter M S, Press U O C. Getting a job: A study in contacts and careers[M]. Chicago: University of Chicago Press, 1995.

[24] Granovetter M S. Economic action and social structure: The problem of embeddedness[J]. American Journal of Sociology, 1985, 91(3): 481-510.

[25] Granovetter M S. The strength of weak ties[J]. American Journal of Sociology, 1973, 78(6): 1360-1380.

[26] Guan J, Liu N E. Exploitative and exploratory innovations in knowledge network and collaboration network: A patent analysis in the technological field of nano-energy[J]. Research Policy, 2016, 45(1): 97-112.

[27] Gulati R. Network location and learning: The influence of network resources and firm capabilities on alliance formation[J]. Strategic Management Journal, 1999, 20(5): 397-420.

[28] Gulati R, Puranam P. Renewal through reorganization: The value of inconsistencies between formal and informal organization[J]. Organization Science, 2009, 20(2): 422-440.

[29] Gulati R, Westphal J D. Cooperative or controlling? The effects of CEO-board relations and the content of interlocks on the formation of joint

ventures[J]. Administrative Science Quarterly, 1999, 44(3): 473-506.

[30] Halgin D S, Borgatti S P, Mehra A, et al. Audience perceptions of high-status ties and network advantage: The market for coaching jobs in the national collegiate athletic association (2000-2011)[J]. Journal of Organizational Behavior, 2020, 41(4): 332-347.

[31] Heider F. Attitudes and cognitive organization[J]. The Journal of Psychology, 1946, 21(1): 107-112.

[32] Hossain L. Effect of organizational position and network centrality on project coordination[J]. International Journal of Project Management, 2009, 27(7): 680-689.

[33] House R J, Rousseau D M, Thomas-Hunt M. The third paradigm: Meso organizational research comes to age[J]. Research in Organizational Behavior, 1995, 17(3): 71-114.

[34] Hummon N P, Doreian P. Some dynamics of social balance processes: Bringing Heider back into balance theory[J]. Social networks, 2003, 25(1): 17-49.

[35] Ingram P, Roberts P W. Friendships among competitors in the sydney hotel industry[J]. American Journal of Sociology, 2000, 106(2): 387-423.

[36] Jansen J J, Van Den Bosch F A, Volberda H W. Exploratory innovation, exploitative innovation, and performance: Effects of organizational antecedents and environmental moderators[J]. Management science, 2006, 52(11): 1661-1674.

[37] Jiang H, Xia J, Cannella A A, et al. Do ongoing networks block out new friends? Reconciling the embeddedness constraint dilemma on new alliance partner addition[J]. Strategic Management Journal, 2018, 1(39): 217-241.

[38] Kilduff M, Krackhardt D. Bringing the individual back in: A structural analysis of the internal market for reputation in organizations[J]. Academy of Management Journal, 1994, 37(1): 87-108.

[39] Kilduff M, Tsai W, Hanke R. A paradigm too far? A dynamic stability reconsideration of the social network research program[J]. Academy of Management Review, 2006, 31(4): 1031-1048.

[40] Kilduff M, Tsai W. Social networks and organizations[M].California: Sage, 2003.

[41] Kim B S K, Yang P H, Atkinson D R. Cultural value similarities and differences among Asian American ethnic groups[J]. Cultural Diversity and Ethnic Minority Psychology, 2001, 7(4): 343-361.

[42] Kim T Y, Oh H, Swaminathan A. Framing interorganizational network

change: A Network inertia perspective[J]. Academy of Management Review, 2006, 31(3): 704-720.

[43] Kleinbaum A M, Stuart T E. Inside the black box of the corporate staff: Social networks and the implementation of corporate strategy[J]. Strategic Management Journal, 2014, 35(1): 24-47.

[44] Kleinbaum A M, Stuart T E. Network responsiveness: The social structural microfoundations of dynamic capabilities[J]. Academy of Management Perspectives, 2014, 28(4): 353-367.

[45] Krackhardt D, Hanson J R. Information networks: The company behind the chart[J]. Harvard Business Review, 1993, 71(4): 100-117.

[46] Labianca G, Brass D J, Gray B. Social networks and perceptions of intergroup conflict: The role of negative relationships and third parties[J]. The Academy of Management Journal, 1998, 41(1): 55-67.

[47] Lee S, Park G, Yoon B. Open innovation in SMEs—An intermediated network model[J]. Research Policy, 2010, 39(2): 290-300.

[48] Levin D Z, Walter J, Murnighan J K. Dormant ties: The value of reconnecting[J]. Organization Science, 2011, 22(4): 923-939.

[49] Lin N, Walter M E, John C V. Social resources and strength of ties: Structural factors in occupational status attainment[J]. American Sociological Review, 1981: 393-405.

[50] Manuti A, Pastore S, Scardigno A F, et al. Formal and informal learning in the workplace: A research review[J]. International Journal of Training & Development, 2015, 19(1): 1-17.

[51] McCarthy J E, Levin D Z. Network residues: The enduring impact of intra-organizational dormant tie[J]. Journal of Applied Psychology, 2019, 104(11): 1434-1445.

[52] McEvily B, Jaffee J, Tortoriello M. Not all bridging ties are equal: Network imprinting and firm growth in the nashville legal industry, 1933-1978[J]. Organization Science, 2012, 23(2): 547-563.

[53] McEvily B, Zaheer A. Bridging ties: A source of firm heterogeneity in competitive capabilities[J]. Strategic Management Journal, 1999, 20(12): 1133-1156.

[54] Monge P. Handbook of Organizational Communication An Interdisciplinary Perspective[M]. Los Angeles: Sage Publications, 1987.

[55] Nohria N, Eccles R G. Networks and organizations: Structure, form, and action[M]. Boston: Harvard Business School Press, 1992.

[56] Phelps C, Heidl R, Wadhwa A. Knowledge, networks, and knowledge networks[J]. Journal of Management, 2012, 38(4): 1115-1166.

[57] Podolny J M, Baron J N. Resources and relationships: Social networks and mobility in the workplace[J]. American Sociological Review, 1997, 62(5): 673-693.

[58] Quintane E, Carnabuci G. How do brokers broker? Tertius gaudens, tertius iungens, and the temporality of structural holes[J]. Organization Science, 2016, 27(6): 1343-1360.

[59] Rosenkopf L, Metiu A, George V P. From the bottom up? Technical committee activity and alliance formation[J]. Administrative Science Quarterly, 2001, 46(4): 748-772.

[60] Runge S, Schwens C, Schulz M. The invention performance implications of coopetition: How technological, geographical, and product market overlaps shape learning and competitive tension in R&D alliances[J]. Strategic Management Journal, 2022, 43(2): 266-294.

[61] Schillebeeckx S J D, Lin Y, George G. Knowledge recombination and inventor networks: The asymmetric effects of embeddedness on knowledge reuse and impact[J]. Journal of Management, 2021, 47(4): 838-866.

[62] Shipilov A, Gulati R, Kilduff M. Relational pluralism within and between organizations[J]. Academy of Management Journal, 2014, 57(2): 449-459.

[63] Smith E B, Brands R A, Brashears M E, et al. Social networks and cognition[J]. Annual Review of Sociology, 2020, 46: 159-174.

[64] Soda G, Zaheer A. A network perspective on organizational architecture: Performance effects of the interplay of formal and informal organization[J]. Strategic Management Journal, 2012, 33(6): 751-771.

[65] Soda G, Usai A, Zaheer A. Network memory: The influence of past and current networks on performance[J]. Academy of Management Journal, 2004, 47(6): 893-906.

[66] Spiro E S, Acton R M, Butts C T. Extended structures of mediation: Re-examining brokerage in dynamic networks[J]. Social Networks, 2013, 35(1): 130-143.

[67] Stanley J D. Your informal organization: Dealing with it successfully[J]. Personnel Journal, 1956, 35(7): 91-97.

[68] Sytch M, Tatarynowicz A. Friends and foes: The dynamics of dual social structures[J]. Academy of Management Journal, 2014, 57(2): 585-613.

[69] Tsai W. Social structure of "coopetition" within a multiunit organization: Coordination, competition, and intraorganizational knowledge sharing[J].

Organization Science, 2002, 13(2): 179-190.

[70] Uzzi B, Lancaster R. Relational embeddedness and learning: The case of bank loan managers and their clients[J]. Management Science, 2003, 49(4): 383-399.

[71] Uzzi B. Social structure and competition in interfirm networks: The paradox of embeddedness[J]. Administrative Science Quarterly, 1997, 42(1): 35-67.

[72] Uzzi B. The sources and consequences of embeddedness for the economic performance of organizations: The network effect[J]. American Sociological Review, 1996, 61(4): 674-698.

[73] Varga A. Shorter distances between papers over time are due to more cross-field references and increased citation rate to higher-impact papers[J]. Proceedings of the National Academy of Sciences, 2019, 116(44): 22094-22099.

[74] Wenger E C, Snyder W M. Communities of practice: The organizational frontier[J]. Harvard Business Review, 2000, 78(1): 139-146.

[75] Zaheer A, Bell G G. Benefiting from network position: Firm capabilities, structural holes, and perfomance[J]. Strategic Management Journal, 2005, 26(9): 809-825.

[76] Zaheer A, Soda G. Network evolution: The origins of structural holes[J]. Administrative Science Quarterly, 2009, 54(1): 1-31.

[77] Zhang J J, Guan J C. The impact of competition strength and density on performance: The technological competition networks in the wind energy industry[J]. Industrial Marketing Management, 2019, 82: 213-225.

[78] 边燕杰，张文宏，程诚. 求职过程的社会网络模型：检验关系效应假设[J]. 社会，2012, 32 (03): 24-37.

[79] 边燕杰，张文宏. 经济体制、社会网络与职业流动[J]. 中国社会科学，2001, (02): 77-89+206.

[80] 蔡萌，杜海峰，杜巍，等. 社会网络节点重要性与个人绩效的关系研究[J]. 管理评论，2013, 25 (12): 147-155.

[81] 蔡萌，任义科，赵晨，等. 网络结构模式与员工个人绩效——基于整体网络的分析[J]. 管理评论，2013, 25 (07): 143-155.

[82] 成功，何晓斌. 建立与维持社会网络的成本——一个理论模型的探索性研究[J]. 学术论坛，2013, 36(07): 82-88.

[83] 程德俊，王肖宇. 员工地位竞争动机、知识分享行为与创新绩效——基于嵌入性悖论视角[J]. 科技进步与对策，2022, 39(23): 119-127.

[84] 程露，李莉. 负联系对创新网络结构演化的影响[J]. 科技进步与对策，2023, 40(06): 36-47.

[85] 董彩婷，柳卸林，张思. 创新生态嵌入和政治网络嵌入的双重作用对企业创新绩效的影响[J]. 管理评论，2020, 32(10): 170-180.

[86] 桂勇，陆德梅，朱国宏. 社会网络、文化制度与求职行为：嵌入问题[J]. 复旦学报(社会科学版), 2003, (03): 16-21+28.

[87] 侯仁勇，严庆，孙骞，等. 双重网络嵌入与企业创新绩效——结构视角的实证研究[J]. 科技进步与对策，2019, 36(12): 98-104.

[88] 黄海艳，李乾文. 研发团队的人际信任对创新绩效的影响——以交互记忆系统为中介变量[J]. 科学学与科学技术管理，2011, 32(10): 173-179.

[89] 黄海艳. 非正式网络对个体创新行为的影响——组织支持感的调节作用[J]. 科学学研究，2014, 32(04): 631-638.

[90] 李杰义，闫静波. 双重网络嵌入性对双元学习的均衡影响机制研究[J]. 软科学，2019, 33(01): 72-75.

[91] 李晓光，石智雷，郭小弦. 传播焦虑还是提供支持？——虚拟空间社会网络的“双刃剑”效应[J]. 新闻与传播研究，2023, 30(06): 50-66+127.

[92] 刘宏. 社会资本与商业网络的建构：当代华人跨国主义的个案研究[J]. 华侨华人历史研究，2000, (01): 4-18.

[93] 刘倩，赵西萍，周密，等. 认知社会网络：社会网络研究领域的新视角[J]. 管理学报，2012, 9(05): 777-784.

[94] 吕鸿江，封燕，陈佳瑞. 领导对下属非正式社交网络阻碍领导双元创新的权变机制：基于SIP理论的分析[J]. 管理工程学报，2022, 36(06): 80-93.

[95] 吕鸿江，付正茂，王道金，等. 网络一致性对双元创新能力的权变平衡[J]. 外国经济与管理，2017, 39(07): 65-79.

[96] 吕鸿江，吴亮，张鑫. CAS视角下企业正式及非正式网络互动适应环境的理论框架[J]. 科学学与科学技术管理，2016, 37(03): 31-42.

[97] 吕鸿江，赵兴华. 中层管理者正式与非正式网络一致性、组织文化与双元创新：在混沌边缘的结构与情境融合[J]. 管理工程学报，2023, 37(03): 1-15.

[98] 彭华涛，夏丽馨，刘勤. 社会网络嵌入、风险承担水平与科技创业绩效——产品市场竞争视角[J]. 科技进步与对策，2024, 41(12): 23-34.

[99] 曲刚，王晓宇，赵汉. 社会网络情境下交互记忆系统与团队绩效关系研究[J]. 管理评论，2020, 32(12): 168-179.

[100] 申恩平，马凤英. 社交媒体对知识分享的影响作用研究[J]. 情报理论与实践，2018, 41(03): 106-110+135.

[101] 宋瑞晓，魏静，李东，等. 组织记忆与组织遗忘对知识转移的影响——基于社会网络视角[J]. 管理评论，2011, 23(11): 143-150.

[102] 孙骞，欧光军. 双重网络嵌入与企业创新绩效——基于吸收能力的机制研究[J]. 科研

管理, 2018, 39 (05): 67-76.

[103] 孙笑明, 刘偲, 苏屹, 等. 预研情境下关键研发者创新绩效提升——知识网络与合作网络的组合视角[J]. 管理评论, 2023, 35(02): 135-146.

[104] 孙笑明, 姚馨菊, 李瑶, 等. 预研情景下关键研发者中间人角色转换研究——基于通信行业的数据[J]. 管理工程学报, 2023, 37(05): 90-104.

[105] 王道金, 吕鸿江, 周应堂. CS视角下正式网络与非正式网络互动对创新能力影响的实证研究[J]. 管理工程学报, 2022, 36(03): 51-61.

[106] 王海花, 周洁, 郭建杰, 等. 区域创新生态系统适宜度、双元网络与创新绩效——一个有调节的中介[J]. 管理评论, 2023, 35(03): 83-91.

[107] 王玲, 冯永春. 生态情境下双元网络拼凑对新创企业绩效的影响研究[J]. 科学学与科学技术管理, 2021, 42 (12): 3-18.

[108] 王强, 王哲璇, 刘玉奇. 数字化转型提升企业组织韧性的实现机理研究[J]. 管理科学学报, 2023, 26 (11): 58-80.

[109] 王涛, 潘施茹, 石琳娜, 等. 企业创新网络非正式治理对知识流动的影响研究——基于网络能力的中介作用[J]. 软科学, 2022, 36(05): 55-60.

[110] 魏开洋, 邱均平, 刘亚飞. 科研合作中明星作者对学术论文的影响机理研究——基于合著网络的视角[J]. 情报科学, 2024, 42(02): 174-181.

[111] 谢光华. 高管校友关系网络、正式制度环境与企业合作创新——基于关系治理与契约治理互动视角[J]. 管理评论, 2023, 35(11): 75-89.

[112] 辛德强, 党兴华, 薛超凯. 双重嵌入下网络惯例刚性对探索性创新的影响[J]. 科技进步与对策, 2018, 35(04): 10-15.

[113] 余维新, 熊文明, 顾新, 等. 创新网络关系治理机制对网络成员适应性行为的影响[J]. 中国科技论坛, 2020, (07): 33-41+51.

[114] 张光磊, 刘善仕, 彭娟. 组织结构、知识吸收能力与研发团队创新绩效: 一个跨层次的检验[J]. 研究与发展管理, 2012, 24(02): 19-27.

[115] 张慧, 周小虎, 鞠伟, 等. 关系嵌入性和网络认知能力对企业战略的影响——基于山东、江苏、安徽相关数据分析[J]. 华东经济管理, 2020, 34(12): 18-28.

[116] 张荣祥, 刘景江. 高技术企业创业社会网络嵌入: 机制要素与案例分析[J]. 科学学研究, 2009, 27(06): 904-909.

[117] 张树山, 张佩雯, 谷城. 全球创新网络融入的企业价值创造效应[J]. 现代管理科学, 2024, (01): 148-158.

[118] 张顺, 郭小弦. 社会网络资源及其收入效应研究——基于分位回归模型分析[J]. 社会, 2011, 31(01): 94-111.

[119] 周雪峰, 李珍珠, 王卫. 董事会网络位置、市场化进程与企业双元创新[J]. 科技进步与对策, 2020, 37(20): 66-75.

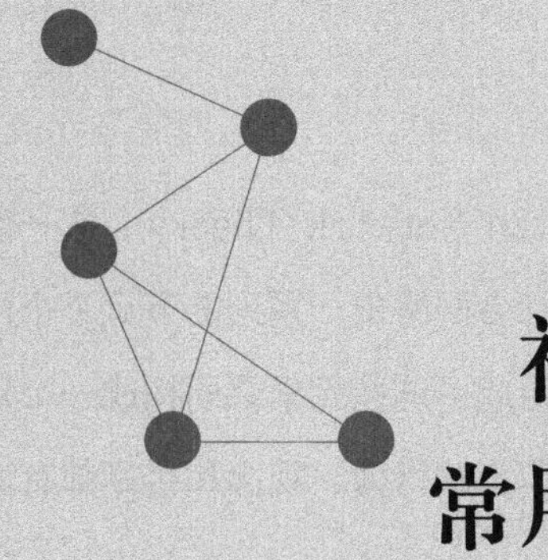

附录 社会网络中常用概念释义

社会网络理论

社会网络理论（Social Network Theory）是一套用来分析社会结构中节点之间关系的理论框架。社会网络由一系列的节点（个体、组织、城市或国家）和边（节点之间的关系）组成，这些元素共同构成一个复杂的网络结构。该理论的核心观点是社会关系对节点的行为、观念和目标都有深远影响。社会网络理论的关键概念包括：

网络节点（Network Nodes）指在社会网络中的个体、群体等，群体可以由多个小群体或子群组成，包括高校、企业、社团等。节点是社会网络的基本元素。

网络连接（Network Ties）指社会网络中节点之间的关系或联系，它们可以是亲人关系、朋友关系、合作关系、上下级关系等。连接是社会网络的基本元素。

网络结构（Network Structure）指社会网络中节点之间连接的模式和组织方式，例如，节点连接松散或紧密，分散或集中，包括节点的位置、连接关系、连接强度等方面的特征。

网络内容（Network Structure）指在社会网络中流动的各种信息、知识、资源等，影响着行动者之间的互动程度。社会网络理论中，网络结构和网络内容是两个关键概念，它们相互依存、相互作用。网络结构影响网络内容的流动路径和扩散效应，而网络内容的产生和分享也会反过来影响网络结构的演化，它们共同塑造着社会网络的特征和动态。

社会网络分析

社会网络分析（Social Network Analysis）是一种研究社会网络中节点、连接、结构、行动者的行为模式、信息传播路径和方向等的方法，通常使用图论、矩阵、统计学和计算机科学等工具来分析和理解社会网络中的各种现象。社会网络分析包括：

数据收集：相关数据可以是来自在线平台、存档数据、调查问卷、专利大数据等。数据收集通常包括节点的身份信息、连接关系等内容。

网络建模：收集到的数据被用来构建社会网络模型，通常以图和矩阵的形式表示。

网络分析指标：社会网络分析使用各种指标来描述和量化网络的特征和结构，

包括关系强度、结构洞、中心性、网络密度、网络规模、聚集系数、连通性等。

动态网络理论

动态网络理论（Dynamic Network Theory）是研究网络结构随时间变化的动态过程的理论框架。与传统的静态网络理论不同，动态网络理论关注网络结构随时间的演化，包括节点的合并、分割、进入和退出，连接关系的形成、维持和终止，以及网络内容随时间的变化等动态过程。

动态网络分析

动态网络分析（Dynamic Network Analysis）是研究网络结构和网络内容随时间演化的一种方法。与传统的静态网络分析不同，动态网络分析考虑了网络中节点和关系在时间上的变化，以及与时间相关的事件、信息传播等动态过程，包括对网络自身的变化分析、由事件驱动的网络变化分析等。

嵌入性

嵌入性（Embeddedness）是指个体或组织在社会网络中的内在连接和关联程度。嵌入性反映了一个节点在网络中的位置和角色，以及与其他节点的关系密切程度。嵌入性包括：

关系嵌入性：关系嵌入性指个体或组织之间的关系密度和强度。例如，节点之间的互动频率、交流深度、情感联系等可以反映他们之间的关系嵌入性。

结构嵌入性：结构嵌入性侧重于个体或组织在整个社会网络中的结构位置，包括他们与网络中其他节点的联接方式以及这些联接的总体模式，分析个体或组织的网络结构位置对其资源获取和行动选择的影响。

位置嵌入性：位置嵌入性被视为结构嵌入性的一个分支或细分，侧重于分析个体或组织在社会网络中的具体位置及其带来的影响，分析个体或组织在网络中占据的位置对于访问信息、资源以及对网络中其他节点的影响。

关系强度

关系强度（Ties strength）是指社会网络中两个节点之间联系的紧密程度或强度。节点之间的关系可以是强关系，也可以是弱关系，这取决于他们之间的互动频率、亲密程度、情感联系等因素。

强关系（Strong Ties）：强关系指紧密的、亲密的、密切的关系，通常包括家庭成员、亲密朋友之间的关系等。强关系的特点包括频繁的互动、深入的交流、相互间的信任和支持等。

弱关系（Weak Ties）：弱关系指相对疏远、不太熟悉的关系，可能包括不太熟悉的同事、偶尔接触的朋友之间的关系等。弱关系的特点是互动不太频繁、交流不太深入，但仍然具有一定程度的联系和互动。

结构洞

结构洞（Structural Holes）是指互不相连的行动者之间关系的空缺，即如果网络中焦点行动者所连接的两个行动者之间不存在直接联系，那么焦点行动者所占据的网络位置就为结构洞。

结构洞生成：结构洞生成通常发生在网络中不同行动者之间存在信息或资源交流的缺口时，焦点行动者利用这些缺口建立新的连接或桥梁，从而为自身带来信息、控制、视野优势。

结构洞维持：焦点行动者通过维持其占据的结构洞位置来维护自身在信息和知识资源上的优势。

结构洞填充：结构洞两侧原本不存在联系的、相互独立的行动者之间建立关系，即连接原本不直接相连的行动者，这一过程被称为结构洞填充。结构洞填充促进了知识流动、资源共享和合作关系的形成。

中心性

中心性（Centrality）指标用于衡量节点在网络中的重要程度，例如，度中心性（节点的连接数量）、接近中心性（节点到其他节点的距离程度）、中介中心性（节点在网络中的中间位置程度）等。

度中心性：度中心性（Degree Centrality）衡量一个节点有多少条连接（边），通常用于衡量节点在网络中的重要性和影响力。

接近中心性：接近中心性（Closeness Centrality）衡量一个节点到其他所有节点的平均最短路径长度的倒数，即节点与其他节点之间的平均距离。一个节点的接近中心性越高，意味着其与其他节点之间的平均距离越短，其越处于网络的中心位置。

中介中心性：中介中心性（Betweenness Centrality）衡量一个节点在网络

中作为桥梁或者中介的程度，即节点在网络中扮演中介角色的程度，并在网络中充当连接器或者信息传播者的角色。

小世界网络

小世界网络（Small-world Network）是一种典型的复杂网络结构，其特点是具有较高的聚集系数和较短的平均最短路径长度。在小世界网络中，大部分节点通过短距离的连接相互联系，使得网络整体上呈现出“小世界”现象。小世界网络的主要特征包括：

较高的聚集系数：聚集系数是衡量节点之间相互连接紧密程度的指标，其值较高意味着网络中存在着许多紧密相连的节点。

较短的平均路径长度：从任意一个节点到另一个节点的平均路径长度相对较短，说明小世界网络中的信息传播效率较高。

网络规模

网络规模是指网络中包含的节点数量和边数量，规模是衡量网络大小的重要指标之一。网络规模的大小对于网络具有重要的影响：

节点数量：节点数量反映了网络中行动者的数量。节点越多，网络中信息传播、资源共享和社交活动就越丰富，网络的复杂程度也就越高。

边数量：边数量反映了网络中连接的密度和复杂度。边越多，网络中节点之间的联系越密切，信息传播和资源共享的效率也越高。

网络密度

网络密度是指网络中实际存在的连接数与可能存在的所有连接数之比。在一个由N个节点组成的网络中，可能存在的所有连接数为$N(N-1)/2$，这是因为每对节点之间都可能存在一条连接，但是去除掉自身到自身的连接。网络密度的取值范围是0～1之间。当网络密度接近1时，表示网络中的节点之间几乎全部都存在连接，网络非常密集；而当网络密度接近0时，表示网络中的节点之间的连接非常稀疏。

集团

在社会网络中，集团（Groups）通常指的是由个体或组织组成的互相关联的社会网络中的一个子群体。社会网络中的集团可以是由朋友、家人、同事、同学等形成的，也可以是基于特定主题、行业、地理位置或其他共同点而形成的。

集群

在社会网络中，集群（Clusters）通常指的是一个由密切连接、高度互动的个体或组织组成的子群体。集团强调成员之间的共同特征或兴趣，而集群强调成员之间的密切联系和互动。

网络凝聚

网络凝聚（Network Cohesion）是指网络中节点之间相互连接的强度和紧密程度，反映了网络中节点之间的互动程度和群体的协同程度。

核心–外围结构

核心–外围结构（Core-Periphery Structure）是指网络中占据中心位置的、具有高度连通性的核心节点，以及具有相对独立性、与周围节点的联系相对较弱的外围节点组成的一种网络结构。核心–外围结构在网络中具有重要的作用，该结构既能保持网络的稳定性，又能在信息传播和影响力扩散方面发挥重要作用。

网络模块化

网络模块化（Network Modularity）是指网络中某些节点之间高密度连接，构成了一个个子集团的现象，它表示网络中的节点可以被划分为多个紧密连接的子群体或模块。在这些模块内，节点之间的连接较为紧密，而模块之间的连接相对稀疏。网络模块化反映了网络结构中的聚类和分层特性，有助于揭示网络的组织方式和功能性质。

个体网

个体网（Ego Network）是由网络中一名焦点行动者和与其产生直接合作关系的其他行动者构成的网络，侧重于分析和理解这个焦点行动者与其直接联系的其他行动者之间的相互作用，以及这些联系如何影响该焦点行动者的行为、资源获取等。

整体网

整体网（Whole Network）是由网络内部所有行动者及他们之间的合作关系构成的网络，关注的是整个网络的结构特征，如整体网的构成和规模、整体网的密度、行动者之间的关系及各种网络属性等。

工具性网络

工具性网络（Instrumental Network），也称为建议网络，是指在组织内部个体为了完成特定工作任务而形成的关系网络。这种网络通常基于成员之间的协作与交流，目的在于共享知识、技能、资源或建议，以便有效地实现工作目标。工具性网络的结构和质量直接影响任务的完成效率和组织的绩效。

表达性网络

表达性网络（Expressive Network），也称为友谊网络，是指基于组织内部个体之间的情感联系、个体偏好或社会相似性构建的社交网络。这种网络强调成员之间的关系和情感支持，而非完成具体工作任务。表达性网络对于提升工作场所的凝聚力、员工满意度以及减轻工作压力具有重要作用。

开放网络

开放网络（Open Network）指网络中节点之间的连接相对较少，并不是特别紧密或频繁，存在较多的空白区域。开放网络允许多方参与、共享和交互，提供了广泛的接入和连接方式，使得个体或组织能自由地共享信息、资源和知识，促进合作、创新和学习，进而推动社会和经济的发展。

封闭网络

封闭网络（Closed Network）指网络中节点之间的连接非常密集或紧密，几乎所有节点之间都有直接的连接或高度互连。封闭网络中个体或组织相对独立、封闭，很少与外部网络进行连接和交流的情况。

稀疏网络

稀疏网络（Sparse Network）指网络中节点之间的连接相对较少或非常稀疏，即网络中的边数远远小于可能的最大边数。稀疏网络中个体或组织之间的直接连接较少，导致信息传递和知识流动的路径较长，可能存在信息流通不畅和知识孤岛的问题。

开放网络强调的是节点之间连接较少的特点，而稀疏网络强调的是整个网络中连接的稀疏程度。

稠密网络

稠密网络（Dense Network）指网络中节点之间的连接非常紧密或连接度、

关联度较高，即网络中的边数接近或等于可能的最大边数。稠密网络中个体或组织之间存在大量的连接，信息传播和交流更加迅速高效，同时也增加了网络的稳定性和抗干扰能力。

封闭网络更强调节点之间的联系紧密程度，而稠密网络更强调网络中节点之间的连接密度高。

正式网络

正式网络（Formal Network）是指在组织环境中使用的正式通信渠道和平台，用于实现组织内外的信息交流、合作和知识共享。它通常受到严格的访问控制、安全性和隐私保护的限制，以确保信息的准确性、可靠性和保密性。

非正式网络

非正式网络（Informal Network）是指正式组织结构或任务约束之外的由员工自发形成的社会网络，其特点是没有固定的组织形式，结构松散，形式多样，且不易管理。非正式网络与正式网络的区别在于，正式网络的形成是由组织任务约束和驱动的，是组织架构的具体反映，通常是可以被管理的。

动态网络驱动因素

代理（Agency）：代理是指行动者有意识地修改其所处社会网络结构的行为。代理是行动者动机和能力的表现，通过主动形成有益的关系或解除不必要的关系，以改变个体网络状态、关联性或整体网络结构。

机会（Opportunity）：机会是指便利、邻近或者相似性提供的可能性，它能促进新关系的建立和发展。机会可能来自于地理邻近性，即人们因为生活在相同或接近的地理位置而建立的关系。同时，机会也可能来自于相似的兴趣和爱好，即人们倾向于与有共同兴趣和爱好的人建立关系。

惯性（Inertia）：惯性是指社会网络在面对改变时的一种自我保护机制，它通过维持旧的结构和行为模式来减少不确定性和风险。惯性是社会网络在面临改变时的持久性和稳定性，反映了社会网络对改变的抵抗，以及在尝试终止旧的关系或建立新的关系时遇到的挑战。

随机/外生因素（Random/Exogenous Factors）：网络中的随机/外生干扰可能源自数据收集与处理过程中的误差，或者是网络成员的非理性行为。这些随机/外生干扰可能会带来网络结构的不确定性与随机性。

经纪

网络经纪（简称“经纪”）（Network Brokerage）描述了网络行动者（中间人）占据两个或多个不相关行动者（联系人）之间的结构位置（桥、结构洞）的活动，这种结构位置使中间人跨越了两个或更多互不相关行动者之间的“结构洞”，并获得了调动信息或资源的机会。

中间人角色：中间人角色是指在资源交换过程中起协调作用的个体角色，他们负责从一个行动者那里获取资源，再传递给另一个行动者。根据行动者在网络中所处位置以及合作方式的不同，将其分为以下五种类型：

守门人：负责向其团队或组织传递信息和知识；

代理人：负责将其团队或组织的信息和知识向外部输送；

协调人：负责协调团队或组织成员之间的合作关系和知识整合；

顾问：负责为不同团队或组织的成员提供建议和意见；

联络人：将需要沟通和交流的不同团队或组织分别与自己连接起来，并以第三方的身份服务于双方的需求。

同质性

同质性（Homophily）是指在某些特定方面，如人口学特征等，相似的个体或群体之间形成友谊关系的趋势。同质性作为一种社会机制，其发挥效力的关键在于相似的个体或群体之间存在明显的普遍性特征。关系形成中一个普遍且强大的驱动因素是同质性，即信仰、性格等相似的人比不相似的人更容易与其他人建立关系。

异质性

异质性（Heterogeneity）是指个体或群体在某些特征、属性或价值观上的差异。这些特征可能包括种族、性别、年龄、文化背景、教育水平、职业等。异质性可以使人们在交流和互动中产生不同的观点和经验，从而促进创新和多样性。

邻近性

邻近性（Propinquity）是用于描述在社会和物理空间中相互接近的个体或群体之间建立关系的倾向。通常情况下，邻近性越大，人们越有可能互相认识并发展关系。当人们在空间上相互靠近时，他们有更多的机会相互接触和互动，从而有助于关系的形成。

互惠性

互惠性（Reciprocity）是一种社会互动原则，指的是在人际关系中，人们倾向于给予他人帮助或支持，并期望在未来某个时刻得到回报。互惠性是社会交换理论的核心概念，强调了人们在关系中寻求平衡和公平的倾向，具体体现在当关系具有方向性时（即一个行为主体选择另一个行为主体，而被选择的行为主体可能选择或不选择回应），互惠倾向成为一种重要的关系形成机制。

同配性

同配性（Homophily）是指社会网络中相似或相互吸引的个体倾向于连接和互动的现象。这可以体现在多种属性上，如年龄、种族、教育背景、社会经济状态、兴趣爱好等。

异配性

异配性（Heterophily）是指在社会网络中具有不同属性或背景的个体之间发生交互的现象。异配性涉及的是那些具有不同背景、兴趣或身份特征的个体之间的关系。在某些情况下，异配性会因为行动者寻求新的信息或异质性知识而更加明显。这与通常认为"物以类聚"的理念相反，强调了多样性在建立社交联系中的价值。

传递性

传递性（Transitivity）是指在社会网络中信息、知识、行为或影响在网络中传递、扩散的倾向，描述的是网络中的"朋友的朋友就是我的朋友"这种现象。传递性在社会网络中对关系的形成产生重要影响。

社会资本

社会资本（Social Capital）指个体或群体在社会网络中所拥有的资源、信任、支持和互动机会等。这些资源可以通过社会网络中的社交关系和互动来获取和积累，对个体或群体的发展具有重要的影响。社会资本的形成和积累需要长期的社交互动和合作，需要个体之间的信任、归属感和支持。

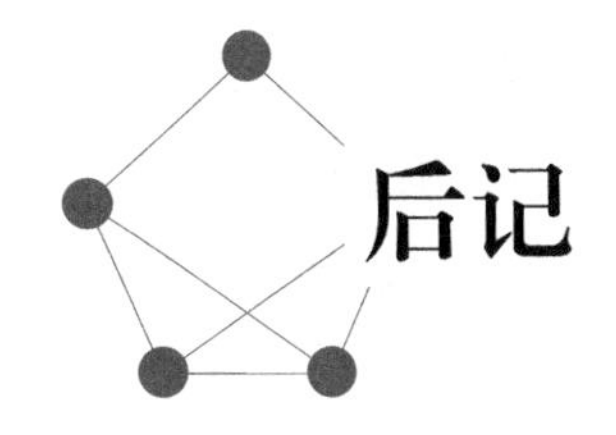

后记

社会网络分析肇始于西方社会学，历经近百年发展，目前其内容已臻于完善。国内学术界对此方法早已熟悉，相关研究层出不穷。然而，以往更多将其视为一个分析工具，研究既有网络关系特征对聚焦变量的影响。从学术发展角度看，这种模式的研究是末端之应用，所揭示结果也大同小异，转换应用情景而已。

2010年左右，一个偶然机会，我看到一位学长的博士论文初稿谈及网络研究已迈入新的时代，即动态网络分析。范式已变，但国内学者并未过多关注，当时所见相关研究甚是有限。遂决定出国留学，拜读于意大利米兰博科尼大学（Bocconi University）的Giuseppe Soda教授门下学习，期间也有幸与美国明尼苏达大学Akbar Zaheer等教授合作。两位学者都是动态网络分析的提出者，我与之合作完成的第一篇代表作发表于*Research Policy*。因该篇论文技术操作过于复杂，导致其投稿经历坎坷，从*Administrative Science Quarterly*、*Academy of Management Journal*、*Organization Science*到*Journal of Management*一路被质疑拷问，期间心路历程实为艰辛。从中有悟，我认为做动态网络研究应该遵循公认的范式，以减轻文章的理解障碍。因此，我有心编写一部动态网络研究的指导性图书，以期为后来学者提供参考，亦为其学术研究铺路。

然而，每次提笔，便觉其功艰巨，畏惧不前。这样历经几载，终下决心，好在下笔之前，所见相关研究与观点已出自多位名家，引证资料丰富。《动态网络分析》一书的撰写，是站在前人肩膀上，对网络动态变化这一重要问题所进行的一次系统化学术尝试。然诸位名家立足点不同，观点往往迥异，难以整合。故多方论证，反复揣摩，最终确定此书框架。本书在第1章清晰界定动态网络的内涵，与传统网络研究进行区分，确立研究视角。第2章构建理论分析框架，夯实整体研究基础。第3章联系实证，提出了四大驱动因素假说。基于此，第4 ~ 6章立足驱动因素，系统分析动态网络的变化规律。第7章关注时间这一核心维度，剖析了时间尺度的属性与影响。第8章介绍动态网络的研究方法，最后一章展望未来研究方向。本书结合理论和实证，从多角度对动态网络变化进行全面思考，为揭示网络形成与演化的内在机制研究提供参考。但初次尝试，仍有诸多缺陷，只希望成为国内学者的一本参考书，方便开展相关学术研究，可批判而用之。

方法之重要，可见于陈寅恪、陈垣和何炳棣等先哲的治学研究。陈寅恪一生治学严谨，注重文本考证，他在学术研究中将考据方法创新发展为“诗史互证”与比较，这两种方法成为其学术研究之利剑。陈垣是我国元史、历史文献学、宗教史大家，他在学术研究中创造了校勘四法。何炳棣是史学研究大师，他强调多维探索，他的研究往往将微观的细致考证和宏观的通识综合，在中国史学研究方面誉满全球。以上三位学者都注重研究方法及其创新，并因此而取得卓越的学术成就。一个好的方法，能推进一个学科的发展，对学术建树影响深远。记得童年时，父亲亦在闲暇时为我讲授过一些训诂小学方法，虽非我现所治学领域之核心方法，但多年后其思想仍有启迪之作用。一个好的方法，对精研一门学术至关重要。做此书亦有此感想，思索其中学者的贡献，要做真正之学问，切忌追求时髦，疲于应景。须专心一处，持之以恒。大道至简，但又有多少人能够做到？